148 コンクリートライブラリー

コンクリート構造物における品質を確保した生産性向上に関する提案

土 木 学 会

Concrete Library 148

Proposals for Improving Concrete Construction Productivity While Ensuring Quality

December, 2016

Japan Society of Civil Engineers

はじめに

　土木学会コンクリート委員会では，2015年10月に，株式会社大林組，鹿島建設株式会社，清水建設株式会社，大成建設株式会社，前田建設工業株式会社，オリエンタル白石株式会社，一般社団法人道路プレキャストコンクリート製品技術協会，一般社団法人全国コンクリート製品協会，以上8者（6社2団体）からの委託を受け，委員会内に「生産性および品質の向上のためのコンクリート構造物の設計・施工研究小委員会（石橋忠良委員長）」を設置し，コンクリート構造物の構築において，品質を確保したうえで生産性の向上を可能とすることを目的として，発注者の仕様書やコンクリート標準示方書等を改善していくための調査研究を行うこととした．

　今後，我が国において生産年齢人口が減少することは不可避といえ，建設分野においても生産性向上は避けられない社会的課題である．国土交通省は，建設現場における生産性を向上させ，魅力ある建設産業育成を目指して2015年12月，i-Construction委員会を設置し，取組みを進めている．土工とコンクリート工の生産性が30年前からほとんど向上していないとされており，i-Constructionでは，主な3つの取組みの1つとして，全体最適の導入（コンクリート工の規格の標準化等）を掲げている．その取組みの中で，コンクリート工の生産性向上を進めるための課題，及び取組方針や全体最適のための規格の標準化や設計手法のあり方を検討することを目的に，関係者からなるコンクリート生産性向上検討協議会が設置された．

　土木学会コンクリート委員会では，コンクリート構造物の設計・施工に必要なさまざまな情報を，「コンクリート標準示方書」をはじめ，指針類や報告書で広く社会に提供してきた．技術の進展にあわせて適切な技術情報や規基準類を整備することで，信頼性の高い手法に基づき，さまざまな要求性能を満足するコンクリート構造物を構築できる環境を整えている．i-Constructionの活動をはじめとして，生産性の向上は，優良な社会インフラを提供し続けるためにも，建設産業のみならず社会的に重要な課題である．コンクリート構造物の品質確保と生産性の向上を両立させる方策を見据えた技術情報の発信や，基準類の整備を継続的に続けることで，土木学会コンクリート委員会が果たすことができる役割は大きいと考えている．

　本ライブラリーは，タイトルを「コンクリート構造物における品質を確保した生産性向上に関する提案」とし，現状のコンクリート工の生産性を阻害している要因を抽出し，各方面に対して品質を確保した上で生産性の向上を図るための具体的な提案を示す内容となっている．今後，各発注者の仕様や標準示方書の改訂作業，i-Constructionでのガイドライン作成等の具体的な取組みにおいて，本ライブラリーが活用され，建設業界の生産性向上が図られていくことを期待したい．

　末筆ながら，本ライブラリーの作成にあたりご尽力を頂いた「生産性および品質の向上のためのコンクリート構造物の設計・施工研究小委員会」の石橋忠良委員長をはじめ，中村光幹事長，幹事各位，委員各位に深く感謝申し上げる次第である．

2016年12月

土木学会コンクリート委員会
委員長　前川　宏一

序

　近年，建設産業においては，我が国の少子高齢化による生産年齢人口の減少と，熟練技能者の大量離職が見込まれており，建設産業の生産性自体の向上と，新たな担い手確保のための魅力向上が重要な課題となっている．

　建設工事の中でも特に，土工とコンクリート工の生産性は30年前からほとんど向上していないとされており，生産性の向上が急務となっている．しかし，施工段階での工夫等による改善では生産性の向上効果はそれほど見込めず，設計段階，発注段階における施工性への配慮こそが大きな効果をもたらすと考えられる．

　このような中，2015年10月，株式会社大林組，鹿島建設株式会社，清水建設株式会社，大成建設株式会社，前田建設工業株式会社，オリエンタル白石株式会社，一般社団法人道路プレキャストコンクリート製品技術協会，一般社団法人全国コンクリート製品協会，以上8者（6社2団体）からの委託を受け，生産性の向上が建設分野で停滞しているコンクリート工についてその解決策を取りまとめることを目的として，土木学会コンクリート委員会内に，「生産性および品質の向上のためのコンクリート構造物の設計・施工研究小委員会」が設置された．

　本委員会では，生産性は施工者のみの生産性ではなく，発注者，設計者，品質管理者，施工者等コンクリート構造物の構築にかかわるすべての分野を考えて，トータルとしての生産性の向上を目指し，解決策を提案という形で示すことにした．また，生産性の向上策を示す際には，品質の確保を確実に担保する方策も併せて提案することとした．提案に際しては，発注者，設計者，施工者の自由度をできるだけ縛らないことにも配慮した．

　契約や仕様書等の各種のルールを変えるには，学識経験者や施工者だけでなく，建設事業に係るすべての関係者での議論が必要である．特に契約に関わることも多くあるので，委員には，発注者，設計コンサルタントからも多く参加していただいた．契約や積算についても重要なテーマとし，さらに，周辺の規定（ＪＩＳ等）についても生産性向上の面で支障になる事項について議論し，提案としてとりまとめた．

　提案の中には，ルールを変えればすぐにでも対応可能の事柄と，技術上の検討をすることで可能となるものもあり，これらが明確にわかるようにした．さらに，ルールを変えれば可能な事柄については，その改定の具体的な案も提案している．

　今後，本ライブラリーでの提案が発注者の中で検討されて展開されること，設計者や施工者がプレキャストコンクリートの有効活用を含む提案を採用することにより，品質が確実に確保される形で，コンクリート構造物の構築における生産性が向上すること，また，研究者においては，ここで示された研究課題に取り組まれることを切に願うものである．

　おわりに，本ライブラリーの作成にあたり，委員会活動のとりまとめから刊行に至るまで，多大なるご尽力を頂いた中村光幹事長をはじめ，委託側を含む委員・幹事の皆様に対して，厚くお礼申し上げる．

2016年12月

土木学会コンクリート委員会
生産性および品質の向上のためのコンクリート構造物の設計・施工研究小委員会
委員長　石　橋　忠　良

土木学会　コンクリート委員会　委員構成

(平成 27 年度・28 年度)

顧　　問　　石橋　忠良　　魚本　健人　　阪田　憲次　　丸山　久一
委 員 長　　前川　宏一
幹 事 長　　石田　哲也

委　員

△綾野　克紀	○井上　晋	岩城　一郎	△岩波　光保	○上田　多門	○宇治　公隆
○氏家　勲	○内田　裕市	○梅原　秀哲	梅村　靖弘	遠藤　孝夫	大津　政康
大即　信明	岡本　享久	春日　昭夫	金子　雄一	○鎌田　敏郎	○河合　研至
○河野　広隆	○岸　利治	木村　嘉富	△小林　孝一	△齊藤　成彦	○佐伯　竜彦
○坂井　悦郎	○坂田　昇	佐藤　勉	○佐藤　靖彦	○島　弘	○下村　匠
○鈴木　基行	須田久美子	○竹田　宣典	○武若　耕司	○田中　敏嗣	○谷村　幸裕
○土谷　正	○津吉　毅	手塚　正道	土橋　浩	鳥居　和之	○中村　光
△名倉　健二	○二羽淳一郎	○橋本　親典	服部　篤史	○濱田　秀則	原田　修輔
原田　哲夫	△久田　真	福手　勤	○松田　浩	○松村　卓郎	丸屋　剛
三島　徹也	○水口　和之	○宮川　豊章	○睦好　宏史	○森　拓也	○森川　英典
○横田　弘	吉川　弘道	六郷　恵哲	渡辺　忠朋	渡邉　弘子	○渡辺　博志

旧 委 員　　伊藤　康司
　　　　　　添田　政司
　　　　　　松田　隆

(50 音順，敬称略)
○：常任委員会委員
△：常任委員会委員兼幹事

土木学会　コンクリート委員会
生産性および品質の向上のためのコンクリート構造物の設計・施工研究小委員会
委員構成

委員長	石橋　忠良	ジェイアール東日本コンサルタンツ（株）
幹事長	中村　光	名古屋大学
委託側幹事長	古市　耕輔	鹿島建設（株）

委　員

綾野　克紀	岡山大学		○井口　重信	東日本旅客鉄道（株）
緒方　辰男	西日本高速道路（株）		○長田　光司	中日本高速道路（株）
○岸　利治	東京大学		木村　嘉富	国土技術政策総合研究所
○蔵重　勲	（一財）電力中央研究所		○小林　幸浩	八千代エンジニヤリング（株）
○篠田　健次	ジェイアール東日本コンサルタンツ（株）		島　弘	高知工科大学
鈴木　威	阪神高速道路（株）		伊達　重之	東海大学
谷口　秀明	三井住友建設（株）		谷村　幸裕	（公財）鉄道総合技術研究所
玉井　真一	鉄道建設・運輸施設整備支援機構		出羽　利行	西日本旅客鉄道（株）
徳光　卓	（株）富士ピー・エス		土橋　浩	首都高速道路（株）
○名倉　健二	清水建設（株）		○細田　暁	横浜国立大学
○本間　淳史	東日本高速道路（株）		山田　義智	琉球大学
渡辺　博志	（国研）土木研究所			

○印：委員兼幹事

委託側委員

有田　淳	前田建設工業（株）		伊藤　健一	清水建設（株）
臼井　達哉	大成建設（株）		大野　広志	清水建設（株）
大浜　大	鹿島建設（株）		片山　強	（社）道路プレキャストコンクリート製品技術協会
加藤　千賀	鹿島建設（株）		狩野　堅太郎	（社）全国コンクリート製品協会
○河野　哲也	鹿島建設（株）		佐々木　一成	（株）大林組
白石　芳明	（社）全国コンクリート製品協会		○杉橋　直行	清水建設（株）
平　陽兵	鹿島建設（株）		○武田　均	大成建設（株）
田中　将希	（株）大林組		土屋　雅徳	清水建設（株）
中村　敏之	オリエンタル白石（株）		○那須　將弘	（社）道路プレキャストコンクリート製品技術協会
○二井谷　教治	オリエンタル白石（株）		橋本　学	鹿島建設（株）
○平田　隆祥	（株）大林組		○舟橋　政司	前田建設工業（株）
古荘　伸一郎	（株）大林組		○星田　典行	（社）全国コンクリート製品協会
前田　利光	清水建設（株）		松岡　智	（社）全国コンクリート製品協会
宮田　佳和	清水建設（株）		村田　裕志	大成建設（株）

○印：委託側委員兼幹事

仕様調査WG　メンバー構成

　　　　　　　　　　主査　　古市　耕輔　　鹿島建設（株）
　　　　　　　　　　副査　　武田　均　　　大成建設（株）

大浜　大	鹿島建設（株）	加藤　千賀	鹿島建設（株）
河野　哲也	鹿島建設（株）	小坂　崇	阪神高速道路（株）
小林　幸浩	八千代エンジニヤリング（株）	佐々木　一成	（株）大林組
杉田　清隆	東日本旅客鉄道（株）	杉橋　直行	清水建設（株）
鈴木　威	阪神高速道路（株）	平　陽兵	鹿島建設（株）
田中　将希	（株）大林組	出羽　利行	西日本旅客鉄道（株）
橋本　学	鹿島建設（株）	藤野　和雄	東日本高速道路（株）
舟橋　政司	前田建設工業（株）	古荘　伸一郎	（株）大林組
宮田　佳和	清水建設（株）	村田　裕志	大成建設（株）
渡辺　博志	（国研）土木研究所		

現場施工WG　メンバー構成

　　　　　　　　　　主査　　杉橋　直行　　清水建設（株）
　　　　　　　　　　副査　　舟橋　政司　　前田建設工業（株）

有田　淳	前田建設工業（株）	井口　重信	東日本旅客鉄道（株）
井田　達郎	首都高速道路（株）	伊藤　健一	清水建設（株）
臼井　達哉	大成建設（株）	大野　広志	清水建設（株）
大浜　大	鹿島建設（株）	加藤　千賀	鹿島建設（株）
蔵重　勲	（一財）電力中央研究所	河野　哲也	鹿島建設（株）
佐々木　一成	（株）大林組	平　陽兵	鹿島建設（株）
武田　均	大成建設（株）	田中　将希	（株）大林組
谷村　幸裕	（公財）鉄道総合技術研究所	土屋　雅徳	清水建設（株）
橋本　学	鹿島建設（株）	福田　雅人	西日本高速道路（株）
古市　耕輔	鹿島建設（株）	平田　隆祥	（株）大林組
古荘　伸一郎	（株）大林組	宮田　佳和	清水建設（株）

プレキャストコンクリートWG　メンバー構成

主査	平田　隆祥	（株）大林組
副査	那須　將弘	（社）道路プレキャストコンクリート製品技術協会
副査	二井谷 教治	オリエンタル白石（株）
副査	星田　典行	（社）全国コンクリート製品協会

稲葉　尚文	中日本高速道路（株）	臼井　達哉	大成建設（株）
大浜　大	鹿島建設（株）	片山　強	（社）道路プレキャストコンクリート製品技術協会
加藤　千賀	鹿島建設（株）	狩野　堅太郎	（社）全国コンクリート製品協会
木村　嘉富	国土技術政策総合研究所	河野　哲也	鹿島建設（株）
佐々木 一成	（株）大林組	白石　芳明	（社）全国コンクリート製品協会
平　陽兵	鹿島建設（株）	武田　均	大成建設（株）
伊達　重之	東海大学	谷村　幸裕	（公財）鉄道総合技術研究所
土屋　雅徳	清水建設（株）	中村　敏之	オリエンタル白石（株）
前田　利光	清水建設（株）	松岡　智	（社）全国コンクリート製品協会
村田　裕志	大成建設（株）	渡辺　博志	（国研）土木研究所

コンクリート構造物における品質を確保した生産性向上に関する提案

目　　次

I編　総　論 ……………………………………………………………………………… 1

　1章　本ライブラリーの目的と構成 …………………………………………………… 1
　2章　国や各機関における生産性向上の取組み ……………………………………… 3
　3章　品質を確保した生産性向上の着目点 …………………………………………… 10

II編　課題と提案 ………………………………………………………………………… 15

　1章　設　計 ……………………………………………………………………………… 17
　2章　施　工 ……………………………………………………………………………… 72
　3章　プレキャストコンクリート ……………………………………………………… 96
　4章　発注，契約，その他 ……………………………………………………………… 116

付属資料1　「II編 課題と提案」の参考資料

付属資料2　プレキャストコンクリートの活用事例集

I編　総論

1章　本ライブラリーの目的と構成
1.1　目　的
1.2　構　成

2章　国や各機関における生産性向上の取組み
2.1　国（国土交通省）
2.2　建設業界
2.3　土木学会
2.4　コンクリート委員会

3章　品質を確保した生産性向上の着目点
3.1　生産性向上とは
3.2　生産性の阻害要因
3.3　生産性向上の着目点
3.3.1　施工の自由度の確保と検査による品質の確保
3.3.2　高密度配筋
3.3.3　発注者毎に異なる仕様，技術基準
3.3.4　プレキャスト化
3.3.5　新技術の活用，発注・契約

II編　課題と提案

1章　設　計
1.1　設計時3次元で配筋が可能なことを検証する
1.1.1　3次元モデル等で鉄筋同士が干渉しないことを確認する
1.1.2　3次元モデル等により鉄筋組立・コンクリートの打込み等の施工性を確認する
1.2　設計段階で施工性に配慮した配筋とする
1.2.1　コンクリート投入口およびバイブレーター挿入口を図面へ明示する
1.2.2　機械式継手を同一断面に集めた仕様を活用できる環境を整備する
1.2.3　ガス圧接以外の鉄筋継手工法が採用されやすい環境を整備する
1.2.4　せん断補強筋の機械式定着を活用できる環境を整備する
1.2.5　部材厚が大きいカルバートの主鉄筋の標準配筋間隔を125mmとする規定に対して150mmへ変更する
1.3　躯体形状を合理化し，鉄筋・型枠組立，コンクリート施工をシンプルにする
1.3.1　部材接合部の設計方法の規定を検討，整備する
1.3.2　施工性を考慮した構造が選ばれるような積算体系を検討・整備する
1.3.3　施設・設備に関連する構造を単純化および規格化する規定を追加する
1.4　新材料・新工法を活用する環境を整備する
1.4.1　コンクリート内に埋設できるスペーサの材料の規定を検討，整備する
1.4.2　埋設型枠を構造断面やかぶりとしてみなす規定を整備する
1.4.3　仮設物の本体工への積極的活用により生産性の向上を図る
1.4.4　鋼繊維補強コンクリートを構造部材へ適用できる規定を検討，整備する

1.5　発注者の設計指針類および示方書の標準での合理的な構造細目を整備する・・・・・・・・・・・・・・・・・48
　（定着）
　　　1.5.1　軸方向鉄筋の機械式定着を活用するための規定を検討，整備する・・・・・・・・・・・・・・・・・・48
　　　1.5.2　主筋の定着長内での折曲げ仕様の規定を検討，整備する・・・・・・・・・・・・・・・・・・・・・・・・50
　　　1.5.3　鉄筋の合理的な曲げ形状の性能照査方法を検討，整備する・・・・・・・・・・・・・・・・・・・・・・52
　　　1.5.4　せん断補強鉄筋の直角フックの適用可能範囲を明示する規定を検討，整備する・・・・・・・・54
　　　1.5.5　薄いスラブの定着長が1.3倍となる規定を見直す・・・・・・・・・・・・・・・・・・・・・・・・・・・・・55
　（継手）
　　　1.5.6　場所打ち杭の帯鉄筋にフレア溶接を活用するための規定を追加する・・・・・・・・・・・・・・・・56
　　　1.5.7　溶接閉鎖形帯鉄筋を活用できる規定を追加する・・・・・・・・・・・・・・・・・・・・・・・・・・・・・・57
　　　1.5.8　重ね継手の太径鉄筋での使用制限の規定を追加する・・・・・・・・・・・・・・・・・・・・・・・・・・59
　　　1.5.9　合理的な重ね継手の規定を検討，整備する・・・・・・・・・・・・・・・・・・・・・・・・・・・・・・・・・61
　　　1.5.10　あき重ね継手の規定を検討，整備する・・・・・・・・・・・・・・・・・・・・・・・・・・・・・・・・・・・63
　（高強度鉄筋）
　　　1.5.11　軸方向鉄筋への高強度鉄筋を活用するための規定を検討，整備する・・・・・・・・・・・・・・・65
　　　1.5.12　高強度せん断補強鉄筋を活用するための規定を検討，整備する・・・・・・・・・・・・・・・・・・67
　（その他）
　　　1.5.13　部分的なかぶり不足対策に防食鉄筋を活用できる環境を整備する・・・・・・・・・・・・・・・・・69
　　　1.5.14　面部材でのせん断補強鉄筋の最大配置間隔を検討，整備する・・・・・・・・・・・・・・・・・・・70

2章　施　工・・72
　2.1　コンクリートの仕様選択の自由度を上げる・・・・・・・・・・・・・・・・・・・・・・・・・・・・・・・・・・・・・・72
　　　2.1.1　発注時にコンクリートのスランプを規定しない・・・・・・・・・・・・・・・・・・・・・・・・・・・・・・72
　　　2.1.2　高流動コンクリートの選択が可能な規定を検討，整備する・・・・・・・・・・・・・・・・・・・・・・74
　　　2.1.3　振動・締固めを必要とする高流動コンクリートの選択が可能な規定を検討，整備する・・・76
　　　2.1.4　流動化剤の適宜使用を可能とする規定を検討，整備する・・・・・・・・・・・・・・・・・・・・・・・79
　　　2.1.5　水中不分離性コンクリートの適用条件を拡大できる規定を追加する・・・・・・・・・・・・・・・・80
　　　2.1.6　逆打ち部の施工方法の規定を追加する・・・・・・・・・・・・・・・・・・・・・・・・・・・・・・・・・・・・81
　2.2　打込み規定の自由度を向上させる・・・83
　　　2.2.1　許容打重ね時間間隔の設定の自由度を向上させる規定を検討，整備する・・・・・・・・・・・・・83
　　　2.2.2　練混ぜから打終わりまでの限界時間の設定の自由度を向上する規定を検討，整備する・・・85
　　　2.2.3　合理的な養生方法の規定を検討，整備する・・・・・・・・・・・・・・・・・・・・・・・・・・・・・・・・87
　2.3　鉄筋の組立の自由度を上げる・・89
　　　2.3.1　鉄筋の結束を合理化する環境を整え，技術開発を推進する・・・・・・・・・・・・・・・・・・・・・・89
　　　2.3.2　D25以下の鉄筋は定尺鉄筋を用いた配筋とする・・・・・・・・・・・・・・・・・・・・・・・・・・・・・・90
　2.4　新たな検査手法・検査制度の環境を整備する・・・・・・・・・・・・・・・・・・・・・・・・・・・・・・・・・・・91
　　　2.4.1　ＩＣＴ技術を用いた検査手法を活用できる環境を整備する・・・・・・・・・・・・・・・・・・・・・・91
　　　2.4.2　発注業務，工事監理業務を第三者機関で代行できる環境の整備と
　　　　　　検査基準を明確化する・・・93

3章 プレキャストコンクリート ... 96
3.1 プレキャストコンクリートの形状の規格化により生産性向上を図る ... 96
3.2 工場製品に用いるスペーサの低減を図る規定を検討，整備する ... 97
3.3 プレキャストコンクリートの設計法を明確にする ... 98
3.3.1 薄肉断面の曲げひび割れ強度算定式を検討，整備する ... 98
3.3.2 エポキシ樹脂塗装鉄筋使用時の耐久性を検討，整備する ... 99
3.3.3 低水セメント比コンクリート使用時の耐久性照査を検討，整備する ... 101
3.3.4 プレキャスト部材における全数継手の適用を拡大する ... 102
3.3.5 薄肉部材の単鉄筋における同一断面全数重ね継手部の規定を検討，整備する ... 104
3.4 プレキャストコンクリートの使用材料の選択肢を拡大する ... 105
3.4.1 リサイクル材料の活用の規定を検討，整備する ... 105
3.4.2 各種膨張材が採用されやすくなる規定を検討，整備する ... 107
3.5 コンクリート標準示方書へのプレキャストコンクリートの章の新設と用語の整理をする ... 108
3.6 プレキャストコンクリートの施工法・品質管理方法を明確化する ... 109
3.6.1 点溶接を鉄筋の組立に活用するための環境を検討，整備する ... 109
3.6.2 プレキャスト製品の強度管理方法を検討，整備する ... 110
3.6.3 工場製品の適切な養生方法を選択できる環境を整備する ... 112
3.7 プレキャストコンクリートの施工計画における留意点・検査基準を明確にする ... 114
3.7.1 プレキャストコンクリート工法の施工計画における留意事項を検討，整備する ... 114
3.7.2 工場製品の外観基準を検討，整備する ... 115

4章 発注，契約，その他 ... 116
4.1 設計時の照査条件を施工側に引き継ぐ ... 116
4.1.1 設計時に必要に応じて温度応力解析を実施し，検討条件を施工側に引き継ぐ ... 116
4.1.2 設計時に設定したひび割れ幅を施工側に引き継ぎ，補修すべきひび割れ幅を事前に設定する ... 118
4.2 土木設計を考慮した施設計画を行う仕組みを構築する ... 120
4.3 設計照査，修正の所掌範囲を明示する規定を追加する ... 122
4.4 プレキャストコンクリートの活用を推進する仕組みを検討する ... 123
4.4.1 プレキャストコンクリート工法の積算方法を検討，整備する ... 123
4.4.2 コンクリート構造物の建設に伴う環境負荷を評価できる積算方法を検討，整備する ... 125
4.5 単年度発注により年度末が工期末となるのを減らして施工時期を平準化する ... 126

付属資料1 「II編 課題と提案」の参考資料

目　　次

1.1.2　3次元モデル等により鉄筋組立・コンクリートの打込み等の施工性を確認する	128
1.2.1　コンクリート投入口およびバイブレーター挿入口を図面へ明示する	130
1.2.2　機械式継手を同一断面に集めた配筋仕様を活用できる環境を整備する	131
1.2.3　ガス圧接以外の鉄筋継手工法が採用されやすい環境を整備する	149
1.2.4　せん断補強筋の機械式定着を活用できる環境を整備する	155
1.3.1　部材接合部の設計方法についての規定を検討，整備する	159
1.3.2　施工性を考慮した構造が選ばれるような積算体系を検討・整備する	170
1.3.3　施設・設備に関連する構造を単純化および規格化する規定を追加する	178
1.4.1　コンクリート内に埋設できるスペーサの材料の規定を検討，整備する	186
1.4.2　埋設型枠を構造断面やかぶりとしてみなす規定を整備する	187
1.4.3　仮設物の本体工への積極的活用により生産性の向上を図る	191
1.4.4　鋼繊維補強コンクリートを構造部材へ適用できる規定を検討，整備する	192
1.5.1　軸方向鉄筋の機械式定着を活用するための規定を検討，整備する	196
1.5.2　主筋の定着長内での折曲げ仕様の規定を検討，整備する	199
1.5.3　鉄筋の合理的な曲げ形状の性能照査方法を検討，整備する	201
1.5.4　せん断補強鉄筋の直角フックの適用可能範囲を明示する規定を検討，整備する	215
1.5.5　薄いスラブの定着長が1.3倍となる規定を見直す	217
1.5.6　場所打ち杭の帯鉄筋にフレア溶接を活用するための規定を追加する	219
1.5.7　溶接閉鎖形帯鉄筋を活用できる規定を追加する	220
1.5.8　重ね継手の太径鉄筋での使用制限の規定を追加する	222
1.5.9　合理的な重ね継手の規定を検討，整備する	228
1.5.10　あき重ね継手の規定を検討，整備する	236
1.5.11　軸方向鉄筋への高強度鉄筋を活用するための規定を検討，整備する	237
1.5.12　高強度せん断補強鉄筋を活用するための規定を検討，整備する	248
1.5.13　部分的なかぶり不足対策に防食鉄筋を活用できる環境を整備する	251
1.5.14　面部材でのせん断補強鉄筋の最大配置間隔を検討，整備する	253
2.1.1　発注時にコンクリートのスランプを規定しない	267
2.1.2　高流動コンクリートの選択が可能な規定を検討，整備する	270
2.1.3　振動・締固めを必要とする高流動コンクリートの選択が可能な規定を検討，整備する	273
2.1.4　流動化剤の適宜使用を可能とする規定を検討，整備する	275
2.1.5　水中不分離性コンクリートの適用条件を拡大できる規定を追加する	277
2.1.6　逆打ち部の施工方法の規定を追加する	280
2.2.1　許容打重ね時間間隔の設定の自由度を向上させる規定を検討，整備する	283
2.2.2　練混ぜから打終わりまでの限界時間の設定の自由度を向上する規定を検討，整備する	285
2.2.3　合理的な養生方法の規定を検討，整備する	287

- 2.3.1　鉄筋の結束を合理化する環境を整え，技術開発を推進する ······················· 288
- 2.3.2　D25以下の鉄筋は定尺鉄筋を用いた配筋とする ······························· 291
- 2.4.1　ＩＣＴ技術を用いた検査手法を活用できる環境を整備する ······················ 292
- 3.1　プレキャストコンクリートの形状の規格化による生産性向上を図る ················ 296
- 3.2　工場製品に用いるスペーサの低減を図る規定を検討，整備する ···················· 297
- 3.3.1　薄肉断面の曲げひび割れ強度算定式を検討，整備する ························· 300
- 3.3.2　エポキシ樹脂塗装鉄筋使用時の耐久性照査法を検討，整備する ················· 303
- 3.3.3　低水セメント比コンクリート使用時の耐久性照査を検討，整備する ············· 308
- 3.3.4　プレキャスト部材における全数継手の適用を拡大する ························· 310
- 3.3.5　薄肉部材の単鉄筋における同一断面全数重ね継手部の規定を検討，整備する ····· 313
- 3.5　コンクリート標準示方書へのプレキャストコンクリートの章の新設と用語の整理をする ······ 314
- 3.6.1　点溶接を鉄筋の組立に活用するための環境を検討，整備する ··················· 316
- 3.6.2　プレキャスト製品の強度管理方法を検討，整備する ··························· 317
- 3.6.3　工場製品の適切な養生方法を選択できる環境を整備する ······················· 318
- 3.7.2　工場製品の外観基準を検討，整備する ······································· 319
- 4.1.1　設計時に必要に応じて温度応力解析を実施し，検討条件を施工側に引き継ぐ ····· 322
- 4.1.2　設計時に設定したひび割れ幅を施工側に引き継ぎ，補修すべきひび割れ幅を事前に設定する ······ 328
- 4.2　土木設計を考慮した施設計画を行う仕組みを構築する ··························· 334
- 4.3　設計照査，修正の所掌範囲を明示する規定を追加する ··························· 337
- 4.4.1　プレキャストコンクリート工法の積算方法を検討，整備する ··················· 339
- 4.4.2　コンクリート構造物の建設に伴う環境負荷を評価できる積算方法を検討，整備する ······ 341

付属資料2　プレキャストコンクリートの活用事例集

目　　次

- **1章　カルバート** ·· 347
  - 1.1　部分プレキャスト工法による斜角を有する大型ボックスカルバートの構築 ··············· 347
  - 1.2　部分プレキャスト製大型アーチカルバートの施工 ·· 350
  - 1.3　斜角がある部分への標準ボックスカルバート製品の活用 ································· 352
  - 1.4　頂版部材を分割したプレキャスト工法による大断面カルバートの施工 ··················· 354
  - 1.5　河川を横断する橋梁への逆台形ボックスカルバートの活用 ······························ 356
  - 1.6　耐久性の高いコンクリートを用いたプレキャストボックスカルバートの施工 ············· 358
  - 1.7　プレキャストボックスカルバートを用いた塩害劣化した橋桁の補強 ····················· 360
  - 1.8　大断面ボックスカルバートのプレキャスト化 ·· 363
  - 1.9　プレキャスト工法と場所打ちコンクリート工法の積算比較 ······························ 366
- **2章　橋梁** ·· 369
  - 2.1　橋梁高欄におけるプレキャストコンクリート製品の活用（仮設から本設への転用） ······· 369
  - 2.2　超高強度繊維補強コンクリートによる歩道用プレキャストコンクリート床版の施工 ······· 371
  - 2.3　プレキャストセグメント工法による橋梁の施工 ·· 374
  - 2.4　橋梁上下部工のプレキャスト化 ··· 376
  - 2.5　ＰＣ床版橋における場所打ち工法とプレキャスト工法の比較 ···························· 380
- **3章　河川・護岸** ·· 382
  - 3.1　残存型枠式根固めブロック工の施工 ·· 382
  - 3.2　残存型枠による河川・海岸堤防の護岸基礎の施工 ······································· 384
  - 3.3　残存型枠による海岸の波返しの施工 ·· 386
  - 3.4　残存型枠による漁港岸壁および海岸岸壁の腹付け工の施工 ······························ 388
  - 3.5　残存型枠による矢板および鋼管の上部コーピング工の施工 ······························ 390
- **4章　その他** ·· 392
  - 4.1　鉄道営業線直上におけるハーフプレキャストコンクリートの活用 ························ 392
  - 4.2　ダム堤体におけるプレキャスト部材の活用 ·· 396
  - 4.3　地上式ＰＣＬＮＧタンク構築における埋設型枠の活用による工程短縮 ··················· 398
  - 4.4　プレキャスト製品の搬送・据付け工法の活用 ·· 401
  - 4.5　防護柵基礎等が一体化されたプレキャスト製品による早期交通解放 ····················· 404
  - 4.6　鉄筋コンクリート製階段のプレキャスト化 ·· 406

I編　総論

I編 総論

1章 本ライブラリーの目的と構成

1.1 目　的

　近年，建設業界は，今後の生産年齢人口の減少をみこして，また新たな担い手の確保の観点から魅力ある業界とするために，生産性向上のためのさまざまな取組みを始めている（詳細は次章で示す）．建設業の中でも，特に土工やコンクリート工に関する生産性は，数十年前とほとんど変わりがないとされている．そこで，土木学会・コンクリート委員会では，コンクリート構造物の構築に係る生産性の向上を目的とした「生産性および品質の向上のためのコンクリート構造物の設計・施工研究小委員会」を立ち上げて，課題を抽出し，対応策について検討し，その内容を「提案」という形にして本ライブラリーに取りまとめた．

　本ライブラリーは，現在，建設業界が置かれている状況とともに，発注機関，設計機関，施工会社および研究機関のそれぞれの立場において，品質を確保したうえで生産性を向上するためには何をすべきかを網羅的にまとめたものを，産官学に所属するすべての人に広く提供することを目的としている．

　施工段階のみでの工夫による生産性向上の効果には限界があり，構造物の構築方法も含めた設計段階までさかのぼることで，より大きな効果が得られることから，コンクリート標準示方書［施工編］だけでなくコンクリート標準示方書［設計編］に対しても提案を行っている．また，プレキャストコンクリートの利用拡大も生産性向上に寄与するところが大きいことから，その活用のための課題の整理と提案も行っている．実際の建設事業においては，学会の示方書類の変更だけでは実務に反映することが難しいことから，今回は土木学会という産官学が集う組織の利点を活かして，契約の主体として仕様に関する知見を持つ発注者も交えて議論し，その結果として，発注者の契約に係る工事・設計の仕様書類に対しての提案も行っている．構造物の建設における上流から下流まで一貫した環境整備をすることにより，真の生産性向上が実現する．さらに，各提案を実現するには，現在の技術レベルでは達成できない事項については，今後の研究開発の進展，そして，仕様書，指針類への展開が期待される項目を記載している．

　本ライブラリーで示す発注の仕様に対する提案は，全てそのまま実施すればよいというものではなく，各事業者で，本提案を深く吟味していただき個別の事業に適した運用方法の検討をお願いしたい．また，示方書に対する提案は，現時点における生産性向上のための示方書の方向性を理解いただき，今後，示方書へ反映するための議論等，その経緯を含めて広く公開すること自体が，生産性向上に寄与する有意義な事と考え提案という形で示すこととしたものである．

　ここでの提案が，国や建設業界で進めている生産性向上に係る各種の施策と呼応し，建設事業のさまざまなプロセスにおいて具現化されることにより，真の生産性向上が図られることが期待される．

1.2 構　成

　本ライブラリーでは，Ⅰ編を総論とし，「1章 本ライブラリーの目的と構成」で本ライブラリーの発刊に至った経緯と目的，および本ライブラリー全体の構成について，「2章 国や各機関における生産性向上の取組み」で，本ライブラリーをまとめるために小委員会が発足した前提や，同時期に活動している建設業界全体の動きを，「3章 品質を確保した生産性向上の着目点」では，本書をまとめるにあたって委員会で議論した中で着目すべきポイントを記載した．

　Ⅱ編では，各着目点に関して，生産性を向上させるための具体的な課題ごとに「1章 設計」，「2章 施工」，「3章 プレキャストコンクリート」，「4章 発注，契約，その他」に分類して示している．この時，各課題

に対する提案の反映先を明確にするため,「研究に関する提案」,「標準示方書類に対する提案」,「発注者の仕様に対する提案」に分けて記載した.生産性向上のためには,品質を確保できる技術的な根拠を「研究」し,これを「示方書類」でオーソライズし,最終的に「発注者の仕様」に取り入れるという手順の必要性から,このような整理を行ったものである.また,それぞれの提案はトータルとして生産性向上が見込めるが,どの分野にどう影響するのかということについても提案の効果として分野別に示している.

なお,巻末の付属資料には,付属資料1としてⅡ編での具体的な提案をするにあたり,委員会で調査・収集し,議論に用いた提案の根拠となる資料を取りまとめているので,各課題に関して検討をする際の参考としていただきたい.また,付属資料2として既に活用して効果が認められているプレキャストコンクリートの事例を構造物ごとに整理して示しているので,プレキャストコンクリートの活用を検討する際の参考としていただきたい.

2章　国や各機関における生産性向上の取組み
2.1　国（国土交通省）

　我が国の建設産業は，経済成長期においては全産業を活性化させるための社会基盤の整備の担い手であるとともに，景気対策を目的とした投資先でもあったことから，安定した事業実施と発展がなされてきた．その結果として，当時は他の産業に比べて生産性は比較的高い水準であった．しかし，日本社会が発展期から成熟期に移った頃から，社会資本の一定の充足感，および甚大な災害が無かったことにより，国土の安全・安心の確保において必要不可欠である建設産業に関する国民の認識が変化し，投資先の見直しがなされた．この時，建設産業は構造改革等の合理化は行ったが，有能な技能者を豊富に抱えていたこともあり，建設作業自体の生産性の向上に関しては特別な対応を取ってこなかった．一方，他産業は海外との競争激化の中で生産体制の改善を含めた対応により生産性を向上させた結果，建設業は他産業に比べて相対的に生産性が低くなってきた．そこで，1999年には，当時の建設省土木研究所が主体となって，生産性を向上するための構造形式の検討が行われ，「土木構造物設計マニュアル（案）に係わる設計・施工の手引き（案）ボックスカルバート・擁壁編」[1]として取りまとめている．しかし，これらは一部の構造物の指針類や，いつくかの地方整備局の発注仕様書には反映されたものの，政治を含めた社会・経済状況もあり，コンクリート構造物全般に普及することはなかった．

　その後も，建設業の生産性はトンネル工事等の一部の工種を除き大きくは改善されることはなく，建設事業を取り巻く環境はさらに厳しくなり，近年では，建設投資額がピーク時の60％程度に減少し，また，建設産業の従事者についてもピーク時の75％になっている．さらに，この従事者の年齢構成をみると，50歳以上の割合が4割と非常に高く，10年後にはこれらの高齢者の離職により技能人口が不足することとなり，必要な建設事業の遂行に支障が出ることが危惧されている．これを打開する解決策として，少ない人数で建設事業を遂行できるように建設業の生産性を高めることが挙げられる．また，人材の確保の観点からは，建設業が魅力的な産業となり若者や女性の入職者を増やすことが考えられる．

　我が国の建設業を主管する国土交通省では，上述のような建設業の置かれている状況を踏まえて，生産性向上と人材確保を実現すべく，2015年12月に「i-Construction」を打ちたてて推進している．この中では，建設業の中で特に生産性が従来からほとんど変化していない，造成工事とコンクリート工事を対象として，自動化，省力化に取り組んでいる．特にコンクリート構造物の施工に関しては，2016年3月には，コンクリート工の生産性向上を進めるための課題および取組み方針や全体最適のための規格の標準化や設計手法のあり方を検討することを目的とした「コンクリート生産性向上検討協議会」（委員長：前川宏一東大教授）を発足し，数年間でガイドラインの改定と設計手引きの策定をすべく検討を開始している．一方，2016年の2月には，建設業の生産性向上に関する民間の取組みを支援・加速するために，「建設分野における生産性向上に資する技術開発」をテーマとして平成28年度建設技術研究開発助成制度における技術開発公募がなされて随時推進された．この中でも，①測量，設計，施工，検査等，土木・建築工事の各プロセスにおいて，ＩＣＴ等の活用による生産性向上（効率化等）が期待できる技術開発，②土工またはコンクリート工等，土木・建築工事の省力化や工期短縮など生産性向上が期待できる技術開発，③橋梁等の大規模構造物におけるプレキャスト部材（ハーフプレキャストを含む）を用いる場合，効率的かつ安全に接合でき，耐震性能が確保できる技術開発――等が例示されている．

　また一方で国土交通省は，公共工事の品質確保の担い手の中長期的な育成・確保のため，発注者の責務拡大や多様な入札契約制度の導入・活用を規定する「公共工事の品質確保の促進に関する法律（品確法）」およびこれと密接に関連する「公共工事の入札および契約の適正化の促進に関する法律」，「建設業法」の改定を

2014年に実施している．特に，品確法において生産性向上策に関するものとしては，新技術や民間のノウハウを活用し，これに実際に必要とされる価格での契約が可能な「技術提案交渉方式」の採用等を打ち出している．

　このように，国土交通省においては，建設現場における一人一人の生産性を向上させ，企業の経営環境を改善し，建設現場に携わる人の賃金水準の向上を図るとともに安全性の確保を推進するため，契約価格の適正化や事業の特性等に応じて選択できる多様な入札契約方式の導入等，さまざまな取組みがなされている．

2.2　建設業界

　近年は，建設業を取り巻く環境の変化を受けて，建設生産に携わるさまざまな業界団体ごとに，生産性向上に関する取組みがなされてきている．この中には，既に上述の国の取組みにも反映されようとしているものもある．ここに代表的な業界団体の取組みについて概説する．

(1) 日本建設業連合会（日建連）

　建設業の技能労働者は，高齢化に伴う大量離職によって，2015年からの10年間で約128万人減少すると予想されている．この減少分に対し，日建連は，2015年3月に策定した長期ビジョンの中で，90万人分は若者を中心とする新規入職者の確保で補い，残りの35万人分を生産性向上で補っていくとの目標を示した．生産性向上に関しては，こうした動きと並行して，土木分野では①現場打ちコンクリート工の効率化，②プレキャスト導入の促進，③生産性向上に貢献する先進技術の積極的導入──等の具体的な取組みについて検討が進められた．

　1つ目の現場打ちコンクリート工の効率化については，「機械式鉄筋定着工法」および「機械式継手工法」の活用拡大に向け検討が行われた．その後，現場打ちコンクリート工の効率向上に資する技術として「高流動・中流動コンクリート」が加えられ，これらが設計段階から取り入れられるよう国土交通省に対する働きかけが行われた．国土交通省もi-Constructionの中でこれらの要素技術の積極的な利用促進を施策の一つに掲げており，今後は国土交通省と日建連が一体となって活動し，活用拡大が進むものと期待される．実際に機械式鉄筋定着工法に関しては，日建連が中心となって立ち上げた技術検討委員会に大学教員や国土交通省，土木研究所の方が参加し，ガイドラインが策定された．機械式継手工法，高流動・中流動コンクリートについても，今後同様の取組みが行われることになっている．

　2つ目のプレキャスト導入の促進については，2015年9月にプレキャスト推進検討プロジェクトチームを立ち上げて，プレキャストの導入実態の調査や導入効果の分析，プレキャストに相応しい工種の選定，プレキャスト化推進のための具体的方策の検討を実施した．プレキャストについても，その活用拡大を図るためには設計段階からの導入が不可欠であるが，現場打ちに比べてコストが割高になること等が足かせとなって導入が進んでいないのが実態である．プロジェクトチームでは，大規模ボックスカルバート，道路の高架橋，高橋脚の3工種で今後のプレキャスト導入拡大が期待できるとした．導入拡大のための具体的方策としては，国等（発注者）による条件整備と施工者サイドの自助努力を2本の柱とした．前者については，規格化・標準化，プレキャスト導入の評価基準の確立，設計指針・基準への位置付け等を要望として取りまとめ，i-Constructionに提案した．また，後者の自助努力としては，より効果的な適用方法や新たな材料の活用に関しての検討を行っている．

　生産性向上に貢献する先進技術の積極的導入については，情報化・無人化施工，ロボット，ＣＩＭの積極的導入や活用拡大に向けた検討が行われ，会員各社においても活発な技術開発や実工事への展開が行われて

いる.

　日建連として取り組んできた生産性向上のテーマは，その多くが，国土交通省が推進するi-Constructionとリンクするものである．日建連はi-Construction推進の中核的役割を担い，建設業の生産性向上を先導するとの立場を鮮明にしており，今後は，国土交通省と連携しながら，施策の具体化に向けた動きが加速していくものと思われる.

　なお，日建連では，2016年4月，生産性推進要綱を策定し，主要な項目の具体的な推進方策を提示するとともに，それぞれの当面5年程度における工程や目指すべき目標等を示している．

(2) プレストレスト・コンクリート建設業協会（ＰＣ建協）

　プレストレスト・コンクリート建設業協会（ＰＣ建協）においては，ＰＣの専門技術を活かし，これまでにも生産性の向上に取り組んできた．第一に，プレテンＰＣ桁のＪＩＳ化が挙げられる．標準図集を整備し，プレキャスト部材の標準化と活用促進を図った．また，支間長25m～35m程度の橋梁に関しては，土木研究所と共同でＰＣコンポ橋を開発し，プレキャスト部材の活用拡大とコスト縮減を実現した．さらには，ＰＣ技術を応用し，各種コンクリート構造物のプレキャスト化を促進してきた．

　ＰＣ建協では，これらの経験を活かし，更なる生産性向上を推進するため，各種方策を継続的に国土交通省に働きかけるとともに，①標準化における生産性の向上，②プレキャスト技術の拡大，③ＩＣＴ技術の活用を3本柱として提案を行った．

　まず，標準化における生産性の向上に関しては，既に標準化（ＪＩＳ化）したプレテン桁およびコンポ桁以外の構造で，官民の連携により標準化を目指す．中空床版橋や箱桁橋等の場所打ち構造物およびＵ型コンポ橋やブロックホロー桁等のプレキャスト構造物がそれにあたる．また，ハンチ形状，ウェブ形状や桁高変化等，形状の単純化による生産性の向上，および標準化された構造が活用できるような道路線形の設定やプレキャスト部材を活用するための建設工事における用地の確保等，橋梁計画段階における提案も行ってきた.

　プレキャスト技術の拡大に関しては，初期コストについて，工場製作における機械化や安定した労働力の確保等と発注者側の施策の実現により削減の努力をしている．併せて，プレキャスト化に伴う効果を適切に評価することによって活用促進を図る提案を行っている．プレキャスト化することにより，省力化，安全性の向上，工期短縮，品質および耐久性の向上，環境負荷低減等の効果があり，これらを適切にかつ定量的に評価する方法の導入を提案した．さらには，計画段階でのプレキャスト構造の採用促進に向けては，場所打ちとプレキャストの比較機会増進の方策，および詳細設計付き発注（ＥＣＩ方式等）やデザインビルド，技術提案・交渉方式等，ＰＣに関する専門技術力を活用し，総合的な最適化が図れる方策について国土交通省と検討していく予定である．

　ＩＣＴ技術の活用については，ＣＩＭデータの作成および運用に関するルールの策定を提案している．今後，ＩＣＴ技術を建設工事に活用促進していくためには，データ作成等初動の段階や，データの形式およびそれらの引き渡しルール等が必要であり，国土交通省と連携して確立を目指していく予定である．建設工事において活用が考えられる技術としては，電子書類による承認，動画送信による検査，クラウドサーバを活用した電子書類の共有化，3次元レーザスキャナを活用した出来形計測，デジタル画像を活用した出来形計測等が挙げられ，施工管理や承認手続きの効率化に向けた協力体制の構築を図っていく．

　ＰＣ建協においては，これらの生産性向上に関する諸検討を産官学連携で推進していくとともに，協会内にこれらの検討を中核的に行う組織として，生産性向上検討委員会を設置して強化を図っている．

(3) 全国コンクリート製品協会

　プレキャストコンクリート製品（以下，ＰＣａ製品と記す）は，品質の安定性や現場での省力化や省人化効果が期待されており，各種リサイクル材の利用の可能性が高いこと等の点から，循環型社会の構築に大きな貢献が期待されている．しかしながら，我が国では，ＰＣａ製品の利用率は2006年度の実績で12.8%となっており，北欧を中心とした諸外国での利用実績である20～50%と比較すると極めて低い水準にある．

　2013年より年1回コンクリート製品業界団体と国土交通省の本省と各地方整備局の技術担当官を一堂に会した意見交換会を開催するとともに，地方整備局ごとに業界団体との意見交換会も行い，国の方針の徹底や緊急時の対応等についてのディスカッションを行ってＰＣａ製品への理解を深めている．全国コンクリート製品協会では2014年度より会員社が実施したコンクリート構造物のＰＣａ化事例集を作成して，前記の意見交換会に配布してＰＣａ製品および工法への認識の向上に活用している．

　最近では国土交通省のコンクリート生産性向上検討協議会にも参加して，ＰＣａ製品の利用による現場の更なる生産性向上を目的として小型製品の大型化や接続部の標準化によりＰＣａ製品の施工性の向上に向けた取組みを行い始めている．

　以上のように，全国コンクリート製品協会は，ＰＣａ製品に関する調査研究活動および関連ＪＩＳ規格の改正推進の観点から，ＰＣａ製品の技術環境を整備し，建設分野における利用拡大と生産性向上のための機会増大を図る取組みを行っている．

(4) 道路プレキャストコンクリート製品技術協会（ＲＰＣＡ）

　プレキャスト製品業界は，社会資本整備の一翼を担うことによって，社会の発展に貢献してきた．その社会資本の中にあって，社会活動を支える最も基本的な施設である道路は，事業量も大きく，またストックも膨大であり，ＰＣａ業界が深く関わる施設でもある．道路構造物とＰＣａ業界を取り巻く環境が，近年大きく変わりつつある．

　道路構造物の性能規定化により，同種のＰＣａ製品を用いた構造物といえども，施設が異なれば，求められる性能等に違いが生じる．さらに，その構造物を構成するＰＣａ製品に求められる性能等にも違いが生じ，各種施設ごとにＰＣａ製品を使用する構造物の目的や要求性能等が十分に発揮されるように，ＰＣａ製品が担うべき使用性，安全性，耐久性等の性能項目を的確に規定し，物理量として提示できる照査指標を定めて，基準値を規定する必要がある．

　また，性能発注方式により提示される要求性能は，施設あるいは道路構造物に要求される性能であり，構造物に使用されるＰＣａ製品の性能そのものではない．したがって，両者の技術的な関係を明らかにするための，技術的な基準や設計法等が確立されていなければ，ＰＣａ製品を使用する構造物の性能が要求性能を満足することの明確な証明ができない．しかし，現状ではＰＣａ製品を網羅した技術指針等は策定されていないことから，道路プレキャストコンクリート製品技術協会が中心となって性能規定化に対応した技術指針の策定が進められている．

　現在は，国土交通省のコンクリート生産性向上検討協議会にも参画し，上述の技術指針の展開とともに，大型構造物のプレキャスト化において課題となる，ＰＣａ製品の継手部の課題を解決し，ＰＣａ製品が活用できる環境を整え生産性向上を目指している．

(5) 建設コンサルタンツ協会

　建設コンサルタント業界は，我が国の社会資本整備における「構想・計画」，「設計」，「工事発注計画」，「積

算」，「入札・契約」で，行政の重要なパートナーとしての役割を果たしてきた．さらに，社会ニーズの変化に対すべき「事業執行における主体的な役割の拡大」，「国際化への対応」，「地域住民，NPO 等の活動の活性化」，「環境問題」等に積極的に取り組んでいる．建設コンサルタンツ協会は，協会員の活動を支援するとともに，協会として各種課題を把握・集約し，その解決に向け活動を実施している．建設業の生産性向上に向けた取組みとしては，①生産性向上へ向けた関連基準・要領やガイドライン等の作成支援，②ＣＩＭ導入およびＩＣＴ技術活用による事業の効率化へ向けた取組み，③新たな契約方法等も含めた事業の効率化検討——等を推進している．

一つ目の生産性向上へ向けた基準整備・ルール作りへの対応としては，2015 年度には「機械式鉄筋定着工法技術検討委員会（ガイドライン作成）」，「機械式継手工法技術検討委員会」および「機械式鉄筋定着工法の検討委員会（審査証明）」に委員を派遣しており，これまで試行的に用いられた新技術を活用推進していくための課題等を踏まえた提言等行っている．今後も，i-Construction 施策推進のために必要なＩＣＴ技術やコンクリート工の生産性向上に寄与する各種要素技術等の検討委員会に参画していく予定である．

二つ目のＩＣＴ技術活用における事業効率化へ向けたＣＩＭ技術の導入推進については，協会内に特別委員会の一つとしてＣＩＭに関する技術課題対応を担うＣＩＭ対応ＳＷＧを設置したほか，実務ベースでの技術的解決を検討するＩＣＴ委員会，その下部委員会としてＣＩＭ技術専門委員会を設置し，技術部会と連携してＣＩＭ推進に取り組んでいる．取組み内容としては，関連団体との協働で，「ＣＩＭモデル作成ガイドライン（案）」（トンネル，橋梁，ダム，河川等）の作成や，ＣＩＭ導入推進や i-Construction 施策で必要な「3次元土量算出ガイドライン（案）」等の素案作成を実施している．また，ＣＩＭ技術が活用される環境整備として，建設コンサルタンツ協会員に対するＣＩＭ技術導入に必要な人材教育の他，普及活動として全体統合モデルの試行モデルを作成し，協会内外への公開に向けた準備を実施している．

三つめの新たな契約方法等も含めた事業の効率化については，各種事業内容に合わせた効率的な事業を進めるための事業者，設計者，施工者相互の役割について検討を始めており，国土交通省および関連する諸団体等との意見交換や技術検討会等を通じて，情報収集，課題整理・共有，検討，各種提案を行っている．

建設コンサルタンツ協会は，これらの取組みによる品質向上の他，建設業の生産性向上による担い手確保等を視野に入れながら，技術的課題の解決に向けた技術支援を継続し，新たな契約制度や事業の効率化等，ソフト面での技術支援を実施している．

2.3　土木学会

日本は，急速な少子高齢化に伴う生産年齢人口の減少問題に直面しており，土木界では，技術者や技能者の確保が喫緊の課題としてクローズアップされている．他産業より低いとされる生産性を向上させ，現場の安全，休日，安定収入の確保を図り，土木を若者や女性に選ばれる職業に変えていかなければ，多発する自然災害への対応，老朽化しつつある社会資本の維持管理・更新等，土木が社会から求められる役割を果たすことが難しくなると懸念される．

このような背景の下，土木学会では，2016 年 4 月に土木の生産現場における安全性，生産性，信頼性の向上，また，女性等の参画を含めた担い手の確保をテーマとする特別タスクフォース「現場イノベーションプロジェクト～次世代に繋ぐ現場のあり方～」（委員長：田代民治第 104 代会長）を設置した．国土交通省の i-Construction はもとより，日本建設業連合会等の活動とも連携しながら，産官学におけるさまざまな分野の専門家が集まる学会の特徴を生かして，特に，学術的な面（技術基準・設計，教育・研究等）から土木界の取組みを加速していくこととしている．本タスクフォースは，学会内の委員会のうち，テーマに関連の深

い10の委員会で構成し，外部から発注者や建設コンサルタント，建設会社にも参加してもらう．今後，活動の進展に伴い，新たな委員にも参加を依頼するとともに，ITや機械等異分野からもアドバイザーとしての参加を想定している．実動に関しては**表2.1**に示す3テーマに対して，それぞれ複数の委員会メンバーが参加する委員会横断型のワーキンググループを構成して検討を行っている．

この中で特に，「コンクリート構造物の生産性・安全性向上技術（プレキャスト化等）の導入促進」ワーキングに関しては，「生産性および品質向上のためのコンクリート構造物の設計・施工研究小委員会」（本小委員会）での活動成果を取り込み，さらに品質・安全性の向上，現場管理の信頼性向上等付加価値に着目し，その定量評価法の開発およびそれらの評価を考慮した発注システムのあり方について，建設マネジメント委員会等も交え，検討を行う予定としている．

表2.1 タスクフォースの重点テーマ

	テーマ	活動項目
1	コンクリート構造物の生産性・安全性向上技術（プレキャスト化等）の導入促進	1)「生産性および品質向上のためのコンクリート構造物の設計・施工研究小委員会」の成果の展開 2) プレキャスト化等を先行例とした品質・安全性の向上，現場管理の信頼性向上等付加価値の定量評価法の開発およびそれらの評価を考慮した発注システムのあり方検討
2	ＩＣＴ・ロボット等，次世代建設技術の実用化・普及を支える研究・教育の拡充	1) 次世代建設技術に関する土木情報学及び建設ロボットの学際的調査研究 2)「土木情報学」テキスト（編纂中）の発刊，主要大学土木系学科への展開 3) 情報化施工等に関する教育素材（動画等）の収集・作成，講習会等の実施 4) 異業種・海外を含めた学会外との連携強化，先端技術情報の収集・発信
3	女性や若手，シニアを含めた担い手の確保，土木界の裾野拡大	1) 教育の場との連携（現場見学会，出前授業，教育素材の収集・提供等） 2) 土木界に女性や若手を取り込むための活動（交流イベント等） 3) 土木界における働き方の多様性の紹介による次世代技術者の育成

2.4 コンクリート委員会

コンクリート委員会としては，現時点では上述のような特別タスクフォースにも関連した，2015年10月に設置した「生産性および品質向上のためのコンクリート構造物の設計・施工研究小委員会」（本小委員会）の活動があるが，以下にそれ以前の取組みについて概説する．

土木学会コンクリート標準示方書においては，許容応力度法から限界状態設計法へ，仕様規定型設計法から性能照査型設計法へと移行してきており，一部に構造細目として規定されている仕様規定も残っているものの，設計の自由度は格段に上がっているといえる．

本ライブラリーのテーマである「生産性向上」に関連する示方書の改訂内容としては，コンクリートの施工性能に配慮した打込みの最小スランプの規定の施工標準への記載が挙げられる．2002年の改訂では新たに「施工性能」という用語が定義され，2007年の改訂では，配筋の高密度化のためコンクリートの施工が困難となるケースが増えていることを受けて，[施工標準]におけるコンクリートのスランプの規定が大幅に見直された[2]．具体的には，各施工段階で変化するスランプを示し，製造から打込みまでの各施工段階のうち，打込み箇所で必要とされる「打込みの最小スランプ」を規準とすることが明記された．打込み箇所で必要な最小スランプは，主に部材の種類や鋼材量等の構造条件，ポンプ圧送等による運搬や打込み・締固め作業の難易度等の施工条件によって異なるため，代表的な部材としてスラブ・柱・はり・壁のＲＣ部材，および主に橋梁上部工を対象としたＰＣ部材を取り上げ，それぞれについて鋼材量（鋼材あき）と締固め作業高さと

を相関させた「打込みの最小スランプ」の目安が一覧表として示された．本ライブラリーにおいても，配筋の高密度化が生産性向上の阻害要因の一つとなっている現状を踏まえたいくつかの提案があり，コンクリートの施工性能に関連する規定は，現場での生産性向上のための解決策の一つとなるものである．

次に，本ライブラリーのテーマに近い内容を含む最近の委員会活動として，鉄筋コンクリート設計システム研究小委員会（340委員会）における検討概要をここに要約して示す[3),4)]．340委員会は鉄筋コンクリート設計システムの将来像を探求することを目的として設置され，2期4年間に渡り活動が行われた．この中で，「よい設計」を実現するためのその時点での課題や弊害とその改善策について，技術基準（照査方法），設計・施工・維持管理の分業体制，契約方式，技術教育等の視点から検討された．また，よい設計を追求する際に障害ともなり得る構造細目に対して，その根拠や出典の調査，および現状の規定における構造細目の整合と問題点についても検討された．構造細目の整合と問題点に関する成果は，構造細目が設定された背景にも言及されている．ここでは，よい設計とは，設計者が設計作業において，目的関数および制約条件を設計者の意思で設定し，明確に説明できる設計のことであると定義された．施工に関連して，「よい設計」は，構造物が設計通りに施工されることで達成されるものであり，設計段階で施工性を十分に検討しておくことが重要であるとの認識のもと，施工性照査のあるべき姿について検討され，施工性照査の現状の問題点，必要照査レベルと照査内容，施工性照査に関わる事例が取りまとめられた．照査内容の具体的な項目としては，フレッシュコンクリートに対する照査，鉄筋に対する照査，硬化コンクリートに対する照査があり，本ライブラリーでの生産性向上のための提案とも関連するものである．

最後に，コンクリート標準示方書［基本原則編］[5)]の序に紹介されている昭和24年大改訂時の吉田徳次郎先生による前文の一部を示す．

「標準示方書を適用する場合には，字句にこだわり過ぎてはならないのであって，示方書の精神をよく理解し，必要があれば，これを適当に修正して活用しなければならないのである．しかし，何らの実験もしないで単に現場の都合等により，示方書の条項にそむくと一般に不経済となり，また重大な失敗を招くことになることもあることを忘れてはならない．」

本ライブラリーは生産性向上のためのさまざまな提案を行うものであるが，単に現場の都合等により示方書の条項を逸脱するような変更は厳に慎むべきであり，示方書の精神をよく理解した上で適切な修正がなされるべきである．

参考文献

1) 全日本建設技術協会：土木構造物設計ガイドライン 土木構造物設計マニュアル(案) 土木構造物・橋梁編 土木構造物設計マニュアル(案)に係わる設計・施工の手引き(案) ボックスカルバート・擁壁編，1999.11
2) 土木学会：2007年版コンクリート標準示方書改訂資料，コンクリートライブラリーCL.129，2008.3
3) 土木学会：鉄筋コンクリート構造物の設計システム ― Back to the Future ―，コンクリート技術シリーズ95，2011.5
4) 土木学会：鉄筋コンクリート構造物の設計システム ― Back to the Future II ―，コンクリート技術シリーズ104，2014.7
5) 土木学会：2012年制定コンクリート標準示方書［基本原則編］，2013.3

3章　品質を確保した生産性向上の着目点

3.1　生産性向上とは

　人口減少や高齢化に伴い，今後，建設技術者や建設技能者が減少していくことが予測されており，建設業では生産性向上が急務となっている．本委員会では，コンクリート構造物の生産性向上は，直接的な生産の担い手となる製造者，施工者に留まらず，設計者，発注者ひいてはコンクリート構造物を利用する国民に至る全ての立場の者に，生産性向上のメリットを享受できることを目的とすべきであることが確認され，そのための活発な議論が行われた．

　また，通常，生産性は特定の産業や企業の評価として用いられる．産出量をコンクリート構造物の機能，性能等を向上させることと位置づければ，生産性は，設計や施工等建設プロセスの各段階で評価するのではなく，コンクリート構造物が完成形に至る計画・設計・施工および発注等の各段階での生産性をトータルして評価するべきと考えた．そのため，あるプロセスで生産性が低下することがあったとしても，トータルとして生産性が向上する全体最適を行うことが重要であるという視点で検討を行い，一部分，例えば設計者の生産負荷が増大することも恐れず，これをきちんと議論し記載することとした．

　生産性の定義は，投入量と産出量の比率であり，ＯＥＣＤ（経済協力開発機構）の定義によれば，産出量を労働で割った労働生産性，生産量を有形固定資産で割った資本生産性，投入量を全生産要素で割った全要素生産性等各種指標がある．定義に基づけば生産性の向上は，産出量の相対的な増加かあるいは投入量の相対的な減少により達成されることになる．本委員会では，コンクリート構造物における生産性向上は，①プロダクトとなるコンクリート構造物の機能，性能等を向上させること，②労働者数，労働時間，資機材，費用，工期等を縮減することのいずれかあるいは両方によりなされると考え議論を行った．本委員会では，主に②に論点がある議論が多い．これは，本委員会で議論の対象とするコンクリート構造物は，主に土木インフラであり，①については国民を含めて広く議論された中で，ある一つの機能，性能が設定されており，これらのさらなる向上よりは，②を達成することが主眼となることによる．このため，楽に，早く，安く建設するということが本質的な目的と重なるが，品質をおろそかにしては生産性向上にはならない．生産性向上とは品質確保あるいは品質向上を前提とした形でなければ，本質的な生産性向上あるいはそのメリットがあるとは言えないことが確認され，本書のタイトルに「品質を確保した」を冠することになった．このため本書では，生産性向上を図るための新しい技術の提案等には，その提案を採用した場合，どのように品質を確保するのか，その検査方法についても議論し，提案とともに示すこととした．

　さらに，ここでの生産性向上は，現時点だけではなくて将来的な生産性向上まで考慮する必要性が議論された．例えば，プレキャストは初期コスト増大のためにその採用が進んでいないが，労務費の上昇により現場打ち工法の施工費が増大し，20年後にはプレキャスト工法の施工費の方が安価になるというような試算もある．現時点でプレキャストの利用が一気に進めば，製造量の増加によるコスト低減効果も見込め，指数関数的にプレキャストの利用が増加，初期コストの低下に寄与する．このように生産性向上の枠組み自体を今後10年，20年先まで見据えた将来的な生産性向上まで考慮した中で，現時点の生産性向上に取り組む必要性についても議論された．

3.2　生産性の阻害要因

　コンクリート構造物は，図3.1に示されるように実際の生産現場である施工（製造を含む）は，設計から引き渡される情報に基づいて行われ，この情報には，ほとんどの場合，共通仕様書やコンクリート標準示方書等に準拠するように指示が付帯される．このため，生産性を阻害している要因として，これらの施工者，

製造者に引き渡される情報の内容に関するものが多く挙げられた．このような課題解決のため，国土交通省では，発注者，設計者，施工者による「設計・施工技術連絡会議（三者会議）」で施工上の課題等の意見交換の場が設けられてはいるが，未だ途についたばかりのこともあり，十分に機能させるには時間がかかると思われる．このためここではまず，施工者に引き渡される情報の内容のうち生産性を阻害している要因に着目して議論を行っている．

前節でトータルとして生産性が向上する全体最適を行う重要性が示されているが，現状の設計や施工等建設プロセスの各段階の費用を積算する体系では，全体最適となる生産性向上のコスト的なインセンティブの付与が困難で，その採用が進まないことが阻害要因として挙げられ，積算体系に課題があることが確認された．

また，プレキャスト化，ユニット化等，従前よりその活用を進めることで現場省力化，現場作業の減少による安全性向上，工場生産による品質の向上，現場工期短縮の効果等，生産性向上に資すると言われて久しい．しかしながら，その活用がなかなか進んでいない．これらの活用を進めるための議論が行われた．

さらに，発注や契約に着目して，①単年度予算制度による施工時期の繁閑による弊害，②生産性向上に資する技術を活用した場合の費用負担が施工者に多く課せられ適切に積算上で反映できていないこと，③発注ロットを大型化することでのメリット等が議論された．

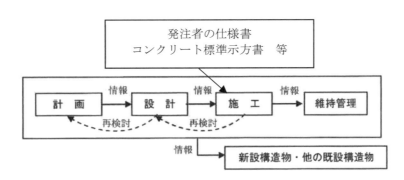

図 3.1　計画，設計，施工，維持管理の各段階での情報の流れ [1]に加筆

3.3　生産性向上の着目点
3.3.1　施工の自由度の確保と検査による品質の確保

生産性を阻害する要因の一つとして，生産性向上に資する技術の活用に関する自由度が，設計から引き渡される情報に示される仕様等により妨げられているという指摘である．本委員会の議論を通じて，コンクリート標準示方書や発注者の仕様書等では，必ずしもそれらの施工の自由度は制限されていないことが確認された．しかしながら，コンクリート標準示方書や仕様書等で標準的な材料や施工方法として示される内容が，現場では仕様規定的に運用される実態がある．標準としてＪＩＳの取得が求められる場合も多く，ＪＩＳはその趣旨からも仕様規定化されているものがほとんどである．この標準に示されていない材料や技術を現場に適用する場合，施工者がその技術的根拠や効果を証明することが求められ，現場での協議のために費やされる労力が相当に大きいこと等が，その技術を適用するための高いハードルとなる．このため結果的に，コンクリート標準示方書や仕様書等の標準に示されていないと，生産性向上に寄与するような技術であっても，現場での適用が制限されるというものである．

このような標準には示されていない生産性向上に寄与する技術を適用するための自由度の確保，あるいは施工段階での協議に費やす労力の低減が生産性向上に関する一つの着目点となっている．施工段階の協議を

減らすことは，施工者にも発注者にもメリットがある．具体的には，スランプの規定や構造細目の規定等についてこの観点からの提案が行われている．ただし，施工の自由度を確保するための提案を行うにあたっては，前提として所要の品質が確保されることが必要であり，施工の自由度の確保と検査による品質の確保はセットで提案することとした．

一方，発注者等のインハウスエンジニアが減少していく将来に向けて，資格制度を活用した発注機関の業務や工事の監理業務を外部委託する必要があり，その環境を整備することの必要性について問題提起された．国土交通省では，メンテナンス関連業務（点検・診断等業務）と計画・調査・設計業務について，民間事業者等が付与する「技術者資格」を登録する制度を導入し，業務発注時に活用している．しかしながら，施工段階では技術者資格を活用するに至っていない．施工段階で事業者や発注者に代わって，第三者機関として技術者資格を有する技術者が，責任と権限を持って工事監理を行うことで，インハウスエンジニアの減少への対応が可能となり，生産性向上となるのではないかというような観点で議論された．また，検査業務を外部委託しやすい環境を整えるために，検査業務を明確化することの必要性について議論された．

これらの議論の中で，発注者や設計者，施工者それぞれにおいても個々の技術力は相違することから，（生産性向上の阻害要因となる場合もあるが，）仕様や標準を示すこと，そして，技術の進歩に伴って仕様や標準を改訂することの意義や重要性についても共通認識されることとなった．

3.3.2 高密度配筋

近年，構造物に対する要求性能が高まり，構造が複雑になっているため，部材接合部等では配筋が高密度になっているものがある．このような場合，断面図，展開図では鉄筋の配置ができるように見えても，実際の鉄筋の組立では，鉄筋が干渉し図面通りに配筋できないことがある．この場合，一度解体してから配筋を再検討する等，工程遅延にも結びつき生産性を大きく阻害する．また，鉄筋の干渉はないものの，非常に高密度な配筋でコンクリートを打ち込むための開口やバイブレータの挿入口に関して検討されていないことがある．この場合，施工時に開口位置を検討し，一時的に鉄筋を動かして開口部を作り，コンクリートの打込み中に適宜，所定の位置に戻したりする等，生産性の阻害要因となっている．一方，せん断補強筋の施工性を向上させる機械式定着の採用や，配筋時間を大幅に短縮できる鉄筋のプレハブ化のための全数継手の採用等は，個別には検討され適用事例もあるものの，汎用的に採用されるには至っていない．これは，実構造物への適用性を一般的に評価するための設計法や実験方法，検証方法が定まっていないことに起因するものであり，これらの研究開発が進めば，生産性を大幅に向上させることが可能となる．本ライブラリーでは，このような配筋に関する生産性向上の提案が比較的多い．

3.3.3 発注者毎に異なる仕様，技術基準

コンクリート構造物の施工において，標準化・規格化を進めることは，生産性向上に寄与するとされているが，発注者ごとの仕様の違いにより標準化・規格化が進まない現状がある．

また，ボックスカルバートの下ハンチ部は，浮き型枠となり，施工が煩雑であり，品質確保に多大な労力を要する．下ハンチの無い構造を規定している場合もあるが，一部の発注者にとどまっている．これは施設・設備の各発注者が個別独自に実験等を行った結果に基づいてさまざまな規定を行ったためと考えられる．品質確保さらには設計，施工の効率化の観点から，現状では発注者ごとに異なっている規定の中で，生産性向上および品質確保に有効な規定について検討し，統合を志向するための研究が必要であるとの議論がなされた．

このように，施工のために重要な基本情報である発注者の仕様書，技術基準等が，発注者毎に異なることに関しても，生産性の阻害要因として着目された．

3.3.4 プレキャスト化

プレキャスト工法の活用は，現場打ち工法を用いるのに比べ，工期の短縮，現場作業の省力化・省人化，および品質管理や検査の軽減，さらに，安定した環境で部材製作ができることによる品質の向上，環境負荷低減や建設現場における周辺環境への影響の低減，建設現場における安全性の向上等の利点がある．このことから，我が国でもプレキャストコンクリートが種々の場面で活用されている．我が国の活用例を概観すると，工期短縮が最大の採用理由であることがわかる．早期完成による経済活動の活性化や交通移動時間の短縮等社会便益の向上効果がある．また，道路構造物の更新工事においては，交通規制や迂回路を必要とする場合が多く，早期開放等の必要性から，プレキャストコンクリートの利点が最大に活かされるケースであるといえる．他に，①工事現場の空間的制約や環境条件の制約への対策，②特殊な材料を使用した（工場製作のため特殊材料は使用しやすい）耐久性の向上，③部材寸法や重量の軽減による効率化――等が理由となる場合もある．

一方，我が国におけるプレキャストコンクリートの利用率（セメント全消費に占めるコンクリート製品の割合）は13％程度であり，北欧を中心とした諸外国での実績に比べれば低い値で，プレキャストコンクリートが十分に活用されている状況にあるとはいえない．その，最大の原因として，初期コストの比較によってプレキャストコンクリートが採用されない場合が多いことが挙げられる．現状では，プレキャスト工法の利点である工期短縮，安全性向上，環境負荷低減等を積算に反映する手法がない．これらの利点を工事費に算入する方法を確立することにより，一層のプレキャスト工法の活用が期待できる．また，現時点の生産性を初期コスト増大の問題として捉えるのではなくて，例えば図3.2で試算されているように，労務費の上昇による現場打ち工法の施工費の増大によりプレキャスト工法の施工費の方が安価になるというような，将来的な生産性まで考慮する必要性が議論された．

さらに，プレキャスト部材の形状や寸法に配慮し，標準化された部材をそのまま適用できるような構造物の計画を行うことも重要である．また，現場条件によっては施工機械選択の制約を受けることがあり，このような場合は，制約条件を反映した部材寸法に分割することを計画に盛り込むことが重要である．構造物の計画段階から，プレキャスト部材の適用も視野に入れること，ならびに，付加価値の工事費への算入方法の開発により，プレキャストコンクリートの活用が促進されると考えられる．

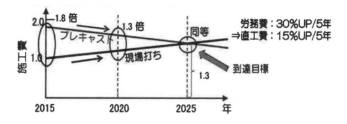

図3.2 労務費の上昇とプレキャストの優位性[2]

3.3.5 新技術の活用，発注・契約

全く新しい異分野の技術を含む新技術，ＩＣＴ技術の活用等による生産性向上についても着目され議論された．ＩＣＴ技術を活用すれば，情報の収集と蓄積も紙から電子データに変わり，必要な情報へのアクセスがしやすくなる．これらの技術をいかに上手に活用するか等について議論がされた．

また，発注，契約に関するものとしては，①所掌と責任分担の明確化，②積算上のインセンティブ付与，③発注ロットの大型化，④施工時期の平準化等が着目され議論された．①では，温度ひび割れの検討を設計側ですることで生産性が向上するというものや，ひび割れの補修基準を整備することで瑕疵であるかどうかの協議の労力を削減できるというようなことが議論された．③は，特にプレキャスト化の採用に密接に関連し，発注ロットを大型化することで，そのスケールメリットを積算上で反映することにより，プレキャストの活用が進むという議論である．③は②の具体としても論じられたものである．④では予算が単年度制度であることから，年度末に工期末が集中して繁忙期になる一方で，年度明けは閑散期となり技能労働者の遊休が発生する等，発注を平準化することのメリットについて議論された．

参考文献

1) 土木学会：2012年制定コンクリート標準示方書［基本原則編］，p.13，p.27，2012年
2) 日本建設業連合会：プレキャスト推進に向けて検討とりまとめ，p.45，2016年3月

II編　課題と提案

Ⅱ編　課題と提案

　本編は，生産性向上を図るための具体的な課題と提案を整理している．主に場所打ちコンクリートを対象とした課題と提案を，「1章 設計」，「2章 施工」に分類し，プレキャストコンクリート独自の課題と提案を，「3章 プレキャストコンクリート」に分類し，さらに発注，契約などの課題と提案を，「4章 発注，契約，その他」に分類して整理した．

　それぞれの課題と提案は，「(1) 課題と提案」「(2) 具体的提案」「(3) 提案の効果」の節の構成で簡潔に示し，関連する情報を，巻末の付属資料に掲載した．それぞれの節で記載している内容は以下のとおりである．

(1) 課題と提案

　施工現場における生産性や品質の向上を図るにあたっての課題と，課題に対しての改善の提案を説明した．

(2) 具体的提案

　以下の3つに分けて，それぞれに対して，具体的な提案を示した．なお，実適用までに研究開発の余地がある内容についても，「研究開発の成果に基づき」という前提条件で，「発注者の仕様等に対する提案」，「標準示方書類に対する提案」に，具体的な提案を示している．

・「発注者の仕様等に対する提案」：発注者ごとで整備している発注の仕様類（設計指針，設計仕様書，工事指針，工事仕様書，設計成果品）に対する提案
・「標準示方書類に対する提案」：コンクリート標準示方書，またはコンクリートライブラリーなどの土木学会の指針類に対する提案
・「研究開発に関する提案」：実適用にあたっては，研究開発の余地がある提案

(3) 提案の効果

　全ての提案が，建設分野の生産性や品質の向上に対して効果があるものと考えているが，提案の効果を明確にするために，発注者，設計者，施工者，それぞれの立場や特徴を踏まえて，各々が直接的に効果を享受できる内容を整理した．具体的には，発注者の効果として，「工期短縮」「品質向上」「業務の効率化」「安全性の向上」「耐久性の向上」とし，設計者の効果として，「設計業務の効率化」とし，施工者の効果として，「作業省力化」「工程短縮」「コスト低減」「業務の効率化」「安全性の向上」とし，それぞれの効果を記載した．

　施工段階での生産性や品質の向上を図るために，従来よりも設計段階の検討が必要になる場合もあり，設計者に負担がかかる提案については，その旨を記載するようにした．

　なお，Ⅱ編において，発注の仕様類を以下のように定義する．

【発注の仕様類】

設　計　指　針：発注者が設計発注に際し参考とする手引きやマニュアル類で部内資料，または社内資料としているもの

設　計　仕　様　書：発注者が設計発注時に設計会社に契約書類の一部として課しているもの（契約上の効力あり）

工　事　指　針：発注者が工事発注（設計発注）に際し参考とする手引きやマニュアル類で社内資料としているもの

工　事　仕　様　書：発注者が工事発注時に施工会社に契約書類の一部として課しているもの（契約上の効力あり）

設　計　成　果　品：設計図面，設計計算書

また，コンクリート標準示方書は以下のような略語を用いる．

コ示［基本原則編］：コンクリート標準示方書［基本原則編］，制定年の記載がないものは，2012年制定の示方書を指す

コ示［設計編］：コンクリート標準示方書［設計編］，制定年の記載がないものは，2012年制定の示方書を指す

コ示［施工編］：コンクリート標準示方書［施工編］，制定年の記載がないものは，2012年制定の示方書を指す

1章 設計

1.1 設計時3次元で配筋が可能なことを検証する

1.1.1 3次元モデル等で鉄筋同士が干渉しないことを確認する

(1) 課題と提案

鉄筋コンクリート構造物は，経済性を考慮し断面を可能な限り小さく設計される傾向がある．また，近年では複雑な構造物の設計が求められることにより，部材接合部等では高密度配筋となる傾向がある．しかし，そのような高密度配筋部は設計時に配筋の可否が検討されていないため，施工時に鉄筋が干渉し配筋できないことがある．

このような場合，施工者は鉄筋の組立が可能となるように配筋を変更しなければならないが，そのためには発注者に「配筋できないこと」を証明しなければならず，多大な労力を要することとなる．例えば，**図 1.1.1.1** および **図 1.1.1.2** に示すような3次元モデル等による検証や部分的なモックアップ試験等の実施である．また，配筋の変更による対策ができず，部材厚を大きくする等の根本的な設計の見直しが必要となる場合は，工事着手が大幅に遅延することとなる．さらには，これに気づかずに施工した場合は，工事における手戻りが発生するため，工程を逼迫させる要因となり，結果的に品質阻害の要因となりうる．

図1.1.1.1　3次元モデルによる鉄筋の干渉の確認例1

図1.1.1.2　3次元モデルによる鉄筋の干渉の確認例2[1)]

従来の配筋図（2次元）による干渉確認方法は，鉄筋が線で描かれているため，鉄筋同士の干渉を把握しづらくなっている．**図 1.1.1.3** に中空断面RC橋脚の平面図および断面図（2次元）を，**図 1.1.1.4** に3次元モデルによる配筋図をそれぞれ示す．3次元モデルによる配筋図では鉄筋の太さを考慮して表現できるので，干渉の有無だけでなく，鉄筋の挿入が不可能な箇所等も視覚的に把握できる．

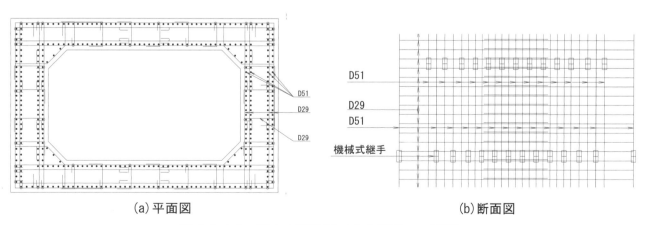
図 1.1.1.3　従来の配筋図（中空断面RC橋脚）

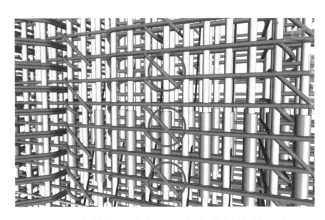 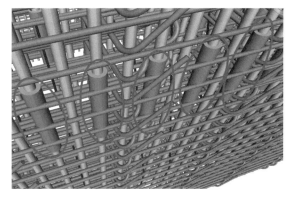

(a) 中間帯鉄筋の直角フックと帯鉄筋が干渉　　(b) 主鉄筋の機械式継手のカプラーと帯鉄筋が干渉

図 1.1.1.4　配筋の3次元モデルの例 [1]

以上より，課題を解決するためには，設計時に3次元モデル等により鉄筋同士が干渉しないことを検証することが不可欠である．

(2) 具体的提案
a) 発注者の仕様等に対する提案

- 発注者の設計指針，設計仕様書において，「部材接合部等の配筋が密な箇所では，3次元モデル等を用いて鉄筋同士が干渉しないことを確認した上で設計図を作成すること．」という記述を追加する．なお「配筋が密な箇所」とは，柱・梁の接合部，壁・スラブの接合部，柱・地中梁・杭の接合部，桁端・桁座のストッパー周り等，従来，別々の図面で配筋が示されていた箇所で，施工が困難な箇所を指すものである．

  なお，技術的・経済的に3次元モデルによる対応が困難な設計者は，図 1.1.1.5 に示すように，鉄筋の太さを考慮した2次元の配筋図を作成することにより鉄筋の干渉を確認することもできる．また，必要に応じて，1断面だけでなく複数の断面図等を作成する．

- 施工段階で施工誤差により干渉した場合の対策として，機械式継手の使用や配筋間隔の変更等の具体的な干渉への対策例を施工管理要領等に記載する．

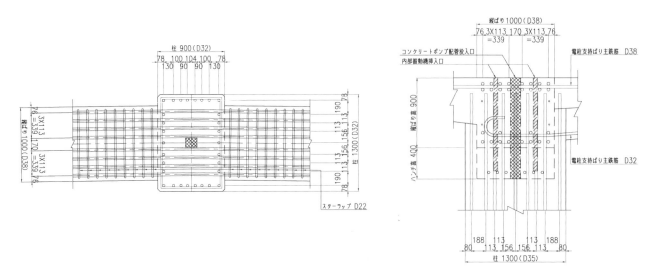

図 1.1.1.5　鉄筋径を考慮した配筋図例

b) 標準示方書類に対する提案
- コ示［設計編：本編］3.3 施工に関する検討の解説，11 行目以降に，以下を追記することを提案する．
「これらの前提条件として，部材接合部等の配筋が密な箇所では，3 次元モデル等を用いて鉄筋同士が干渉しないことを確認した上で設計図を作成することが必要である．なお，「配筋が密な箇所」とは，柱・梁の接合部，壁・スラブの接合部，柱・地中梁・杭の接合部，桁端・桁座のストッパー周り等，従来，別々の図面で配筋が示されていた箇所で，施工が困難な箇所を指すものである．」
- コ示［設計編：本編］4.8 設計図の解説において，以下の下線部を追記することを提案する．
「鉄筋，シース，アンカーボルト等が錯綜する部分や配筋が密な箇所については，必要に応じて3次元モデル等を用いてこれらの部分の詳細図を作成し，鉄筋等が干渉しないことやコンクリートの充填性が確保されていることに関する情報を保存するとよい．なお，「配筋が密な箇所」とは，柱・梁の接合部，壁・スラブの接合部，柱・地中梁・杭の接合部，桁端・桁座のストッパー周り等，従来，別々の図面で配筋が示されていた箇所で，施工が困難な箇所を指すものである．」

c) 研究開発に関する提案
- 特になし．

(3) 提案の効果

a) 発注者における生産性・品質の向上
- 配筋ができない箇所を，無理に配筋することがなくなり，品質不良の発生リスクが低減できる．
- 配筋変更等の設計変更業務が無くなり，業務の効率化が可能となる．
- 図面と異なる配筋がなされるリスクが低減できる．

b) 設計者における生産性・品質の向上
- 配筋図の3次元モデル化および干渉確認の作業が生じる．

c) 施工者における生産性・品質の向上
- 配筋変更について発注者と協議するための検証（3次元モデル等の作成やモックアップ試験）の必要がなくなるため，施工段階における協議に要する労力の省力化やコストの低減が可能となる．
- 施工途中での鉄筋の組直し等の手戻りによる工期増大のリスクを低減できる．

参考文献
1) 土木学会：鉄筋コンクリート構造物の設計システム —Back to the Future Ⅱ—，コンクリート技術シリーズ 104，2014.7

1.1.2 3次元モデル等により鉄筋組立・コンクリートの打込み等の施工性を確認する
(1) 課題と提案

近年の鉄筋コンクリート構造物は，耐震性を高めるためにより多くの鉄筋が使用されている．特に部材接合部では，地震時に大きな曲げモーメントとせん断力が同時に作用するため，柱や梁のせん断補強筋を効果的に配置する必要があるとされている．これらの鉄筋は，軸方向鉄筋の定着や接合部の補強も兼ねて接合部内側に配筋されるため，**写真 1.1.2.1** および**写真 1.1.2.2** に示すように，部材接合部の配筋が最も複雑になり，施工性を十分に確保できない場合がある．また，景観への配慮から複雑な形状で設計されている場合や，用地が限られている条件では，断面寸法が制約され，高密度配筋とならざるを得ない場合がある．このように高密度配筋となると，施工性が確保できず組立不可能となる場合があり，手戻りや配筋の変更協議等が発生し工程遅延の要因となる．また，コンクリートの打込みにおいては，コ示［設計編］で示されている鉄筋のあきが確保できない場合，コンクリートポンプの筒先や棒状バイブレータが挿入できず，充填不良等の品質トラブルの防止のために多くの労力を要する．

この課題を解決するためには，3次元モデル等により施工性を確認することが有効である．施工性が悪いと判断される場合は，断面を大きくする，配筋を変更する等の対策を行う．特に接合部は高密度配筋となることが多いため，設計手法や高強度鉄筋の使用についての研究開発が必要である．また，鉄筋のあきが十分確保できずコンクリートの充填が困難と判断される場合は，充填性の高いコンクリートを採用する等の対策を行う．**図 1.1.2.1** に高密度配筋部で高流動コンクリートを使用した事例を示す．

写真 1.1.2.1　高密度配筋事例 1

写真 1.1.2.2　高密度配筋事例 2

梁，柱の接合部
高密度配筋で，梁の軸方向鉄筋と
柱のせん断筋が干渉

⇩

高流動に変更
柱のせん断筋を高強度鉄筋へ変更
コンクリート強度を増加

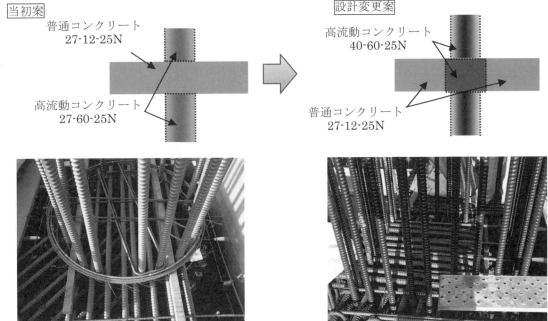

図1.1.2.1　高密度配筋部での高流動コンクリート使用事例（高架橋の柱および梁の接合部）

(2) 具体的提案

a) 発注者の仕様等に対する提案

- 以下に示す「c)研究開発に関する提案」の成果に基づいて，発注者の設計指針，設計仕様書に以下の記述を追加する．
    - i) 配筋が密な箇所では，3次元モデル等により，鉄筋組立の作業性，コンクリートが鉄筋の間隙を通過できるか，コンクリートを締め固めるのに十分な振動エネルギーがバイブレータ等により伝えることができるか等を確認する．なお，「配筋が密な箇所」とは，柱・梁の接合部，壁・スラブの接合部，柱・地中梁・杭の接合部，桁端・桁座のストッパー周り等，従来，別々の図面で配筋が示されていた箇所で，施工が困難な箇所を指すものである．
    - ii) 鉄筋組立およびコンクリートの打込み等の施工性が低いと判断される場合は，部材断面を大きくし必要なあきを確保するのか，あるいは充填性の高いコンクリートを用いる等の対策について，監督員等と打ち合わせのうえ，決定すること．

b) 標準示方書類に対する提案

- 以下に示す「c)研究開発に関する提案」の成果に基づいて，コ示［設計編：本編］3.3 施工に関する検討の解説に以下を追記することを提案する．

    i) 配筋が密な箇所では，3次元モデル等により鉄筋組立，コンクリートの打込み・締固めの施工性を確認すること．なお，「配筋が密な箇所」とは，柱・梁の接合部，壁・スラブの接合部，柱・地中梁・杭の接合部，桁端・桁座のストッパー周り等，従来，別々の図面で配筋が示されていた箇所で，施工が困難な箇所を指すものである．

    ii) 鉄筋組立の作業性が低い場合には，部材断面を大きくする，配筋を変更する等の対策を行うこと．

    iii) 鉄筋のあきが確保できずコンクリートの充填が困難と判断され，部材断面を大きくする等の対策がとれない場合には，充填性の高いコンクリート等を使用すること．

c) 研究開発に関する提案

- 一般の鉄筋コンクリート構造物の標準的な照査法として，鉄筋径，鉄筋の加工形状，鉄筋のあきや単位体積当たりの鋼材重量等により，鉄筋組立作業性を定量的に評価する手法を研究開発する．
- コ示［設計編］および各発注者の仕様書では，部材接合部は軸方向鉄筋の定着や接合部の補強も兼ねて接合部内側に配筋することとなり，部材接合部の配筋が最も複雑になる．一般の鉄筋コンクリート構造物に対して，接合部における補強鉄筋の設計手法や高強度鉄筋の有効な使用方法について研究・開発をする．
- 配筋が高密度となる要因は，鉄筋端部の定着に使用されるフックや，重ね継手の位置が重なり，鉄筋のあきが確保できないことによることが多い．「1.2.4　せん断補強筋の機械式定着を活用できる環境を整備する」に述べるように，フック形状に代わる新たな定着形状や，機械式定着構造の開発を行う．

(3) 提案の効果

a) 発注者における生産性・品質の向上

- 高密度配筋によるコンクリートの充填不良等の品質不良の発生リスクが低減できる．
- 高密度配筋の組立作業による工期増大のリスクを低減できる．
- 配筋変更等の設計変更業務が無くなり，業務の効率化が可能となる．

b) 設計者における生産性・品質の向上

- 配筋図の3次元モデル化および施工性の確認の作業が生じる．

c) 施工者における生産性・品質の向上

- 高密度配筋の組立作業による工程増大のリスクを低減できる．
- 高密度配筋によるコンクリートの配合・配筋変更協議をする必要がなくなり，作業の省力化が可能となる．
- 高流動コンクリート等を使用することで充填不良等の品質不良の発生リスクが低減できる．
- 熟練の鉄筋工でなくても作業ができるようになる．

本提案に関する参考資料を「**付属資料1　1.1.2**」に示す．

1.2 設計段階で施工性に配慮した配筋とする
1.2.1 コンクリート投入口およびバイブレータ挿入口を図面へ明示する
(1) 課題と提案

　高密度配筋となる構造物において，設計図書どおりの配筋ではコンクリートの投入口やバイブレータ挿入口の確保が難しく，投入箇所に配筋された鉄筋の位置を移動させることや，コンクリート投入時には鉄筋を外しておく等の一時的な措置が行われている．場合によっては，高流動コンクリートの採用等の対策を個別に実施しているのが現状である．投入口を確保する場合には，コンクリート打込み最中の鉄筋の組立作業が必要となり，生産性の低下が懸念される．また，打込みの中断に伴うコンクリートの品質低下や，打込み中に鉄筋を移動させることによる鉄筋位置等の出来形精度の低下が懸念される．

　東日本旅客鉄道（株）の設計マニュアル[1)]では，「特にラーメン高架橋のような鉄筋が密である構造物においては，施工する際に鉄筋が混み合うことに起因した施工性の低下やコンクリート打込み時の不具合が発生しやすい．このような場合のコンクリート打込み計画は，鉄筋を移動させ，ポンプの筒先や棒状バイブレータを挿入できるあきを確保する計画とする．このとき，コンクリートポンプ配管投入のためのあき130mm以上（4インチ管相当）を2m以下の間隔で，また，棒状バイブレータ挿入のためのあき55mm以上を500mm以下の間隔で確保できる配置とする．」という具体的な記述があり，計画段階から，図面へ明示する仕様となっている．**図1.2.1.1**に鉄道高架橋のコンクリートポンプ配管投入口詳細の例を示す．

　初期欠陥のリスクを最小限とするために，コンクリートの投入口やバイブレータ挿入口を図面へ明示することを提案する．

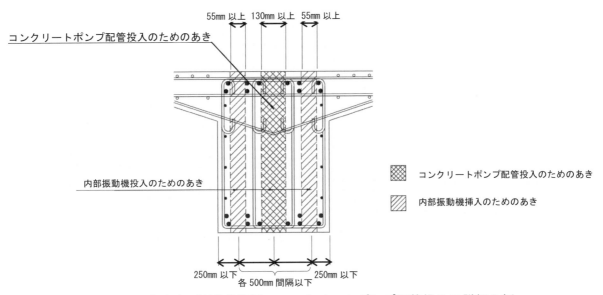

図1.2.1.1　鉄道高架橋のコンクリートポンプ配管投入口詳細の例

(2) 具体的提案
a) 発注者の仕様等に対する提案
・発注者の設計指針，設計仕様書において，「部材接合部等の配筋が密な箇所で，ポンプの筒先の挿入および棒状バイブレータの作業性が確保できるような水平のあきを検討し，それらを例として図面に明記し，併せて，投入口等を変更する場合の配筋上の留意事項を記入すること．」という記述を追加する．

b) 標準示方書類に対する提案
・「密に配置された鉄筋の存在により計画どおりの打込みや締固め作業が行えない場合は，発注者と協議の上，配筋を変更することも検討する．なお，詳細の配置については，現場条件を勘案して定めることとする．」

という事項をコ示［施工編：施工標準］10.2 準備の解説に記す．

c) 研究開発に関する提案

・コ示［施工編：施工標準］10.2 準備の解説において，「それらを挿入するために打込み・締固め作業の間一時的に配筋をずらす場合には，所定の位置に戻す時期と方法を事前に決め，確実に戻すように管理する．」と記述されており，所定の箇所に戻すことが前提となっている．所定の箇所に戻すのではなく，例えば，1m 当りに必要となる鉄筋本数が確保されていれば，設計上は問題がないことを今後，研究開発にて検討する．

図 1.2.1.2 は，設計のピッチが 150mm に対して，コンクリートの投入口を確保するために，鉄筋を移動させた事例を示す．

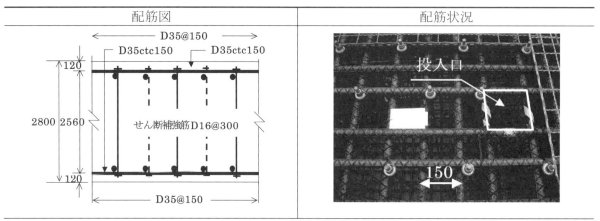

図 1.2.1.2　コンクリート投入口を確保した事例

(3) 提案の効果

a) 発注者における生産性・品質の向上

・適切な箇所にコンクリートを投入し，振動締固めを行うことで豆板や充填不良といった初期欠陥を防ぎ，品質の良いコンクリート構造物を構築することができる．
・鉄筋の段取り替えに伴う組立作業が不要となることで，打込み中断に伴うコンクリートの品質低下を防ぐことができる．

b) 設計者における生産性・品質の向上

・特になし．

c) 施工者における生産性・品質の向上

・コンクリート打込み最中の鉄筋の組立作業が不要となり省力化・省人化を図れる．
・適切な箇所にコンクリートを投入し，振動締固めを行うことで豆板や充填不良といった初期欠陥を防ぎ，品質の良いコンクリート構造物を構築することができる．
・鉄筋の段取り替えに伴う組立作業が不要となることで，打込み中断に伴うコンクリートの品質低下を防ぐことができる．

参考文献

1) 東日本旅客鉄道（株）：設計マニュアル　Ⅱコンクリート構造物編　鉄道構造物等設計標準（コンクリート構造物）のマニュアル（平成16年4月版），p.115，2015.7

本提案に関する参考資料を「付属資料1　1.2.1」に示す．

1.2.2 機械式継手を同一断面に集めた配筋仕様を活用できる環境を整備する

(1) 課題と提案

コ示［設計編］および一部の発注者の仕様書では、「継手を同一断面に集めないことを原則とする」とし、「施工条件等でやむを得ない場合に継手を同一断面に集めた仕様としてよい」としている．しかしながら、施工の合理化が『やむを得ない場合』と見なされることは少ない．このため、施工段階で、継手を同一断面に集めるように変更することは難しい．例えば、先組み鉄筋工法は、工期短縮、急速施工、現場作業員の省人化・平準化においてメリットがある．ただし、**図 1.2.2.1** に示すように、継手を同一断面に集めない場合、継手範囲が大きくなり、継手施工後の配筋作業が多く残され、上記のメリットが十分に得られない．参考までに、建築分野では、地震時に降伏しない箇所で**写真 1.2.2.1** のように継手を同一断面に集めた仕様を活用している．

そこで、構造物の信頼性を低下させることなく、先組み鉄筋工法の活用等、配筋の自由度を上げるために、機械式継手を同一断面に集めた配筋仕様を活用できる環境を整備することを提案する．また、プレキャスト工法の普及においても、本環境の整備が必要となる．

なお、継手を同一断面に集めるか否かにかかわらず、地震時に塑性化する部位への機械式継手の適用は、コ示［設計編］や鉄筋定着・継手指針に従って設計することは可能であり、施工実績もあるが、地震後の復旧性や構造信頼性を担保する検査方法については研究開発の余地が残る．

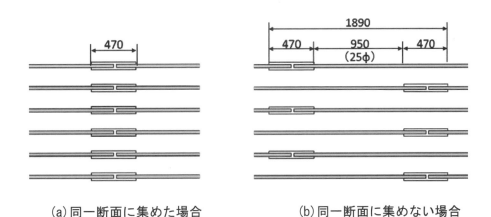

(a) 同一断面に集めた場合　　(b) 同一断面に集めない場合

図 1.2.2.1　D38 鉄筋での継手範囲

写真 1.2.2.1　建築工事における先組み鉄筋工法の活用事例

(2) 具体的提案

a) 発注者の仕様等に対する提案

- 設計指針，設計仕様書における「鉄筋の継手」の事項において「原則・・・やむを得ない場合は・・・」等の記述を廃止し，「機械式継手を同一断面に集める場合には，部材としての信頼性を確保するため，機械式継手の施工および検査の信頼性が確保されることが必要である」といった記述とする．
- 工事仕様書等において，「機械式継手を同一断面に集める箇所においては，施工および検査の信頼性を確保する方法を施工計画書に明記すること」といった記述を追記する．
- 機械式継手を同一断面に集めることのできない範囲を，設計指針，設計仕様書，工事仕様書や個別の設計図等に示す．

b) 標準示方書類に対する提案

- コ示［設計編：標準］2.6 鉄筋の継手の条文や解説において，「原則・・・やむを得ない場合は・・・」等の記述を廃止し，「機械式継手を同一断面に集める場合には，部材としての信頼性を確保するため，機械式継手の施工および検査の信頼性が確保されることが必要である」といった記述とする．

c) 研究開発に関する提案

- 継手の確実な品質確保のため，施工計画，品質管理・検査の体系や規定を整備する．
- より汎用的な活用を図るため，継手による部材の剛性変化，継手のひび割れへの影響に関する研究開発をする．
- 地震時に塑性化する部位への機械式継手の適用は，研究開発により，その知見を蓄積し，地震後の復旧性や構造信頼性を確保しつつ，普及展開が可能な実効性の高い適用方法の整備が望まれる．
- 信頼度の高い検査が可能な継手工法の開発が望まれる．品質確保を確実にし，かつ検査による工程への影響を極力小さくするために，客観性が高く，かつ簡易な検査が可能な継手工法が望ましい．

(3) 提案の効果

a) 発注者における生産性・品質の向上

- 構造物の信頼性および品質を確保したうえで，継手を同一断面に集める仕様を採用する技術的な判断ができることで，先組み鉄筋工法等が採用しやすくなり，工期短縮や急速施工を実現することができる．

b) 設計者における生産性・品質の向上

- 特になし．

c) 施工者における生産性・品質の向上

- 先組み鉄筋工法等が採用できることで，現場作業員の省人化・平準化を実現することができる．また，工期短縮，急速施工といった発注者のニーズに対応することができる．

本提案に関する参考資料を「**付属資料1　1.2.2**」に示す．

1.2.3 ガス圧接以外の鉄筋継手工法が採用されやすい環境を整備する

(1) 課題と提案

現状，太径鉄筋の継手はガス圧接（**図 1.2.3.1**）が標準的に用いられる．これは，経済性や施工実績等の面でガス圧接に相応の優位性があるためであると考えられる．一方で，ガス圧接には，以下の短所がある．

1) 専門の資格が必要である
2) 施工の可否に天候の影響を受ける，あるいは，品質が雨風等の施工環境に影響される
3) 接合時に母材を継手方向に圧縮するため，先組み鉄筋等には使用しにくい（**図 1.2.3.2**）

このため，作業効率の改善や現場の施工条件への適合性の面から，工事発注後に，施工承諾や設計変更の手続きを経て機械式継手や溶接継手といった他の継手工法に変更しているのが現状である．今後は，技能労働者の減少に伴うガス圧接熟練工の減少，生産性向上のため先組み鉄筋工法やプレキャスト工法の採用拡大，といった状況が想定される．以上より，ガス圧接以外の継手工法が採用されやすい環境の整備を提案する．

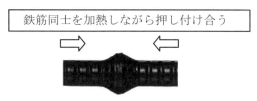

図1.2.3.1　ガス圧接の原理

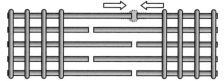

図1.2.3.2　先組み鉄筋への適用における問題点

(2) 具体的提案

a) 発注者の仕様等に対する提案

・c) 研究開発における，継手の品質確保の方法が確立されることを前提に，図面の指示の範囲内で施工者が継手工法を選択できるようにするため，発注図面には継手の位置および性能種別のみを記載する．

b) 標準示方書類に対する提案

・特になし

c) 研究開発に関する提案

・受注者，専門業者，継手メーカーが協働して信頼性が高く経済的な新たな継手工法を開発する．
・継手の品質確保に向け，効率的で信頼度の高い検査方法の研究開発および検査体制を確立（発注者の監督員および施工管理者の育成を含む）する．
・継手単体のコストのみではなく，施工性の向上や省力化の効果等を含めたトータルコストによる経済性の評価指標について検討する．

(3) 提案の効果

a) 発注者における生産性・品質の向上

・プレキャスト工法や先組み鉄筋工法の採用が可能となり，工期短縮が図れる．
・ガス圧接の熟練工が手配できない場合でも，コスト増や工期増大のリスクが低減できる。

b) 設計者における生産性・品質の向上

・設計者が意図する継手の要求性能が明確となる．

c) 施工者における生産性・品質の向上

・現場の施工条件に対し最適な継手工法を選定することで，工期短縮，省人化，品質向上が図れる．

本提案に関する参考資料を「**付属資料1　1.2.3**」に示す．

1.2.4 せん断補強筋の機械式定着を活用できる環境を整備する

(1) 課題と提案

せん断補強筋の定着方法には通常,標準フックが用いられ,両端半円形フックの場合は,図面上は干渉等の不整合はないが,施工段階で主筋および配力筋の組立後にせん断補強筋をあと挿入しようとすると,フックの定着部分と先組みした鉄筋が干渉しフックを掛けることができない場合がある（図1.2.4.1）．片側半円形フック＋片側直角フックであっても,主筋や配力筋の間隔,かぶりの大きさによってはあと挿入が不可能な場合が数多く存在する．せん断補強筋を先に配置してから主筋や配力筋を組んでいく施工方法も考えられるが,配筋作業が非常に煩雑となり施工性が極端に低下する．また,標準フックでの定着は高密度配筋の一因にもなっており,コンクリートの充填不良が発生するリスクも考えられる．さらに,部材厚が薄い場合,重ね継手長を確保できないため両端半円形フックをラップして配置する方法が採用できない場合もある．

以上の課題の解決策として機械式定着工法の採用が挙げられる．せん断補強筋の機械式定着工法は当初設計に盛り込まれない場合が多いが,採用による施工性の改善,さらには品質向上への効果は大きい．生産性向上の観点から,設計段階での機械式定着工法の採用および施工段階での機械式定着工法への変更が容易な環境の整備を提案する．

(a) 両端半円形フック－あと挿入不可　　(b) 機械式定着方法－あと挿入可能

図1.2.4.1　定着方法の違いによる配筋施工性

(2) 具体的提案

a) 発注者の仕様等に対する提案

・以下に示す「c)研究開発に関する提案」の成果に基づいて,発注者の設計指針,設計仕様書において,設計対象の構造物や部位ごとに求められる性能を考慮して適用可能な機械式定着工法を選択できるようにするため,施工性および品質向上を目的としたせん断補強筋への機械式定着の採用を認めることを記載する．

・発注者の設計指針,設計仕様書において,施工段階で組立が不可能（もしくは困難）なことが確認された場合,機械式定着に変更することを記載する．

b) 標準示方書類に対する提案

・下記に示す「c)研究開発に関する提案」の成果に基づき,せん断補強筋への機械式定着の適用可能な部位の例示や条件をコ示［設計編：標準］7編2.5.5横方向鉄筋の定着の解説に記載する．

c) 研究開発に関する提案

・個々の機械式定着工法について確認すべき性能項目と適用可能範囲を明確にする．その際,鉄道・運輸機構の通知「コンクリート構造物の配筋の手引き　参考資料-5　せん断補強鉄筋に機械式定着工法を用いる場合の留意点」,国土交通省の「機械式鉄筋定着工法の配筋設計ガイドライン」が参考となる．

- 塑性ヒンジ部に配置される横拘束筋の評価方法，ならびに検証用に実施する実験により検証された範囲の確認方法等，検証技術を開発する．

(3) 提案の効果

a) 発注者における生産性・品質の向上

- 鉄筋組立の施工性が向上し，歩掛りの改善による工期短縮が図れる．
- 高密度配筋が解消され，コンクリートの充填不良等の品質不良リスクが軽減できる．

b) 設計者における生産性・品質の向上

- 部材厚が薄い場合等で，標準フックの重ね継手長が確保できない場合の解決策となる．

c) 施工者における生産性・品質の向上

- せん断補強筋の定着に標準フックでは配筋が困難，あるいは不可能な場合，一端を機械式定着とすることによって配筋が容易になる（**図1.2.4.2**）．
- 機械式定着を採用することにより，高密度配筋の緩和によるコンクリートの充填性向上により，品質不良のリスクが低減できる（**写真1.2.4.1**）．

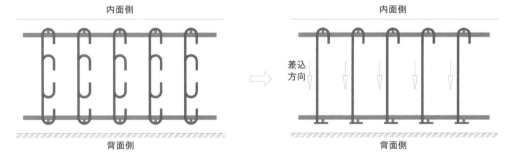

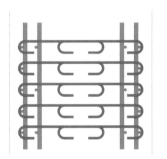 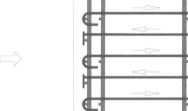

図1.2.4.2　機械式定着工法への変更例

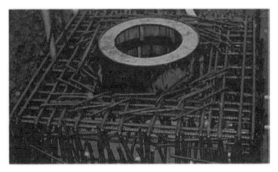 

　　　　(a) 標準フック　　　　　　　　　　　　　　(b) 機械式定着

写真1.2.4.1　標準フックと機械式定着の配筋の比較

本提案に関する参考資料を「**付属資料1　1.2.4**」に示す．

1.2.5　部材厚が大きいカルバートの主鉄筋の標準配筋間隔を125mmとする規定に対して150mmへ変更する

(1) 課題と提案

部材厚が大きいカルバートの主鉄筋の配筋間隔について，発注者の設計仕様書には，125mmを標準としていることがある．125mmの配筋間隔は，継手部や部材接合部等において鉄筋のあきが小さくなり，鉄筋の組立の作業性が低下する，コンクリートの打込み時に筒先やバイブレータが入りにくくなる，コンクリートの粗骨材寸法によっては鉄筋のあきが確保されなくなる等，生産性および品質の低下の要因となる．また，鉄筋の本数が増加するため，継手箇所数，切断箇所数も増加し，鉄筋の加工・組立作業が煩雑となる．

以上の課題を解決するためには，主鉄筋の標準配筋間隔を150mmとすることが有効である．表1.2.5.1は125mmおよび150mmの配筋間隔に対して同程度の応力度を得るために必要な鉄筋径を試算した例である．単位体積当たりの鉄筋量はほぼ変えずに，1m当たりの鉄筋の本数が8本から6.67本に減少し，結束の箇所数や，鉄筋の配置作業の手間を半減することができる．また，鉄筋のあきが大きくなり鉄筋の組立およびコンクリート打込みの施工性および品質向上も期待できる．

表1.2.5.1　主鉄筋の配筋間隔と鉄筋径の組合せ例

		頂版		底版		側壁	
部材厚 mm		1300		1300		1300	
配筋	配筋間隔 mm	@125	@150	@125	@150	@125	@150
	1m当たりの本数	8.00	6.67	8.00	6.67	8.00	6.67
	鉄筋径 mm	D35	D38	D35	D38	D29	D32
単位体積あたりの鉄筋量 kg/m³		46.2	45.9	46.2	45.9	31.0	32.0
応力度	σ_s N/mm²	179	179	168	170	154	150
	σ_c N/mm²	6.1	6.1	6.6	6.6	6.9	7.0

(2) 具体的提案

a) 発注者の仕様等に対する提案

・発注者の設計指針において，大規模カルバートの主鉄筋の標準配筋間隔を125mmとしている規定に対して，「主鉄筋の配筋間隔は150mmを標準とする．ただし，必要に応じて配筋間隔は変更できる．」という記述の変更を提案する．

b) 標準示方書類に対する提案

・特になし．

c) 研究開発に関する提案

・特になし．

(3) 提案の効果

a) 発注者における生産性・品質の向上

・鉄筋本数が少なくなるため，検査効率が向上する．
・鉄筋のあきが増えるためコンクリートの充填不良を防ぐことができ，所要の品質を確保できる．

b) 設計者における生産性・品質の向上

・特になし．

c) 施工者における生産性・品質の向上

・鉄筋本数が少なくなるため，鉄筋の加工および組立の作業量を削減でき，生産性が向上する．
・鉄筋のあきが増えるためコンクリート打込み作業性が向上する上に，充填不良等のリスクが低減できる．

1.3 躯体形状を合理化し，鉄筋・型枠組立，コンクリート施工をシンプルにする

1.3.1 部材接合部の設計方法の規定を検討，整備する

(1) 課題と提案

　コンクリート構造物を施工するうえで，ボックスカルバートの隅角部や水平・鉛直部材の接合部は，高密度配筋となることや，ハンチにより浮き型枠の施工が必要になるため，品質確保が難しくなると同時に，生産性が下がる要因となっている．

　一方で，部材接合部（格点）の構造については，示方書，指針，各事業者の設計仕様書によって仕様が異なる．**表 1.3.1.1**に示すように，示方書，指針，各事業者の設計仕様における隅角部ハンチの有無は内空寸法によって異なる．また**表 1.3.1.2**に示すように，ハンチの仕様も各発注者で異なっている．これはハンチの有無や仕様について照査するための部材接合部（格点）の設計法が確立されておらず，各発注者において様々な実験を行うことにより，接合部補強筋，ハンチ構造を規定していることに起因する．

　品質および生産性向上の観点からは，ハンチを無くした構造とすることが望ましいが，現状では，部材接合部（格点）の耐力照査方法は確立されていないため，ハンチが構造上必要か否かについての検討がなされていない．ハンチの要否，ハンチの適切な大きさを決定するための，接合部を適切に設計する手法が必要である．以下に施工および設計における課題について詳しく記述する．

表 1.3.1.1　各発注者の設計における隅角部のハンチの規定

断面形状	内空幅：4.0m以下 内空高：4.0m以下	内空幅：6.5m以下 内空高：5.0m以下	内空幅：6.5m以上 内空高：5.0m以上
コ示 [設計編：標準]	原則ハンチを設ける		
道路橋示方書 コンクリート橋編	原則ハンチを設ける 部材が変断面の場合，節点部の安全性について検討すれば設けなくてもよい		
道路土工 カルバート編	原則ハンチを設けるが，一般に下ハンチは設けない （ハンチを設けない場合は，コンクリートの圧縮応力度が許容応力度の3/4程度となる部材厚にするのが望ましい）		記載なし
国交省　中部地整	原則ハンチを設けるが，一般に下ハンチは設けない （ハンチを設けない場合は，コンクリートの圧縮応力度が許容応力度の3/4程度となる部材厚にするのが望ましい）		原則ハンチを設ける
NEXCO 東・中・西日本	ハンチは設けない	原則ハンチを設ける 底版の接合部はハンチの代わりに部材厚を局所的に厚くする方法もある	
首都高速道路	原則ハンチを設ける （構造上ハンチを設けることが困難な場合は，ハンチを設けずにコンクリートの圧縮応力度に余裕を持たせた部材厚とする）		
阪神高速道路	原則ハンチを設ける		
鉄道標準	ハンチを設けた構造とするのがよい		

表 1.3.1.2　各事業者のハンチ形状の仕様

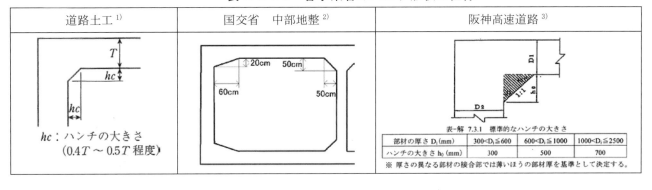

a) 現場施工における課題

図1.3.1.1に示すように，ハンチは，隅角部補強鉄筋とハンチ筋が必要（①）となり，ハンチ型枠は浮き型枠（②）となるため，施工が煩雑で難しい箇所である．また，高密度配筋，浮き型枠部でのコンクリートの打込みとなり，作業性が低下するため，品質確保に多大な労力を要する．

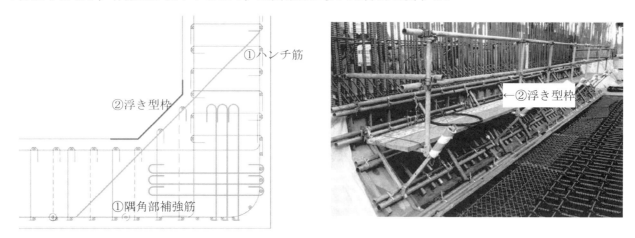

図1.3.1.1　隅角部構造とコンクリート施工状況の例

ハンチの有無が施工性に及ぼす影響について，A～Cの3現場における底版部の施工歩掛を図1.3.1.2にまとめた．現場Aおよび現場Bの底版部にはハンチがあり，現場Cにはハンチがない．ハンチがないCの現場では，ハンチがあるAおよびBの現場に比べて，鉄筋工，型枠工，コンクリート工のすべてにおいて歩掛が高いことが分かる．

写真1.3.1.1に現場A，写真1.3.1.2に現場Cにおける底版部の躯体の施工状況写真を示す．

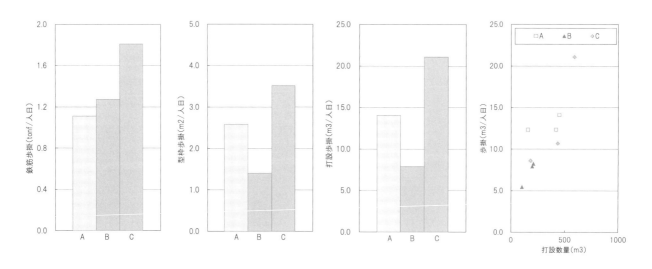

図1.3.1.2　現場における鉄筋工・型枠工・コンクリート工の歩掛の比較例

写真 1.3.1.1　ハンチのある現場Ａの底版部の躯体施工状況

写真 1.3.1.2　ハンチのない現場Ｃの底版部の躯体施工状況

b) 部材接合部（格点）の設計における課題

　ハンチの有無や仕様について照査するための部材接合部（格点）の設計法は確立されておらず，各発注者において様々な実験を行うことにより，接合部補強筋，ハンチ構造を規定している．しかし，**表 1.3.1.3**に示すように，側壁，底版の耐力が格点の耐力に対して大きい場合，仕様によって決められたハンチ形状では，地震時に部材接合部（格点）が破壊する可能性がある．また，逆にこれらの仕様が過大な場合もありうる．例えば，側壁厚に対し，底版厚が非常に厚い場合，部材接合部（格点）よりも先に側壁が破壊される形態となるため，ハンチが不要となることもある．このように格点の健全性に対して，これまでの仕様規定では十分ではなく，合理的な設計であるとは言えない．

表 1.3.1.3　部材厚に応じたハンチの形状

i) 格点の耐力が十分にない場合	ii) 格点の耐力が十分に大きい場合
部材接合部（格点）が小さすぎるため，ハンチを仕様以上に大きくする必要がある	部材接合部（格点）が十分な大きさを有するため，ハンチは不要

(2) 具体的提案

a) 発注者の仕様等に対する提案

・以下に示す「b)標準示方書類に対する提案」，「c)研究開発に関する提案」の進展を受けて，発注者の設計仕様書に部材接合部（格点）の設計についての規定を設ける．

b) 標準示方書類に対する提案

・以下に示す「c)研究開発に関する提案」の成果に基づいて，コ示[設計編：標準] 7編 4.11 ハンチの条文や解説に部材接合部（格点）の設計についての規定を設ける．

c) 研究開発に関する提案

・標準的な設計法として，部材接合部におけるハンチの有無，ハンチ形状を決定するための「部材接合部（格点）の設計方法」を研究・開発する．

以下に参考となる規定等を示す．

i) 日本建築学会：鉄筋コンクリート構造計算規準・同解説 2010 年 [4]

本規準では，梁と柱の接合部の部材接合部（格点）を剛域として評価する前提として，部材接合部（格点）の耐力照査を行うこととしている．また，鉄筋については考慮せず，コンクリートのせん断耐力だけを考慮した設計とし，安全側の設計手法としている．土木においても部材接合部（格点）を剛域とする設計としているため，建築の考えを参考にし，部材接合部（格点）の配筋詳細と耐力照査方法を整備することでハンチの有無を含めた適切な部材接合部（格点）寸法を決めることができるものと考えられる．

ii) 鉄道運輸機構：コンクリート構造物の配筋の手引き，2012.3（2013.10 追加改訂）[5]

ラーメン高架橋の場合は柱の剛性を梁に比べて相対的に低くすることが耐震，乾燥収縮の拘束等に有利なことと，梁のスパンが 10m で標準化されているため，図 1.3.1.5 に示すようにハンチを設けない標準配筋図を示している．

iii) 東日本高速道路株式会社　関東支社：東京外環自動車道（千葉県区間）掘割構造物　設計条件に関する統一事項，2010.6 [6]

東京外環自動車道等の地下高速道路では維持管理の面から，将来の漏水防止を考慮してハンチを設置することとしている．漏水の原因となるのはひび割れであり，乾燥収縮，クリープを含めてひび割れには細心の注意を払っている．側壁 - 底版間の角部はひび割れが入りやすいと考えられるため，ハンチ設置を基本としている．一方，中柱，中壁については止水性を確保する必要がないこと，構造的に崩壊しないことを条件として，ハンチは設ける必要はないとしている．また，断面が変わるところでは必ずハンチを設けている．このように，接合部のひび割れという観点からもハンチの有無を判断する必要がある．

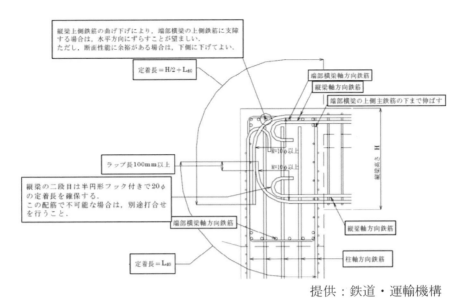

図 1.3.1.5　柱と梁の接合部詳細図[5]

(3) 提案の効果

a) 発注者における生産性・品質の向上

- 部材接合部（格点）の設計法が確立されることにより，構造細目等から定められていたハンチ構造を省略することができ，ハンチ部の構築作業が不要となり，工期短縮が可能となる．
- 部材接合部の高密度配筋が解消され，コンクリート充填不良等の品質不良の発生リスクを低減できる．
- 構造細目等により定められていたハンチ構造の耐力照査が可能となり，安全性が向上する．

b) 設計者における生産性・品質の向上

- 構造モデル設定，応力計算，配筋計画が簡素化でき，設計作業時間の短縮が期待される．
- これまで仕様で決められていたハンチの有無，形状を性能設計とすることができるため，設計自由度が向上することが期待される．

c) 施工者における生産性・品質の向上

- 仕様で決めていたハンチを省略できる可能性があり，部材接合部（格点）の複雑な鉄筋の組立，浮き型枠の組立がなくなり作業性が向上し，作業人員，作業時間を縮減することができる．
- 部材接合部の高密度配筋が解消され，コンクリート充填不良等の品質不良の発生リスクを低減できる．

参考文献

1) 日本道路協会：道路土工　カルバート工指針（平成21年度版），2009．
2) 国土交通省　中部地方整備局　道路部：道路設計要領　―設計編―，2014．3
3) 阪神高速道路株式会社：平成20年10月一部改訂　開削トンネル設計指針，2008．10
4) 日本建築学会：鉄筋コンクリート構造計算基準・同解説2010，2010．2
5) 鉄道建設・運輸施設整備支援機構：コンクリート構造物の配筋の手引き，2012．3（2013．10追加改訂）
6) 東日本高速道路株式会社　関東支社：東京外環自動車道（千葉県区間）掘割構造物　設計条件に関する統一事項，2010．6

本提案に関する参考資料を「**付属資料1　1.3.1**」に示す．

1.3.2 施工性を考慮した構造が選ばれるような積算体系を検討・整備する

(1) 課題と提案

現状の積算体系は，構造物の施工性が考慮されていないため，数量ミニマムとなる構造が，積算上コストミニマムとなっている．よって構造計画では，数量が最小となるような構造が選定されるため，堅壁が傾斜した構造や断面が複雑な構造が計画されることが多い．しかし，そのような構造は，施工の手間がかかる上に，品質確保に多大な労力を要し，生産性低下の要因となっている．

例えば，図1.3.2.1に示すような擁壁の堅壁では，コンクリート数量の最小化を目的とし，発生断面力の分布状態に応じて堅壁に傾斜を設けて部材厚を変化させる構造がこれまでに多く採用されてきた．擁壁をコンクリート構造物として施工するうえで，傾斜している堅壁は直立形状に比べて作業性が悪く，材料，人手をより多く要する．具体的には，図1.3.2.2に示すように，直立した堅壁に対し，部材厚が変化するためせん断補強鉄筋，幅どめ筋の長さが変化し，加工および組立が煩雑となる（①），セパレーター寸法が統一できない（②），かぶりが確保しにくい（③），上部になるにつれて，作業足場と躯体との距離が大きくなるため，張出し足場を設置する必要がある等により，鉄筋・型枠組立作業が煩雑になる（④）．また，コンクリートの打込み時においては，充填しにくく品質に支障をきたす（⑤），打込み前の型枠の清掃が困難（⑥）等の課題が挙げられる．

このように堅壁に傾斜を設けることは，作業人員を多く要するだけでなく，品質，安全上も不安定になり，生産性が下がる要因となっている．生産性を向上させるためには，図1.3.2.3に示すように傾斜を設けない構造を検討することが有効である．

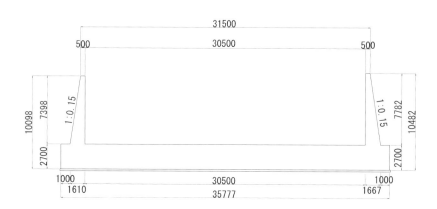

図1.3.2.1 側壁が傾斜したU型擁壁

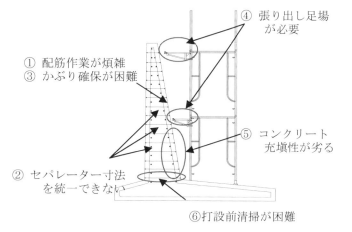

図1.3.2.2 傾斜した堅壁擁壁の施工性

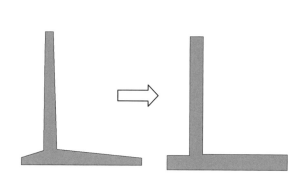

図1.3.2.3 擁壁の堅壁形状

また，数量を最小とするために，同一部材の中で断面を変化させるような設計とすることがある．**図1.3.2.4**に地下高速道路における掘割構造物の例を示す．掘割構造物は，地下高速道路と地上との換気を確保するため，頂版部がスリット（開口）とストラット（梁）で構成されている．この構造では頂版は縦断方向に連続しているのに対し，ストラット部は断続的になっているため，一般的には，頂版よりストラットの部材厚が大きくなる．その結果，**図1.3.2.5**に示すように，形状が複雑になるため，ストラットと頂版の鉄筋が交差する箇所は高密度配筋となり，段差部は浮き型枠が必要となる．浮き型枠を使用することで，施工性が低下するとともに，コンクリートの未充填が発生しやすくなる．

　以上の課題を解決するためには，傾斜や複雑な形状は，単純な構造に比べてコストの増となることを妥当に評価した積算体系を検討・整備することが不可欠である．

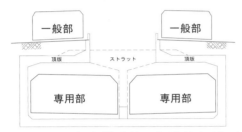

図1.3.2.4　掘割構造物の標準的な断面図

図1.3.2.5　交差部の状況

(2) 具体的提案
a) 発注者の仕様等に対する提案
・実際の歩掛りを考慮した積算体系の見直しを行い，妥当な構造形式が選ばれる仕組みを構築する．
b) 標準示方書類に対する提案
・特になし．
c) 研究開発に関する提案
・特になし．

(3) 提案の効果
a) 発注者における生産性・品質の向上
・施工しやすい構造が選ばれることで，施工精度の確保やコンクリートの充填性の向上が期待でき，品質不良の発生リスクの低減や工期短縮も期待できる．
b) 設計者における生産性・品質の向上
・構造形式の選定の妥当性が向上する．
c) 施工者における生産性・品質の向上
・鉄筋，型枠組立作業が簡易な構造が増えることで，鉄筋および型枠組立作業，コンクリートの打込み・締固め作業が容易となり，作業の省力化，工期短縮が期待される．
・施工精度の確保やコンクリートの充填性の向上が期待でき，品質不良の発生リスクが軽減できる．

本提案に関する参考資料を「**付属資料1　1.3.2**」に示す．

1.3.3 施設・設備に関連する構造を単純化および規格化する規定を追加する

(1) 課題と提案

　ボックスカルバート側壁に設置される施設箱抜きの形状は緊急時における防災関連の基準や法律等から定められるが，その他に発注者独自の基準が存在するものもあり，現状は形状について規格化されていない．

　施設箱抜き部は非常用施設をその内部に収める必要スペースを確保するため，一般部よりも部材厚が薄くなる．それにより補強用の鉄筋が追加で配置されるため高密度配筋となり，鉄筋の組立作業の施工性が低下する．

　また，**図 1.3.3.1** に示すように，箱抜き形状が複雑であることも多く，施設箱抜きの形状に合わせて型枠を設置する必要があるため，一般部より型枠組立の施工性が低下する．さらには，コンクリートの未充填が生じやすくなるため，品質確保のために入念に締固めを行う等，施工管理に留意する必要がある．**写真 1.3.3.1** に示すように，品質確保をするために，箱抜き下部に透明型枠を設置し，コンクリートの充填確認を行う場合もあるが，その分，コストを要することとなる．

　また，土木構造物では構造ブロック間の目地等，構造的に施設配置が困難である箇所が存在する．そのような構造目地部に施設設備の箱抜き等が配置される場合には，ある許容値の範囲内で移動して配置することになる．そのため，施設配置の検討作業が煩雑で決定するまでの協議も長期間となり，**写真 1.3.3.2** に示すように，構造上または施工上で好ましく無い位置に施設を配置せざるを得ない場合がある．

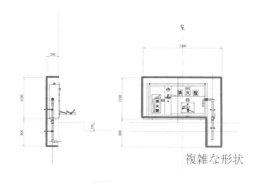 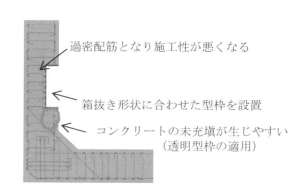

図 1.3.3.1　施設箱抜き構造例（消火栓）

 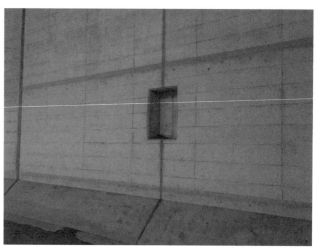

写真 1.3.3.1　箱抜き下部への透明型枠の使用　　　写真 1.3.3.2　目地部に設置した施設箱抜き

発電所設備やプラント設備の基礎工事では，機械，電気等の施設側が支給するワインディングパイプやアンカー等の埋込み金物を指定の位置に設置する．しかし，埋込み金物の設置位置や形状について規格化されていないため，鉄筋と埋込み金物が干渉し，鉄筋を切断して埋込み金物を設置せざるを得ず，新たな補強筋の配置が必要な場合がある．配筋間隔を変更して埋込み金物を配置する場合には，施工者が修正設計を行わなければならないこともあり，組直し等の手戻りの発生により，工程遅延の要因にもなる．また，埋込み金物の種類が複数あるために，配筋および埋込み金物の配置が煩雑になり組立ミスの要因にもなる．

以上のように，施設設備に関連する構造は複雑で，施工に労力を要することが多い．この課題を解決するためには，箱抜き形状や埋込み金物の設置位置等の単純化および規格化が有効であると考えられる．

(2) 具体的提案

a) 発注者の仕様等に対する提案

- 発注者の設計指針に，「設備用の箱抜きに関する構造は，施工性を考慮し単純形状として，大きめに確保する等の規格化を検討する．」という規定を追加する．
- 発注者の設計指針に，「設備用の埋込み金物等の施設・設備に関する構造は，施工性を考慮し単純化および規格化を検討する．」という規定を追加する．

b) 標準示方書類に対する提案

- コ示［設計編：本編］3章 3.1 一般の解説に，「設備用の箱抜きに関する構造は，施工性を考慮し単純形状として，大きめに確保する等の規格化を検討する．」という解説を追加する．
- コ示［設計編：本編］3章 3.1 一般の解説に，「設備用の埋込み金物等の施設・設備に関する構造は，施工性を考慮し単純化および規格化を検討する．」という解説を追加する．

c) 研究開発に関する提案

- 特になし．

(3) 提案の効果

a) 発注者における生産性・品質の向上

- 鉄筋工，型枠工，コンクリート工の作業性が向上するため，品質不良の発生リスクが低減できる．
- 設計箇所が少なくなり，業務の効率化が図れる．
- 施工段階での検討がなくなるため，工期増大のリスクが低減できる．

b) 設計者における生産性・品質の向上

- 構造が規格化されることにより，設計検討断面の数が減少し，作業が簡略化されるため作業効率が向上する．

c) 施工者における生産性・品質の向上

- 鉄筋工，型枠工，コンクリート工の作業性が向上するため，品質不良の発生リスクが低減できる．
- 施工段階での修正設計や検討がなくなるため，工期増大のリスクが低減できる．
- 工程遅れを取り戻そうとするような突貫作業がなくなり，災害および品質不良の発生リスクを低減できる．

本提案に関する参考資料を「**付属資料1　1.3.3**」に示す．

1.4 新材料・新工法を活用する環境を整備する
1.4.1 コンクリート内に埋設できるスペーサの材料の規定を検討，整備する
(1) 課題と提案

工事仕様書やコ示［施工編：施工標準］10.4鉄筋組立において，スペーサの材料として，型枠に接するスペーサは，**写真1.4.1.1**に示す，モルタル製およびコンクリート製を使用することを原則としている．しかしながら，それらのスペーサは設置しづらく，特に，壁部材では組立後に落下することや，バイブレータとの接触で位置がずれる場合がある．したがって，コンクリートの打込み中に，スペーサの位置を管理するための作業員が必要となり，生産性が低下する．また，スペーサの位置がずれると所定のかぶりが確保されず，コンクリートの品質が低下する．

このような課題を解決するため，モルタル製およびコンクリート製に限らず，より有効なスペーサが使用できる規定を整備することを提案する．例えば，**写真1.4.1.2**に示すプラスチック製スペーサは，円形であるため位置ずれがしにくく，強固な固定が可能である．

写真1.4.1.1　モルタル製スペーサ

写真1.4.1.2　プラスチック製スペーサ

(2) 具体的提案
a) 発注者の仕様等に対する提案
- 以下に示す「b)標準示方書類に対する提案」，「c)研究開発に関する提案」の進展を受けて，工事仕様書に，要求性能を満足することが確認・認定されたスペーサについては，使用してもよいことを記す．

b) 標準示方書類に対する提案
- コ示［施工編：施工標準］10.4鉄筋の組立の解説に，プラスチック製スペーサの熱膨張係数が問題とならないことや使用実績から耐久性に悪影響を及ぼさないことを示す．
- 以下に示す「c)研究開発に関する提案」の成果に基づいて，スペーサの要求性能や品質規定を整備する．

c) 研究開発に関する提案
- コ示［施工編：施工標準］10.4鉄筋組立では，耐荷力，熱膨張係数，スペーサの断面内の空間（開孔率）等が適切で，耐久性に悪影響を及ぼさないことを使用実績等から確認できれば，プラスチック製スペーサは使用可能としている．今後，学協会等でプラスチック製に限らず，新素材のスペーサの調査研究を行う．

(3) 提案の効果

a) 発注者における生産性・品質の向上

・プラスチック製スペーサを用いることで鉄筋の組立精度を向上させることができ，かぶり不足等の品質不良の発生リスクが低減できる．

b) 設計者における生産性・品質の向上

・特になし．

c) 施工者における生産性・品質の向上

・プラスチック製スペーサを用いることで鉄筋の組立精度を向上させることができ，かぶり不足等の品質不良の発生リスクが低減できる．

本提案に関する参考資料を「**付属資料1　1.4.1**」に示す．

1.4.2 埋設型枠を構造断面やかぶりとしてみなす規定を整備する

(1) 課題と提案

写真1.4.2.1に示すような埋設型枠は，コンクリートの打込み・硬化後も取り外すことなく，コンクリート構造物の一部として使用され，型枠の解体作業が省略でき，工程短縮，作業の省力化および安全性向上が可能となる．また，耐久性の高い材料を使用することで，かぶりの品質を容易に向上することができる．しかしながら，埋設型枠の背面に打ち込まれるコンクリートとの一体性や目地部の耐久性等に関する要求性能が定まっていないことから，構造断面やかぶりとしてみなすことができない場合が多く，有効に活用されないことが課題となっている．

そこで，埋設型枠を構造断面やかぶりとしてみなすための要求性能と，その確認方法を定める研究開発を進めることで，埋設型枠を積極的に利用できる提案を行う．

写真1.4.2.1 埋設型枠の一例（繊維補強コンクリート）

(2) 具体的提案

a) 発注者の仕様等に対する提案

・工事仕様書に，要求性能を満足することが確認・認定された埋設型枠については，構造断面やかぶりの一部としてみなして使用してもよいことを記載する．

b) 標準示方書類に対する提案

・以下に示す「c)研究開発に関する提案」の成果に基づいて，コ示［設計編］に埋設型枠を構造部材の一部として見なすための要求性能を記載する．

・以下に示す「c)研究開発に関する提案」の成果に基づいて，コ示［設計編：標準］7編4.10 コンクリート表面の保護の解説に目地材の要求性能や仕様を記載する．

c) 研究開発に関する提案

・埋設型枠の背面に打ち込まれるコンクリートとの一体性について，温度変化の影響，乾湿繰返し作用，冷温繰返し作用，凍結融解作用等，長期的にも一体性が確保されることを実証する手法を研究開発する．

・目地部の耐久性を評価する手法を研究開発する．

・埋設型枠は，これまでは建設技術審査証明事業で認証をもって使用されてきたが，今後は，学協会等で埋設型枠の調査研究に関する委員会を立ち上げ，埋設型枠の要求性能や品質規定を検討し，学協会としての仕様を整備する．

・埋設型枠背面のコンクリートの充填状況を確認する方法を研究開発する．

(3)提案の効果

a)発注者における生産性・品質の向上

・耐久性の高い材料を埋設型枠に使用することで,必要な耐久性を確保しつつ,かぶり厚の縮小化,もしくは,かぶりの品質の向上による部材の耐久性の向上を期待できる.

b)設計者における生産性・品質の向上

・特になし.

c)施工者における生産性・品質の向上

・埋設型枠の適用拡大により,生産性向上が可能となる.**写真1.4.2.2**に適用例を示す.

・脱型作業を省略できるので,危険作業が低減される.

（ⅰ）導水路トンネル

（ⅱ）コンクリートダム

（ⅲ）橋梁下部工

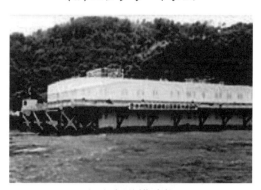
（ⅳ）海洋構造物

（ⅵ）水理施設

（ⅶ）橋梁壁高欄

写真1.4.2.2　埋設型枠の適用事例

本提案に関する参考資料を「付属資料1　1.4.2」に示す.

1.4.3 仮設物の本体工への積極的活用により生産性の向上を図る

(1)課題と提案

　土留め壁や土留め支保工等の仮設物を本体構造物の一部として利用することは，工期短縮のみならず，省人化，工費削減，安全性向上，環境負荷低減等の面でもプラスに働き，総じて生産性向上に資すると考えられる．

　現状では，**図1.4.3.1**に示す地中連続壁の本体利用，**図1.4.3.2**に示すような鋼矢板併用型直接基礎，逆巻き工法における本設躯体の支保工としての利用が，仮設本設兼用の事例として挙げられる．しかしながら，切梁や中間杭等の仮設鋼材を本設構造物の一部に利用することや，仮設の足場を本設兼用とする等の試みは，ほとんど行われていないのが現状である．

　開削工事の現場では，**写真1.4.3.1**に示すように大量の支保部材を架設し，不要になれば解体・撤去することを行っている．生産性向上を目的として，これらをそのまま本設構造物の一部に組み込むことができないだろうか，というのが本提案の発想の原点である．もちろん，これ以外にも仮設物を本設として有効利用できる工法があれば，積極的にその利活用を図っていくことが望ましいと考える．本項ではそのための環境整備を提案する．

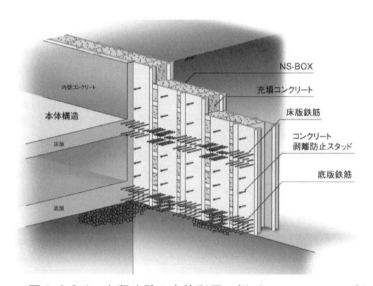

図1.4.3.1　土留め壁の本体利用の例（NS-BOX工法）

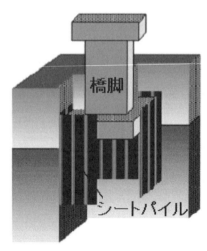

図1.4.3.2　鋼矢板併用型直接基礎「シートパイル基礎」

写真 1.4.3.1　大量に使用される仮設鋼材

(2) 具体的提案

a) 発注者の仕様等に対する提案

・以下に示す「b)標準示方書類に対する提案」，「c)研究開発に関する提案」の進展を受けて，発注者の設計指針においても，「施工性や経済性を考慮し仮設物の本体利用について積極的に検討すること」といった趣旨の文言を追記する．

b) 標準示方書類に対する提案

・以下に示す「c)研究開発に関する提案」の成果に基づいて，適宜，示方書類に反映していく（コ示ではなく，トンネル標準示方書等，個別の構造物毎の対応となる可能性が高いと思われる）．

c) 研究開発に関する提案

・仮設物を有効に活用できる新たな施工法や，仮設物をその一部として取り込んだ部材の設計法についての研究開発を積極的に推進する．研究開発にあたっては，最終的な構造物が本設としての所定の品質および性能（水密性や耐久性）を確実に備えたものとなるよう留意する．

・仮設物を構造物内に埋設した場合に有害とならないような，品質規定や適用部材等の規定に関する研究開発を行う．

(3) 提案の効果

a) 発注者における生産性・品質の向上

・仮設物の撤去に伴う工期が短縮できる．

b) 設計者における生産性・品質の向上

・仮設としての利用と本体としての利用の両方を考慮する必要があるが，構造系が変化するため設計は煩雑となる．

c) 施工者における生産性・品質の向上

・仮設物本体利用の採用促進により，仮設物の撤去に関わる工程が省略でき，工期短縮，省人化といった効果が得られ，現場の生産性が向上する．

本提案に関する参考資料を「**付属資料 1　1.4.3**」に示す．

1.4.4 鋼繊維補強コンクリートを構造部材へ適用できる規定を検討，整備する
(1) 課題と提案

　鋼繊維補強コンクリートに関して，シールドトンネルのセグメントでの適用事例[1]（図 1.4.4.1）や鉄道ラーメン高架橋の部材接合部での研究開発事例[2]（図 1.4.4.2）がある．また，近年高性能な鋼繊維が開発されており，鋼繊維補強コンクリートの使用は高密度配筋の低減や，それに伴うコンクリートの充填不良の解消等，現場省力化・生産性向上への対応策として有効であると考えられる．しかしながら，鋼繊維補強鉄筋コンクリート部材の設計指針類には，鋼繊維の違いによる性状の差が十分に反映されておらず，適用が困難となっていることが課題となっている．現状では，構造鉄筋の低減を目的とする場合は，実施案件ごとに，部材実験で構造性能を確認して鋼繊維の効果を考慮しており，多大な労力が発生している．もしくは，鋼繊維による具体的な性能向上は考慮せず，用心鉄筋や配力鉄筋の省略を目的とした鋼繊維の使用にとどまっている．そこで，鋼繊維補強鉄筋コンクリートを積極的に利用するために，鋼繊維の特性に合わせた適用範囲・部位の明確化と，鋼繊維補強コンクリートの有効性を反映可能な設計式の整備を提案する．なお，ここで取り上げる鋼繊維補強コンクリートにはＵＦＣ（超高強度繊維補強コンクリート）は含まない．

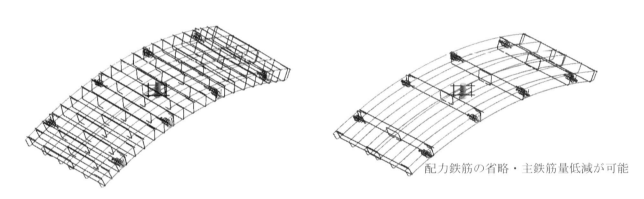

(a) 通常の RC セグメント　　　　　　　(b) 鋼繊維補強鉄筋コンクリートセグメント

図 1.4.4.1　シールドトンネルセグメントへの鋼繊維補強鉄筋コンクリートの適用例[1]

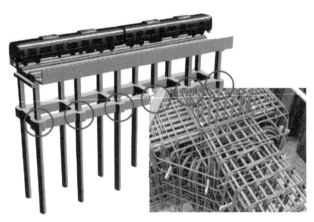

(a) 一般的なラーメン高架橋の柱・梁・杭接合部の配筋状況　　　(b) 鋼繊維により定着性能が向上した接合部

図 1.4.4.2　鉄道ラーメン高架橋の部材接合部への鋼繊維補強鉄筋コンクリートの研究開発事例[2]

(2) 具体的提案

a) 発注者の仕様等に対する提案
・特になし．

b) 標準示方書類に対する提案
・以下に示す「c) 研究開発に関する提案」の成果に基づいて，コ示［設計編：標準］に鋼繊維補強コンクリートの設計手法を記載する．
・コ示［施工編：特殊コンクリート］6.3.4 練混ぜの解説に，アジテータトラックに鋼繊維を投入し空気量が増加した場合に，消泡剤の後添加により空気量を調整してよいことを記述する．

c) 研究開発に関する提案
・現状の鋼繊維補強鉄筋コンクリート柱部材の設計指針（案）における鋼繊維混入量の適用範囲を低混入率まで拡大し，鋼繊維の混入量に応じたせん断耐力式に関する研究開発を行う．
・現状の鋼繊維補強鉄筋コンクリート柱部材の設計指針（案）におけるせん断耐力式を軸力の効果が考慮可能なせん断耐力式に変更するための研究開発を行う．
・曲げに対する鋼繊維の有効性向上のため，鋼繊維補強コンクリートの引張側寄与分を考慮した曲げ耐力算定手法の研究開発を行う．
・鋼繊維補強鉄筋コンクリートの効果が活かしやすい部位を明確にするため，多方向の応力が発生する部材接合部での配筋量低減等の研究開発を行う．
・鋼繊維補強鉄筋コンクリート部材の耐久性に関する照査手法の研究開発を行う．
・鋼繊維の配向による構造性能への影響，配向制御方法に関する研究開発を行う．

なお現在，土木学会の 346 委員会（繊維補強コンクリートの構造利用研究小委員会：第2期）において鋼繊維補強コンクリートも含めたあらゆる繊維補強コンクリートの設計に関して検討されている．

(3) 提案の効果

a) 発注者における生産性・品質の向上
・部材接合部等，極端に高密度配筋となる部分の配筋の合理化に適用することで，コンクリートの充填不良等の発生リスクの低減，工期短縮が可能となる．

b) 設計者における生産性・品質の向上
・鋼繊維補強コンクリートの普及により，設計の自由度の向上が期待される．

c) 施工者における生産性・品質の向上
・鋼繊維補強鉄筋コンクリート部材とすることで鉄筋量が削減され，鉄筋工の省人化が可能となる．
・コンクリートの充填不良による初期欠陥の発生リスクが低減し，構造物の品質向上が期待される．

参考文献
1) 加藤隆，山仲俊一朗，小森敏生，森田誠：鋼繊維補強鉄筋コンクリート（RSF）セグメントの実施工への適用，土木学会第67回年次学術講演会講演概要集，Ⅵ-166，pp.331-332，2012
2) 田所敏弥，谷村幸裕，前田友章，徳永光宏，轟俊太郎，米田大樹：鋼繊維補強コンクリートを用いたラーメン高架橋接合部の開発，鉄道総研報告，第23巻，第12号，pp.35-40，2009

本提案に関する参考資料を「**付属資料1　1.4.4**」に示す．

1.5 発注者の設計指針類および示方書の標準での合理的な構造細目を整備する

1.5.1 軸方向鉄筋の機械式定着を活用するための規定を検討，整備する

(1) 課題と提案

近年，耐震性の強化や構造物の大規模化等により，鉄筋コンクリート構造物の柱，梁，杭等の接合部の配筋が高密度となる場合がある．このような部材接合部に従来の方法で配筋を行うと，**写真1.5.1.1**に示すように定着のための標準フックが集中することで，高密度配筋となり，生産性および品質が低下する可能性がある．一方，多くの発注者では仕様書に機械式定着に関する具体的な規定がなく，一般的に材料の経済比較のみにより標準フックが選定されるのが現状である．部材定着部において施工が困難な場合には，施工段階に**写真1.5.1.2**および**図1.5.1.1**に示すような機械式定着を適用したいが，指針・示方書等で適用可能範囲が明確となっていないため変更が難しい．

以上より，部材実験や定着メカニズムの研究等を踏まえ，軸方向鉄筋への機械式定着の適用範囲を明らかにすることによって，部材接合部に機械式定着を活用するための規定を整備することを提案する．

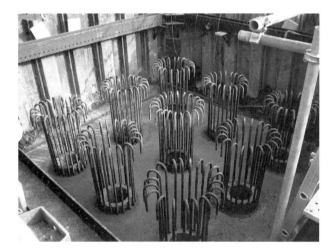

写真1.5.1.1 軸方向鉄筋に標準フックを用いた施工例（中掘り杭頭接合部）

写真1.5.1.2 軸方向鉄筋に機械式定着を用いた施工例（場所打ち杭杭頭部）

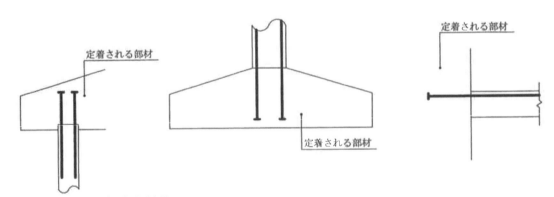

図1.5.1.1 軸方向鉄筋のコンクリートへの定着の例（鉄筋定着・継手指針，2007）

(2) 具体的提案

a) 発注者の仕様等に対する提案

・以下に示す「b) 標準示方書類に対する提案」，「c) 研究開発に関する提案」の進展を受けて，発注者の設計指針，設計仕様書に，柱や梁等の接合部，過密多段配筋となる部位等において，性能が確認された範囲で機械式定着を採用できる旨を記載する．

b) 標準示方書類に対する提案

・以下に示す「c) 研究開発に関する提案」の成果に基づいて，コ示［設計編：標準］7編2.5.4軸方向鉄筋の定着の解説に，機械式定着の適用範囲，適用方法等を記載する．

c) 研究開発に関する提案

・軸方向鉄筋に機械式定着を用いた場合の定着メカニズムおよびその設計手法に関する研究を行う．
・機械式定着に求められる要求性能に対して，実験等で検証すべき項目および検証方法を明確にする．
・機械式定着を活用した際のコストメリットを明確にする．

(3) 提案の効果

a) 発注者における生産性・品質の向上

・高密度配筋部に機械式定着を採用することにより，コンクリートの充填不良等の品質不良の発生リスクが低減できる．

b) 設計者における生産性・品質の向上

・発注者の仕様書等に機械式定着の採用を明記することにより，配筋困難な部位への解決策として機械式定着を採用することが可能となり，設計の自由度が向上する．

c) 施工者における生産性・品質の向上

・鉄筋組立の作業性が向上することにより，現場での省力化が図れ，工程短縮に繋がる．
・高密度配筋が緩和され，コンクリートの充填性が改善し品質が向上する．

本提案に関する参考資料を「**付属資料1　1.5.1**」に示す．

1.5.2 主筋の定着長内での折曲げ仕様の規定を検討，整備する

(1)課題と提案

部材接合部では，配筋が高密度となり，鉄筋同士が干渉することがある．例えば，柱杭接合部において，柱主筋と杭主筋が干渉する場合があるが，その際，図1.5.2.1に示すように，柱主筋または杭主筋をその定着長内で折曲げて，鉄筋同士の干渉を解消する方法がある．ここで，十分な定着性能を確保するためには折曲げ仕様を制限する必要があるが，コ示［設計編：標準］で規定されている「曲げ内半径が鉄筋直径の10倍以上の場合は，折曲げた部分も含み，鉄筋の全長を有効とする」といった仕様規定は，折曲げ角度や折曲げ開始点の規定がなく，十分な定着性能を確保できない可能性がある．このため，建築における折曲げ角度で折曲げ仕様を制限する規定（柱主筋については，「柱せいの差 e と梁せいDの比を e／D≦1/6 かつ 150mm以下」）を参考に折曲げの設定をしているのが現状である．また，折曲げ角度を1/6以下に制限する場合，曲げ内半径を鉄筋径の2.5倍とした場合と10倍とした場合で，図1.5.2.2に示すように，形状として大きく変わらないことから，定着性能としての差は僅かであると考えられる．なお，既往の構造実験による研究では，定着長内で折曲げ角度を1/5程度以下の勾配とすれば定着性能の低下がないことが報告されている[1]．

ここでは，コ示［設計編：標準］における定着長内の折曲げ仕様の規定に，折曲げ角度で適用範囲を制限する規定を検討，整備することを提案する．

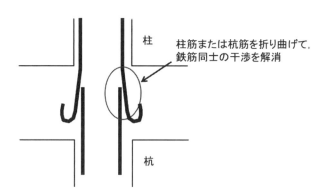

図1.5.2.1 部材接合部における鉄筋同士の干渉を折曲げて解消する事例のイメージ

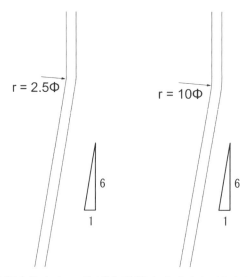

図1.5.2.2 D32，曲げ角度1/6とし，曲げ内半径を2.5φと10φとした場合の形状の比較

(2) 具体的提案

a) 発注者の仕様等に対する提案

・特になし．

b) 標準示方書類に対する提案

・以下に示す「c)研究開発に関する提案」の成果に基づいて，コ示［設計編：標準］7編2.5.3鉄筋の定着長の条文に，定着長内の折曲げ仕様について，折曲げ角度や折曲げ開始点の規定を追加する．例えば，以下のような条項を追加する．

「曲げ角度が1/6以下であれば，折曲げた部分も含み，鉄筋の全長を有効とする．その際の曲げ内半径としては，表2.5.1の値以上とする．また，折曲げ開始点としては，梁筋と柱筋の中心線の交差点，または定着長として算定する範囲から50mm以上入った箇所とする．」

c) 研究開発に関する提案

・主筋の定着長内の折曲げ仕様として，定着性能を確保できる折曲げ角度や折曲げ位置について研究開発する．

(3) 提案の効果

a) 発注者における生産性・品質の向上

・杭と柱の軸方向鉄筋位置を同一にすることが可能になるため，柱寸法や杭径を小さくすることができる．

b) 設計者における生産性・品質の向上

・図1.5.2.3に示すように，設計段階において，部材接合部の軸方向鉄筋の定着部が，他の鉄筋等と干渉している場合に，部材寸法等を変更せずに，干渉を解消する手段の一つとして使用することができ，設計作業の省力化が図れる．

c) 施工者における生産性・品質の向上

・施工段階において，部材接合部の軸方向鉄筋の定着部が，他の鉄筋等と干渉している場合に，これを解消し，施工性および品質を確保する手段の一つとして提案することができる．

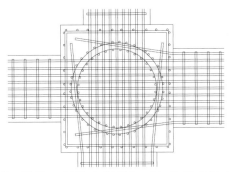

図1.5.2.3 鉄筋を折曲げて鉄筋の干渉を解消しているその他の事例（杭主筋と梁主筋）

参考文献

1) 辻正哲，石川雄志，畑中強志，澤本武博，飯田竜太，岡本大：主鉄筋の位置ずれ修正がRC部材の力学的挙動に及ぼす影響，材料，Vol.54, No.8, pp.861-868, Aug.2005

本提案に関する参考資料を「**付属資料1　1.5.2**」に示す．

1.5.3 鉄筋の合理的な曲げ形状の性能照査方法を検討，整備する
(1)課題と提案

鉄筋の曲げ形状は，コ示［設計編：本編］13.5 鉄筋の曲げ形状に従えば鉄筋の品質に与える影響やコンクリートに生じる支圧力の大きさを考慮して曲げ形状と配置方法を決定できる．しかしながら，鉄筋曲げ加工部のコンクリートに作用する支圧力の算定方法や支圧力の限界値が示されておらず，**表 1.5.3.1** および**図 1.5.3.1**に示すコ示［設計編：標準］7 編 2.4 鉄筋の曲げ形状や，2.5.2 標準フックに記されている仕様規定に従っているのが現状である．鉄筋の定着性能等の性能を担保しつつ，曲げ加工形状の選択の自由度を上げることで，使用部位によっては曲げ加工方法を工夫し，施工性が向上する可能性がある．

一方，鉄筋の曲げ形状を決めるうえでは，鉄筋自体の加工時の損傷に留意する必要がある．「JIS G 3112 鉄筋コンクリート用棒鋼」（**表 1.5.3.2**）では SR235～SD490 が対象になっており，曲げ性が曲げ内半径として規定されている．コ示［設計編：標準］7 編 2.5.2 標準フックに示されるフックの曲げ内半径は，スターラップと帯鉄筋についてはＪＩＳと同じ値となっており，軸方向鉄筋についてはＪＩＳよりも 0.5D（Dは鉄筋の直径）だけ大きい値が規定されている．実際，コ示［設計編：標準］7 編 2.5.2 標準フックでは，条文にて曲げ内半径を示すとともに，解説において，『鉄筋の曲げ内半径を，小さくすると，鉄筋の亀裂，破損の恐れがあるので，この項で規定した半径よりも小さくしてはならない』とある．上記のとおり鉄筋が損傷しない範囲で加工するのはもちろんであるが，仮にコ示［設計編：標準］に示される曲げ内半径よりも小さい半径で曲げ加工が可能な鉄筋があったとしても，コンクリート側の性能照査方法が示されていないため自由な加工はできない．

以上から，鉄筋の曲げ形状に関して性能照査法を検討，整備し，直角フックの適用拡大や曲げ内半径の縮小が可能となる環境を整備することを提案する．

表 1.5.3.1 コ示［設計編：標準］におけるフックの曲げ内半径

種類		曲げ内半径(r)	
		軸方向鉄筋	スターラップおよび帯鉄筋
普通丸鋼	SR235	2.0φ	1.0φ
	SR295	2.5φ	2.0φ
異形棒鋼	SD295A, B	2.5φ	2.0φ
	SD345	2.5φ	2.0φ
	SD390	3.0φ	2.5φ
	SD490	3.5φ	3.0φ

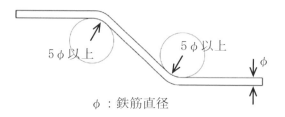

図 1.5.3.1 折曲げ鉄筋の曲げ内半径

表1.5.3.2 JISにおける機械的性質

種類の記号	降伏点又は耐力 N/mm²	引張強さ N/mm²	引張試験片	伸び %	曲げ性 曲げ角度	曲げ性 内側半径	
SR235	235以上	380～520	2号	20以上	180°		公称直径の1.5倍
			14A号	22以上			
SR295	295以上	440～600	2号	18以上	180°	径16mm以下	公称直径の1.5倍
			14A号	19以上		径16mm超え	公称直径の2倍
SD295A	295以上	440～600	2号に準じるもの	16以上	180°	呼び名D16以下	公称直径の1.5倍
			14A号に準じるもの	17以上		呼び名D16超え	公称直径の2倍
SD295B	295～390	440以上	2号に準じるもの	16以上	180°	呼び名D16以下	公称直径の1.5倍
			14A号に準じるもの	17以上		呼び名D16超え	公称直径の2倍
SD345	345～440	490以上	2号に準じるもの	18以上	180°	呼び名D16以下	公称直径の1.5倍
			14A号に準じるもの	19以上		呼び名D16超え 呼び名D41以下	公称直径の2倍
						呼び名D51	公称直径の2.5倍
SD390	390～510	560以上	2号に準じるもの	16以上	180°		公称直径の2.5倍
			14A号に準じるもの	17以上			
SD490	490～625	620以上	2号に準じるもの	12以上	90°	呼び名D25以下	公称直径の2.5倍
			14A号に準じるもの	13以上		呼び名D25超え	公称直径の3倍

(2) 具体的提案

a) 発注者の仕様等に対する提案
・特になし．

b) 標準示方書類に対する提案
・以下に示す「c)研究開発に関する提案」の成果に基づいて，コ示［設計編：本編］13.5鉄筋の曲げ形状や13.6鉄筋の定着の条文や解説に，鉄筋の曲げ形状を決定できる性能照査法を整備する．

c) 研究開発に関する提案
・曲げ加工形状による定着性能の違いに関する基礎的な知見を蓄積する．
・曲げ加工部の支圧力の算定方法を構築する．
・支圧力の限界値，あるいはその設定方法を整備する．
・曲げ加工した鉄筋の品質の確認方法を整備する．
・曲げ内半径の縮小に関連してASRによる鉄筋曲げ加工部の破断への影響について検討する．

(3) 提案の効果

a) 発注者における生産性・品質の向上
・部材接合部や鉄筋定着位置等の鉄筋が高密度となる部位において，鉄筋加工が容易になり，工期増大や品質不良の発生リスクが低減する．

b) 設計者における生産性・品質の向上
・部材接合部や鉄筋定着位置等の鉄筋が高密度となる部位では，鉄筋のあきが確保できない場合が想定されるが，加工形状を変更することで鉄筋のあきを確保した配筋とすることが可能になる．

c) 施工者における生産性・品質の向上
・部材接合部や鉄筋定着位置等の鉄筋が高密度となる部位では，鉄筋組立やコンクリートの打込みが困難となる場合があり，加工形状を変更することで施工しやすくなる．これにより，コンクリートの打込みにおける施工性の向上やコンクリートの充填不良等の品質不良の発生リスクが低減する．

本提案に関する参考資料を「**付属資料1 1.5.3**」に示す．

1.5.4 せん断補強鉄筋の直角フックの適用可能範囲を明示する規定を検討，整備する

(1) 課題と提案

コ示［設計編：標準］7編2.5.5横方向鉄筋の定着では横方向鉄筋の定着の項で，帯鉄筋は半円形フックまたは鋭角フックを設けることが規定されている．

壁厚が小さい壁部材のせん断補強鉄筋に本規定を適用すると主鉄筋間に定着部が入り込み，図1.5.4.1に示すようにコンクリートの打込みが困難となる．一方で壁厚が大きい場合は，図1.5.4.2に示すように，躯体内部で重ね継手を設けたせん断補強鉄筋となっていることが多く，半円形フックがあるため，組立が煩雑または困難となり作業効率を著しく低下させている．そのため，施工困難な箇所については図1.5.4.3に示す，片側を直角フックに加工したせん断補強鉄筋が用いられることがある．しかしながら，コ示［設計編］には，せん断補強鉄筋における直角フックの適用についての規定が明記されておらず，施工承諾等の変更に時間と労力を要している．

半円形や鋭角フックによりコンクリートの打込みが困難となる場合や，鉄筋の組立が困難となる場合の施工性改善を図るため，設計上問題ない範囲で直角フックの使用を認める規定を検討，整備することを提案する．

(2) 具体的提案

a) 発注者の仕様等に対する提案
・以下に示す「b)標準示方書類に対する提案」，「c)研究開発に関する提案」の進展を受けて，発注者の設計指針，設計仕様書にせん断補強鉄筋の定着方法に関する構造細目を追記する．

b) 標準示方書類に対する提案
・以下に示す「c)研究開発に関する提案」の成果に基づいて，コ示［設計編：標準］7編2.5.5横方向鉄筋の定着の解説に直角フックの適用可能範囲を示す．

c) 研究開発に関する提案
・せん断補強鉄筋の直角フックの適用可能範囲について，根拠となる実験のデータを蓄積する．

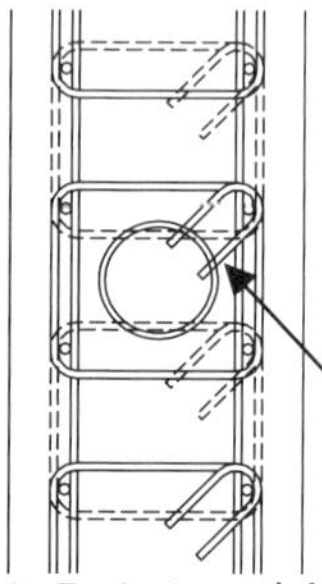

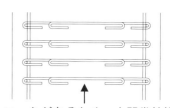

図1.5.4.1 壁部材が薄い場合の配筋状況（上から見た図）

(3) 提案の効果

a) 発注者における生産性・品質の向上
・コンクリートの打込みや鉄筋の組立が困難な箇所が減らせるため，品質不良の発生リスクが低減できる．

b) 設計者における生産性・品質の向上
・特になし．

c) 施工者における生産性・品質の向上
・コンクリートの打込みが困難な箇所や，配筋の組立が困難な箇所が解消されるため，施工効率および品質の向上が図れる．

図1.5.4.2 壁部材が厚い場合の配筋状況

図1.5.4.3 半円形＋直角フックの中間帯鉄筋

本提案に関する参考資料を「付属資料1 1.5.4」に示す．

1.5.5 薄いスラブの定着長が1.3倍となる規定を見直す

(1) 課題と提案

　水平から45°以内の角度で配置される鉄筋について，コ示［設計編：標準］では『打込み終了面から300mmの深さより上方に位置する場合に基本定着長を1.3倍すること』と規定している．鉄道標準にも同様の規定があるが，『コンクリートの打込み終了面から300mmの深さよりも上方に位置し，かつ鉄筋の下側におけるコンクリートの打込み高さが300mm以上ある場合』のように鉄筋の下側のコンクリートの条件が明記されている（図1.5.5.1）．この規定は，打込み後にコンクリート中を上昇するブリーディング水が鉄筋の下面に滞留することで起こる付着の低下に対して定着長の割増しを求めたものであると考えられる．しかしながら，コ示では鉄筋の下側における打込み高さの規定がない．

　土木構造物は一般に部材厚が大きいため，通常はコ示の規定でも特に問題はないと考えられる．しかし，厚さが300mm以下の薄いスラブに対してコ示の規定を適用すると，鉄筋下側のコンクリートが薄いにもかかわらず定着長を1.3倍することになり，本来必要がないと考えられる定着長をとってしまうことになる．

　そこで，このような状況を是正するため，コ示の規定に鉄道標準と同様，鉄筋下側のコンクリート打込み高さの条件を記載することを提案する．

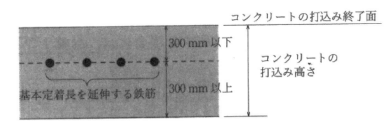

図1.5.5.1　鉄道標準における基本定着長を延伸する鉄筋の考え方

(2) 具体的提案

a) 発注者の仕様等に対する提案

・以下に示す「b)標準示方書類に対する提案」の進展を受けて，必要に応じて各発注者にて設計仕様書を修正する．

b) 標準示方書類に対する提案

・コ示［設計編：標準］7編2.5.3鉄筋の定着長の条文に，下線部の記述を追記する．

「(1)（iii）定着を行う鉄筋が，コンクリートの打込みの際に，打込み終了面から300mmの深さより上方の位置で，鉄筋の下側におけるコンクリートの打込み高さが300mm以上ある場合，かつ水平から45°以内の角度で配置されている場合は，引張鉄筋または圧縮鉄筋の基本定着長は，(i)または(ii)で算定される値の1.3倍とする．」

c) 研究開発に関する提案

・ブリーディング水が異形鉄筋とコンクリートの付着に及ぼす影響について知見を充実させる．

(3) 提案の効果

a) 発注者における生産性・品質の向上

・薄いスラブを含む構造物において，鉄筋数量の低減が図れる．

b) 設計者における生産性・品質の向上

・特になし．

c) 施工者における生産性・品質の向上

・薄いスラブを含む構造物の施工において，工期短縮，省人化の効果が期待できる．

　本提案に関する参考資料を「付属資料1　1.5.5」に示す．

1.5.6 場所打ち杭の帯鉄筋にフレア溶接を活用するための規定を追加する

(1) 課題と提案

　場所打ち杭の帯鉄筋の継手の方法は，図1.5.6.1に示すように，重ね継手を基本とする指針とフレア溶接を基本とする指針に分かれる．重ね継手の場合，両端にフックがつくため，二重配筋の場合の鉄筋組立時やトレミーによるコンクリート打込み時において，施工性が非常に悪くなるという課題がある．また，一部発注者において場所打ち杭のフレア溶接の品質管理規定が整備されていないことが課題となっている．特に抜取り引張試験が困難であることが課題として挙げられる．

　コ示［設計編］においては，帯鉄筋の継手はかぶりコンクリートがはく落してもその全強が発揮される必要があるため，フレア溶接を用いることを推奨している．そこで，場所打ち杭の帯鉄筋の継手として重ね継手を基本としている設計指針や設計仕様書においても，コ示［設計編］に準じて，フレア溶接が使用できるような記載とすることを提案する．

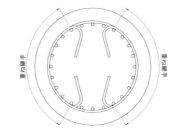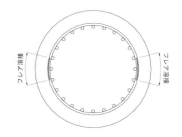

図1.5.6.1　場所打ち杭の帯鉄筋の継手

(2) 具体的提案

a) 発注者の仕様書に対する提案

・コ示［設計編］に基づき，発注者の設計指針および設計仕様書において，場所打ち杭の帯鉄筋の配筋方法に関する事項について，「場所打ち杭の帯鉄筋の継手は重ね継手またはフレア溶接継手を標準とする．」という記述に変更することを提案する．

b) 標準示方書類に対する提案

・特になし．

c) 研究開発に関する提案

・フレア溶接の品質確保のため，品質管理方法や検査体制を確立する必要がある．

(3) 提案の効果

a) 発注者における生産性・品質の向上

・トレミーの引上げ時に鉄筋かごが共上がりする弊害が解消されれば，工期遅延のリスクが解消される．
・フックとトレミーの干渉を考慮して杭径を大きくしている場合には，フレア溶接とすることで杭径を小さくできる．
・フレア溶接とすることで，大変形時においてかぶりコンクリートがはく落しても全強が発揮されるため，安全性の向上が期待される．

b) 設計者における生産性・品質の向上

・フレア溶接とすることで，フックとトレミーの干渉を考慮する必要がなくなり，杭径を小さくできるため，設計の自由度が上がることが期待される．

c) 施工者における生産性・品質の向上

・トレミーの引上げ時に鉄筋かごが共上がりする弊害が解消されれば，工期遅延のリスクが解消される．

本提案に関する参考資料を「付属資料1　1.5.6」に示す．

1.5.7 溶接閉鎖形帯鉄筋を活用できる規定を追加する

(1) 課題と提案

図 1.5.7.1 に示す，溶接閉鎖形帯鉄筋（せん断補強筋）は，帯鉄筋のフックと主鉄筋の干渉をなくすことが可能となり，主鉄筋を密に配筋する場合等に配筋の収まりを容易にできるとともに，コンクリートの充填性にも優れている．また，工場加工であるので加工精度が高いことやフープ形状に溶接閉鎖されていることから，先組み鉄筋の精度確保や形状保持をしやすいとされている．

図 1.5.7.2 に示すような溶接閉鎖形帯鉄筋で使われているアプセット溶接，フラッシュ溶接等の突合せ抵抗溶接継手は，工場での溶接機械による加工となり品質的に安定していると考えられており，土木学会の鉄筋定着・継手指針においても，「施工のレベル」を1相当（不良品の発生確率がきわめて小さい）としている．ただし，工場での自主検査のため，「検査のレベル」を3相当とし，信頼度はⅡを標準としている．フック式の帯鉄筋と比較して，材料コストが高くなるものの上記のような施工面や品質面のメリットがあることから，適用条件によっては活用すべき技術であるが，土木構造物への活用があまりなされていない．一方，建築では，製作工場毎に，第3者機関による性能評定を取得し，突合せ抵抗溶接継手に必要な所定の品質を確保することで，幅広く活用されている．

土木分野での普及が進まない原因として，溶接閉鎖形帯鉄筋や突合せ溶接継手に関する規定が，コ示［設計編］や仕様書等に整備されていないことが挙げられる．例えば，コ示［設計編］では，横方向鉄筋の継手の解説に，「フレア溶接」「機械式継手」の記述があるのに対して「突合せ溶接継手」の記述がないといった課題がある．

そこで，コ示［設計編］や各発注者の設計仕様書等に，溶接閉鎖形帯鉄筋を活用できる規定を設けることを提案する．

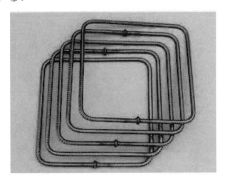

溶接閉鎖形帯筋の特徴
- フック定着の余長が無いため，主鉄筋を密に配筋する場合やSRC造の場合に収まりが容易となる．
- フック定着の余長が無いため，コンクリートの充てん性に優れる．
- 工場で製作する場合は，現場での溶接管理が不要となる．
- 工場で製作する場合は，加工精度が確保されており，鉄筋組立時の精度確保や先組鉄筋の形状保持に効果的である．
- 突合せ抵抗溶接法（アプセット溶接，フラッシュ溶接）は，降伏強度685～1275N/mm²の高強度鉄筋にも適用可能である．

図 1.5.7.1 溶接閉鎖形帯鉄筋

(2) 具体的提案

a) 発注者の仕様等に対する提案

- 発注者の設計指針，設計仕様書における帯鉄筋の加工形状の例に，溶接閉鎖形状の例を追記する．

b) 標準示方書類に対する提案

- コ示［設計編：標準］7編2.6.3 横方向鉄筋の継手の解説において，下記の通り，下線部を追記する．
「そのような継手としては，フレア溶接, 突合せ抵抗溶接 あるいは機械式継手が挙げられる」

c) 研究開発に関する提案

- 特になし．

(3) 提案の効果

a) 発注者における生産性・品質の向上
・主鉄筋を密に配筋する場合等に配筋の収まりを容易にできることから，部材断面寸法を小さくできる．
・フックを省略でき，コンクリートの充填不良による品質不良の発生リスクを低減できる．

b) 設計者における生産性・品質の向上
・設計段階において，帯鉄筋のフック部が他の鉄筋等と干渉する場合に，干渉を解消する一手段として活用することができ，設計作業の効率化を図れる．

c) 施工者における生産性・品質の向上
・施工段階において，帯鉄筋のフック部が他の鉄筋等と干渉する場合に，その干渉を解消できる．
・フックを省略でき，コンクリートの充填不良による品質不良の発生リスクを低減できる．
・鉄筋組立時の精度確保や先組み鉄筋の形状保持が容易となり施工性が向上する．

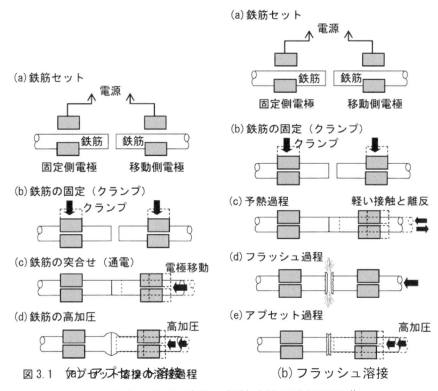

図 1.5.7.2　突合せ抵抗溶接の溶接過程[1]

参考文献
1) (公社)日本鉄筋継手協会：溶接せん断補強筋の手引き，2014.5

本提案に関する参考資料を「**付属資料1　1.5.7**」に示す．

1.5.8 重ね継手の太径鉄筋での使用制限の規定を追加する

(1) 課題と提案

太径鉄筋で重ね継手を用いる場合，鉄筋のあきに配慮した設計が十分でないと，必要なあきが確保されないことがあり，結果的に，コンクリート充填不良を引き起こす可能性がある．また，継手長に加えて隣り合った継手同士を25φ以上ずらすと，太径鉄筋の場合，継手範囲が大きくなるため，打継面から突き出す鉄筋長が長くなることにより，仮設物との干渉や作業足場の確保が困難になる場合等があり，施工条件によっては品質や安全性の低下を招く可能性がある．なお，一部の発注者の仕様書において，D29以上（またはD25以上）の太径の鉄筋については，重ね継手を原則使用しないこととする記述がされている[1)2)3)4)]．その理由として，北海道開発局の仕様書[1)]では「継手周囲にコンクリートを十分に行きわたらせることや施工性を考慮し」と記述されており，他の仕様書[2)3)4)]では，仕様書上に理由の記載はないが，重ね継手のコストが圧接継手よりも高くなることが理由とされている．

本ライブラリーでは，「1.1 設計時3次元で配筋が可能なことを検証する」等に，設計段階において，3次元モデル等を用いて鉄筋が干渉しないことや鉄筋組立・コンクリートの打込み等の施工性を確認することを提案している．しかしながら，太径鉄筋で重ね継手を用いるとあきの余裕が少ないことから，設計作業において上記確認作業に多大な労力を必要とすると考えられる．また，施工段階において設計時に考慮されていない施設物や仮設物により，設計配筋図と同じ位置に配筋できない可能性もあり，その場合に鉄筋位置をずらしたときに，あきが確保できなくなる可能性がある．

以上のことから，発注者の仕様書やコ示［設計編］等に重ね継手の太径鉄筋での使用制限の規定を追加することを提案する．

(2) 具体的提案

a) 発注の仕様等に対する提案

・発注者の設計指針，設計仕様書等の「鉄筋の継手」の事項に，重ね継手に関して以下のような記述を追加する．

「D29以上の太径の鉄筋については，継手周囲にコンクリートを十分に行きわたらせることや施工性を考慮し，ガス圧接や機械式継手等の鉄筋同士を繋ぐ直接継手を標準とする．ただし，D29以上の場合においても，重ね継手でも，必要な鉄筋のあきや施工性が確保できることを確認できる場合は，それによらない．」

b) 標準示方書類に対する提案

・コ示［設計編：標準］7編2.6鉄筋の継手において，条文または解説に以下の記述を追加する．

「D29以上の太径の鉄筋については，継手周囲にコンクリートを十分に行きわたらせることや施工性を考慮し，ガス圧接や機械式継手等の鉄筋同士を繋ぐ直接継手を標準とする．ただし，D29以上の場合においても，重ね継手でも，必要な鉄筋のあきや施工性が確保できることを確認できる場合は，それによらない．」

c) 研究開発に関する提案

・特になし．

(3) 提案の効果

a) 発注者における生産性・品質の向上

・太径鉄筋に重ね継手を使用することを制限することで，鉄筋のあきの不足によるコンクリート充填不良等の品質不良リスクを軽減できる．

b) 設計者における生産性・品質の向上
・太径鉄筋に重ね継手を使用することを制限することで，鉄筋のあきを確保するための配筋検討の労力が省力化できる．

c) 施工者における生産性・品質の向上
・太径鉄筋に重ね継手を使用することを制限することで，鉄筋のあきの不足による，施工性低下や品質トラブルを抑止できる．

参考文献
1) 北海道開発局：道路設計要領 第3集 橋梁（2016年4月）
2) 首都高速道路株式会社：橋梁構造物設計施工要領（2008年7月）
3) 阪神高速道路株式会社：土木工事共通仕様書（2005年10月）
4) 鉄道運輸機構：土木工事標準仕様書（2004年3月）

本提案に関する参考資料を「付属資料1　1.5.8」に示す．

1.5.9 合理的な重ね継手の規定を検討，整備する
(1) 課題と提案

コ示［設計編：標準］の重ね継手の規定は，梁の曲げ試験データを用いた Orangun らの提案式を元にした式による定着長を継手長とし，隣り合った重ね継手同士を継手端部から鉄筋径の 25 倍以上離すことを原則としている．また，設計上必要な鉄筋量や同一断面の継手の割合を条件として，片方の条件を満たさない場合で 1.3 倍，両方の条件を満たさない場合で 1.7 倍に，継手長を割り増す規定となっている．ここで重ね継手に関しては，以下のような課題があると考えられる．

- ボックスカルバート等の壁や床の配力筋の重ね継手，梁柱で囲まれて面内応力が主に作用する壁の縦横筋での重ね継手等は，本来，同一断面に継手を集めても，構造的な問題は生じないと考えられるが，現状では，梁の曲げ試験データを元にしたコ示［設計編：標準］の重ね継手の規定に従って設計されることが多い．
- コ示［設計編：標準］に示されている上記の割増し係数の 1.7 倍は，ＡＣＩ基準（1.3 倍）と比較して大きな値となっている．
- 一部道路床版や建築等では，継手位置を継手長の約半分の長さだけずらす配筋（図 1.5.9.1）が使用されている．この配筋は，重ね継手の継手範囲を小さくすることができるので，仮設物との干渉等が減少できたり，先組み鉄筋工法等の合理化工法を活用しやすくなったりすると考えられるが，コ示［設計編］では規定されていない．

以上の課題に対し，部材毎に重ね継手を同一断面に集めることの可否，その際の割増し係数の値，さらに重ね継手の配置間隔等に関する合理的な規定を検討，整備することを提案する．

(a) 通常の重ね継手　　　　　　　(b) 継手長の約半分の長さだけずらす重ね継手

図 1.5.9.1　継手位置を継手長の約半分の長さだけずらす配筋

(2) 具体的提案
a) 発注者の仕様等に対する提案
- 以下に示す「b)標準示方書類に対する提案」,「c)研究開発に関する提案」の進展を受けて,発注者の設計指針,設計仕様書における重ね継手の規定を修正する.

b) 標準示方書類に対する提案
- 以下に示す「c)研究開発に関する提案」の成果に基づいて,コ示［設計編：標準］7編2.6鉄筋の継手の条文や解説を検討,整備する.

c) 研究開発に関する提案
- 床や壁の配力筋の重ね継手,梁柱に囲まれて面内応力が主に作用する壁等,適用箇所に応じた重ね継手に要求される性能の違いを明らかにする.
- 重ね継手を同一断面に集める配筋や,重ね位置を継手長の約半分ずらした配筋の性能を明らかにする.

(3) 提案の効果
a) 発注者における生産性・品質の向上
- 配筋作業が簡易になるため,品質不良の発生リスクが低減される.
- 先組み鉄筋工法等を採用しやすくなり,工期短縮が可能となる.

b) 設計者における生産性・品質の向上
- 特になし.

c) 施工者における生産性・品質の向上
- 構造物の品質を低下させることなく,重ね継手の施工性を向上することが可能となる.

本提案に関する参考資料を「**付属資料1　1.5.9**」に示す.

1.5.10 あき重ね継手の規定を検討，整備する

(1) 課題と提案

　鉄筋の重ね継手は，鉄筋同士を密着させ結束するもの（言い換えれば鉄筋同士を物理的に繋ぐもの）という認識を持たれがちであるが，重ね継手はあくまでコンクリートを介して応力伝達を行うものであり，日本建築学会やACIでは，鉄筋間に隙間を空けて配置する「あき重ね継手」（図 1.5.10.1）も通常の重ね継手と同様に有効であると認められている．

　細径鉄筋のユニット化工法やプレキャスト工法においてユニット間の鉄筋接合に重ね継手を用いる場合，鉄筋の組立誤差等により全ての鉄筋を密着させるのが困難な場合がある．そのような場合，あき重ね継手を採用することで，鉄筋の台直しの必要がなくなり，現場作業の省力化および品質低下のリスクの低減が可能となる（図 1.5.10.2）．また，壁やスラブ等で配筋ピッチを途中で変えて設計の最適化を図る場合にも，あき重ね継手の採用は有効である（図 1.5.10.3）．

　しかし，現状では土木系の示方書や指針にあき重ね継手の規定がなく，前述のような「重ね継手は鉄筋同士を密着させて繋ぐもの」との認識とあいまって，あき重ね継手が認められにくい状況が生じている．コンクリート工の生産性向上の観点から，あき重ね継手の規定を検討，整備することを提案する．なお，規定の整備にあたっては，コンクリートの充填性への影響を考慮する必要がある．

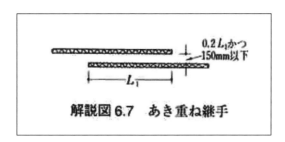

図 1.5.10.1　日本建築学会におけるあき重ね継手の規定
（鉄筋コンクリート造配筋指針・同解説より抜粋）

(2) 具体的提案

a) 発注者の仕様等に対する提案
- 以下に示す「b)標準示方書類に対する提案」，「c)研究開発に関する提案」の進展を受けて，発注者の設計指針，設計仕様書における重ね継手の規定を修正する．

b) 標準示方書類に対する提案
- 以下に示す「c)研究開発に関する提案」の成果に基づいて，コ示［設計編：標準］2.6.2 軸方向鉄筋の継手の条文や解説に，あき重ね継手の規定を検討，整備する．

c) 研究開発に関する提案
- あき重ね継手について研究開発する．

(3) 提案の効果

a) 発注者における生産性・品質の向上
- プレキャスト工法や先組み鉄筋工法の採用促進により，工期短縮，省人化が図れる（図 1.5.10.2）．
- 壁やスラブ等の設計最適化により，鉄筋数量の削減が図れる．

b) 設計者における生産性・品質の向上
・配筋ピッチの設定における制約が軽減されるため，設計作業の効率化に寄与する．（図 1.5.10.3）

c) 施工者における生産性・品質の向上
・壁やスラブ等の設計が最適化されることは，現場作業の省力化に繋がる．
・プレキャスト工法や鉄筋先組工法において鉄筋の台直しの作業が軽減される．これにより，工期短縮，省人化および品質向上の効果が期待できる（図 1.5.10.2）．

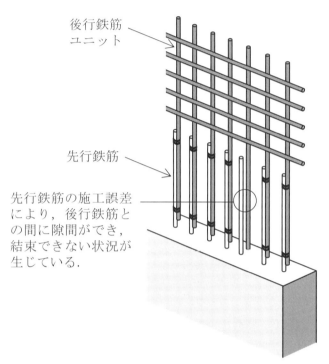

図 1.5.10.2　鉄筋の組立誤差によりあき重ね継手が必要となった例

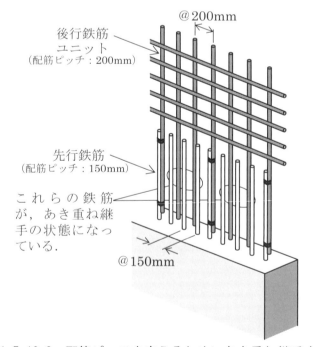

図 1.5.10.3　配筋ピッチを変えるためにあき重ね継手を適用した例

本提案に関する参考資料を「**付属資料1　1.5.10**」に示す．

1.5.11 軸方向鉄筋への高強度鉄筋を活用するための規定を検討，整備する

(1) 課題と提案

　鉄筋コンクリート部材の軸方向鉄筋を高強度化することは，同じ耐荷力を有しながらも鉄筋量を低減できることから，高密度配筋を緩和する方策のひとつとして有効であると考えられる．現在，ＪＩＳでは「鉄筋コンクリート用棒鋼（JIS G 3112）」においてSD490までが規格化されている．これよりもさらに高強度な鉄筋の使用を考えた場合，コ示［設計編］ではＪＩＳ規格外である高強度鉄筋の採用を妨げるような記載はないが，設計段階で採用されることはほとんどないのが現状である．これは，高強度鉄筋の降伏比や伸び等の特性値が普通強度鉄筋と異なるため，普通強度鉄筋と同様には扱えない点があり，ＲＣ部材の曲げひび割れ幅の算定方法や鉄筋の曲げ形状がコ示［設計編］に明記されておらず，設計に取り入れるのが困難であるからだと思われる．

　しかしながら，これまでに降伏強度が685N/mm^{2}の鉄筋が橋脚に適用される[1,2]等，高強度鉄筋を採用した事例はある．また，「鉄道構造物等設計標準・同解説　コンクリート構造物（平成16年4月）」や「高強度鉄筋PPC構造設計指針（平成15年11月），プレストレストコンクリート技術協会」では，高強度鉄筋を採用した場合の具体的な設計法や仕様が記載されている．

　以上から，高強度鉄筋の技術的課題を解決し，コ示［設計編］において降伏強度が685N/mm^{2}程度の高強度鉄筋までを使いやすいように規定を整備する．なお，断面を縮小することを目的として高強度鉄筋を使用した場合，構造物の性能・品質を低下させる可能性もあるので十分な注意が必要である．

(2) 具体的提案

a) 発注者の仕様等に対する提案

・特になし．

b) 標準示方書類に対する提案

・コ示［設計編：本編］3章構造計画，3.3施工に関する検討では，構造計画の段階で，高強度コンクリートの利用や鉄筋のプレハブ化等の採用を検討することが必要との記述はあるが，「高強度鉄筋の利用」については触れられていない．しかしながら，軸方向鉄筋に高強度鉄筋を用いることで，鉄筋量を低減でき，配筋作業の省力化や過度な高密度配筋の緩和を図ることが可能となると考えられることから，3.3施工に関する検討の解説に「高密度な配筋を緩和するための一方法として高強度鉄筋の利用が考えられる」と記述する．

・以下に示す「c)研究開発に関する提案」の成果に基づいて，コ示［設計編：本編］または［設計編：標準］の各条文や解説に，高強度鉄筋について以下の項目に関する規定を整備する．

　　・コ示［設計編：本編］5.3鋼材：解説にJIS規格外の材料の特性値の設定方法を示す．

　　・コ示［設計編：標準］3編 3.4.3 鋼材の疲労強度：条文または解説に疲労強度（低サイクル：耐震，高サイクル：鉄道橋等）を示す．

　　・コ示［設計編：標準］3編 2.4.2 曲げモーメントおよび軸方向力に対する照査：条文または解説に明確な降伏点が見られない高強度鉄筋の応力-ひずみ曲線のモデルを示す．

　　・コ示［設計編：標準］7編 2.5.2 標準フック：条文または解説にSD490よりも高強度な鉄筋の曲げ形状を具体的に示す．

　　・コ示［設計編：標準］4編 2.3.4 曲げひび割れ幅の設計応答値の算定：解説に曲げひび割れ幅算定式が，685N/mm^{2}まで対応可能であることを記す．

c) 研究開発に関する提案
・高強度鉄筋の曲げ形状や疲労強度, ひび割れ幅算定式等, 実験データを蓄積する.

(3) 提案の効果
a) 発注者における生産性・品質の向上
・高密度な配筋が緩和され, 鉄筋の組立やコンクリートの打込みに関する品質不良の発生リスクが低減する.
b) 設計者における生産性・品質の向上
・特になし.
c) 施工者における生産性・品質の向上
・高強度鉄筋の採用により, 鉄筋量が減り, 鉄筋の組立やコンクリートの打込みにおける施工性の向上が図れる. また, コンクリートの充填不良等の品質不良の発生リスクが低減する.

参考文献
1) 水口和之, 芦塚憲一郎：高強度材料を用いたコンクリート高橋脚-東海北陸自動車道鷲見橋-, 土木技術, 53-9, pp.46-53, 1998.9
2) 波田匡司, 大城荘司, 秋山隆之, 齋藤公生：新名神高速道路川下川橋の計画・設計, プレストレストコンクリート技術協会第19回シンポジウム論文集, pp.409-412, 2010.10

本提案に関する参考資料を「**付属資料1　1.5.11**」に示す.

1.5.12 高強度せん断補強鉄筋を活用するための規定を検討，整備する

(1) 課題と提案

　兵庫県南部地震以降，設計地震力が大きくなり，耐震性能を確保するためにせん断補強鉄筋量が増加し，高密度配筋となることが多い．高密度配筋は，施工性の低下を招くと同時に，コンクリートの充填不良等の品質低下を引き起こす可能性もあることから，生産性向上や品質確保のためには，過度な高密度配筋を避ける必要がある．

　せん断補強鉄筋に高強度鉄筋を用いることで，普通鉄筋より重量を低減でき，施工の省力化が図れる（例えば，鉄道高架橋のRCラーメン高架橋の柱において，設計基準強度1275N/mm²のマルチスパイラルを採用した場合，普通鉄筋による帯鉄筋重量のおおよそ40〜50%のマルチスパイラルで所定の耐震性能を確保可能とされている）．せん断補強鉄筋の細径化または配筋ピッチの拡大により，鉄筋のあき，かぶりを大きくする設計が可能となり，鉄筋の干渉をなくすことや，十分なあきを確保した設計をすることができ，ＲＣ部材製作時の初期欠陥の発生リスクを低減できる．

　現状，コ示［設計編］と鉄道標準では，梁や柱等の棒部材のせん断耐力について，せん断補強鉄筋の降伏強度の適用範囲が $25f'cd(N/mm^2)$ と $800N/mm^2$ のいずれか小さい値を上限とすることになっており，コンクリート強度に応じて高強度鉄筋が使用できるようになっているが，降伏強度800N/mm²を超えるせん断補強鉄筋の適用性については示されていない．また，道路橋示方書では，せん断補強鉄筋として適用できる鉄筋の強度を345N/mm²以下に制限している．

　ここでは，高強度のせん断補強鉄筋を活用するために，研究開発により必要なデータを蓄積するとともに，コ示［設計編］や道路橋示方書において，適用範囲を広げる規定を検討，整備することを提案する．

(2) 具体的提案

a) 発注者の仕様等に対する提案

- 以下に示す「c)研究開発に関する提案」の進展を受けて，道路橋示方書において，せん断補強鉄筋の設計降伏強度が345N/mm²を超える場合のせん断耐力，および横拘束効果についての規定を検討，整備する．
- 以下に示す「b)標準示方書類に対する提案」，「c)研究開発に関する提案」の進展を受けて，各発注者の設計指針，設計仕様書類に，せん断補強鉄筋の設計降伏強度が800N/mm²を超える場合のせん断耐力，および横拘束効果についての規定を検討，整備する．

b) 標準示方書類に対する提案

- 以下に示す「c)研究開発に関する提案」の成果に基づいて，コ示［設計編：標準］3編2.4.3.2棒部材の設計せん断耐力の条文や解説に，せん断補強鉄筋の設計降伏強度が800N/mm²を超える場合のせん断耐力，および横拘束効果についての規定を検討，整備する．

c) 研究開発に関する提案

- せん断補強鉄筋の設計降伏強度が800N/mm²を超える場合における，せん断耐力および横拘束効果について，実験および既往知見を整理する．
- 道路構造物において，せん断補強鉄筋の設計降伏強度が345N/mm²を超える場合における，せん断耐力および横拘束効果について，実験および既往知見を整理する．

(3) 提案の効果
a) 発注者における生産性・品質の向上
・鉄筋のあきが大きくなりコンクリート充塡不良等の品質不良の発生リスクが低減できる．
b) 設計者における生産性・品質の向上
・特になし．
c) 施工者における生産性・品質の向上
・鋼材重量の減少や十分なあきの確保により，施工性の向上，現場作業の省力化が可能となる．

本提案に関する参考資料を「**付属資料1　1.5.12**」に示す．

1.5.13 部分的なかぶり不足対策に防食鉄筋を活用できる環境を整備する

(1) 課題と提案

主筋の継手に機械式継手を採用した場合，機械式継手部は鉄筋径よりも太くなるため，その外側に配置される帯鉄筋やスターラップはコンクリート表面近くに位置することになり，耐久性を確保するために必要なかぶりが確保できなくなることがある．この場合の対応として，主筋の位置を深く設定して再設計し，必要かぶりを確保する方法があるが，部材の再設計および配筋図の修正にはかなりの時間を要するため工期を圧迫することがある．そこで最近では，部分的なかぶり不足の対応策として，最外縁鉄筋に**写真1.5.13.1**に示すようなエポキシ樹脂塗装鉄筋やステンレス鉄筋等の防食鉄筋を使用し，必要とされる耐久性を確保することによって要求性能を満足する方法が用いられてきている．

しかしながら，コ示［設計編］や発注の仕様書類に，部分的なかぶり不足の対応策として，防食鉄筋を使用してよいとの記載がないことから，使用が認められない場合があることや承諾を得るのに労力を要することが課題となっている．そこで，防食鉄筋を活用しやすい環境を整備することを提案する．なお，防食鉄筋の使用においては，エポキシやメッキ等の剥離やキズ等を防止する施工上の配慮が必要である．

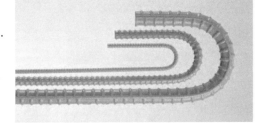

写真1.5.13.1 エポキシ樹脂塗装鉄筋

(2) 具体的提案

a) 発注者の仕様等に対する提案

- 発注者の設計指針，設計仕様書において，「機械式継手部にかかる配力筋やスターラップ等で，部分的にかぶり不足となる場合については，防食鉄筋を使用し必要とされる耐久性を確保する方法も選択できる．」という記述を追記する．

b) 標準示方書類に対する提案

- コ示［設計編：標準］7編2.1かぶりの解説に，機械式継手部等の部分的なかぶり不足の対策としてエポキシ樹脂塗装鉄筋やステンレス鉄筋等の防食鉄筋を活用することができるという記述を加える．
- 以下に示す「c) 研究開発に関する提案」の成果に基づいて，エポキシ樹脂塗装鉄筋やステンレス鉄筋以外の防食鉄筋についてもコンクリートライブラリー等の指針を設ける．

c) 研究開発に関する提案

- セメント系やアルコール系等の防錆材を使用した鉄筋，溶融亜鉛メッキを施した鉄筋等，エポキシ樹脂塗装鉄筋やステンレス鉄筋以外の防食鉄筋についても研究開発を行う．

(3) 提案の効果

a) 発注者における生産性・品質の向上

- 機械式継手部分でかぶりが決まらなくなるため，部材断面寸法の縮小が可能となる．

b) 設計者における生産性・品質の向上

- 部分的に必要かぶりが確保できない場合の解決策として防食鉄筋の活用が可能となる．

c) 施工者における生産性・品質の向上

- 主筋の継手を機械式継手に変更する際に，かぶり不足対策として防食鉄筋を活用しやすくなる．

本提案に関する参考資料を「**付属資料1　1.5.13**」に示す．

1.5.14 面部材でのせん断補強鉄筋の最大配置間隔を検討，整備する
(1) 課題と提案

近年，地震力の増加や大深度構造物が構築されるようになったことから，部材厚が 1m を超えるような厚い面部材（スラブ，フーチング，壁等）を有する大規模構造物が増えている．面部材のせん断補強鉄筋の配置は，コ示［設計編：標準］7編2.3.2 横方向鉄筋の配置によることになる．この項は棒部材に関して記述されたものであるが，(i)項ではスターラップの間隔について「部材有効高さの3/4倍以下，かつ400mm以下」とあり「面部材にはこの項を適用しなくてもよい」との記述がある．一方，(ii)項の計算上せん断補強鉄筋が必要な場合については，「スターラップの間隔は，部材有効高さの1/2倍以下で，かつ300mm以下としなければならない．」とあり，面部材は適用外との記述はない．よって，部材厚が厚い面部材についても，せん断補強鉄筋は本項に従い配置することとなり，せん断補強鉄筋間隔は最大でも300mmと非常に多くのせん断補強鉄筋を配置することになる．そのため，組立てる鉄筋量が増加し組立てにくい配筋となるほか，1mを超えるような厚い部材の場合には鉄筋の中に入ってコンクリートの締固め作業を行う必要がある等，密なせん断補強鉄筋の配置が作業に支障を与え，生産性を阻害する要因となっている．

コ示［設計編：標準］の「部材有効高さの1/2倍以下」の記述は，45度の角度の斜めひび割れがせん断補強鉄筋と交わるようにするためであるが，「300mm以下」については昭和61年版から条文に記載があり，「収縮等によるひび割れの発生を防ぐために用心鉄筋としても有効となるように」と記述されている．棒部材の場合，**図1.5.14.1**に示すようにスターラップは部材表面に配置されるため，収縮等によるひび割れ発生に対する用心鉄筋として機能すると考えられるが，面部材におけるせん断補強鉄筋は，**図1.5.14.2**に示すように部材表面に配置されるわけではないため，収縮等によるひび割れの用心鉄筋としては機能しない．また，面部材表面には主筋のほか直交方向に配力筋が配置される．よって，せん断補強鉄筋を用心鉄筋と兼ねて配置することは，面部材では不要と考えられる．

以上から，コ示［設計編：標準］7編2.3.2 横方向鉄筋の配置において，せん断補強鉄筋として必要な配置間隔と用心鉄筋として必要な配置間隔を明確に区別した記述とし，適用される部位を明確にすることを提案する．

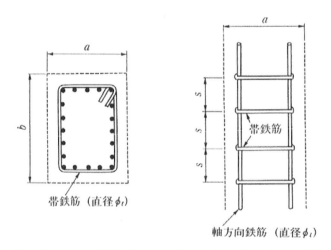

図 1.5.14.1　棒部材におけるせん断補強鉄筋の配置

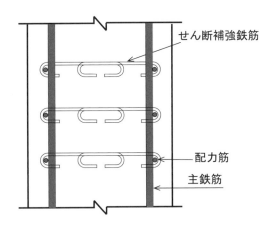

図 1.5.14.2　面部材におけるせん断補強鉄筋の配置

(2) 具体的提案

a) 発注者の仕様等に対する提案

・特になし.

b) 標準示方書類に対する提案

・コ示［設計編：標準］7編 2.3.2 横方向鉄筋の配置(1)スターラップの配置(ii)に対する条文に,「ただし,面部材ではせん断補強鋼材の配置間隔は,部材有効高さの1/2倍以下で配置すればよい.」と追記する.

c) 研究開発に関する提案

・特になし.

(3) 提案の効果

a) 発注者における生産性・品質の向上

・せん断補強鉄筋量を低減できる.

b) 設計者における生産性・品質の向上

・特になし.

c) 施工者における生産性・品質の向上

・せん断補強鉄筋を減らせるため,鉄筋組立の施工性の向上を図ることができる.

本提案に関する参考資料を「**付属資料1　1.5.14**」に示す.

2章 施工
2.1 コンクリートの仕様選択の自由度を上げる
2.1.1 発注時にコンクリートのスランプを規定しない
(1) 課題と提案

現状では，発注時にコンクリートの仕様として，スランプ（例えば8cm）が規定されることが多い．一方，最近の土木構造物においては配筋が高密度化する傾向にある．また，現場の施工条件は様々であり，例えば，締固め作業高さを高くせざるを得ない場合等，十分な施工性が確保できないことが少なくない．高密度配筋部にスランプの小さいコンクリートを打ち込む場合や，作業性が十分でない条件でスランプの小さいコンクリートを打ち込む場合，確実な充填のためには多大な労力と時間を費やすことになり，現場におけるコンクリート工の生産性を阻害する要因となっている（**写真 2.1.1.1**）．その対策として，施工段階でスランプを変更することも行われているが，変更協議が必要であり，変更が認められない場合もある．

以上の課題に対して，コンクリート構造物の品質確保および生産性向上を目的として，発注時にはコンクリートの仕様を規定せず，施工者が構造物の構造条件や施工条件を考慮して，コンクリートのスランプを選択できるような仕様書を整備することを提案する．ここで，品質は水セメント比の上限，単位水量の上限，空気量の範囲等の規定，施工段階の品質管理および完成後の検査により確保するものとする．予定価格の算出時には，打込み時のスランプまたはスランプフローの範囲の参考値を，部材ごとに平均的な配筋量や締固め作業高さ等を用いて設定し，積算に反映できる仕組みとすることも併せて提案する．

写真 2.1.1.1　高密度配筋およびコンクリートの打込み状況

コ示［施工編：施工標準］には，各施工段階で変化するスランプを示し，製造から打込みまでの各施工段階のうち，打込み箇所で必要とされる「打込みの最小スランプ」を基準とすることが明記されている．打込みの最小スランプは，主に部材の種類や鋼材量等の構造条件，運搬方法や打込み・締固め作業等の施工条件により異なる．そのため，代表的な部材としてスラブ・柱・はり・壁のRC部材，および主に橋梁上部工を対象としたPC部材を対象として，打込みの最小スランプの目安を鋼材量（鋼材あき）および締固め作業高さと関連づけて示している．

一部の発注者の仕様等においては，スランプを変更できる規定がある．例えば，JR東日本の標準仕様書[1]では，耐久性の指標として水セメント比の上限値を規定しているが，スランプ値は参考扱いとしており，施工者の判断で適切に設定してよいこととなっている．ただし，工事費の積算においては従来の実績をもとに工事費が設定されており，個々の現場単位で見れば施工条件を考慮した積算とはならない場合もある．NEXCOの設計要領[2]では，プレストレストコンクリート構造物に用いるコンクリートの通常のスランプは8cmであるが，鋼材量が250kg/m³を超える場合については，スランプ12cmが選択できる規定となっている．また，

九州地整[3]では，計画・設計段階において施工性を考慮して最小スランプを定める規定がある．

(2) 具体的提案
a) 発注者の仕様等に対する提案
・発注者の工事仕様書のコンクリートの配合におけるスランプに関する記述を，「打込み時のスランプまたはスランプフローの範囲は参考値とし，コンクリートが所要の施工性を満たすよう任意に定めてよい．スランプの選定にあたっては施工条件等を十分検討し，設定根拠は必要に応じて報告すること．」といった記述に修正する．なお，コンクリートの品質については，水セメント比の上限値，単位水量試験による上限値，空気量の範囲の規定，ならびに完成後の検査により確保するものとする．また，施工段階の品質管理は従来どおりスランプ等のフレッシュ時の試験を行うものとする．予定価格の算出時には，打込み時のスランプまたはスランプフローの範囲の参考値を，コ示［施工編］の考え方により，部材ごとに平均的な配筋量や締固め作業高さ等を用いて設定することとし，積算に反映できる仕組みとする．

b) 標準示方書類に対する提案
・コ示［設計編：標準］に「コンクリートの施工性の照査」を新たに追加することによって，設計段階において，施工性能を考慮したコンクリートの仕様を選択可能とする．

c) 研究開発に関する提案
・特になし．

(3) 提案の効果
a) 発注者における生産性・品質の向上
・設計変更に関わる業務を効率化することができる．
・現場の配筋状況に合わせたスランプの選択により，品質不良の発生リスクが低減される．

b) 設計者における生産性・品質の向上
・設計段階で施工性能を考慮したコンクリートを選択する場合，設計の自由度が上がる．そのため，設計段階における検討項目が増えることになるため，設計者においては生産性向上とならない場合もある．

c) 施工者における生産性・品質の向上
・施工段階におけるスランプの変更協議に費やされる労力が低減される．
・現場の配筋状況に合わせたスランプが選択可能になり，コンクリート工の生産性が向上するとともに，初期欠陥の発生リスクが低減される．

参考文献
1) 東日本旅客鉄道：土木工事標準仕様書（20110201改訂版、201212改訂）
2) 東日本高速道路，中日本高速道路，西日本高速道路：設計要領第二集橋梁建設編，2015.7
3) 国土交通省九州地方整備局：九州地区における土木コンクリート構造物設計・施工指針（案），2014.4

本提案に関する参考資料を「**付属資料1　2.1.1**」に示す．

2.1.2 高流動コンクリートの選択が可能な規定を検討，整備する

(1) 課題と提案

コ示［施工編］に記載されている高流動コンクリート（自己充填性を有する高流動コンクリート）は，高密度配筋部へのコンクリートの打込みや締固め作業の負担を軽減する対策として有望な技術である（**写真2.1.2.1**）．しかしながら，コ示［施工編］および各発注者の仕様書類に，高流動コンクリートを選択するための配筋条件等の基準が示されておらず，設計段階から採用される例は少ない．現状では，施工段階において，変更協議が必要であり，認められない場合もある．協議においては，通常のコンクリートでは密実な充填ができないことを，施工者が示す必要があり，多大な労力を要している．

以上の課題に対して，発注者の仕様書類に対して，高流動コンクリートを積極的に適用できる記述を追加することを提案する．高流動コンクリートの適用を判定するための具体的な指標について，今後の研究成果を蓄積し，将来的にはコ示［施工編］および［設計編］に基準を記載することで，設計に反映されることが望まれる．なお，一部の発注者の仕様書類では，高流動コンクリートを用いる部位が具体的に記載されているものもある．

また，現状では高流動コンクリートは JIS A 5308 レディーミクストコンクリートの規格外であり，高流動コンクリートをより汎用的に活用して行くためには，JIS A 5308 の適用範囲の拡大等の JIS 規格の見直しが必要である．

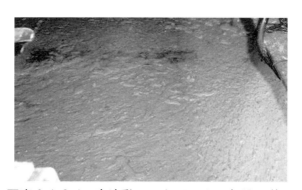

写真 2.1.2.1 高流動コンクリートの打込み状況

(2) 具体的提案

a) 発注者の仕様等に対する提案

- 以下に示す「b) 標準示方書類に対する提案」，「c) 研究開発に関する提案」の進展を受けて，設計段階において，高流動コンクリートの適用部位・部材を検討して図面に記載し，積算に反映できる仕組みとする．

b) 標準示方書類に対する提案

- 以下に示す「c) 研究開発に関する提案」の成果に基づいて，コ示［施工編］4章配合設計に高流動コンクリートを選定するための指標を記載する．
- 上記，コ示［施工編］4章 配合設計に記載される指標を受けて，コ示［設計編］に「コンクリートのフレッシュ性状の選定」を追加することによって，設計段階において施工性能を考慮して高流動コンクリートの選択を可能とする．
- JIS A 5308 レディーミクストコンクリートの普通コンクリートに高流動コンクリートの仕様を追加する．

c) 研究開発に関する提案

- 高流動コンクリートの適用部位を合理的に決定するための具体的な指標に関する研究を行う．

なお，高流動コンクリートの適用範囲を選定するにあたり，流動障害率を指標とした例[1]がある．

(3) 提案の効果

a) 発注者における生産性・品質の向上

- 設計変更に関わる業務を効率化することができる．
- コンクリートの密実充填の難易度が高い部位・部材に高流動コンクリートを適用することにより，品質不良の発生リスクが低減できる．
- 高流動コンクリートの選択に関する指標が示されれば，高流動コンクリートでなければ施工できないような高密度配筋部において，断面形状の変更等により高密度配筋を避けて通常のコンクリート（低価格）を採用することを設計段階で検討することも可能になる．

b) 設計者における生産性・品質の向上

- 設計段階で施工性能を考慮したコンクリートを選択する場合，設計の自由度が上がる．そのため，設計段階における検討項目が増えることになるため，設計者においては生産性向上とならない場合もある．

c) 施工者における生産性・品質の向上

- 施工段階におけるコンクリートの変更協議に費やされる労力が低減される．
- コンクリート工の生産性が向上するとともに，初期欠陥の発生リスクが低減される．

参考文献

1) 井口重信, 小谷美佐, 小林将志, 須藤正弘：コンクリートの充填性を考慮したRCラーメン高架橋の施工, 土木学会第57回年次学術講演会, V-677, pp.1353-1354, 2002.9

本提案に関する参考資料を「**付属資料1 2.1.2**」に示す．

2.1.3 振動・締固めを必要とする高流動コンクリートの選択が可能な規定を検討，整備する
(1) 課題と提案

振動・締固めを必要とする高流動コンクリート（通称：中流動コンクリート）は，通常のコンクリートと自己充填性を有する高流動コンクリートとの中間的な流動性を有し，振動・締固めを行うことを前提としたスランプフローで管理するコンクリートである（図2.1.3.1）．高密度配筋部へのコンクリートの確実な充填や打込み・締固め作業の負担を軽減する対策として，振動・締固めを必要とする高流動コンクリートは有望な技術であると考えられる．

施工性能にもとづくコンクリートの配合設計・施工指針によれば，通常のコンクリートでは施工できない高密度配筋部では，自己充填性を有する高流動コンクリートを適用することとなっているが，一般に粉体系や併用系の自己充填性を有する高流動コンクリートは，自己充填性や材料分離抵抗性等の所要の性能を確保するために，多量の粉体を用いており，通常のコンクリートに比べて大幅に単位セメント（粉体）量が増加する．

これに対し，セメント量の増加をできるだけ抑えて，材料分離抵抗性を確保しつつ流動性を高めることで，コンクリートの打込み・締固め作業における品質確保と生産性向上を図る手段として，振動・締固めを必要とする高流動コンクリートの採用が考えられる．振動・締固めを必要とする高流動コンクリートは，増粘剤一液型の高性能減水剤を用いる等により，通常のコンクリートから粉体量を大幅に増加させることなく，流動性と材料分離抵抗性を確保して充填性を向上させたコンクリートの製造が可能である．

高速道路（NEXCO）3社では，トンネル覆工を対象に，その品質確保を目的として振動・締固めを必要とする高流動コンクリートに相当する中流動覆工コンクリートの施工管理要領を規定し，適用が進んでいる．しかしながら，一般的な鉄筋コンクリート構造物では，コ示［施工編］や各発注者の仕様書類に振動・締固めを必要とする高流動コンクリートの規定がないため，設計段階から振動・締固めを必要とする高流動コンクリートが採用される例は少ない．そのため，現状では，施工段階において変更協議が必要であり，変更が認められない場合もある．変更を認めてもらうためには，通常のコンクリートでは密実な充填ができないことを施工者が示す必要があり，多大な労力がかかっている．

そこで，コ示に振動・締固めを必要とする高流動コンクリートの規定を設け，将来的には発注者の仕様書

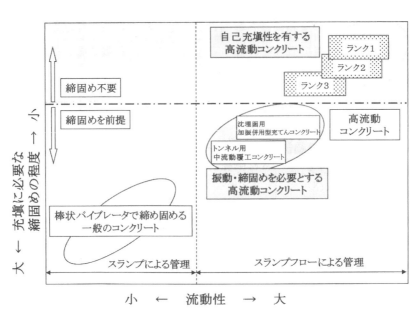

図2.1.3.1 振動・締固めを必要とする高流動コンクリートの位置づけ[1]

類に振動・締固めを必要とする高流動コンクリートを積極的に適用できる記述を追加し，積算に反映することを提案する．

なお，トンネル覆工コンクリートにおいて，振動・締固めを必要とする高流動コンクリートが普及しつつある背景には，コンクリートが無筋もしくは配筋量が少なく，部材厚が30〜40cm程度と薄く，外部からの振動（型枠バイブレータ）が伝播しやすいという構造物の特徴があることや，対象構造物がトンネル覆工に限定されていることがある．一方，一般的なコンクリート構造物への適用にあたっては，様々な構造条件や施工条件での施工を想定することが必要であるが，振動・締固めを必要とする高流動コンクリートの配合とコンクリートの施工性能の関係や，コンクリートの施工性能と構造条件・施工条件の関係等は，十分に明らかになっていないのが現状である．また，振動・締固めを必要とする高流動コンクリートは，粉体量が自己充填性を有する高流動コンクリートよりも少ないため，流動性を高くすると材料分離が生じやすくなる傾向がある．さらに，スランプフローが比較的ばらつきやすいため，自己充填性を有する高流動コンクリートと比較してスランプフローの管理が困難であるという課題もある．

したがって，まずはこれらに関する知見を集めて振動・締固めを必要とする高流動コンクリートの配合設計・施工指針（案）を作成し，振動・締固めを必要とする高流動コンクリートの適用を判定するための具体的な指標を定めたうえで，将来的にはコ示［施工編］に記載し，設計にも反映されることが望まれる．

(2) 具体的提案

a) 発注者の仕様等に対する提案

- 以下に示す「b)標準示方書類に対する提案」，「c)研究開発に関する提案」の進展を受けて，設計段階で振動・締固めを必要とする高流動コンクリートの適用部位・部材を検討して図面に記載し，積算に反映する．

b) 標準示方書類に対する提案

- 配筋条件に応じて，必要とされる振動・締固めを必要とする高流動コンクリートのフレッシュ性状と振動・締固めエネルギーの関係，配合設計手法，締固め管理手法等に関する規定を（「振動・締固めを必要とする高流動コンクリートの配合設計・施工指針（案）」を作成するステップを踏んで）コ示［施工編：特殊コンクリート］3章 高流動コンクリートに記載する．
- 以下に示す「c)研究開発に関する提案」の成果に基づいて，コ示［施工編：施工標準］4章 配合設計に（「振動・締固めを必要とする高流動コンクリート指針（案）」を作成するステップを踏んで）振動・締固めを必要とする高流動コンクリートを選定できる指標を記載する．
- 上記，「コ示［施工編：施工標準］4章 配合設計」に記載される指標を受けて，コ示［設計編］にコンクリートのフレッシュ性状の選定方法を追加することによって，設計段階において施工性能を考慮して振動・締固めを必要とする高流動コンクリートの選択を可能とする．

c) 研究開発に関する提案

- 振動・締固めを必要とする高流動コンクリートの流動性・粘性と振動・締固めエネルギーが充填性に及ぼす影響の把握や配合設計手法に関する研究を行う．
- 振動・締固めを必要とする高流動コンクリートの適用部位を合理的に決定するための具体的な指標に関する研究を行う．

(3) 提案の効果

a) 発注者における生産性・品質の向上

- コンクリートの密実充填の難易度が高い部位・部材に振動・締固めを必要とする高流動コンクリートを適用することにより，品質不良の発生リスクを低減できる．
- 自己充填性を有する高流動コンクリートを適用する場合に比べて，温度応力ひび割れ発生リスクの低減が容易となる．

　（ちなみに，通常のコンクリートから振動・締固めを必要とする高流動コンクリートへの変更に要する材料費コストの増分は 0.2～0.5 万円/m^3 程度と試算される．）

b) 設計者における生産性・品質の向上

- 設計段階で施工性能を考慮したコンクリートを選択する場合，設計の自由度が上がるため，検討項目が増えることになる．設計時の作業としては生産性向上とはならない場合もある．

c) 施工者における生産性・品質の向上

- 施工段階におけるコンクリートの変更協議に費やされる労力が低減される．
- 振動・締固めを必要とする高流動コンクリートの使用により，コンクリート工の生産性が向上し，初期欠陥の発生リスクが低減する．

参考文献

1) 土木学会：コンクリートライブラリー136 号　高流動コンクリートの配合設計・施工指針［2012 年版］

本提案に関する参考資料を「**付属資料1　2.1.3**」に示す．

2.1.4 流動化剤の適宜使用を可能とする規定を検討，整備する

(1) 課題と提案

　柱梁接合部等の高密度配筋部に，スランプの小さいコンクリートを打ち込んだ場合，充填不良による初期欠陥の発生が懸念される．また，トンネルの覆工コンクリート天端部では，狭隘な箇所を限られた打込み窓から締固めを行うため，十分な締固めが行えず，通常の覆工コンクリートで用いられるスランプ15cm程度では，未充填箇所の発生が懸念される．このような場合，部位によってスランプの異なるコンクリートを打ち込むことが合理的と考えられるが，これを実現するためには，当該箇所へ打ち込むためのアジテータ車の配車調整が煩雑となる．また，発注者によっては，配合が異なるコンクリートを同じ部材に打ち込むことが認められないことがある．そこで，柱梁接合部や覆工コンクリートの天端部等，スランプの大きいコンクリートの使用が望ましい箇所において，適宜，現場においてアジテータ車に流動化剤が添加できるような規定を整備する．

(2) 具体的提案

a) 発注者の仕様等に対する提案

・以下に示す「b) 標準示方書類に対する提案」，「c) 研究開発に関する提案」の進展を受けて，発注者の工事指針，工事仕様書に，「柱・梁交差部や覆工コンクリート天端部等の流動性の高いコンクリートが必要となる箇所においては，事前にベースコンクリートおよび流動化後のコンクリートの材料分離抵抗性，凝結時間，圧縮強度を確認した上で，監督員の承諾を得て流動化剤を用いてもよい．」という記述を追加する．

b) 標準示方書類に対する提案

・コ示［施工編：特殊コンクリート］2章流動化コンクリート，2.1.1 適用の範囲の解説に「柱・梁接合部や覆工コンクリートの天端部等，部分的にスランプの大きなコンクリートを使用することが望ましい箇所において，部位ごとに適宜，現場にてアジテータ車に流動化剤を添加することにより流動化したコンクリートを適用してもよい．このような流動化コンクリートの使用方法の場合，一般部ではベースコンクリートを打ち込むこととなるため，ベースコンクリートおよび流動化後のコンクリートの両方について，部材の打込みに対して適切な材料分離抵抗性が確保されること，凝結遅延等が生じないこと，所定の強度が満足されること等を事前に確認することが必要である．」といった解説を追加する．

c) 研究開発に関する提案

・流動化剤を添加した後のコンクリートの品質を担保するための，品質管理手法や検査手法に関して研究開発する．

(3) 提案の効果

a) 発注者における生産性・品質の向上

・施工条件に合ったスランプの設定，コンクリート種類の選択により，品質不良の発生リスクを低減できる．

b) 設計者における生産性・品質の向上

・特になし．

c) 施工者における生産性・品質の向上

・施工条件に合ったスランプの設定，コンクリート種類の選択により，品質不良の発生リスクを低減できる．

本提案に関する参考資料を「**付属資料1　2.1.4**」に示す．

2.1.5 水中不分離性コンクリートの適用条件を拡大できる規定を追加する

(1) 課題と提案

　鋼管矢板基礎の底版等，水中で広い面積にコンクリートを打ち込む場合，本来は水中不分離性コンクリートが選択されるべきである．しかしながら，コ示［施工編：特殊コンクリート］の記述では，トレミーの本数を増やすことにより一般の水中コンクリートを選択できる解釈となること，さらに各発注者の仕様書類に水中不分離性コンクリートを積極的に選択するような記述がないことが，設計段階で一般の水中コンクリートが指定される要因となっている．また，水中で広い面積に一般の水中コンクリートを打ち込む場合には，トレミーの切替え回数が多くなり，コンクリートが水中を自由落下し，著しい材料分離を生じる．材料分離は濁りの原因ともなるため水質環境にも影響がある．さらに，打ち込まれた水中コンクリートの上面には，品質が低下した不良部分が生じ，これを除去することが必要である．よって，広い面積に水中コンクリートを打ち込む場合は，この余盛りの処理量が膨大となるため，多大な労力や費用を要し，コンクリート工の生産性を阻害している．

　以上の課題を解決するため，水中で広い面積にコンクリートを施工する場合には，設計段階で水中不分離性コンクリートが選定されるような示方書および各発注者の仕様書類を整備することを提案する．

(2) 具体的提案

a) 発注者の仕様等に対する提案

- 以下に示す「b)標準示方書類に対する提案」，「c)研究開発に関する提案」の進展を受けて，発注者の仕様書類において，「水中で広い面積にコンクリートを施工する場合には，水中不分離性コンクリートを使用することを標準とする．」といった記述を追記する．

b) 標準示方書類に対する提案

- コ示［施工編：特殊コンクリート］8章水中コンクリート，8.4.3打込みの解説(3)に，「鋼管矢板基礎の底版等，水中で広い面積にコンクリートを打ち込む工事では，余分に打ち上げるコンクリートの処理量が膨大になるため，水中不分離性コンクリートの適用も検討するのがよい．」といった解説を追加する．
- 以下に示す「c)研究開発に関する提案」の成果に基づいて，コ示［施工編：特殊コンクリート］8章 水中コンクリートに，水中コンクリートと水中不分離性コンクリートを選択するための指標を記載する．

c) 研究開発に関する提案

- 水中コンクリートと水中不分離性コンクリートの選択を合理的に決定するための指標に関する研究を行う．

(3) 提案の効果

a) 発注者における生産性・品質の向上

- トレミーの切替え時の材料分離や上面に生じる不良コンクリートが抑制され，品質向上が図れる．

b) 設計者における生産性・品質の向上

- コンクリート選択の指標が明確になり，設計段階での検討項目を削減できる．

c) 施工者における生産性・品質の向上

- トレミーの切替え回数の低減や，余盛り（および処理）が不要となり，省力化や工期短縮が可能となる．

本提案に関する参考資料を「**付属資料1　2.1.5**」に示す．

2.1.6 逆打ち部の施工方法の規定を追加する

(1) 課題と提案

逆打ち施工の打継部は，設計図面上はコンクリートを打ち継ぐ仕様となっている場合や数 cm 厚のモルタルを充填する仕様となっている．コ示［施工編］には図 2.1.6.1 に示すような施工方法の例が記載されている．しかし，数cmの離隔では適切な打継処理ができず，ある程度の離隔を確保したとしてもコンクリートの締固めに多大な労力を要する．地下水位以下の施工では漏水の原因ともなる．また，コ示［施工編］では，「新コンクリートのブリーディング水およびレイタンスを除去することが困難な場合が多いので，ブリーディング水ができるだけ少ない配合のコンクリートを採用する必要がある．」と解説されている．この解説に関しても，ブリーディング水が少ない配合の具体的な仕様が曖昧であるといった課題がある．実態として，収縮補償をかねて膨張材を使用した高流動コンクリートが採用される場合がある．

このような課題を解決するため，コ示［施工編］の逆打ちコンクリートの施工方法の例に，実態に即した施工方法を追加することを提案する．また，解説において，水平打継目の打継処理が可能な離隔を確保しなければならないこと，打継部に打ち込む材料には，ブリーディング水が少ない高流動コンクリートや高流動モルタルの使用（図 2.1.6.2）を検討すべきことを明記することを提案する．なお，閉鎖空間への中埋めコンクリートの施工においても，上端部に隙間ができることを前提とし，逆打ち部の施工方法に準ずるのがよい．

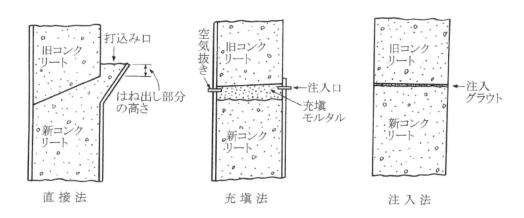

解説 図 9.3.1　逆打ちコンクリートの打継ぎ

図 2.1.6.1　逆打ちコンクリートの打継ぎ（コ示［施工編］）

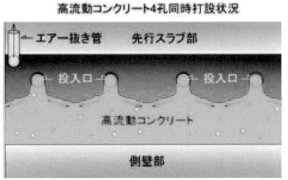 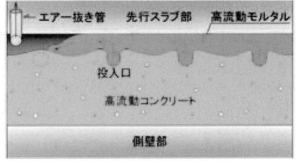

図 2.1.6.2　高流動モルタルを用いた施工例[1]

(2) 具体的提案

a) 発注者の仕様等に対する提案

特になし．

b) 標準示方書類に対する提案

- コ示［施工編：施工標準］9.3 水平打継目の施工の解説(2)における逆打ち部の施工方法として，実態に即した例を追加する．
- 同上解説(2)に，「逆打ち部の品質確保のため，水平打継目の打継処理が可能な離隔を確保しておくことが必要である．」「閉鎖空間への中埋めコンクリートの施工も，逆打ち部の施工方法に準じて施工するのがよい．」といった解説を追加する．
- 同上解説(2)に，「打継部への打込みにおいて，締固めが困難な場合は高流動コンクリートや高流動モルタルの採用を検討するのがよい．なお，新コンクリートのブリーディング水の低減対策として，必要に応じて膨張材を使用することも有効である．」といった解説を追加する．

c) 研究開発に関する提案

特になし．

(3) 提案の効果

a) 発注者における生産性・品質の向上

- 逆打ち部の躯体の一体性が確保され，品質が向上する．

b) 設計者における生産性・品質の向上

- 特になし．

c) 施工者における生産性・品質の向上

- 逆打ち部の躯体の一体性が確保され，品質が向上する．
- 打継処理が可能な施工仕様を標準化することにより，生産性が向上する．
- 閉鎖空間への中埋めコンクリートの充填がより確実に行えるので，品質が向上する．

参考文献

1) 木戸 健太，寺下 雅裕，梁 俊，小暮 英雄，長尾 達也，斉藤 孝志：頂版先受け工法による開削トンネルの施工（その２），土木学会第69回年次学術講演会概要集，VI-149，pp.297-298，2014.9

本提案に関する参考資料を「**付属資料１　2.1.6**」に示す．

2.2 打込み規定の自由度を向上させる

2.2.1 許容打重ね時間間隔の設定の自由度を向上させる規定を検討，整備する

(1)課題と提案

　コ示［施工編］において，許容打重ね時間間隔は「外気温が25℃以下のときで2.5時間以内，25℃を超えるときで2.0時間以内を標準とする」と規定されている．この規定は「標準」であり，上層と下層の一体性を確保できれば必ずしも縛られるものではない．しかし，標準の許容打重ね時間間隔で施工するには，コンクリートの一層の打込み高さの低減や「たわら打ち」での打込み，打込み箇所数や速度の増加，打込み面積の制限などが必要となり，多大な労力や時間を費やしたり，打重ね箇所数が増加することにより品質や生産性を低下させる場合がある．上記への対策として，凝結遅延剤を適切に添加することや，セメントの種類，混和剤の種類および使用量を変更することで規定の時間を拡大して施工する場合があるが，個別の検討や協議が必要であり，変更できないこともある．

　以上の課題のため，コンクリート構造物の初期欠陥の発生リスクの低減，コンクリート工の生産性向上を目的として，施工条件や材料仕様を考慮してコンクリートの許容打重ね時間間隔を拡大できるようなコ示［施工編］および工事仕様書の整備を提案する．ここで，品質の確保は，打重ね箇所のプロクター貫入抵抗値の上限指定などによるものとする（図2.2.1.1）．

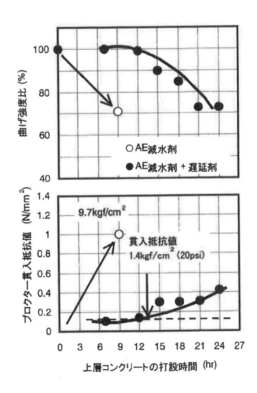

図2.2.1.1　遅延剤添加による打重ね箇所の品質低下防止効果
（打重ね時間とプロクター貫入抵抗値・曲げ強度試験結果）

(2)具体的提案

a)発注者の仕様等に対する提案

・以下に示す「b)標準示方書類に対する提案」，「c)研究開発に関する提案」の進展を受けて，工事仕様書にコ示［施工編］と同様の記述を追記する．

b) 標準示方書類に対する提案

- コ示［施工編：施工標準］7.4.2 打込みの解説(6)に，許容打重ね時間間隔の標準時間について，「凝結遅延剤を使用する場合は，コンクリートの品質の経時変化を事前に確認し，一体性を確保できる許容打重ね時間間隔を設定する．」といった解説を追加する．
- 以下に示す「c)研究開発に関する提案」の成果に基づいて，コ示［施工編：施工標準］7.4.2 打込みに，セメントの種類ごと，多段階の外気温における許容打重ね時間間隔の標準を示す．
  （例）セメント種類：N，BB，H，M，L，外気温： 10～20℃，20～30℃，30℃以上
- コンクリートの品質は，打重ね箇所のプロクター貫入抵抗値の上限指定などにより確保するものとする．

c) 研究開発に関する提案

- 許容打重ね時間間隔における，セメントの種類と外気温の影響を明確にする研究開発を行う．

(3) 提案の効果

a) 発注者における生産性・品質の向上

- コンクリートの一層の打込み高さの低減や打設面積の制限等による打重ね箇所数の増加を回避することで，品質不良の発生リスクが低減される．

b) 設計者における生産性・品質の向上

- 特になし

c) 施工者における生産性・品質の向上

- コンクリートの一層の打込み高さ，「たわら打ち」での打込み，打込み箇所数の増加，打設面積の制限などを回避することで，施工時の生産性が向上する．
- コンクリートの一層の打込み高さや打設面積の制限等による打重ね箇所数，打込み速度の増加を回避することで，品質不良の発生リスクが低減される．

本提案に関する参考資料を「**付属資料1　2.2.1**」に示す．

2.2.2 練混ぜから打終わりまでの限界時間の設定の自由度を向上する規定を検討，整備する

(1) 課題と提案

コ示［施工編］において，練混ぜから打終わりまでの時間は「外気温が25℃以下のときで2時間以内，25℃を超えるときで1.5時間以内を標準とする」と規定されている．この規定は「標準」であり，打込みを終えるまでに設定した打込みの最小スランプを確保できれば必ずしも縛られるものではない．しかし，標準の規定時間で施工する場合には，プラントや運搬経路の選定の制限，高速道路の利用，渋滞を避けた時間帯での打込み計画等が必要となり，多大な費用や工期を要し，現場におけるコンクリート工の生産性を阻害する要因となる．上記への対策として，凝結遅延剤を適切に添加することや，セメントの種類，混和剤の種類および使用量を変更することで，規定の時間を拡大して施工する場合があるが，個別の検討や協議が必要であり，変更できないこともある．

以上の課題のため，コンクリート構造物の初期欠陥の発生リスクの低減，コンクリート工の生産性向上を目的として，施工条件や材料仕様を考慮して練混ぜから打終わりまでの時間を拡大できるようなコ示［施工編］および工事仕様書の整備を提案する．なお，品質確保は，フレッシュコンクリートの品質の経時変化（**図2.2.2.1**）を事前に確認し，荷卸し時のスランプ管理等によるものとする．

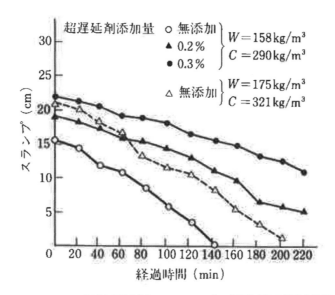

図2.2.2.1 凝結遅延剤のスランプの経時低下抑制効果

(2) 具体的提案

a) 発注者の仕様等に対する提案

- 以下に示す「b) 標準示方書類に対する提案」，「c) 研究開発に関する提案」の進展を受けて，工事仕様書にコ示と同様の記述を追記する．

b) 標準示方書類に対する提案

- コ示［施工編：施工標準］7.2 練混ぜから打終わりまでの時間の解説に，「凝結遅延剤を使用する場合は，フレッシュコンクリートの品質の経時変化を事前に確認し，打込みの最小スランプを確保できる時間を設定する．なお，凝結遅延剤は，型枠の取外し時における必要強度が確保可能な範囲で適切に使用する．」といった解説を追加する．
- コンクリートの品質は，事前に確認したフレッシュコンクリートの品質の経時変化のデータを基に，スラ

ンプ，空気量，圧縮強度等の荷卸し時の試験により確保するものとする．
- 以下に示す「c) 研究開発に関する提案」の成果に基づいて，コ示［施工編：施工標準］7.2 練混ぜから打終わりまでの時間に，セメントの種類ごと，多段階の外気温における練混ぜから打終わりまでの時間の標準を示す．

　（例）セメント種類：N，BB，H，M，L，外気温： 10～20℃，20～30℃，30℃以上

c) 研究開発に関する提案
- 練混ぜから打終わりまでの限界時間への，セメントの種類と外気温の影響を明確にするための研究開発を行う．

(3) 提案の効果
a) 発注者における生産性・品質の向上
- 現場から生コンプラントまでの運送時間や、コンクリート打設可能時間の制約がある場合において、合理的な打設計画が可能となる．

b) 設計者における生産性・品質の向上
- 特になし

c) 施工者における生産性・品質の向上
- プラントや運搬経路の選定の制限，渋滞を避けた時間帯を考慮することなく打込み計画を立案することにより，施工時の生産性向上や工期短縮が可能となる．

本提案に関する参考資料を「**付属資料1　2.2.2**」に示す．

2.2.3 合理的な養生方法の規定を検討，整備する
(1) 課題と提案

コ示［施工編］では，湿潤養生期間の標準として，セメント種類，日平均気温ごとに日数を示している（**表2.2.3.1参照**）．現状の湿潤養生期間の標準の表では，実工事で使用することも多い低発熱型ポルトランドセメントは対象外となっている．また，夏季などでは実際には15℃を大きく超える環境下で養生される場合も多いが，養生中の日平均気温について20℃以上の区分が示されていない．コ示［施工編］に示されていない条件における湿潤養生期間は，各現場で試験等を行って必要な養生期間を定めることが望ましい．しかしながら，適切に湿潤養生期間を定めるための具体的な方法は確立されていないのが実状である．そのため，実際には安全を見て必要以上に長く湿潤養生期間をとることになり，生産性が阻害される要因となる可能性がある．

また，湿潤養生の方法としては，湛水養生，散水養生，養生マット等が一般的に用いられているが，鉛直面や底版下面の養生を行う場合は，湛水や散水により湿潤状態に保つことは困難である．したがって，型枠を存置したり，型枠脱型後にはコンクリート表面にシート・フィルム等を貼付したり，膜養生剤を塗布することでコンクリートからの水分の逸散を抑制する方法が採られることが多い．しかしながら，膜養生剤の乾燥抑制効果は，膜養生剤の種類や使用量，施工方法等によって異なるため，適切に効果を評価する必要があるが，評価手法が確立されていないのが現状である．

そこで，コ示［施工編：施工標準］8.2 湿潤養生の「湿潤養生期間の標準」の適用範囲を実状に合わせて拡大することを提案する．さらに，ある養生条件で養生を行った場合に，湿潤養生期間を適切に定めるための手法を開発することを提案する．

表 2.2.3.1　コ示［施工編］における湿潤養生期間の標準

日平均気温	普通ポルトランドセメント	混合セメントB種	早強ポルトランドセメント
15℃以上	5日	7日	3日
10℃以上	7日	9日	4日
5℃以上	9日	12日	5日

(2) 具体的提案
a) 発注者の仕様等に対する提案

- 以下に示す「b)標準示方書類に対する提案」，「c)研究開発に関する提案」の進展を受けて，湿潤養生期間については，コ示［施工編］の「湿潤養生期間の標準」によるか，または個別に湿潤養生期間評価試験を実施して適切に定めてよいと記述する．なお，冬期における保温養生期間については，別途検討することを併せて記載する．

b) 標準示方書類に対する提案

- 以下に示す「c)研究開発に関する提案」の成果に基づいて，コ示［施工編：施工標準］8.2 湿潤養生に，現状に即してセメント種類，養生温度を追加した標準の湿潤養生期間を示す．なお，冬期における保温養生期間については，別途検討することを併せて記載する．
- 以下に示す「c)研究開発に関する提案」の成果に基づいて，コ示［施工編：施工標準］に，個別に湿潤養生期間を定める場合に，評価に用いる試験方法を示す．

c) 研究開発に関する提案
- コ示［施工編］の「湿潤養生期間の標準」の表を現場で使いやすいように，セメント種類や日平均気温のパラメータを追加するための研究開発を行う．
- 施工条件，養生方法ごとの湿潤養生期間を個別に定める際に用いる評価手法を確立するための研究開発を行うことを提案する．

写真 2.2.3.1　膜養生剤，養生シートの使用状況

(3) 提案の効果

a) 発注者における生産性・品質の向上
- コンクリート構造物の鉛直面や底版下面の適切な湿潤養生方法および期間を定めることができ，コンクリートの品質不良の発生リスクを低減できる．

b) 設計者における生産性・品質の向上
- 特になし．

c) 施工者における生産性・品質の向上
- 湿潤養生期間の標準の表が現在よりもきめ細かくなることで，必要な養生期間を合理的に決定できる．
- 新たな養生法を提案することが可能となり，施工条件や適用する工法に応じて適切な湿潤養生方法および期間を選定できるため，生産性向上が可能となる．

本提案に関する参考資料を「付属資料1　2.2.3」に示す．

2.3 鉄筋の組立の自由度を上げる
2.3.1 鉄筋の結束を合理化する環境を整え，技術開発を推進する
(1) 課題と提案

鉄筋の組立作業では，ハッカーを用いて結束線で結束する方法が多く適用されているのが現状である．鉄筋の結束作業の割合は，現場における鉄筋の組立作業（運搬，配筋，結束）の約30%程度を占めており，その効率を上げることが生産性を向上させると考えられる．コ示［施工編：施工標準］10.4 鉄筋の組立(2)において，「鉄筋の交点の要所は，直径0.8mm以上の焼なまし鉄線または適切なクリップで緊結しなければならない．」と鉄筋の結束方法を規定しているため，新しい技術の導入を阻害する可能性がある．

橋梁や建築物の床版の配筋において，**写真2.3.1.1**のような鉄筋自動結束機を活用して，結束作業の歩掛の向上を図ることが一部で行われているが，太径鉄筋への適用性や自動結束機が重いこと等の課題があり，適用部位は限られている．また，他業種では樹脂製バンドで複数部材を結束する機械等があり，鉄筋の結束に応用できる可能性がある．

以上から，鉄筋の組立作業の生産性を向上させるために，鉄筋の結束作業を合理化する技術開発を推進し，新しい技術を活用しやすい環境を整備することを提案する．

写真2.3.1.1　鉄筋自動結束機

(2) 具体的提案
a) 発注者の仕様等に対する提案
・発注者の工事指針，工事仕様書における鉄筋の結束方法に関する事項について，「鉄筋同士の結束については，結束線や番線による方法のほか，コンクリートを打ち込むときに動かないよう堅固に組み立てることができることを確認された結束方法を用いてもよい．」といった記述の追記を提案する．

b) 標準示方書類に対する提案
・コ示［施工編：施工標準］10.4 鉄筋の組立の条文(2)について，下記の <u>下線部</u> を追記し，固定方法を限定しない記述に変更する．「鉄筋の交点の要所を直径0.8mm以上の焼なまし鉄線または適切なクリップ<u>等</u>で緊結しなければならない．」

c) 研究開発に関する提案
・簡易に鉄筋の結束ができる結束材および結束方法を研究開発する．
・コンクリート硬化後に，鉄筋位置やかぶりを検査する手法を研究開発する．

(3) 提案の効果
a) 発注者における生産性・品質の向上
・鉄筋の結束作業の効率化が図られ，工期短縮が可能となる．
b) 設計者における生産性・品質の向上
・特になし．
c) 施工者における生産性・品質の向上
・鉄筋の結束作業の効率化が図られ，現場作業の省力化，工期短縮が可能となる．

本提案に関する参考資料を「**付属資料1　2.3.1**」に示す．

2.3.2 D25以下の鉄筋は定尺鉄筋を用いた配筋とする

(1) 課題と提案

重ね継手長は，コ示［設計編：標準］等に明記されている必要重ね継手長以上の長さとしても構造上の問題はないが，一般的に定尺鉄筋を切断し，必要重ね継手長で配筋されている．定尺鉄筋（50cm刻み）をそのまま組み立てることができれば，切断作業を省略することができ，生産性の向上につながる．そこで，定尺鉄筋の使用を標準とすることを提案する．表2.3.2.1に定尺鉄筋を使用した場合の調整長の例を示す．

表2.3.2.1　定尺鉄筋を使用した場合の調整長の例　　　　　（単位：mm）

	必要重ね継手長 l（例：40φ）	必要鉄筋長 L（2800+l）	定尺鉄筋長 L'（500mm刻み）	調整長 α
D13	520	3320	3500	180
D16	640	3440	3500	60
D19	760	3560	4000	440
D22	880	3680	4000	320
D25	1000	3800	4000	200

(2) 具体的提案

a) 発注者の仕様等に対する提案

・発注者の工事仕様書類において，「D25以下で重ね継手長や定着長で調整が可能な鉄筋は，原則として定尺鉄筋（50cmラウンド）を使用してもよい．」という規定を追加する．

b) 標準示方書類に対する提案

・特になし．

c) 研究開発に関する提案

・特になし．

3) 提案の効果

a) 発注者における生産性・品質の向上

・鉄筋切断作業が減少し，生産性が向上するとともに，危険作業が低減される．

b) 設計者における生産性・品質の向上

・特になし．

c) 施工者における生産性・品質の向上

・鉄筋切断作業が減少し，生産性が向上するとともに，危険作業が低減される．

本提案に関する参考資料を「**付属資料1　2.3.2**」に示す．

2.4 新たな検査手法・検査制度の環境を整備する
2.4.1 ICT技術を用いた検査手法を活用できる環境を整備する
(1) 課題と提案

　土木工事における各種検査は，作業に手間がかかる上に頻度も多いため，進展が著しいICTの適用により作業を効率化させることが急務となっている．標準示方書における「鉄筋の加工および組立の検査」では，鉄筋の種類，径，数量等が設計成果品と相違がないことを目視で確認するよう記載されているため，確認結果を紙の検査帳票に記載しているのが現状である．

　一部，スマートデバイスの活用が進んでいる現場においては，デバイス（iPad等）に搭載された検査アプリケーションで検査を実施しているが，基本的に目視で確認することに変わりはないため，作業工数の削減は限定的である（**写真2.4.1.1**）．また，鉄筋の加工寸法や組み立てた鉄筋の配置についても，スケール等による測定や目視で確認するよう記載されているため，検査業務の効率化に繋がっていないのが実状である．

　ICT技術を用いた検査手法を活用できる環境を整備することを提案する．**図2.4.1.1**に示すように，土工分野では，3Dスキャナ等で得られた点群データを用いた出来形管理検査方法の整備が進められている．

写真2.4.1.1　タブレットを活用した鉄筋検査

(2) 具体的提案

a) 発注者の仕様等に対する提案

・検査手法を限定する記載とせずに，「スケール等による・・・」といった具体的な手法の後に「等」を付ける記述とすることで，今後開発されるICT技術を用いた検査手法を採用できる記述とする．

b) 標準示方書類に対する提案

・コ示[施工編：検査標準] 7章施工の検査の条文中の試験・検査方法を示している表において，検査手法を「目視およびスケールによる・・・」といった限定した記載とせずに，具体的な手法の後に「等」を付けた記述に変更する．これにより，今後開発されるICT技術を用いた検査手法を採用できる記述とする．

c) 研究開発に関する提案

・最新の画像処理技術やAR（拡張現実）技術等，スケールや目視による確認と同等精度となる検査方法（適

用可能技術）を技術開発する．また，新たなＩＣＴ技術が検査の要求性能を満たしているかを客観的に判断できるよう，ＩＣＴ技術の実証に加えて認定制度の確立等も検討する．

(3) 提案の効果

a) 発注者における生産性・品質の向上
・立会検査の効率化が可能となる．

b) 設計者における生産性・品質の向上
・特になし．

c) 施工者における生産性・品質の向上
・ＩＣＴ技術を用いた検査手法を活用しやすくすることにより，現場作業員の省人化，工期短縮，立会検査の効率化といったことが可能となる．

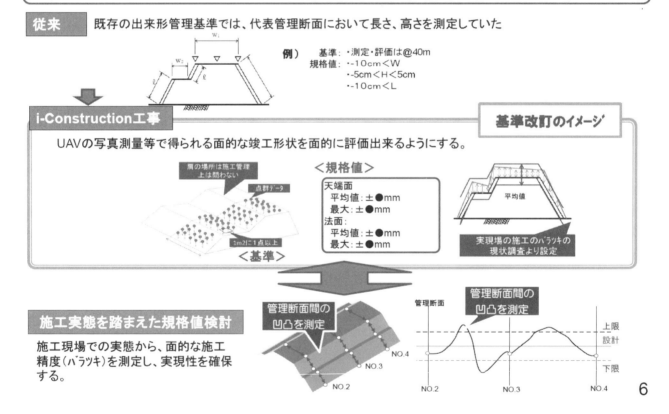

図 2.4.1.1　土工分野における３Ｄスキャナデータの出来形管理
（出典：国交省HP，http://www.mlit.go.jp/common/001118343.pdf）

本提案に関する参考資料を「付属資料１　2.4.1」に示す．

2.4.2 発注業務，工事監理業務を第三者機関で代行できる環境の整備と検査基準を明確化する
(1)課題と提案

土木構造物の施工に関する技術者の責任と権限について，「2010年制定 土木構造物共通示方書Ⅰ」[1]に整理されている．この中で，責任技術者を業務遂行の過程を監理し，品質を保証する役割を担うものと定義し，「十分な品質を有する土木構造物を，できるだけ安価に，必要な時期までに構築して社会に提供する」ために，図2.4.2.1に示されるように，土木構造物の管理者または保有者としての機能（発注機関側），施工を実施する機能（施工請負者），この施工のプロセスを管理する機能（工事監理）が，それぞれの機能ごとに独立した責任技術者がその任にあたることが望ましいことを示している．また，コンクリート標準示方書【基本原則編】では，図2.4.2.2に示すような，工事監理を第三者に委託する組織関係を標準として示している．

しかしながら，現状では，図2.4.2.3のように発注機関が工事監理者を兼ねる場合がほとんどであり，相当の労力を必要としている．インハウスエンジニアが不足する機関においては，十分な機能が発揮されていない現状があり，今後さらにその不足が進むことにより，土木の整備事業の推進に支障をきたすことが懸念される．

国土交通省では，メンテナンス関連業務（点検・診断等業務）と計画・調査・設計業務について，品質確保のために，これらの業務に携わる技術者の能力を評価して活用する方策として，民間事業者等が付与する「技術者資格」を登録する制度を「技術者資格登録規定」として定め，その資格保有者の活用を促す取り組みを平成26年度からスタートしている．しかしながら，施工段階ではこのような技術者資格を活用する仕組みを整備するには至っていない．

発注機関のインハウスエンジニアの不足を解決するためには，発注機関の業務や工事の監理業務を外部委託することが必要であり，その環境を整備することを提案する．そのために，必要な技術力を有することを確認できる資格制度の導入を積極的に行うことが有効であると考える．また，検査基準を明確化することは，専門的な技術を有さなくとも検査業務を行えるようになり，検査業務を外部委託しやすい環境を整えることができると考える．

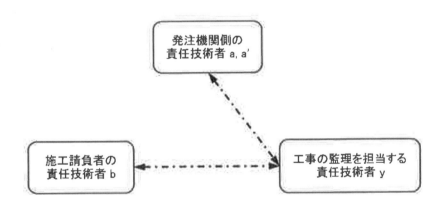

図2.4.2.1 土木構造物の施工における責任技術者の関係[1]

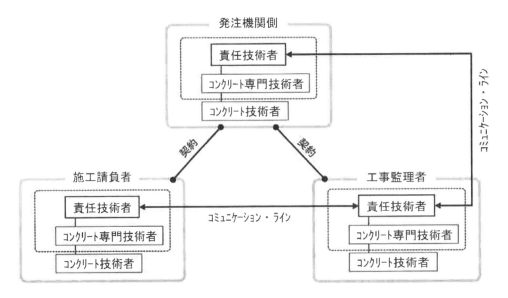

図 2.4.2.2　コンクリート構造物の施工段階における組織関係とその中での配置技術者[2]

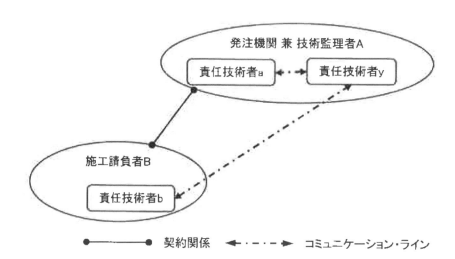

図 2.4.2.3　発注機関に十分なプロセス管理体制が構築できる場合の三者関係[1]

(2) 具体的提案
a) 発注者の仕様等に対する提案
・発注者の体制に応じて，技術資格を活用した発注業務，工事監理業務の外部委託を選択できるようにする．
・検査基準の明確化を行う．例えば，出来形基準，配筋検査基準等では，許容される寸法誤差，高さや，大きさの許容誤差などの範囲を数値などで示す．

b) 標準示方書類に対する提案
・特になし．

c) 研究開発に関する提案
・明確な検査基準をつくる．

(3) 提案の効果

a) 発注者における生産性・品質の向上

- 工事監理の効率化が可能となる．
- 専門性や自由度の高い施工への迅速な対応が可能となる．
- インハウスエンジニアの減少に伴う工事監理労務の集中を分散し，工事監理の遅延が防止できる．

b) 設計者における生産性・品質の向上

- 特になし．

c) 施工者における生産性・品質の向上

- 生産性が向上する自由度の高い施工方法の選択が可能となる．
- 工事監理の判断が迅速になり，工程の遅延が防止できる．
- 工事監理者毎の指示のばらつきが減少し，均一な品質を確保できる．

参考文献

1) 土木学会：2010年制定　土木構造物共通示方書Ⅰ，2010.9
2) 土木学会：2012年制定　コンクリート標準示方書　基本原則編，2013.3

3章 プレキャストコンクリート

3.1 プレキャストコンクリートの形状の規格化により生産性向上を図る

(1) 課題と提案

　大型の土木構造物にプレキャストコンクリート工法を活用しているのは，大幅な工期短縮が必要な場合や施工条件が厳しい場合等に限られており，汎用的には活用されていないのが実状である．この要因の一つとして，場所打ちコンクリートに比べてコストが高くなることが挙げられる．

　プレキャストコンクリート工法のコストを低減する手段として，形状の規格化がある．規格化により，型枠の転用回数の増加による型枠費の削減が可能となる．さらに，製作や施工の作業において，単純化，自動化・機械化により現場作業の省力化を図ることができる．しかしながら，あらかじめ計画段階において，規格化されたプレキャストコンクリートの活用が検討されるケースは少ない．

　ここでは，規格化されたプレキャストコンクリートを計画段階で検討することを提案する．また，その積算体系を検討，整備することを提案する．さらに，より活用されやすい規格化されたプレキャストコンクリートの研究開発を推進することを提案する．

(2) 具体的提案

a) 発注者の仕様等に対する提案

- 設計指針に「工事計画に際し，形状が規格化されたプレキャストコンクリートを積極的に活用すること」を追記する．

b) 標準示方書類に対する提案

- 特になし．

c) 研究開発に関する提案

- 形状が規格化されたプレキャストコンクリートを活用できる積算体系を検討，整備する．
- 形状が規格化されたプレキャストコンクリートのメリットが活かせる工法に関する開発を行う．

(3) 提案の効果

a) 発注者における生産性・品質の向上

- プレキャストコンクリート工法の採用がしやすくなり，工期短縮，現場作業の省力化が可能となる．

b) 設計者における生産性・品質の向上

- 設計作業の効率化が可能となる．

c) 施工者における生産性・品質の向上

- 工期短縮，現場作業の省力化が可能となる．

本提案に関する参考資料を「**付属資料1　3.1**」に示す．

3.2 工場製品に用いるスペーサの低減を図る規定を検討，整備する

(1) 課題と提案

工場製品は，堅固に組み立てられた鉄筋かごを使用しており，鉄筋上を歩行することもないため，場所打ちコンクリートに比べてスペーサの使用数量を低減することができる．しかしながら，発注者等の工事仕様書において場所打ちコンクリートのスペーサの配置個数の規定が定められており，工場製品にもその規定が適用されることが少なくない．そこで，製品完成後に非破壊試験等により鉄筋のかぶりを検査することを前提として，スペーサの配置位置や数量等については製造者が定めてよいことを提案する．

(2) 具体的提案

a) 発注者の仕様等に対する提案

・発注者の工事指針，工事仕様書における鉄筋工に関する事項で，「スペーサの配置数は，底面の場合 $1m^2$ 当り4個程度，側面の場合 $1m^2$ 当り2～4個程度を標準とする．ただし，工場製品等で他の方法によりかぶりが確実に確保できる場合には別途適切に定めてよい．」と修正する．

b) 標準示方書類に対する提案

・コ示［施工編：特殊コンクリート］11.5.2 鋼材の組立「(2)スペーサを用いる場合は，工場製品の耐久性および外観を考慮して，スペーサの材質や使用方法等を定めなければならない．」の解説について，鋼材の位置を固定するためには有効で（省略）・・・，工場製品の耐久性に悪影響を及ぼさないことを使用実績等から確認して用いるものとする．の後に，「かぶりを確保するためのスペーサの配置位置や使用数量等は，製品ごとに実績や計算等から決定してよいが，非破壊試験等の方法により，かぶりを確認する必要がある．」といった記述を追加する．

c) 研究開発に関する提案

・特になし．

(3) 提案の効果

a) 発注者における生産性・品質の向上

・完成品のかぶりを非破壊試験で保証することで，工場製品の品質を確実に確保することができる．

b) 設計者における生産性・品質の向上

・特になし．

c) 施工者における生産性・品質の向上

・完成品のかぶりを非破壊検査で保証することで，製造者の技術力に応じて，スペーサの数を必要最小限とすることが可能となり，スペーサ数の低減とその設置手間の省力化が図れる．

参考文献

1) 日本建設業連合会：「鉄筋工事用スペーサ設計・施工ガイドライン」1994年3月
2) 日本規格協会：JIS A 5372（2016） プレキャスト鉄筋コンクリート製品 附属書E 路面排水側溝類 落ふた式U形側溝

本提案に関する参考資料を「**付属資料1　3.2**」に示す．

3.3 プレキャストコンクリートの設計法を明確にする
3.3.1 薄肉断面の曲げひび割れ強度算定式を検討，整備する
(1) 課題と提案

　工場製品の製品検査においては，実製品の曲げ試験を行い，規格荷重載荷時のひび割れ発生の有無を判定基準としている．ここで，規格荷重は，コ示［設計編］1996年度版の曲げ強度の算定式（$f_{bk}=0.42f'^{2/3}_{ck}$）により算出した値を用いていたが，コ示［設計編］2002年の改訂に伴い，曲げ強度から曲げひび割れ強度を算定する式となり，その算定式の適用条件が部材高さ0.2mを超える部材となったため，多くの工場製品が該当する薄肉断面部材（部材厚200mm以下）は適用外となった．

　このような状況に対して，薄肉断面に適用できるプレキャストコンクリート製品の曲げひび割れ耐力の計算方法が提案されている[1]．しかしながら，破壊エネルギーの寸法依存性の知見が少ないことや，提案式の構築に用いたデータにばらつきがあることから改善の余地も残されており，今後の更なる研究の進展により精度の高い曲げ強度算定式が確立されることを提案する．

(2) 具体的提案
a) 発注者の仕様等に対する提案
・特になし．

b) 標準示方書類に対する提案
・以下に示す「c) 研究開発に関する提案」の成果に基づいて，コ示［設計編：本編］5.2.1強度の解説に薄肉断面の曲げひび割れ強度算定方法の規定を検討，整備する．

c) 研究開発に関する提案
・薄肉断面の曲げひび割れ強度算定式を研究する．

(3) 提案の効果
a) 発注者における生産性・品質の向上
・合理的な薄肉部材を採用できる．

b) 設計者における生産性・品質の向上
・合理的な部材設計が可能となる．

c) 施工者における生産性・品質の向上
・特になし．

参考文献
1) 湯浅憲人，國府勝郎，清水和久：プレキャストコンクリート製品の曲げひび割れ耐力の計算方法，土木学会論文集E2, Vol.67, No.4, pp.474-481, 2011

本提案に関する参考資料を「**付属資料1　3.3.1**」に示す．

3.3.2 エポキシ樹脂塗装鉄筋使用時の耐久性を検討，整備する
(1) 課題と提案

エポキシ樹脂塗装鉄筋の塩害に対する照査は，現在 2007 年に発刊された「エポキシ樹脂塗装鉄筋を用いる鉄筋コンクリートの設計施工指針［改訂版］[1)]」（以下，エポキシ鉄筋指針［2007 改訂版］）に従って行われている．しかし，エポキシ鉄筋指針［2007 改訂版］は，2002 年制定コ示に準拠しているため，エポキシ樹脂塗装鉄筋を採用する場合に塩害に対する照査方法の鋼材腐食発生限界濃度およびコンクリートの塩化物イオン拡散係数の特性値について，最新の知見が導入されていない．エポキシ鉄筋指針［2007 改訂版］よりも合理化された 2012 年制定コ示［設計編］の考え方によって設計することをコ示［設計編］に記載することを提案する．

最新の知見である 2012 年制定コ示［設計編］の鋼材腐食発生限界濃度の考え方により，エポキシ樹脂塗装鉄筋を採用した場合の塩害に対する耐用年数を設計することで，設計耐用年数および鉄筋のかぶりが合理的に設計可能となる．エポキシ鉄筋指針［2007 改訂版］と 2012 年制定コ示［設計編］による普通異形鉄筋とエポキシ樹脂塗装異形鉄筋を使用した場合のひび割れが生じている場合のかぶりについて，試設計を行った．計算結果を図 3.3.2.1 および図 3.3.2.2 に示す．なお，以下を設定値とする．

構造物係数：γ_i = 1.0（プレキャストボックスカルバート）

設計耐用年数：t = 100 年

水セメント比（水結合材比）：W/C = 30%

エポキシ樹脂塗膜内への塩化物イオンの見掛けの拡散係数の設計用値：D_{epd} = 2.0×10^{-6} cm^2/年.

鋼材位置における塩化物イオン濃度の設計値のばらつきを考慮した安全係数：γ_{cl} = 1.3

コンクリートの材料係数：γ_c = 1.0

鉄筋の応力度：σ_{se} = 160N/mm^2

初期塩化物イオン濃度：C_i = 0.30kg/m^3

施工誤差：$\triangle c_e$ = 3.0mm

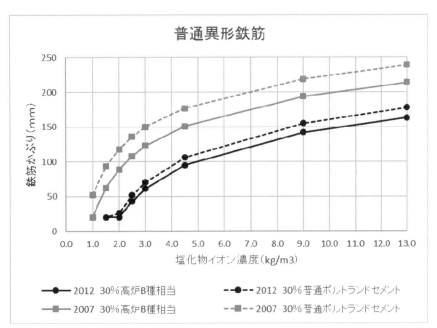

図 3.3.2.1 コンクリート表面の塩化物イオン濃度に応じた普通異形鉄筋の必要かぶり

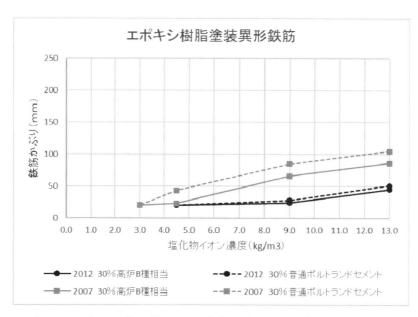

図 3.3.2.2　コンクリート表面の塩化物イオン濃度に応じたエポキシ樹脂塗装鉄筋の必要かぶり

(2) 具体的提案

a) 発注者の仕様等に対する提案

・特になし．

b) 標準示方書類に対する提案

・コ示［設計編］の塩害に対する照査においてエポキシ樹脂塗装鉄筋の取扱いについて記載する．

c) 研究開発に関する提案

・エポキシ鉄筋指針［2007 改訂版］の照査の考え方と現行の 2012 年制定コ示［設計編］の照査の考え方を併用してエポキシ樹脂塗装鉄筋の塩害に対する照査を行うことの妥当性を検証する．

(3) 提案の効果

a) 発注者における生産性・品質の向上

・従来よりもかぶりが小さくすることができ，コンクリート部材厚の低減により合理的な構造物を供給することができる．

・エポキシ樹脂塗装していない鉄筋と同じかぶり厚とするならば耐久性の向上が可能となる．

b) 設計者における生産性・品質の向上

・特になし．

c) 施工者における生産性・品質の向上

・従来よりもかぶりが小さくすることができ，コンクリート製品の部材が軽量化され，施工性の向上や安全性が向上する．

参考文献

1) 土木学会：エポキシ樹脂塗装鉄筋を用いる鉄筋コンクリートの設計施工指針［改訂版］，コンクリートライブラリー112，2003 年 11 月

本提案に関する参考資料を「付属資料 1　3.3.2」に示す．

3.3.3 低水セメント比コンクリート使用時の耐久性照査を検討, 整備する

(1) 課題と提案

近年, 工場製品において高流動コンクリートや高強度コンクリートなどの採用例が増加している. これらのコンクリートでは, 水セメント比が0.3未満となる場合がある. しかしながら, コ示［設計編：標準］2編2.1.4塩害に対する照査 に示されている, 鋼材腐食発生限界濃度や塩化物イオンの拡散係数等の算定式の適用範囲は, 水セメント比0.3～0.55とされており, 適用範囲外となっている.

今後, 低水セメント比の工場製品が標準的に採用されると考えられるので, 蒸気養生等の製品同一養生を考慮した算定式および水セメント比の適用範囲を0.25程度まで拡大することを提案する.

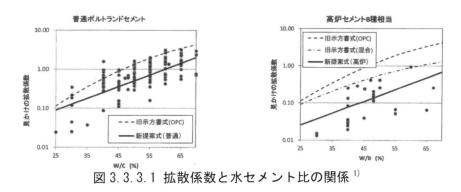

図3.3.3.1 拡散係数と水セメント比の関係 [1]

(2) 具体的提案

a) 発注者の仕様等に対する提案

・特になし.

b) 標準示方書類に対する提案

・以下に示す「c) 研究開発に関する提案」の成果に基づいて, コ示［設計編：標準］の塩害に対する照査におけるコンクリートの蒸気養生等の製品同一養生を考慮した算定式および水セメント比の適用範囲を0.25程度まで拡大する.

c) 研究開発に関する提案

・蒸気養生等の製品同一養生を考慮した算定式および水セメント比の適用範囲を0.25程度まで拡大するための研究を行う.

(3) 提案の効果

a) 発注者における生産性・品質の向上

・低水セメント比コンクリートを適切に評価することにより, より耐久性の高い製品の活用が可能となる.

b) 設計者における生産性・品質の向上

・部材厚の適正化が可能となる.

c) 施工者における生産性・品質の向上

・適用範囲外の低水セメント比のコンクリートを採用する場合に必要な個別の試験が不要となる.

参考文献

1) コンクリートライブラリー138　2012年制定コンクリート標準示方書改訂資料　p80

本提案に関する参考資料を「**付属資料1　3.3.3**」に示す.

3.3.4 プレキャスト部材における全数継手の適用を拡大する

(1) 課題と提案

プレキャスト部材を構造物の建設に用いる場合，ＰＣａ部材間の接合は不可欠である．また，接合部は構造物の施工性，安全性，耐久性などを大きく左右するため，プレキャスト構造における最も重要な部位であるといえる．したがって，ＰＣａ部材間の接合を確実に行うことが重要である．ＰＣａ部材間の接合には各種方法があるが，プレストレスによって接合する場合を除いては，鉄筋の全数継手が有利となる場合が多い．

一方，コ示[設計編：標準]7編2.6鉄筋の継手においては，同一断面に設ける継手の数は2本の鉄筋につき1本以下とし，同一断面に集めないことが原則とされ，やむを得ず全数継手を用いる場合，設計限界値に対して設計応答値が十分小さくなるよう配慮することが記載されている．また，コ示[設計編：標準]8編プレストレストコンクリート11.6接合部においては，「ＰＣａ部材の接合部が特殊な構造となる場合には，試験により目的に適合していることを確認する必要がある．」との記述がある．

一般的には，全数継手は避けるべきではあるが，プレキャスト部材を活用する場合には，全数継手にする方が施工性の観点から合理的である．そこで，実験等により力学特性が確認され，施工および検査に起因する信頼度の高い継手については，全数継手であっても応答値を低減することなく適用することができる環境を整備する必要がある．

写真3.3.4.1は，実験により疲労耐久性など性能が満足することが確認され，かつ，施工および検査の信頼度が高いことから，設計応答値を低減することなく広くＰＣａ部材の接合に用いられているループ継手の使用例である．また，ボックスカルバートにおける全数継手の活用例を図3.3.4.1に示す．

写真3.3.4.1 ループ継手の使用例

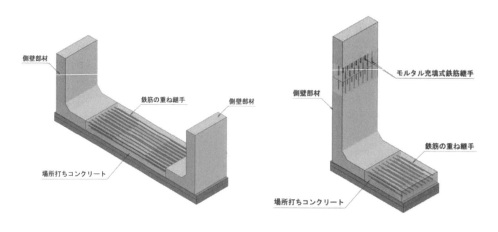

図3.3.4.1 ボックスカルバートにおける全数継手の活用例

(2) 具体的提案

a) 発注者の仕様等に対する提案

- 発注者の設計指針，設計仕様書において，ループ継手等品質の確保された特殊な全数継手が適用可能な箇所の例示を追加する．

b) 標準示方書類に対する提案

- 以下に示す「c)研究開発に関する提案」の成果に基づき，コ示［設計編：標準］に，施工および検査に起因する信頼度の高い継手については，全数継手であっても，設計応答値を低減することなく使用できることを解説に記載する．
- コ示［設計編：標準］8編プレストレストコンクリート11.6接合部においては，「プレキャスト部材の接合部が特殊な構造となる場合には，試験により目的に適合していることを確認する必要がある．」との記述がある．上記の提案と連動して具体的な記載内容に変更し，目的に適合していることが確認された継手であれば，設計応答値を低減することなく使用できることを解説に記載する．

c) 研究開発に関する提案

- 全数継手に適用しても，安全性や耐久性など必要な性能を満足し，施工および検査の信頼度が高い継手工法を開発する．

(3) 提案の効果

a) 発注者における生産性・品質の向上

- ＰＣａ部材の採用が容易となり，工期短縮および安全性の向上が可能となる．
- 信頼度の高い検査により，接合部の品質が確保できる．

b) 設計者における生産性・品質の向上

- 設計応答値を低減することなく全数継手を採用できる条件が明確となるため，プレキャスト工法の採用と継手種類の選定が容易となる．

c) 施工者における生産性・品質の向上

- ＰＣａ部材の採用および性能の確保された全数継手の使用により，現場作業の省力化および工期短縮が図れる．

本提案に関する参考資料を「**付属資料１　3.3.4**」に示す．

3.3.5　薄肉部材の単鉄筋における同一断面全数重ね継手部の規定を検討，整備する

(1) 課題と提案

　重ね継手は，施工が容易であるが，コンクリートの充填が不十分となった場合は継手の強度が大きく低下する．また，横方向に補強が少ないと，重ね合わせた部分のコンクリートが図3.3.5.1(a)のように鉄筋に沿って割裂しやすい．そこで，コ示［設計編］では，配置する鉄筋量が計算上必要な鉄筋量の2倍未満の場合，または同一断面での継手の割合が1/2を超える場合は，重ね合わせ長さを基本定着長の1.3倍もしくは1.7倍とし，継手部をフープ鉄筋やスターラップなどの横方向鉄筋等で補強することとしている．しかしながら，図3.3.5.2のような水路等の部分プレキャスト工法では薄肉部材のため単鉄筋構造も多く，薄肉部材の単鉄筋構造ではフープ筋やスターラップ等の横方向鉄筋の配置が図3.3.5.1(b)のようになり，コ示［設計編］の規定通りの補強は困難である．

　そこで，継手部の割裂破壊を防止するために，図3.3.5.1(b)のようなコ形筋等のスターラップ以外の設計方法の検討・整備および補強方法の研究開発を提案する．

(a) 重ね継手部割裂破壊形式　　　　　　　(b) 補強鉄筋の配置

図3.3.5.1　重ね継手部の割裂破壊形式と補強方法の検討の提案

(2) 具体的提案

a) 発注者の仕様等に対する提案

・特になし．

b) 標準示方書類に対する提案

・以下に示す「c)研究開発に関する提案」の成果に基づいて，コ示［設計編：標準］7編2.6.2軸方向鉄筋の継手に規定を設ける．

c) 研究開発に関する提案

・薄肉部材の単鉄筋における同一断面全数重ね継手部の設計方法および補強方法の研究開発を行う．

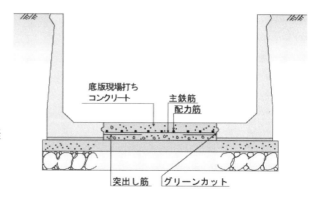

図3.3.5.2　水路に適用される工場製品の一般構造図

(3) 提案の効果

a) 発注者における生産性・品質の向上

・プレキャスト部材の採用が容易となり，工期短縮が可能となる．

b) 設計者における生産性・品質の向上

・薄肉部材の単鉄筋における同一断面全数重ね継手部の設計方法が明確になるため，設計が容易となる．

c) 施工者における生産性・品質の向上

・特になし．

本提案に関する参考資料を「**付属資料1　3.3.5**」に示す．

3.4 プレキャストコンクリートの使用材料の選択肢を拡大する
3.4.1 リサイクル材料の活用の規定を検討，整備する
(1) 課題と提案

循環型社会の形成促進，廃棄物の発生抑制・資源の有効活用，リサイクル産業の育成・振興等の目的から，図 3.4.1.1 に示すように，様々な自治体でリサイクル材料を使用した製品の認定制度が制定・運用されている．この制度においては，各自治体におけるリサイクル製品の認定要件として，当該自治体で発生するリサイクル材料を利用することや，当該自治体内で製造加工することがある．また，同じ品目の製品であっても，認定地域や発注機関によって，利用できるリサイクル材料の種類や配合率が異なり，受注から生産管理および在庫管理も複数管理が必要となっている（表 3.4.1.1）．これらの理由により，材料や製品がデッドストックになりやすく，普及も進みにくい現状がある．

そこで，リサイクル材料として一定の品質基準を満たした物については産地によらず使用を認める制度を整備することを提案する．

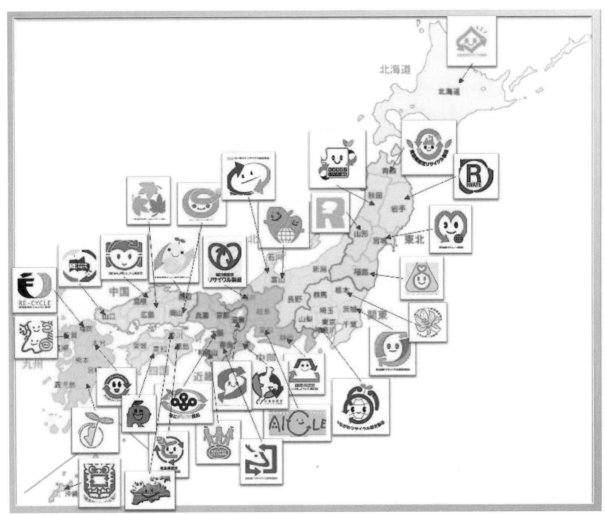

図 3.4.1.1　全国にあるリサイクル製品認定制度

表 3.4.1.1　ＰＣａ製品リサイクル材料使用調査結果例

一般社団法人 全国コンクリート製品協会

| 地域 | 使用製品名 | 今回調査分 ||||||||||||| 細・粗骨材の全量に対する全リサイクル骨材の割合 % || コンクリート1m3中の合計リサイクル材料の割合 % ||
| | | セメント ||| 混和材 ||| 細骨材 ||| 粗骨材 ||| | | | |
		リサイクル材の名称	質量混入率(%)	備考	リサイクル材の名称	質量混入率(%)	備考	リサイクル材の名称	質量混入率(%)	備考	リサイクル材の名称	質量混入率(%)	備考	質量混入率	備考	質量混入率	備考
A	縁石・水路							石粉(ダスト)	14.6					5.9		4.3	
B	道路用製品全般							高炉スラグ細骨材						13.6		10.4	
C	道路用コンクリート製品							高炉スラグ細骨材	32.3					14		10.5	
D	落ちふた式U形側溝 本体・ふた							溶融スラグ	29.3					14.3		10.0	
	自由勾配側溝 本体・ふた							溶融スラグ	29.3					14.3		10.0	
E	腐食性環境使用製品				高炉スラグ微粉末400	60		高炉スラグ細骨材	100					53.5		51.4	
	側溝類Gmax 25mm					30		溶融スラグ細骨材	31.7					14.3		15.8	
	側溝類Gmax 15mm					30		溶融スラグ細骨材MS5A	31.4					14.3		15.8	
F	L形側溝	エコセメント														15.5	
	境界ブロック																
	桝類																
	L形縁塊																
G	一般製品				フライアッシュE種	23.3										4.74	
H	ボックスカルバート				高炉スラグ微粉末	56.7	312÷550	高炉スラグ細骨材						42.8	859÷2007	35.6	859÷2410
	インターロッキングブロック							電気炉酸化スラグ骨材						N 85 普通ブロック P 100 透水ブロック		N 64 普通ブロック P 73 透水ブロック	
	ボックスカルバート							溶融スラグ骨材						①16.8 ②16.8	産地違いによる	①12.6 ②12.5	産地違いによる
	L型擁壁													17.3	300÷1739	12.9	300÷2319
	VS側溝													17.3	300÷1738	12.9	300÷2323
I	境界ブロック																
	U形側溝																
	L形側溝																
	落ちふた式U形側溝																
	ベンチフリューム																
	Fx側溝[道路用側溝]							溶融スラグ骨材	32.4					13.9		10.9	
	ドリームブロック[大型積みブロック]																
	MⅡブロック・Fブロック[大型積みブロック]																
	プレガードⅡ[ガードレール基礎]																

(2) 具体的提案

a) 発注者の仕様等に対する提案

・リサイクル材料として一定の品質基準を満たしたものについては産地によらず使用を認める制度を整備することを提案する．

・発注者の工事仕様書において，「環境負荷低減を目的とし，性能の確認されたリサイクル材料については積極的に採用を検討すること．」といった記事を追記する．

b) 標準示方書類に対する提案

・溶融スラグ骨材は JIS A 5031 に規格が制定され JIS A 5364「プレキャストコンクリート製品－材料及び製造方法の通則」において使用条件が示されており，コ示[施工編]の工場製品の章の材料に使用条件も併せて追記する．

c) 研究開発に関する提案

・全国各地にて実施されているリサイクル材採用状況を調査する．

・リサイクル材料の種類や配合率に関する研究開発を行う．

・リサイクル材料を使用したプレキャスト製品の環境負荷低減の定量評価方法の確立とコストメリットを確立する．

(3) 提案の効果

a) 発注者における生産性・品質の向上

・廃棄物の発生抑制・資源の有効活用が可能になる．

b) 設計者における生産性・品質の向上

・特になし．

c) 施工者における生産性・品質の向上

・材料や製品のデッドストックが減少する．

3.4.2 各種膨張材が採用されやすくなる規定を検討，整備する

(1) 課題と提案

　工場製品においては，養生時間の短縮を目的として早強型膨張材を使用することがある．また，マスコンクリートの温度ひび割れ対策として，水和熱抑制型膨張材を使用することがある．しかしながら，早強型膨張材や水和熱抑制型膨張材は，強熱減量が大きく JIS A 6202 に適合しないため，使用するごとに，その品質や使用方法を検討・確認することが求められる．

　その背景としては，コ示［施工編］において，「膨張材は，(1) JIS A 6202 に適合したものを標準とし，(1) 以外の膨張材を用いる場合は，その品質を確かめ，使用方法を十分に検討しなければならない」と記されていることが挙げられる．

　したがって，早強型膨張材，水和熱抑制型膨張材等が採用されやすくなるために，強熱減量の規定値を適切に設定するための研究開発を行い，JIS A 6202 の改訂に反映することを提案する．

(2) 具体的提案

a) 発注者の仕様等に対する提案

・特になし．

b) 標準示方書類に対する提案

・以下に示す「c) 研究開発に関する提案」の成果に基づいて，JIS A 6202 の改訂に反映する．

c) 研究開発に関する提案

・早強型膨張材，水和熱抑制型膨張材等の強熱減量の規定値を適切に設定するための研究開発を行う．

(3) 提案の効果

a) 発注者のおける生産性・品質向上

・目的に応じた膨張材を使用することが可能となり，工場製品の品質向上が図られる．

b) 設計者における生産性・品質の向上

・特になし．

c) 施工者における生産性・品質の向上

・個別の試験が不要となる．

3.5 コンクリート標準示方書へのプレキャストコンクリートの章の新設と用語の整理をする

(1) 課題と提案

コ示［施工編：特殊コンクリート］におけるプレキャストに関する事項は，いくつかの章に分散して記載されている．主な記載箇所は，「10章プレストレストコンクリート」10.4プレキャスト部材，および「11章工場製品」である．それぞれの適用範囲は，前者が「工場製品以外のプレキャスト部材，たとえば架設地点に近い現地のヤードで製作したのちに，運搬や架設，組立を行うようなプレキャスト部材」とされており，後者が「製造工程が一貫して管理されている工場で，継続的に製造される工場製品についての標準を示したものであり，無筋および鉄筋コンクリート工場製品のほか，プレストレストコンクリート工場製品も含まれる」とされている．さらに，10.4.6接合においては，プレストレスによる接合を前提としたような記述となっている．また，プレキャストコンクリートに関する用語の定義が曖昧であるという課題もある．

そこで，プレキャスト工法活用の利便性向上および促進を図るために，プレキャストコンクリートについて分散して記載されている事項を整理し，統括的に記載する章立てに変更することを提案する．

(2) 具体的提案

a) 発注者の仕様等に対する提案

・以下に示す「b)標準示方書類に対する提案」の整備を受けて，工場製品あるいはそれ以外のＰＣａ部材の違いによらず，「コンクリート標準示方書［施工編］プレキャストコンクリートに従って施工する」という記述で統一する．

b) 標準示方書類に対する提案

・現状のコ示［施工編：特殊コンクリート］の「10.4プレキャスト部材」と「11章工場製品」を統合し，「（仮称）11章プレキャストコンクリート」の章を新設する．
・コ示に，プレキャストコンクリートに関する用語を定義する．
・新設の章には，必要に応じて「接合」や「検査」の節を独立させ，記載を充実させる．

c) 研究開発に関する提案

・特になし．

(3) 提案の効果

a) 発注者における生産性・品質の向上

・プレキャストコンクリートを用いた工事の計画や品質管理などが容易となる．
・プレキャストコンクリートの活用が容易になり，工期短縮や環境負荷低減が可能になる．

b) 設計者における生産性・品質の向上

・プレキャスコンクリートの接合などの記述が統一され明確となるため，プレキャストコンクリートの採用や接合部の設計への反映が容易となる．

c) 施工者における生産性・品質の向上

・プレキャストコンクリートの接合などの施工に関する記述が統一されるため，工事における品質管理方法が明確になる．

本提案に関する参考資料を「付属資料１　3.5」に示す．

3.6 プレキャストコンクリートの施工法・品質管理方法を明確化する
3.6.1 点溶接を鉄筋の組立に活用するための環境を検討，整備する
(1) 課題と提案

　コ示［施工編：特殊コンクリート］11章 工場製品 11.5.2 鋼材の組立の中で工場製品は点溶接して組み立てる記載があり，コ示［設計編：標準］3.4.3(3)鋼材の疲労強度の中では，実験を行って疲労強度を確認し，その値で設計してよいとの記載がある．しかしながら，コ示［施工編：施工標準］10章 鉄筋工 10.4 鉄筋の組立の中では点溶接は局部的な加熱によって鉄筋の材質を害するおそれがあり，特に疲労強度を著しく低下させるとの記載があるために使用を制限されることがある．

　工場では，**写真3.6.1.1**で示すように組み立てられた鉄筋かごを運搬移動したり，吊り上げて型枠に挿入したりする必要があり，なまし鉄線やクリップ等による結束では，結束部が変形して鉄筋かぶり，鉄筋間隔が確保できない場合があり，点溶接を用いることは，品質確保および生産性向上のために有効である．

　よって，点溶接を用いた鉄筋かごを使用する場合は，必要に応じて実験により強度を確認して使用できること，特に，疲労が問題となる部位に点溶接を用いる場合は，Ｓ－Ｎ曲線を求めて設計に反映させることを提案する．

写真 3.6.1.1　鉄筋かごを吊り上げ型枠に挿入する例

(2) 具体的提案

a) 発注者の仕様等に対する提案
・工事仕様書等に，「点溶接は強度を確認した上で使用してよい」と記述する．

b) 標準示方書類に対する提案
・特になし．

c) 研究開発に関する提案
・荷重の性質，鉄筋の材質および径，溶接条件等を考慮した強度試験データを蓄積する．

(3) 提案の効果

a) 発注者における生産性・品質の向上
・特になし．

b) 設計者における生産性・品質の向上
・特になし．

c) 施工者における生産性・品質の向上
・製造者は，自動化・機械化が可能となり，作業の効率化が図れる．

本提案に関する参考資料を「付属資料1　3.6.1」に示す．

3.6.2 プレキャスト製品の強度管理方法を検討，整備する

(1) 課題と提案

　プレストレスを与える工場製品は製品種類や設計基準強度によってプレストレスを与えてよい所要の圧縮強度が規定されている．工場製品は，効率的な製造をするために，一般に 24 時間以内の早期材齢にプレストレスを導入することが多い．蒸気養生を行う場合の圧縮強度を管理する供試体は，製品と同一の蒸気養生で作製した $\phi 100 \times 200$ の円柱形を標準とすることが規定されているが，製品と供試体の寸法の違いから水和発熱によるコンクリート温度の履歴は大きく異なる．そのため，プレストレスを与える早期材齢の強度はその影響を大きく受ける．したがって，プレストレスを与えるときに管理する供試体の強度よりも，実際の製品の強度は大きいと推測され，安全側の管理方法となっていることが考えられる．特に断面寸法の大きな製品ではより顕著な差が生じているものと思われる．

　このことから，工程の効率化や配合の最適化など，生産性向上を図るために，製品の実強度を正しく評価できる手法を整備することを提案する．

(2) 具体的提案

a) 発注者の仕様等に対する提案

・特になし．

b) 標準示方書類に対する提案

・コ示［施工編］「11 章 工場製品」に「温度追随養生による供試体でプレストレスを与える圧縮強度を管理してよい」という記述を解説に追加する．

c) 研究開発に関する提案

・特になし．

(3) 提案の効果

a) 発注者における生産性・品質の向上

・製造方法の効率化が図れるとともに，合理的に品質確保を図ることができる．

b) 設計者における生産性・品質の向上

・特になし．

c) 施工者における生産性・品質の向上

・プレストレス導入時の強度を温度追随養生（図 3.6.2.1）により作製した供試体で管理することで，製品の実強度を正しく評価でき，より早期に所定の強度を確認できる．これにより，プレストレス導入時期が早まることで工程短縮が可能となる．また，セメント量の低減など配合の最適化を図れる．

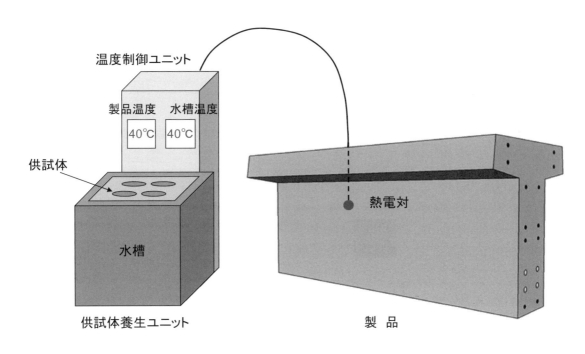

図 3.6.2.1　温度追随養生装置の例

参考文献

1) 土木学会：2012 年制定コンクリート標準示方書　改訂資料　基本原則編・設計編・施工編［施工編］, 2013.3

本提案に関する参考資料を「**付属資料 1　3.6.2**」に示す．

3.6.3 工場製品の適切な養生方法を選択できる環境を整備する

(1) 課題と提案

　工場製品は製造サイクルを早めることで製造効率が向上するため，一般に蒸気養生が用いられる．本提案は，工場製品全般に関するものであるが，ここでは，**写真 3.6.3.1** に道路橋用橋げたの製造における蒸気養生の例を示す．蒸気養生は生産性向上に対して有効な手段であるが，急激な温度上昇や下降，高い温度で養生することは品質に対して悪影響を及ぼす場合があるため，養生時間や養生温度の設定は重要である．そのため，コ示［施工編：特殊コンクリート］「11 章 工場製品」11.5.5 養生の解説文では，工場製品の蒸気養生方法について，例示ではあるが，前養生期間，温度上昇速度および最高温度等が具体的な数値で明記されている．この記述は，必ずしも現実の製造管理に即していないにもかかわらず，コ示［施工編］の解説に示される通りの管理が求められる場合がある．そのため，所要の品質が確保されていることが確認されている方法に限り，製造者が実績にもとづいて蒸気養生方法を選択してよいことを，コ示［施工編］に記載することを提案する．

写真 3.6.3.1　蒸気養生の例

(2) 具体的提案

a) 発注者の仕様等に対する提案

・特になし．

b) 標準示方書類に対する提案

・コ示［施工編：特殊コンクリート］「11 章 工場製品」11.5.5 養生に，品質を確認することを前提として，所要の品質が確保されていることが確認されている方法に限り，実績にもとづいて蒸気養生方法（図 3.6.3.1 に示す前養生期間，温度勾配，最高温度，後養生期間）を決めてよいことを解説に記載する．

c) 研究開発に関する提案

・特になし．

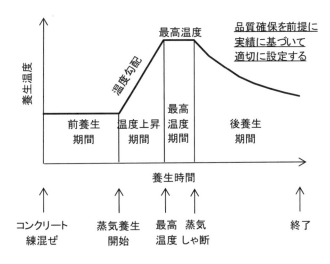

図 3.6.3.1 蒸気養生方法の設定

(3) 提案の効果

a) 発注者における生産性・品質の向上

・品質不良の発生リスクを低減できる．

b) 設計者における生産性・品質の向上

・特になし．

c) 施工者における生産性・品質の向上

・品質を確保した上で対象製品に適した養生管理方法を行うことができ，工期短縮や省力化が図れる．

本提案に関する参考資料を「**付属資料1　3.6.3**」に示す．

3.7 プレキャストコンクリートの施工計画における留意点・検査基準を明確にする
3.7.1 プレキャストコンクリート工法の施工計画における留意事項を検討，整備する
(1) 課題と提案
　コ示［施工編：特殊コンクリート］10.4章プレキャスト部材や11章工場製品では、プレキャスト部材の製作・架設・運搬時の留意事項が記載されている．一方，プレキャスト部材の施工現場への搬入・敷設重機の選定・設置場所の確保等に関する留意事項の記載はない．そのため，施工時に支障をきたす場合がある．したがって，プレキャストコンクリート工法の施工計画時の留意事項について検討・整備を提案する．

(2) 具体的提案
a) 発注者の仕様等に対する提案
・以下に示す「b) 標準示方書類に対する提案」の整備を受けて，プレキャストコンクリート工法の施工計画時の留意事項を記載する．

b) 標準示方書類に対する提案
・コ示［施工編：特殊コンクリート］の解説に，プレキャスト部材の現場搬入から設置に至る施工計画時の留意事項を記載する．

c) 研究開発に関する提案
・プレキャストコンクリート工法は多種あり，さらに新工法も開発されているため，それぞれの工法に適した施工計画時の留意点を確立する．

(3) 提案の効果
a) 発注者における生産性・品質の向上
・設計変更への対応が削減でき，工程増大のリスクが低減できる．

b) 設計者における生産性・品質の向上
・現場条件に合ったプレキャスト部材の選定や施工時の留意事項を考慮した設計を行うことにより，設計の手戻り等が防げることによる設計の生産性および設計品質の向上が図られる．

c) 施工者における生産性・品質の向上
・現場でのミス・ロスを防ぐことができ，品質が確保され，工程増大のリスクが低減できる．

3.7.2 工場製品の外観基準を検討, 整備する

(1) 課題と提案の概要

　工場製品は現場受入時と工事完了時の各段階で外観検査が行われるが, 表面の外観基準について受入時の具体的な判定基準がない. 現場受入時の外観検査では, 受入担当者の主観により受入の可否および補修の要否が決定される場合がある. ひび割れ(**写真 3.8.2.1**)や表面気泡(**写真 3.8.2.2**)の補修は製品のコストアップの要因となるため, 判定基準を明確にすることが求められる. したがって, 受入時の外観検査における, 受入の可否および補修の要否の具体的な判定基準の規定を整備することを提案する.

写真 3.8.2.1　ひび割れ [1]

写真 3.8.2.2　表面気泡 [1]

(2) 具体的提案

a) 発注者の仕様等に対する提案
- 工事仕様書に現場受入時の各種工場製品に応じた外観判定基準を明記する.

b) 標準示方書類に対する提案
- 特になし.

c) 研究開発に関する提案
- 特になし.

(3) 提案の効果

a) 発注者における生産性・品質の向上
- 品質不良の製品が搬入されるリスクの低減が図れる.

b) 設計者における生産性・品質の向上
- 特になし.

c) 施工者における生産性・品質の向上
- 製造者の行う過剰な補修作業が低減される.
- 受入管理が容易になり, 生産性および品質の向上が可能となる.

参考文献

1) 土木工事現場必携　工事書類作成マニュアル編, 2014 年 4 月, 北陸地方整備局企画部

本提案に関する参考資料を「**付属資料 1　3.7.2**」に示す.

4章　発注，契約，その他
4.1　設計時の照査条件を施工側に引き継ぐ
4.1.1　設計時に必要に応じて温度応力解析を実施し，検討条件を施工側に引き継ぐ
(1) 課題と提案

マスコンクリートの温度ひび割れ対策について，コ示［設計編］では2002年版までは施工段階におけるひび割れ照査の一環として施工編に記述されていた．2007年版において，初期ひび割れに対する照査とし，設計編に移動し，「耐久性，安全性，使用性，耐震性の照査は構造物の所要の性能に影響するような初期ひび割れが発生しないことを前提としていることから，（中略）初期ひび割れの照査も設計段階で行われることを念頭に置いている」という記述となり，設計段階で検討を行うことが基本となった．また，コ示［設計編］の中では，「場合によっては，初期ひび割れに対する照査を施工段階，または設計段階と施工段階の両方で実施した方がより合理的であることがある．その場合も，設計段階において，どの時点で初期ひび割れに対する照査を行うのかを定めておく必要がある」と記述されている．つまり，コ示［設計編］では設計段階で検討することを基本としているものの，設計段階では検討せずに施工段階のみで検討するということは否定していない．そのため，設計時に温度ひび割れ検討が行われているケースは未だ少ない．発注者の仕様においても，一部の発注者を除いて，温度ひび割れ対策は施工段階のみで検討することが前提の仕様書となっている．

設計段階では打込み時期，リフト割等の温度応力解析で必要な施工条件が未定であるため，これらの条件が確定した施工段階で検討を行うことは合理的とも考えられる．しかしながら，設計段階で温度ひび割れ対策が検討されないために，工程，予算，品質等に対してのリスクが生じる場合がある（図4.1.1.1）．例えば，施工段階で，対策として低発熱型セメントを採用しようとしても，セメントの製造や生コン工場の設備改良に時間を要すために，工程上の理由で採用を断念せざるを得ないことがある．また，検討の結果，想定を超える対策コストが施工段階で発生する可能性があり，必要な対策を施すことが予算上困難となることがある．そして，前述の工程および予算の制約のために対策をせずに施工した場合には，発生したひび割れに対して補修を行うこととなり，工程や構造物の耐久性等の品質に影響が出ることが懸念される．

設計段階に温度ひび割れに対する検討が行われたとしても，設計段階で想定した施工条件が変わった際の施工段階での再解析の際に，まずは比較のために施工側で設計段階の解析結果を再現することが必要になる．この場合，設計段階での検討条件が施工側に開示されていないことが多く再現が困難となることがある．また，設計段階と施工段階で同じ内容の解析を重複して行うことは生産性の観点から好ましくない．

以上より，設計段階でも仮の施工条件で概略検討を行ったうえで，さらに設計側から施工側に解析条件，解析メッシュ等のデータを引き継ぐことが望ましい．

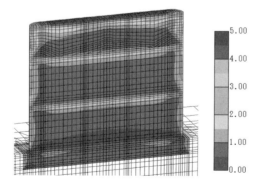

図4.1.1.1　設計段階で温度ひび割れ検討がされていない場合の解析結果例

(2) 提案の概要

a) 発注者の仕様等に対する提案

- 発注者の設計指針，設計仕様書において，「温度応力によるひび割れが予想される部材については，温度ひび割れに対する検討を行い，その対策を図面に記載するとともに，検討事項を設計成果品等に記載・添付すること」といった記述を追加する．
- 「検討事項」として，対策の根拠となる設計時に想定した条件（セメント種類，リフト割，解析条件，解析結果等）を設計成果品等に記載・添付する．

b) 標準示方書類に対する提案

- コ示［設計編：本編］12.1 一般の解説（1）において，「初期ひび割れに対する照査も設計段階で行われることを念頭に置いている」を，「初期ひび割れに対する照査は設計段階で行われることを原則としている」と修正する．
- コ示［設計編：本編］12.1 一般の解説（1）において，設計時に検討を行っていない場合は，品質や工期に対するリスクが発生することや，検討していない旨を施工者へ申送りするという記述を加える．さらに，設計者から施工者へ検討条件の引渡しをすることを記述する．

c) 研究開発に関する提案

- 特になし．

(3) 提案の効果

a) 発注者における生産性・品質の向上

- 温度ひび割れ対策を確実に実施できることにより，構造物の品質不良の発生リスクが低減する．
- 施工時の検討や補修実施による工期増大の発生リスクが低減する．

b) 設計者における生産性・品質の向上

- 特になし．

c) 施工者における生産性・品質の向上

- 設計段階で温度ひびわれ対策がある程度考慮されていれば，仮にそれが実際の施工条件と完全に一致していなかったとしても，施工段階での変更は軽微なものとなる．
- 設計段階の解析データを引き継ぐことで，施工段階の検討業務が効率化できる．
- 対策を適切に行うことで，過大なひび割れを低減することができ，補修の手間が軽減される．
- 施工時の検討や補修実施による工期増大の発生リスクが低減できる．

本提案に関する参考資料を「**付属資料1　4.1.1**」に示す．

4.1.2 設計時に設定したひび割れ幅を施工側に引き継ぎ，補修すべきひび割れ幅を事前に設定する
(1)課題と提案

　施工時や施工後の初期段階で発生するひび割れについては，構造物の耐久性に影響を与えるおそれがあるため，ひび割れ幅に応じて適切に補修をする必要があると考えられるが，補修基準が仕様書等で明確に定められているケースは少なく，ひび割れが発生してから協議を行って現場ごとに個別に補修基準を決定することが多い．一方で，コ示［設計編］では，耐久性に関する照査として，ひび割れ位置における局所的な鋼材腐食により構造物の所要の性能が損なわれないように，鋼材腐食に対するひび割れ幅の限界値を適切に設定することを規定しており，この標準的な値として，鉄筋コンクリートでは 0.005c (c はかぶり，ただし，0.5mm を上限とする) を示している．またコ示［設計編：標準］では，塩害に対する照査で，設定したひび割れ幅を持つ部材の鋼材位置における塩化物イオン濃度の設計値 C_d と鋼材腐食発生限界濃度 C_{lim} の比に構造物係数 γ_i を乗じた値が 1.0 以下であることを確かめることとしている（**式（1）〜式（3）**参照）．さらに，使用性に関する照査の中では，ひび割れによる外観に対する照査の章を設け，曲げひび割れ幅の設計応答値の算定式（**式（4）**参照）を与え，ひび割れ幅の設計限界値と設計応答値とを照査することとしている．このように，コ示［設計編］では耐久性や使用性の照査を行う中で，ひび割れ幅を用いた照査を行うことが要求されているため，ひび割れ幅を算定あるいは想定して，設計時の照査を満足することを確認することで，構造物の性能を担保していると考えられる．

　本来であれば，設計時の照査を満足するひび割れ幅は，設計時に設定した特性値の一つとしてコ示［設計編：本編］4章 4.8 設計図に示されているように，施工者に情報として引き継がれる必要があるが，そのような事例はほとんど無い．このため，施工時のひび割れについては，その幅に関係無く，全て施工者に補修が要求されるようなこともあり，設計時での照査結果は満足していることを説明する労力を要したり，場合によってはひび割れの発生を防止する対策を実施するなど，過大な費用負担が発生する場合も少なくない．

　以上より，設計時の照査に合格した際の想定しているひび割れ幅を設計図等に明示し，これに基づいて施工時に補修すべきひび割れ幅を特記仕様書等で明確に規定することを提案する．

$$\gamma_i \frac{C_d}{C_{lim}} \leq 1.0 \qquad \text{式（1）}$$

$$C_d = \gamma_{cl} \cdot C_0 \left(1 - erf\left(\frac{0.1 c_d}{2\sqrt{D_d \cdot t}}\right)\right) + C_i \qquad \text{式（2）}$$

$$D_d = \gamma_c \cdot D_k + \lambda \cdot \left(\frac{w}{l}\right) \cdot D_0 \qquad \text{式（3）}$$

ここで、w/l：ひび割れ幅とひび割れ間隔の比

$$w = 1.1 k_1 k_2 k_3 \{4c + 0.7(c_s - \phi)\} \left[\frac{\sigma_{se}}{E_s}\left(\text{または}\frac{\sigma_{pe}}{E_p}\right) + \varepsilon'_{csd}\right] \qquad \text{式（4）}$$

(2) 具体的提案
a) 発注者の仕様等に対する提案
・発注者の特記仕様書に，設計時に想定しているひび割れ幅を考慮して補修すべきひび割れ幅の基準を示す．
b) 標準示方書類に対する提案
・コ示［設計編：本編］4.8 設計図の解説において，「④要求性能と照査結果として，特にひび割れ幅の限界値を明示する」ことを追記する．
c) 研究開発に関する提案
・特になし．

3) 提案の効果
a) 発注者における生産性・品質の向上
・ひび割れ補修に関する協議の労力が低減できる．
b) 設計者における生産性・品質の向上
・特になし．
c) 施工者における生産性・品質の向上
・ひび割れ補修に関する協議の労力が低減できる．
・オーバースペックに伴う費用負担増を削減することができる．

本提案に関する参考資料を「**付属資料1　4.1.2**」に示す．

4.2 土木設計を考慮した施設計画を行う仕組みを構築する

(1)課題と提案

土木構造物には，主にコンクリート構造物による躯体構築のための「土木計画・工事」と供用後に必要となる諸設備のための「施設計画・工事」とがある．

「施設計画・工事」では非常電話や消火栓等を設置するために，躯体にあらかじめ「箱抜き」部を設置したり，機械設備設置のための「埋込み金物」を躯体内にあらかじめ設置しておく必要がある．

このような施設計画は，基本設計時には土木計画とともに検討されるものの，詳細設計は土木計画の詳細設計が終わった後に開始される場合が多くみられる．また，土木計画の詳細設計成果が施設計画に反映されておらず，施設計画の詳細設計が終わった後に初めて施工不可であることが判明し，再度詳細設計を行わなければならないことがある．このような場合，施工者はその調整に多大な労力を要することとなり，本来注力しなければならない施工計画が疎かになることがある．また，図4.2.1に示すように，調整が遅れる場合，着工時期を遅らせることもあり，工程遅延の要因となる．最悪の場合には，一度造った構造物を壊し，改めて造り直すこともある．構築したコンクリート構造物を部分的に壊すことは工程遅延だけでなく，品質上大きな問題となる．

写真4.2.1に示す事例は，施設計画者より指示された箱抜きの設置位置が，ボックスカルバートの目地部であり，目地に干渉しない位置への変更を試みたが，側壁施工まで時間がなく，十分な検討や施設設計者と協議を行うことができなかったため，やむを得ず目地と干渉する位置に施工することとなった．目地部には止水板を設けなければならず，端部の断面形状が複雑であるため，鉄筋組立，型枠・止水板設置作業が非常に煩雑となった．

また，発電所設備やプラント設備の基礎工事では，機械，電気側が支給するワインディングパイプやアンカー等の埋込み金物を指定の位置に設置することが多い（写真4.2.2）．基礎の位置やペデスタル形状が機械，電気側の計画に基づいて指定されていることが多く，埋込み金物と鉄筋の干渉や，アンカーおよびワインディングパイプ設置部では縁あき不足，板状のシアーラグ下ではエア抜きが困難等の問題が多々生じる．その要因として，機械，電気側の埋込み金物計画時に，検討材料となる土木側の配筋標準等の基本情報が提示されていないことが挙げられる．そのため，埋込み金物と鉄筋との干渉回避や縁あき確保等の調整に多大な労力と時間を費やし，生産性を損なう一因となっている．

このような課題を解決するためには，土木計画の詳細設計段階において，土木計画と施設計画が連携し，それぞれを十分に反映した計画を立案することが不可欠である．また，設計，施工から運営・維持管理までを総合的に扱えるCIMの技術を活用していくことも有効だと考えられる．

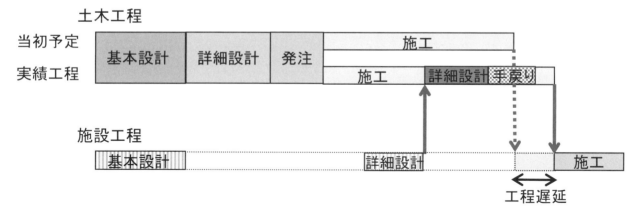

図4.2.1　プロジェクト工程遅延の例

写真 4.2.1　目地部に設置した施設箱抜き

埋込プレート

ワインディングパイプ

アンカーボルト

シアーラグ

アンカーフレーム

写真 4.2.2　埋込み金物設置例

(2) 具体的提案

a) 発注者の仕様等に対する提案

・土木計画の詳細設計時に施設計画を考慮した検討を行う仕組みを構築する．

b) 標準示方書類に対する提案

・特になし．

c) 研究開発に関する提案

・特になし．

3) 提案の効果

a) 発注者における生産性・品質の向上

・設計完了後に，設計作業の再実施を行うことがなくなるため，業務の効率化が可能となる．

・工事における手戻りが解消されるため，工期増大のリスクが低減できる．

b) 設計者における生産性・品質の向上

・土木計画の詳細設計時に施設計画を反映することができるため，修正作業が発生しないことが期待される．

c) 施工者における生産性・品質の向上

・施工中の修正設計や検討を行う必要がなくなることにより，工期増大のリスクが低減できる．

・工事における手戻りが解消され，工程遅延を取り戻そうとするような突貫作業がなくなり，品質不良および労働災害の発生のリスクを低減できる．

本提案に関する参考資料を「**付属資料1　4.2**」に示す．

4.3 設計照査,修正の所掌範囲を明示する規定を追加する

(1) 課題と提案

「設計成果品の照査」は,設計成果品と工事現場の不一致等に対処するための請負契約上の手続きである.工事請負契約書および土木工事共通仕様書に関連規定があり,受注者が設計成果品の照査を行い,該当する事実があるときは発注者に通知すること,これを受けて発注者は調査を行い,必要に応じて設計成果品の訂正または変更を行うことが定められている.

しかし,実際は,受発注者間の責任範囲についての解釈の相違により,「設計成果品の照査」の範囲を超えて受注者に過度な要求がなされる場合がある.例えば,構造計算の再計算や図面作成,設計要領や各種示方書等との対比設計の実施,設計根拠まで遡る見直しやこれに伴う工事費の算出——等がこれにあたる.結果,対応に掛かる費用のみならず,工期および受注者の人的資源までも圧迫する状況が生じている.

問題解決の取組みとして,発注者側では「設計照査ガイドライン」等を作成し,制度の適切な運用に努めている.本項はこのような取組みの更なる徹底と,発注者の工事仕様書において設計成果品の照査に関する作業および費用分担の明示を提案するものである.

設計成果品の不備も受注者の負担増の要因になっていることから,不備を減らすために,設計段階における第三者等による設計照査の実施について併せて提案する.本提案は,受注者側の過度な負担を減らすことに焦点を当てたものであるが,設計成果品の照査のプロセスが適正に実施されることによって工事全体の円滑化が図られ,発注者,設計者,施工者のいずれも生産性・品質向上のメリットを享受できると考えられる.

(2) 具体的提案

a) 発注者の仕様等に対する提案

- 発注者の工事仕様書における設計照査の項において,作業および費用の受発注者間の分担を明確にする規定を追加する.また,設計段階において第三者等による設計照査を実施する規定を追加する.併せて,設計仕様書あるいは契約書の見直しを行う.

b) 標準示方書類に対する提案

- 特になし

c) 研究開発に関する提案

- 特になし

(3) 提案の効果

a) 発注者における生産性・品質の向上

- 工事が円滑に実施されることで,当該工事の生産性・品質向上が図られる.
- 設計の不備に起因する手戻りや追加工事等が抑制される.

b) 設計者における生産性・品質の向上

- 第三者チェックの確実な実施により,設計の品質向上の効果があると考えられる.

c) 施工者における生産性・品質の向上

- 直接的な負担が減少し,工期や人的資源を圧迫する要因が減ずる.その結果,施工現場の生産性および品質の向上が期待できる.

本提案に関する参考資料を「**付属資料1 4.3**」に示す.

4.4 プレキャストコンクリートの活用を推進する仕組みを検討する
4.4.1 プレキャストコンクリート工法の積算方法を検討，整備する
(1) 課題と提案

　プレキャストの活用を推進するには，計画時点でプレキャストが選ばれることが必要である．そのためには，新たに，プレキャストを大量使用する場合の積算要領を作ることが有効である．一定規模以上の同じ形状のプレキャスト製品を使う場合は，型枠の転用回数の増や，仕事のなれや，工期の短縮の効果などを考慮して，通常の場所打ちよりも安くなるような体系を整備することで，計画時点でプレキャストを選びやすくなる．なお，以下には現行の積算体系での課題を示す．

　構造物の設計段階でＰＣａ製品を用いた工法と場所打ち工法を積算で比較する場合について，直接工事費のみを比較検討する場合と工事価格を比較する場合があるが，それぞれ，次に示す課題がある．

a) 直接工事費で比較する場合

　ＰＣａ製品を用いた工法では，「ＰＣａ製品購入費＋製品据付工事費等」が直接工事費に該当する．ここで，ＰＣａ製品購入費にはＰＣａ製品を製作する工場の間接経費が含まれるため，同様の部材を，工場製品とするか現場打ちとするかを単純に比較した場合には，工場の間接経費が含まれているＰＣａ製品を用いた工法の方が直接工事費は高くなる傾向がある．

b) 工事価格で比較する場合

　図4.4.1.1に示すように，工事価格は一般管理費と工事原価により構成され，工事原価は直接工事費と間接工事費により構成される．ここで，表4.4.1.1(a)に示すように，一般土木工事においては，共通仮設費等の間接工事費や，一般管理費の算定は直接工事費に率を乗じて算出され，その率は，現場打ち工法もＰＣａ製品を用いた工法も同率（ただし，橋梁ＰＣａ製品を除く）であるため，直接工事費により工事価格が決まり，工期短縮効果や品質管理の低減効果等を有するＰＣａ製品のメリットが工事価格に反映されない．比較的大型の構造物の一般土木工事において，現場打ち工法と比較してＰＣａ製品を用いた工法の方が工事価格が高くなる場合が多いが，この積算体系が一つの要因と考えられる．

　一方，表4.4.1.1(b)に示したように，簡易組立式橋梁，ＰＣ桁，グレーチング床版等を用いた橋梁工事の積算（国土交通省土木工事積算基準）では，一般管理費，共通仮設費，現場管理費の率計算において，桁等の工場製品の購入費(X)を共通仮設費の率計算に用いる直接工事費から控除することとなっている．これは，桁等の購入費に関しては，桁製作に要する経費を含めた単価が設定されているため，工場建物の償却費等の間接経費の重複計上を避けるための措置であると考えられる．橋梁工事において，現場打ち工法と比較してプレキャストＰＣ桁を用いた工法の方が工事価格が安くなる場合が橋梁工事以外と比較して多いが，この積算体系が一つの要因と考えられる．以上から，ＰＣａ製品を用いた工法を適性に評価し，普及を促進するために，一般土木工事においても，橋梁工事の積算に倣った積算方法を整備することが望ましい．ただし，工事の中で部分的にプレキャストを適用する場合の積算を適正に評価して整備することは困難と思われる．その場合，ＰＣａ製品を用いた工法による工期短縮，品質管理の省力化等のメリットを積算に反映できる仕組みを新たに構築する必要があると考える．

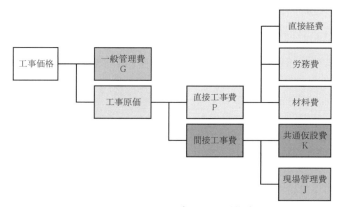

図4.4.1.1　工事価格の構成

表 4.4.1.1　工事価格の算定方法

(a) 一般土木工事の場合	(b) 橋梁工事等の場合
K「共通仮設費」＝ P（直接工事費）×Kr（共通仮設費率） J「現場管理費」＝ （P+K）×Jo（現場管理費率） G「一般管理費」＝ （P+K+J）×Gp（一般管理費率）	P'「直接工事費」＝ X（PCa製品購入費） 　　　　　　　　　　＋A（製品据付け工事費） K'「共通仮設費」＝ （P'−X）×Kr（共通仮設費率） J'「現場管理費」＝ （P'+K'）×Jo（現場管理費率） G'「一般管理費」＝ （P'+K'+J'）×Gp（一般管理費率）

(2) 具体的提案

a) 発注者の仕様等に対する提案

・国土交通省の土木請負工事の共通仮設費算定基準における簡易組立式橋梁等の積算方法に準じて，一般土木工事においても，率計算に用いる直接工事費からＰＣａ製品の購入費を控除する積算方法を適用する．
・上記の控除と同時に，共通仮設費，現場管理費，一般管理費の算出に用いる経費率として，ＰＣａ製品を用いた工法を適用した場合の現場の品質管理や検査の実態を踏まえた経費率を別途設定する．
・工法選定のコスト比較においては，直接工事費でなく工事価格によって比較検討することを設計者に求める．
・上記のような積算方法を適用できない場合，以下に示す「c) 研究開発に関する提案」の成果に従い，新たな積算方法を適用する．

b) 標準示方書類に対する提案

・特になし．

c) 研究開発に関する提案

・ＰＣａ製品を用いた工法による工期短縮，品質管理の省力化等のメリットを積算に反映できる新たな仕組みを構築する．

(3) 提案の効果

a) 発注者における生産性・品質の向上

・プレキャスト工法の適用拡大により，工期短縮，省力化，安全性の向上が可能となる．

b) 設計者における生産性・品質の向上

・現場打ち工法とＰＣａ製品工法の積算価格差が縮まることにより，設計段階でＰＣａ製品工法の提案が可能な機会も増え，様々な状況下のもとで柔軟に選択肢を広げ，現場条件に応じた幅広い提案が可能となる．

c) 施工者における生産性・品質の向上

・特になし

本提案に関する参考資料を「付属資料1　4.4.1」に示す．

4.4.2 コンクリート構造物の建設に伴う環境負荷を評価できる積算方法を検討，整備する

(1) 課題と提案

　地球温暖化の原因となる温室効果ガスには様々なものがあるが，なかでも二酸化炭素（CO_2）は温暖化への影響が最も大きく，温室効果ガスの総排出量の76％を占めている．コンクリート構造物の建設においては，材料の製造・運搬および施工等のプロセスで多くのCO_2が排出されるため，大きな環境負荷が生じる．土木学会では，環境性能の評価に関して指針が発刊されているが，コ示［設計編：標準］には環境性能の評価に関する照査方法は示されていないのが現状である．

　ＰＣａ工法では，工場製品の部材断面は現場打ち工法の場合と比較して一般に薄肉であり，コンクリートの使用量が少なくなることにより，工場の立地条件にもよるが，工場製品の運搬・設置などを含めたプロジェクト全体としてのCO_2の排出量が現場打ちの場合と比較して小さくなると試算される場合がある．また，工場製品の採用は，工期短縮による工事全体の環境負荷低減も期待される．しかし，現状の積算体系では，現場打ち工法が積算上有利となるためＰＣａ工法の採用率は低い水準に留まっている．プロジェクト全体の環境負荷へのＰＣａ工法による低減効果を積算に反映することができれば，直接工事価格が現場打ち工法と比較して同等以下になるケースの増加が見込めるため，発注者や設計コンサルタントによる設計段階からＰＣａ工法の採用率が上昇する可能性がある．

　以上により，コンクリート構造物の材料および建設プロセスにおける温室効果ガスの排出削減量や吸収量を考慮できる積算体系を整備することを提案する．

(2) 具体的提案

a) 発注者の仕様等に対する提案
・以下に示す「c) 研究開発に関する提案」の成果に基づいて，材料のみでなく構造物の建設プロセス全体の温室効果ガスの排出削減量や吸収量を積算に反映する．

b) 標準示方書類に対する提案
・以下に示す「c) 研究開発に関する提案」の成果に基づいて，環境性能照査の具体的な方法をコ示［設計編：標準］に示す．

c) 研究開発に関する提案
・例えばＪ-クレジット制度等を活用して，環境負荷の低減効果を反映できる積算体系を構築する．
・環境性能の具体的な照査方法を整理，構築する．

(3) 提案の効果

a) 発注者における生産性・品質の向上
・工場製品の採用による環境負荷の低減効果を評価できる．
・工場製品の採用が促進されることにより環境負荷の低減が図れる．

b) 設計者における生産性・品質の向上
・特になし．

c) 施工者における生産性・品質の向上
・特になし．

本提案に関する参考資料を「**付属資料１　4.4.2**」に示す．

4.5 単年度発注により年度末が工期末となるのを減らして施工時期を平準化する

(1) 課題と提案

単年度発注のために年度末が工期末となる場合が多く，特にコンクリートの打込み日は，工程的な制約から決定する場合がほとんどで，繁忙度や外気温度等の時期に関係無く施工を行っているのが現状である．コンクリート工事には，鉄筋や型枠の組立，コンクリート打込み，仕上げ等多様な特定の工種があり，人材，資機材を逐次適切に活用していく必要がある．年度末の第四四半期等の繁忙期には，これらの人材，資機材の確保が困難となり，コスト増や工期遅延の一因になっている．また，コンクリートを打ち込む時期によっては，暑中コンクリートや寒中コンクリートとしての品質的な考慮が必要となるが，単年度発注工事では工期的な制約しか考慮できずに，品質に関して考慮して打込み時期を決定することは，ほとんどの場合できない．このため，暑中コンクリートではクーリング，寒中コンクリートでは保温養生等の対策費用が必要となるが，打込み時期の変更を検討できれば，品質を確保した上で対策費用を低減し，生産性向上に寄与できる可能性がある．同様に，養生時期や日数，梅雨時，雨天時のコンクリート打込みの対策等も品質，工期，費用に直結するが，現状，ほとんどの場合これらを考慮して打込み日や時期を決定するようなことができない．これらの課題は，根源的には単年度発注による年度末を工期末とする既成体系に起因している．

この観点から例えば，工事着手の始期日を一定の期間内において受注者が選択できる余裕期間制度を積極的に活用し，繁忙期，暑中，寒中コンクリート等の品質確保の対策費用等，全体最適となる適切な打込み日等を検討した上で，工事着手すること等が生産性向上に寄与する．

(2) 具体的提案

a) 発注者の仕様等に対する提案
- 人材，資機材を確保できる時期等の地域の実情，自然条件，不稼働日を工事に必要な日数に反映する．
- 発注者の特記仕様書に，余裕期間制度を積極的に活用し，施工平準化を図る，という旨を記載する．
- 無理に年度内に工事を終わらせることを避け，翌債制度を適切に活用する．

b) 標準示方書類に対する提案
- コ示［施工編：本編］2.2 施工計画における検討項目の解説において，解説表 2.2.1 施工計画の検討項目の例 3.打込み計画に，打込み時期を記載する．

c) 研究開発に関する提案
- 特になし．

(3) 提案の効果

a) 発注者における生産性・品質の向上
- 繁忙期の人材，資機材確保の費用を低減でき，季節的な品質確保の対策費用を低減できる．

b) 設計者における生産性・品質の向上
- 特になし．

c) 施工者における生産性・品質の向上
- 繁忙期の人材，資機材確保の対策費用負担の協議に要する労力を削減できる．

参考文献
1) 国土交通省　i-Construction 委員会：i-Construction〜建設現場の生産性革命〜，2016.4

付属資料1「II編　課題と提案」の参考資料

付属資料1　「Ⅱ編　課題と提案」の参考資料

　本付属資料は，「Ⅱ編　課題と提案」を作成するにあたり，委員会で調査・収集し，議論に用いた提案の背景となる資料を取りまとめたものである．章番号はⅡ編と同様としており，参考資料のない項目もある．

1.1.2 3次元モデル等により鉄筋組立・コンクリートの打込み等の施工性を確認する
(1) 提案に関する対策例
a) 束ね鉄筋による鉄筋のあき確保と束ね鉄筋の課題

鉄筋のあきを確保するための対策のひとつとして束ね鉄筋を採用する方法がある．コ示［設計編：標準］7編2.2鉄筋のあきでは，「直径32mm以下の異形鉄筋を用いる場合で，複雑な鉄筋の配置により，十分な締固めが行えない場合は，はりおよびスラブ等の水平の軸方向鉄筋は2本ずつを上下に束ね，柱および壁等の鉛直軸方向鉄筋は，2本または3本ずつ束ねて，これを配置してもよい」としている（図1.1.2.1）．

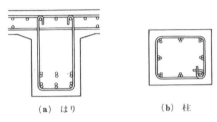

図1.1.2.1　束ねて配置する鉄筋（コ示［設計編］より）

また，スラブ，壁等の開口部の周辺には，図1.1.2.2のように，応力集中等によるひび割れや開口部を設けたために配置できなくなった主鉄筋および配力鉄筋に対して補強筋を配置する必要があり，**写真1.1.2.1**に示すように開口部周辺の配筋が過密となるため，品質確保が困難となる場合がある．このような場合においても，図1.1.2.3に示すように鉄筋のあきを確保するための手段として束ね鉄筋の活用は有効である．

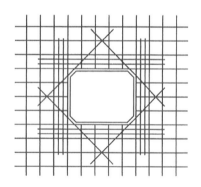

図1.1.2.2　開口補強鉄筋（コ示［設計編］より）

写真1.1.2.1　開口補強鉄筋

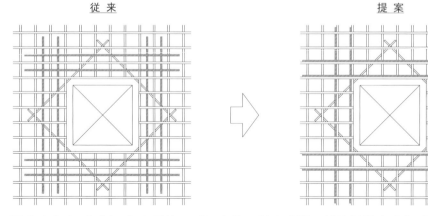

図1.1.2.3　切断した主鉄筋及び配力筋に対する開口補強鉄筋を束ねる場合の例

一方で，図1.1.2.4に示すように，束ね鉄筋は圧接継手や機械式継手がある場合は，束ねる鉄筋間に隙間ができてしまうため，一般的になっていないのが現状である．圧接や機械式継手を用いた場合の束ね方法に関する研究が進展し，各発注機関の工事指針や工事仕様書に，鉄筋を束ねる場合の留意点や継手がある場合の束ね方の例を追記等することで，束ね鉄筋の活用を認めることを記載することが望まれる．特に束ね鉄筋について記載のない「道路橋示方書」や道路系発注者の設計指針に展開されたい．

図1.1.2.4 圧接継手や機械式継手を束ねた場合の隙間

b) 3次元モデル解析による配筋の合理化事例

ここでは，3次元モデル解析による設計にて配筋を合理化した事例を示す．本事例の設計仕様では，横断方向については，2次元フレーム解析により主鉄筋を決定することとされており，一方で，縦断方向では，図1.1.2.5に示す頂版張出し部，底版張出し部を片持ち梁，すなわち上床桁，下床桁として設計することとされていた．この仕様に基づいて設計を行うと，高密度配筋となるためコンクリートの充填性が懸念された．

そこで，縦断方向については，3次元モデル解析により縦断方向の応力状態を評価し，より現実に近い解析にて必要鉄筋量の算出を行った．図1.1.2.6に仕様による配筋と，3次元モデル解析による配筋を示す．仕様（2次元フレーム解析）に基づく配筋では，上床桁，下床桁ともに片持ち梁の引張鉄筋としてD25@150が必要となる上に，梁としてのスターラップもあるため非常に高密度になっている．一方で3次元モデル解析による配筋は，上床版ではすべて配力筋と同じ配筋となり，スターラップも配置しない構造となった．下床版においてもスターラップを配置しなくてもよい構造となった．

このように3次元モデル解析にて，より現実に近い解析を行うことで所定の性能を確保し，配筋を合理化することができる．

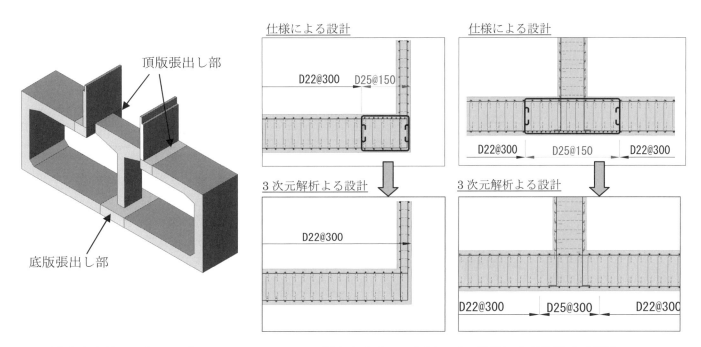

図1.1.2.5 3次元モデル　　図1.1.2.6 3次元モデル解析による配筋の合理化

1.2.1 コンクリート投入口およびバイブレータ挿入口を図面へ明示する

(1)関連する仕様

コ示[設計編：標準] 2.2 鉄筋のあきでは，鉄筋の水平あきに関する記述があり，「内部振動機を挿入できるように水平のあきを確保しなければならない．」とあるが，コンクリートの投入口までを考慮されたものではない．コ示[施工編：施工標準] 10.2 準備工において，「密に配置された鉄筋の存在により計画どおりの打込みや締固め作業が行えず，結果として材料分離や充填不良を生じる場合もある．したがって，鉄筋工の準備段階において，コンクリートの打込みおよび締固め作業の内容を想定し，事前に確認しておくことは極めて重要である．」と記述されている．

(2)適用事例

図 1.2.1.1 に示す下路桁（補剛桁）では，ウェブ内側下面にハンチがあるため上方からのコンクリート投入およびバイブレータの挿入が困難であった．そのため，写真 1.2.1.1，写真 1.2.1.2 に示すように，ウェブ内側型枠にコンクリートの投入口を，外面型枠にバイブレータ挿入口をそれぞれ設置して施工を行った[1]．なお，開口の配置については，実物大の試験体により試験施工を行い，位置を決定した．また，鉛直鋼棒や吊ケーブル，アーチ基部と干渉する施工ブロックでは打込み前にバイブレータの挿入確認を行い，挿入口の位置を調整して施工した．

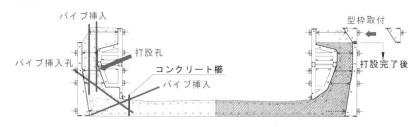

図 1.2.1.1 補強桁断面とコンクリート投入口，バイブレータ挿入口

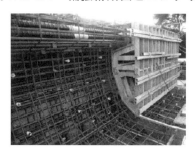 

写真 1.2.1.1 鉄筋，型枠組立状況とバイブレータ挿入口

写真 1.2.1.2 施工状況

参考文献

1) 白神 亮，鈴木 啓之，森井 慶行，長沼 清：ＪＲ吾妻線・第三吾妻川橋りょうのポストテンション場所打ち下路桁（補剛桁）の施工，土木学会第 66 回年次学術講演会概要集，VI-261，pp.521-522，2011.9

1.2.2 機械式継手を同一断面に集めた配筋仕様を活用できる環境を整備する
(1)関連する仕様

各示方書・設計標準・指針，各事業者における機械式継手および同一断面に継手を集めることに関する仕様の一覧表を**表 1.2.2.1〜1.2.2.3**に示す．

表 1.2.2.4に，建設業における時代のニーズ，ガス圧接継手と機械式継手の技術開発，および建築と土木における全数継手に対する規準の変遷を示す．建築では，1983年において信頼性の高い継手工法であれば全数継手が可能となる告示が出されている．土木では，今現在まで，部材としての信頼性の確保やコンクリートの充填性の確保を目的として，原則として継手を同一断面には集めないこととしている．各事業者の仕様書も同様に継手を同一断面に集めないことを原則としている．

2007年に土木学会から発刊された鉄筋定着・継手指針では，施工と検査から決まる信頼度がⅠ種となる継手工法については同一断面に継手を集めた場合においても強度低減なしで設計できる設計体系が整備されている．ただし，コ示［設計編］2012年版では，やむを得ない場合に同一断面に継手を集めることを認めるという記述になっている．

表 1.2.2.1 同一断面に継手を集中させることに関係する記述（土木学会の標準示方書と指針、鉄道と道路における標準や示方書）

	発注者・仕様書名	章節		記載内容	備考
1	土木学会 鉄筋定着・継手指針 [2007年度版]	3.2.3	静的耐力	**表 3.2.1 継手の引張降伏強度の設計値 f_{jd}** 	継手の信頼度 (3.4 より)	継手の集中度	
---	---	---
	1/2 以下	1/2 より大
I 種	f_{jk}/γ_s	f_{jk}/γ_s
II 種	$0.9f_{jk}/\gamma_s$	$0.8f_{jk}/\gamma_s$
III 種	$0.8f_{jk}/\gamma_s$	$0.6f_{jk}/\gamma_s$		
		3.2.4	高応力繰返し性能	**表 3.2.2 高応力繰返し性能の照査方法** | 継手の信頼度 (3.4 より)	継手性能の等級 (3.3.3 より)	軸方向鉄筋の継手集中度	横方向鉄筋
---	---	---	---
		1/2 以下	1/2 より大	
I 種	SA 級	f_{jk}/γ_sを用いて照査	f_{jk}/γ_sを用いて照査
II 種	A 級	f_{jk}/γ_sと$0.9f_{jrk}/\gamma_s$の両方向で照査	実験・解析などによる照査
III 種	―	実験・解析による照査	
		不可			
		3.2.5	サイクル繰返し性能	**表 3.2.3 継手の疲労強度の設計値 f_{jrd}** 	継手の信頼度 (3.4 より)	継手の集中度	
---	---	---
	1/2 以下	1/2 より大
I 種	f_{jrk}/γ_s	f_{jrk}/γ_s
II 種	$0.9f_{jrk}/\gamma_s$	$0.8f_{jrk}/\gamma_s$
III 種	$0.8f_{jrk}/\gamma_s$	$0.6f_{jrk}/\gamma_s$		
		3.2.6	使用性	(3) 軸方向鉄筋に設けられた継手の集中度が1/2を超える場合は、継手部のひび割れや変形が集中する恐れがあるので、その影響を適切に考慮しておくことが重要である。 【解説から一部抜粋】 …，はりの主筋などに継手が1/2を超え集中している場合など、実験などによって継手近傍に変形が集中し割れや変形が生じないことをあらかじめ確認しておくことが重要である。	
		3.4 継手の施工および検査に起因する信頼度		【解説から一部抜粋】 検査の信頼度については、1) 抜き取り率が高いほど、2) 検査精度が高いほど、3) より簡単で人為的誤差が入りにくいほど、4) 作為が入りにくいほど、検査の信頼度が高いと考えてよい。特殊な技能を要する検査方法では、検査員の資格や能力を制限しておくことをあらかじめ確認しておくことが重要となる。 多くの工法で通常実施されている施工や抜取検査は信頼度II相当と考えられる。 施工では全数検査を検討すると、概ねI種に相当すると考えられる。 施工では全数検査立ち合い等の対応によって過失や故意による欠陥取り除くこと、増やすなどの対応でレベルを上げ、継手の信頼度を向上させることが可能となる。また、熱間押抜き圧接を増やすなどの対応でレベルを上げ、継手の信頼度を向上させることが可能となる。また、熱間押抜き圧接対象の抜き取り率を上げることから、レベルの設定は継手の種類によって個々に検討することが必要である。	継手指針（土木学会）p148 熱間押抜きの外観検査は、超音波検査よりも厳しい検査方法とのコメントあり。 圧接標準仕様書（継手協会）p91 熱間押抜き圧接の外観検査と超音波検査の判定結果は同等とのコメントあり。

付属資料1 「Ⅱ編 課題と提案」の参考資料

	発注者・仕様書名	章節	記載内容	備考
2	土木学会 コンクリート標準示方書 設計編 2012年度	本編 13章 鉄筋コンクリートの前提 13.7 鉄筋の継手	鉄筋の継手は、鉄筋の強度や信頼性、直径、応力状態、継手位置等に応じて選定しなければならない。 【解説】 継手の強度や信頼性は、継手の種類、直径、鉄筋の材質、施工の方法、荷重の状態等によって異なるものであるから、位置や応力状態に応じて性能が発揮されるように、継手を選定しなければならない。	
		標準 7編 鉄筋コンクリートの前提および構造細目 2.6 鉄筋の継手 2.6.1 一般	(3) 同一断面に設ける継手の数は2本の鉄筋につき1本以下とし、継手を同一断面に集めないことを原則とする。継手を同一断面に集めないため、継手位置を軸方向に相互にずらす距離は、継手の長さにずらしておき受ける鉄筋直径の25倍を加えた長さに及ぼす影響を適切に考慮するとともに、性能照査にあたっては、設計限界値に対し設計応答値が十分小さくなるように配慮するものとする。 【解説】 継手を同一断面に集中すると、継手に弱点がある場合、部材が危険になり、また、継手の種類によっては、その部分におけるコンクリートのゆきわたりが悪くなることもある。それで、つぎでは相互にずらしておき受ける鉄筋母材の力学的特性が鉄筋母材と同等以上であっても、形状までもその他のひび割れや変形の影響を考慮する必要がある。このため、継手が同一断面に集中する場合は、施工の状況によっては継手が弱点箇所になること、部材耐力低下等により、部材全体の設計耐力に弱点をもたらすリスクが増加することを考慮し、設計応答値が設計限界値に近くならないように余裕を持った設計とすることが望ましい。 ところで、配筋が少ないと継手を同一断面に集めざるを得ない場合もあられる。しかし、種々の条件から継手を同一断面に集めることが可能である。継手を同一に一般的に集中することは一般的に困難であることは、継手の長さにずらしておき受ける鉄筋直径の25倍以上を標準とした。継手を軸方向にずらす距離は、コンクリートのひび割れや変形の影響を考慮する必要がある。鉄筋を軸方向にずらす距離は、これが同一断面に集中したものとしたが、一部が同一断面に弱点があっても、一般に、この程度の距離が確保されていれば、設計応答値が設計限界値に近くならないように余裕を持った設計とすることが望ましい。	
3	鉄道標準 コンクリート構造物 平成16年	11.11 鉄筋の継手 11.11.1 一般	(4) 鉄筋の継手は、同一断面に集めないことを原則とする。この場合、継手位置を部材軸方向に相互にずらす距離は、継手の長さに鉄筋直径の25倍を加えた長さ以上とする。 【解説】 鉄筋を継手を同一断面に集めた場合、継手に弱点があると、部材が耐力を十分に発揮できないことがある。また、継手の種類によっては、継手箇所にずらして設けることを原則として、継手の長さに鉄筋直径の25倍を加えた長さ以上を標準としたのは、一方、一部の割れ45度の角度で発生しても割れ区間以外にある程度の継手の耐力が期待できるのは、斜めのひび割れが45度の角度で発生しても割れ区間以外にある程度の継手の耐力が期待できることを考えてうらしたものである。また、一般にこの程度の距離が確保されていれば、鉄筋の定着効果によって割れの距離が確保されているので、悪影響が少ないと考えられるからである。また、継手を同一断面に集中して配置することが避けがたい場合には、鉄筋の評価を別途行わなければならない。 なお、継手を同一断面に集中することが避けられない場合には、「11.11.3 その他の継手」によって、継手の評価を別途行わなければならない。	

	発注者・仕様書名	章節	記載内容	備考
4	道路橋示方書 IV下部構造編 平成24年	7.8 鉄筋の継手	2) 鉄筋の継手位置は、一断面に集中させない。また、応力が大きい位置では鉄筋の継手を設けないことが望ましい。 【解説】 継手が一断面に集中すると、この部分の部材の強度が低下するおそれがある。特に重ね継手が一断面に集中すると、この部分のコンクリートの行きわたりが悪くなり、さらに部材の強度の低下が予想される。したがって、鉄筋の継手は互いにずらして設け、一断面に集中させないようにする必要がある。なお、互いにずらすとは、重ね継手、ガス圧接継手等の種類に関わらず、継手の端部どうしを鉄筋直径の25倍以上ずらすことをいう。	

付属資料1 「Ⅱ編 課題と提案」の参考資料

表 1.2.2.2 同一断面に継手を集中させることに関係する記述（各発注者仕様書）

	発注者・仕様書名	章節	記載内容	備考
1	国交省 関東地整 土木工事共通仕様書 平成27年版	第3章 無筋・鉄筋コンクリート 第7節 鉄筋工 1-3-7-5 継手	3. 継手位置の相互ずらし 受注者は、設計図書に明示した場合を除き、継手を同一断面に集めてはならない。また、受注者は、継手を同一断面に集めないため、継手位置を軸方向に相互にずらす距離は、継手の長さに鉄筋直径の25倍を加えた長さ以上としなければならない。	
2	国交省 中部地整 土木工事共通仕様書 平成27年版	第3章 無筋・鉄筋コンクリート 第7節 鉄筋工 1-3-7-5 継手	3. 継手位置の相互ずらし 受注者は、設計図書に明示した場合を除き、継手を同一断面に集めてはならない。また、受注者は、継手を同一断面に集めないため、継手位置を軸方向に相互にずらす距離は、継手の長さに鉄筋直径の25倍を加えた長さ以上としなければならない。	
3	国交省 近畿地整 土木工事共通仕様書 平成27年版	記載なし （参考） 第4節 鉄筋コンクリート関係（標準） 2. ユニット鉄筋の仕様	（参考） 土木構造物設計マニュアル（案）H11P33を参考に、「ユニット鉄筋の仕様」という項目があり、そこに、ユニット鉄筋の継手は、一断面に集中するため（いわゆるイモ継ぎ）、割り増し係数1.3を乗じた。」との記述あり。	
4	国交省 九州地整 土木工事共通仕様書 平成27年版	第3章 無筋・鉄筋コンクリート 第7節 鉄筋工 1-3-7-5 継手	3. 継手位置の相互ずらし 受注者は、設計図書に明示した場合を除き、継手を同一断面に集めてはならない。また、受注者は、継手を同一断面に集めないため、継手位置を軸方向に相互にずらす距離は、継手の長さに鉄筋直径の25倍を加えた長さ以上としなければならない。	
5	国交省 九州地整 九州地区における土木コンクリート構造物 設計・施工指針（案）平成26年	3章 施工計画 3.11 鉄筋工の計画	同一断面の継手について：鉄筋の継手は、一般的に設計図書に示されているものである。設計図書に示されていない鉄筋の継手を設ける場合の継手の位置および方法は、土木学会2012年制定コンクリート標準示方書 [設計編：本編] 「13.7 鉄筋の継手」、[設計編：標準] 「2.6 鉄筋定着工」に従って、適切に計画しなければならない。一般に、鉄筋を継ぐということは構造上の弱点となるので、鉄筋に生じる応力が小さい位置に継手を設けるよう計画しなければならない。また、部材の一断面に集中しての計画ではなく、相互、（千鳥状）にずらして分散させる。 【解説】 ウ 受注者は、設計図書に明示した場合を除き、継手を同一断面に集めてはならない。また、受注者は、継手を同一断面に集めないため、継手位置を軸方向に相互にずらす距離は、継手の長さに鉄筋直径の25倍を加えた長さ以上としなければならない。	
6	東京都下水道局 土木工事標準仕様書	第3章 工事一般 第4節 コンクリート工 3.4.6 鉄筋工 (5) 継手	継手位置は、設計図書に明示した場合を除き、継手を同一断面に集めてはならない。また、継手位置を軸方向に相互にずらず距離は、継手の長さに鉄筋直径の25倍を加えた長さ以上としなければならない。	
7	NEXCO東中西 コンクリート施工管理要領 平成23年	記載なし		

	発注者・仕様書名	章節	記載内容	備考
8	NEXCO 東 土木工事共通仕様書 平成27年	記載なし		
9	首都高速 土木工事共通仕様書 平成20年	記載なし		
10	首都高速 橋梁構造物設計施工要領 平成20年	Ⅲ コンクリート橋編 2．1．3　鉄筋の継手	(5) 鉄筋の継手位置は原則として一断面に集中させないよう25φ以上ずらすものとする。 【解説】 (5) 施工条件等でやむを得ず25φ以上のあきが確保出来ない場合には、継手部の許容応力度を低減しなければならない。この場合は鉄筋継手指針（土木学会）を参照すること。	
11	阪神高速 土木工事共通仕様書 平成27年	第3章 一般施工 第9節 無筋、鉄筋コンクリート 3.9.5 鉄筋工 (2) 鉄筋の継手	② 継手の位置は、応力が大きい位置を避け、一断面に集めてはならない。	
12	鉄道運輸機構 土木工事標準仕様書	第3章 無筋、鉄筋コンクリート 3－5　鉄筋工 3－5－(3) 鉄筋の継手	(ア) 継手位置は、設計図書に示されていない場合、または、これを変更する場合には、相互にずらし、かつ、できるだけ応力の大きい断面を避けて選定し、承諾を受けること。	
13	JR北海道 土木工事標準仕様書 （平成27年 改訂版）	5．無筋および鉄筋コンクリート工 5－6　施工 5-6-(3) 鉄筋の継手	(1) 継手位置は、設計図書に示されていない場合、または、これを変更する場合には、相互にずらし、かつ、できるだけ応力の大きい断面を避けて選定し、あらかじめ届出て承諾を受けること。 (4) 設計図書で定められていない継手を設ける場合には、位置、種類および施工方法等について、あらかじめ施工計画書により承諾を受けること。	
14	JR東日本 土木工事標準仕様書 （平成27年 改訂版）	8 無筋および鉄筋コンクリート工 8－6　施工 8－6－2 鉄筋工	(3) 鉄筋の継手は、同一断面に集めないことを原則とする。 この場合、継手位置を部材軸方向に相互にずらす距離は、継手の長さに鉄筋直径の25倍を加えた長さ以上を標準とする。 ただし、熱間押抜きによるガス圧接継手を行う場合には、同一断面に集中しても継手部の耐力の低減を行わなくてよい。 (4) 梁、スラブおよび柱の鉄筋について、同一断面に設ける継手の数は、2本の鉄筋につき1個以下とすることを原則とする。	
15	JR東日本 鉄道構造物等設計標準（コンクリート構造物）[平成16年4月版]のマニュアル	p141 1 鉄筋の継手 11.11.1「一般」について 付属資料1 コンクリート構造物の主筋の継手について		

	発注者・仕様書名	章節	記載内容	備考
16	JR東海 土木工事標準仕様書 （平成26年改正版） 土木工事 8-5 施工 （平成20年改正版）	8 無筋および鉄筋コンクリート工 8-5 施工 8-5-2 鉄筋の継手	（1）設計図書に示されていない鉄筋の継手を設ける場合や設計図書に示された継手位置を変更する場合には、継手の位置および方法について施工前に監督員の承諾を受けること。 （2）継手の位置は、引張応力の大きい断面を避けるとともに、同一断面に集めないようにすること。継手位置を軸方向に相互にずらす距離は、継手長に鉄筋直径の25倍を加えた長さ以上とすること。 解説 鉄筋の継手は、弱点となる場合が多いため、大きな引張応力が生じるところに継手を設けないこととしている。設計図書に示されていない鉄筋の継手を設ける場合には、これを考慮して検討すること。 また、継手を同一断面に集めた場合、継手に弱点があると部材が危険になる。また、継手の種類によっては継手箇所のコンクリートのゆきわたりが悪くなることもある。そのため、継手は部材軸方向に相互にずらして設けることとした。 （適用業務参考資料）鉄道構造物設計標準（コンクリート構造物）；JR東海, pp264]	
17	JR西日本 土木工事標準仕様書 （平成26年）	5 無筋および鉄筋コンクリート工 5-6 施工 5-6-2 鉄筋工 3）鉄筋の組立	カ）軸方向鉄筋の継手位置、方法については、届出で確認を受け、その結果を報告すること。 キ）重ね継手は、設計図に示された位置に設置するのを原則とし、かつ継手は互いにずらして配置すること。また、応力の大きい部分には継手を設けないようにすること。	
18	JR九州 土木工事標準仕様書	8 無筋および鉄筋コンクリート工 8-6 施工 8-6-2 鉄筋工	（4）設計図書で定められていない継手を設ける場合には、位置、種類および施工方法等について、施工計画書により承諾を受けること。	

表 1.2.2.3　同一断面に継手を集中させることに関係する記述（各発注者仕様書）

	発注者・仕様書名	章節	記載内容	備考
1	国交省 関東地整 土木工事共通仕様書 平成27年版	第3章 無筋・鉄筋コンクリート 第7節 鉄筋工 1-3-7-5 継手	4. 継手構造の選定 受注者は、鉄筋の継手に圧接継手、溶接継手または機械式継手を用いる場合には、鉄筋の種類、直径及び施工箇所に応じた施工方法を選び、その品質を証明する資料を整備及び保管し、監督職員または検査職員から請求があった場合は速やかに提示しなければならない。	
2	国交省 中部地整 土木工事共通仕様書 平成27年版	第3章 無筋・鉄筋コンクリート 第7節 鉄筋工 1-3-7-5 継手	4. 継手構造の選定 受注者は、鉄筋の継手に圧接継手、溶接継手または機械式継手を用いる場合には、鉄筋の種類、直径及び施工箇所に応じた施工方法を選び、その品質を証明する資料を整備及び保管し、監督職員または検査職員から請求があった場合は速やかに提示しなければならない。	
3	国交省 近畿地整 土木工事共通仕様書 平成27年版	記載なし	機械式継手に関する記載なし	
4	国交省 九州地整 土木工事共通仕様書 平成27年版	第3章 無筋・鉄筋コンクリート 第7節 鉄筋工 1-3-7-5 継手	4. 継手構造の選定 受注者は、鉄筋の継手に圧接継手、溶接継手または機械式継手を用いる場合には、鉄筋の種類、直径及び施工箇所に応じた施工方法を選び、その品質を証明する資料を整備及び保管し、監督職員または検査職員から請求があった場合は速やかに提示しなければならない。	
5	国交省 九州地整 九州地区における土木コンクリート構造物設計・施工指針（案）平成26年	3章 施工計画 3.11 鉄筋工の計画	(1) 鉄筋は設計図書で定められた形状および寸法を保持するように、材質を害さない適切な方法で加工し、これを所定の位置に正確に、堅固に組み立てられるよう事前に計画を定めなければならない。(2) 特に、かぶりに関しては所定の値を確保できるようスペーサの材質、数、配置位置などについて計画しなければならない。<解説> 重ね継手以外の鉄筋の継手について：ガス圧接継手（手動ガス圧接継手、自動ガス圧接継手、熱間押抜ガス圧接継手）、溶接継手（突合せアーク溶接継手、突合せアークスタッド溶接継手、突合せ抵抗溶接継手、フレア溶接継手）、機械式継手（スリーブ圧着継手、スリーブ圧着ネジ継手、ねじふし鉄筋継手、モルタル充填継手、摩擦圧接継手、くさび固定継手、供用式継手）が、「鉄筋指針・継手指針」において規定されている。この指針では、「鉄筋定着・継手指針」において規定する各々の資格、方法、実施する者の資格、あるいはこれらに起因する信頼度などについて規定しているので、あらかじめ理解した上で実施する鉄筋継手の施工計画、施工および検査に関しては、日本鉄筋継手協会から発刊されている鉄筋継手工事標準仕様書が発刊されているので参考にするとよい。	
6	東京都下水道局 土木工事標準仕様書	第3章 工事一般 第4節 コンクリート工 3.4.6 鉄筋工 (5) 継手	エ 受注者は、鉄筋の継手にねじふし鉄筋溶接継手等を用いる場合には、ねじ加工継手、ガス圧接継手、エンクローズ溶接継手、溶融金属充てん継手、モルタル充填継手、自動ガス圧接継手、エンクローズ溶接継手、鉄筋の種類、直径及び施工箇所に応じた施工方法を選び、その品質を証明する資料を整備及び保管し、監督職員又は検査職員から請求があった場合は速やかに提示しなければならない。	

付属資料1 「Ⅱ編 課題と提案」の参考資料

	発注者・仕様書名	章節	記載内容	備考
7		2-4-4 鉄筋工 (4) 継手	3) 機械継手を行う場合は、事前に監督員の承諾を得た施工方法および品質管理方法に従い、入念に施工しなければならない。 <解説> 機械式継手には、ネジ節鉄筋継手工法、端部ねじ継手工法、スリーブ圧着継手工法などがある。それぞれの工法の概要を表-解2-9に示すが、それぞれ施工方法、品質管理方法が異なるため、事前に監督員の承諾を得て使用することとしている。また、機械継手を使用した場合、ガス圧接に比べ接合部が大きくなるため、鉄筋の組立てでやかぶりなども考慮して計画することとする。 なお、継手部の試験ひん度などは、2-3-7 (3)「機械継手による鉄筋の継手」によるものとする。	
8	NEXCO東中西 コンクリート施工管理要領 平成23年	2-3-7 鉄筋・円筒型おく (3) 機械継手による鉄筋の継手	1) 一般事項 鉄筋の継手に機械継手を使用する場合は、継手工法、管理試験方法および規定値について、監督員の承諾を得なければならない。 2) 管理試験および規格値 引張力を主として受ける機械継手の管理試験および規定値は表2-17を標準とする。 <解説> 1)について、鉄筋の機械継手には、ネジ節鉄筋継手、端部ねじ継手工法、スリーブ圧着継手工法などがあり、それぞれの工法にいくつかの製品があるため使用にあたっては、以下に示す留意点を参考にするとよい。 ・継手部が大きすぎず、必要なかぶりが確保できるもの ・施工マニュアルに沿えば、品質が均一となるもの ・施工法方について、メーカー指定の講習会などが行えるもの 2)について、引張試験の定期管理試験を行う場合、施工現場で接合した継手について試験するのがよい。この時、事前に工場で鉄筋端部を加工する工法においても、引張試験用として端部加工して供試体を接合するのがよい。また、実施工に必要な鉄筋から抜き取ってのマーキングの確認をする方法とするのがよい。グラウト材の注入具合、締付け時にトルク管理を行う場合は、トルクが完全に行われているかなど確認できる器具を用いなければならない。 外観試験では、必要嵌合する継手長を確保するためのマーキングの確認をするとともに、定期的に検査を行うこととしている継手の試験および規定値 表2-17 機械継手による鉄筋の継手の試験および規定値 | 種別	試験項目	試験方法	試験ひん度	対象 注1)	規定値	データシートの様式
---	---	---	---	---	---	---
機械継手による鉄筋継手	引張試験	JIS Z 3120 に準じる	1)基準試験 2)定期管理試験 3)日常管理試験	R.P	JIS G 3112に規定する母材の引張強さ以上	自由様式(管理様式-E342参考)
			1)工事着手前に1回 注2) 2)材料のロット毎また注2) は1回/月程度			
	外観試験 注3)	別途定めること	3)全数		別途定めること	自由様式	 注1) 対象構造物の種別は、表2-2(1)を参照 注2) 試験は、最小かん合長で行うなど、各工法の規定のうち厳しい条件で実施すること。 注3) 外観試験では、かん合長さを確保するためのマーキングの確認を行うとともに、各工法の品質を確保するために必要な検査を行わなければならない。	

発注者・仕様書名	章節	記載内容	備考
9 首都高速土木工事共通仕様書 平成20年	第7章 コンクリート構造物工 第3節 鉄筋工 7.3.4 鉄筋の継手	2 請負者は、設計図書に鉄筋の継手にねじふし鉄筋継手、ねじ加工継手、モルタル充てん継手などを用いるように定められた場合は、鉄筋継手の種類、直径及び施工箇所に応じた施工方法を選び、その品質を証明する資料を添付し、施工前に鉄筋継手施工計画書を提出しなければならない。なお、施工方法は、設計図書及び土木学会、鉄筋継手指針によらなければならない。 3 請負者は、設計図書に示されていない鉄筋の継手を設ける場合、又は継手位置を変更する場合は、施工に先立って、監督職員の承諾を得なければならない。	
10 首都高速橋梁構造物設計施工要領 平成20年	Ⅲコンクリート橋編 2.1.3 鉄筋の継手	(3) 重ね継手あるいは、ガス圧接以外の継手には、鉄筋継手指針（土木学会）による静的耐力性能A級の継手を用いるものとする。5 (4) D35以上の鉄筋の継手は、施工性等を考慮し選定するものとする。なお、選定にあたって、(3)同様、鉄筋継手指針（土木学会）による静的耐力性能A級の継手を用いるものとする。 (12) 重ね継手あるいはガス圧接継手以外の継手については、鉄筋継手指針（土木学会）による施工にあたっては、鉄筋継手指針・施工にあたっては、鉄筋継手指針（土木学会）によるものとする。 〈解説〉 (3) 施工条件等から、重ね継手あるいはガス圧接以外の継手を使用する場合には、種類の選定について十分検討しなければならない。選定にあたっては鉄筋継手指針（土木学会）に示されているものから選ぶとよい。 (4) 今回新たにD35以上の鉄筋の継手について、規定を設けた。過去数年国内では、D35以上の鉄筋の継手に種々の継手方法（ガス圧接継手、機械継手など）が採用されているが、鉄筋径ごとに限定できるほど実績が顕著な継手方法がないこと、継手を設ける箇所によっては、方法次第で施工不良を引き起こす場合が考えられることなどを考慮し、このような規定を設けた。	施工条件によっては、機械式継手の採用を検討すべきという規定と読める。
11 阪神高速土木工事共通仕様書 平成27年	第3章 一般施工 第9節 無筋、鉄筋コンクリート 3.9.5 鉄筋工 (2) 鉄筋の継手	⑧ 重ね継手、ガス圧接継手以外の継手を用いる場合は、土木学会「鉄筋定着・継手指針」によるものとし、継手指針、品質管理方法などについて計画書を作成し、あらかじめ監督員に提出しなければならない。	
12 鉄道運輸機構土木工事標準仕様書	第3章 無筋、鉄筋コンクリート 3-5 鉄筋工 3-5-(3) 組立 オ 継手	機械式継手の施工は、「鉄筋継手工事標準仕様書 機械式継手工事」（日本鉄筋継手協会）によることとし、種類および継手位置、使用器具、鉄筋の切断および端部の処置、工事工程、機械式継手の処理、継手管理、検査、試験方法、検査後の処置方法等について、承諾を受けること。	

付属資料1 「Ⅱ編 課題と提案」の参考資料　141

	発注者・仕様書名	章節	記載内容	備考
13	JR北海道 土木工事標準仕様書 (平成27年改訂版)	5. 無筋および鉄筋コンクリート工 5-6 施工 5-6-(5) 機械式継手	(1) 機械式継手の継手種別・工法等、メーカー・仕様書については疲労性能や、継手位置でのかぶりの大きさ、鉄筋のあきを考慮して選定し、メーカー・仕様および性能等についてあらかじめ届出して承諾を受けること。継手部位置でのかぶり、継手位置および性能等について、あらかじめ届出して承諾を受けること。 (2) 機械式継手の施工および品質管理は、機械式継手の設計・施工に関する十分な知識と業務経験を有する技術者によること。 (3) 機械式継手の品質管理は、「付属書-8 鉄筋の機械式継手の品質管理」(※)によること。 (4) 施工にあたっては、使用する機械式継手の技術資料等に定められた施工方法・品質管理方法、およびあらかじめ届出して承諾を受けた施工計画書を作成し、「鉄筋継手工事標準仕様書機械式継手工事」(日本鉄筋継手協会)によること。 (5) 機械式継手の施工については、公益社団法人日本鉄筋継手協会「鉄筋継手工事標準仕様書機械式継手工事」(日本鉄筋継手協会)に示す施工計画書に明示すること。 (6) 機械式継手の施工中は、継手部の管理状況について記録し、管理結果を機械式継手管理報告書により報告すること。	※本付属書の記載内容は、「鉄筋継手工事標準仕様書 機械式継手工事」(日本鉄筋継手協会)と同じ。
14	JR東日本 土木工事標準仕様書 (平成27年改訂版)	8 無筋および鉄筋コンクリート工 8-6 施工 8-6-6 機械式継手	(1) 機械式継手の継手種別、メーカー・仕様および性能等についての疲労性能や、継手位置でのかぶりの大きさ、鉄筋のあきを考慮して選定し、継手位置および仕様・品質管理について、あらかじめ届出して承諾を受けること。 (2) 機械式継手の施工および品質管理は、機械式継手の設計・施工に関する十分な専門知識と業務経験を有する技術者によること。 (3) 機械式継手の品質管理は、付属書8-3(※)によること。 (4) 施工にあたり、あきやかぶり、使用する機械式継手の技術資料等に定められた施工方法・品質管理方法、およびあらかじめ届出して承諾を受けること。なお、ネジ式継手のタイプを使用する場合は、付属書8-3に示す接合する鉄筋の状況に応じた継手タイプについて、あらかじめ届出して施工計画書に明示すること。 (5) 機械式継手の施工中は、継手部の管理状況について記録し、管理結果を機械式継手管理報告書により報告すること。 (6) 現地における施工確認については、監督員の指示によること。	※本付属書の記載内容は、「鉄筋継手工事標準仕様書 機械式継手工事」(日本鉄筋継手協会)と同じ。
15	JR東海 土木工事標準仕様書 (平成26年改正版) 土木工事 8-5 施工 8-5-2 鉄筋の継手 (平成20年改正版)	8 無筋および鉄筋コンクリート工 8-5 施工 8-5-2 鉄筋の継手	(7) 機械式継手および溶接継手の施工および品質検査は、土木学会「鉄筋定着・継手指針」によること。なお、鉄筋かごの建込み時等、施工後に品質管理のための検査ができない箇所における施工および品質管理は、日本鉄筋継手協会「鉄筋継手工事標準仕様書 機械式継手工事」に準じて行うこと。その場合においては、鉄筋継手管理技士または機械式継手管理技士、もしくはこれらと同等以上の経験を有する者を配置し、あらかじめ届出して承諾を受けること。 イ) エンクローズ溶接継手、圧接継手、ねじふし鉄筋継手、ねじこぶし鉄筋継手、ねじ加工継手、溶融金属充填継手等を用いる場合には、鉄筋の種類、直径および施工箇所に応じた施工方法を選び、その品質を証明する資料を届出して承諾を受けること。 ウ) 作業終了後、継手部の検査結果を報告すること。 エ) 検査の結果、不合格となった場合は、その処置方法についてあらかじめ届出して承諾を受けること。 <解説> 機械式継手を採用する場合の留意点を以下に示す。 (1) 機械式継手を採用する場合周囲には、継手施工に必要な作業空間を確保しなければならない。作業空間の大きさは、機械式継手の種類によって異なるため、コンクリートライブラリー鉄筋定着・継手指針 (2007年度版) : 土木学会	

	発注者・仕様書名	章節	記載内容	備考
16	JR西日本 土木工事標準仕様書（平成26年）	5 無筋および鉄筋コンクリート工 5-6 施工 5-6-4 鉄筋機械式継手	付録V-1、V-2を参照するとよい。また、継手の施工順序にも配慮するのがよい。 (2) 継手部のあきは、機械式継手の施工に用いる施工機器等が挿入できるように、設計時に検討するのがよい。 (3) 機械式継手は、スリーブまたはカプラなどの継手用部品を介して鉄筋を接合するため、継手用部品の大きさを考慮し、所要のかぶりが確保できるように留意しなければならない。 (4) 機械式継手において、呼び名の異なる鉄筋、または、異なる強度レベルの鉄筋を接合する場合には、対象とする機械式継手が適用できるかどうかを確認する必要がある。 (5) 当初発注において重ね継手から機械式継手に変更する場合は、設計計算書の見直し、鉄筋のあき等の確認を発注者側で確認をしてから承諾をすること。 (6) 検査項目と合格判定基準、および不合格の場合の処置は、機械式継手の種類によって異なることから、継手施工要領書を作成し、監督員の承諾を得なければならない。 [参考図書] コンクリートライブラリー鉄筋定着・継手指針（2007年度版）：土木学会、pp.213~286 加筆修正 機械式継手は、スリーブやカプラ内に鉄筋が十分挿入されていること、圧着や充填材によって応力を伝達した り、隙間を充填するようなタイプの継手については、正着や充填が確実に行われていることを確認しなくてはならない。 [参考図書] コンクリート構造物の信頼性向上のための配筋；(社)日本コンクリート工学協会, p.119, 2002] 1) 鉄筋機械式継手の施工については、「鉄道構造物等設計標準・同解説（コンクリート構造物）」、「土木建造物施工設計標準II コンクリート構造物編 コンクリート構造物の配筋」および土木学会継手指針（2007年版）」によること。 2) 鉄筋機械式継手の施工に当たっては、下記の事項を記載した鉄筋機械式継手工事施工計画書を届け出て確認を受けること。 （鉄筋の種類、検査方法、検査後の処理方法、使用機器、継手条件、施工順序、検査項目、検査方法、検査後の処理方法、その他） 3) 鉄筋機械式継手の品質検査は土木学会「継手定着・継手指針（2007年版）」によること。 4) 鉄筋機械式継手の作業終了後、継手部の検査結果を報告すること。 5) 検査の結果、不合格となった場合は、その処置方法について届け出て確認を受け、その結果を報告すること。	
17	JR九州 土木工事標準仕様書	8 無筋および鉄筋コンクリート工 8-6 施工 8-6-5 機械式継手	(1) 機械式継手の継手種別・工法は、継手位置に応じた疲労性能や、鉄筋のかぶりの大きさを考慮して選定し、使用する機械式継手の技術資料等に定められた施工方法、継手位置のかぶりの大きさおよび鉄筋の継手の処理方法、品質管理方法、継手管理方法、あらかじめ届け出て承諾を受けること。なお、ネジ式の機械式継手を使用する場合は、「付属書8-3 鉄筋の機械式継手の品質管理」に示す、接合する鉄筋の状況に応じた継手タイプについて、どのタイプを使用するかを施工計画書に明示すること。 (2) 工法選定の便宜を図るため、公的認定機関の認定を受け、一般に普及しており実績のある機械式継手に関して、継手単体の性能を「付属書8-4 機械式継手工法の一覧」に示す。 (3) 機械式継手および品質管理は機械式継手の設計・施工に関する十分な専門知識と業務経験を有する技術者によること。 (4) 機械式継手の品質管理は、「付属書8-3 機械式継手の品質管理」により行うこと。 (5) 機械式継手を機械式継手施工管理報告書により報告すること。なお、監督員から指示された場合は、現地において施工確認を受けること。	

付属資料1 「Ⅱ編 課題と提案」の参考資料

表 1.2.2.4 鉄筋継手に関する時代のニーズと土木と建築の設計基準の変遷

	時代ニーズ	ガス圧接継手	機械式継手	建築（建築基準法）	土木（道路橋示方書）	土木（鉄道標準、その他鉄道設計基準）	土木（土木学会指針）
1900年	RC構造初期	主に重ね継手					
1950年代		初めての実施工					
1960年代		・日本圧接協会設立(1963) ・技量資格制度(1963) ・「ガス圧接工事標準仕様書」(1965)					
1970年代	・高度成長期、建物の大型化、高層化 ・時代ニーズに対応するべく、プレキャスト工法、先組鉄筋工法の開発	・電炉鉄筋、太径鉄筋、高強度鉄筋などの技術開発が推進 ・非破壊検査技術の圧接部への導入。超音波探傷検査技術を導入。 ・土木学会、建築学会の基準に標準仕様書が反映。	・プレキャスト工法、先組鉄筋工法に対応できる機械式継手の開発がスタート				
1980年代			・40種類を超える機械式継手工法が開発されたが、施工性、信頼性で課題があり、普及に至らず。	「鉄筋継手性能判定基準」(1982) 「特殊な鉄筋継手の取り扱いについて」(1983) →信頼性の高い継手工法可能 建築では、信頼性の高い継手では、全数継手で設計可能	全数継手原則案止の規定を継続	全数継手原則案止の規定を継続	「鉄筋継手指針」(1982) →全数継手は、許容応力度を低減。
1990年代	・鉄筋コンクリート構造物が、さらに大型化、高層化のニーズ	・熱間押抜ガス圧接工法の開発 ・各開発による品質向上 ・足踏みポンプの使用禁止及び電動ポンプ使用の義務づけ ・鉄筋冷間直角切断機の開発及び使用の義務づけ ・半自動加圧機の開発 ・火口数の多いバーナーの開発	・太径鉄筋、高強度鉄筋に対応する信頼性の高い各種継手が開発された 継手工法の進化により、1990年代には信頼性のある継手工法が多数開発された				
2000年以降	・少子高齢化による作業員不足 ・熟練工減少や工事の高難度化などによる建設現場での生産性低下				・「道路橋示方書(H24)」(2012)		「鉄筋定着継手指針」(2007) 性能設計に基づき、信頼性の高い継手は、全数継手で地震時に降伏する箇所にも適用可能とする指針

ただし、
・道路、鉄道ともに、機械式継手の全数継手の施工事例あり。
・JR東日本では、自社マニュアルで熱間押抜ガス圧接工法で全数継手を使用可能とする事例あり。
徐々に、土木学会指針に沿った設計に移行しつつある。

(2) 提案の参考となる一考察
a) 課題
1) 現場での施工上の課題

　先組み鉄筋工法は，現場での作業量を出来る限り減らすことで，そのメリットが最大限に発揮できる．**図1.2.2.1** に示すように，継手を同一断面に集めない場合，継手範囲が大きくなり，継手施工後の現場での配筋作業が多く残され，上記の先組み鉄筋工法のメリットが十分に活かせない．

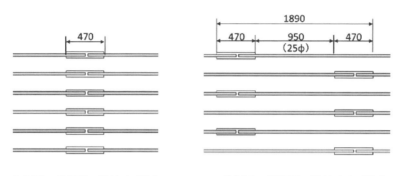

(a) 同一断面に集めた場合　　　　(b) 同一断面に集めない場合
図 1.2.2.1　D38 鉄筋での継手範囲

　例えば，柱部材等の軸方向鉄筋（D38）を，4mの先組み鉄筋を使用して施工する場合，継手を同一断面に集めずに接合すると，**図1.2.2.1(b)**に示すように，継手範囲が鉄筋長の約半分となる．その場合，その継手範囲の帯鉄筋は継手施工後にしか配筋できないため，現場での配筋作業が多く必要となる．また，継手接合後に配筋する帯鉄筋は，あらかじめ継手範囲の外側に集約して配置しておく必要があり，その鉄筋量が多い場合，集約しておくことが困難となる．つまり，D38で4mの軸方向鉄筋を接合するような条件で，継手を同一断面に集めないような仕様では,先組み鉄筋工法のメリットはほとんどなく,採用されにくいと言える．

　なお，建築分野では地震時における建物全体の降伏メカニズムを明確にしており，降伏しない箇所で継手を同一断面に集め，先組み鉄筋工法を活用している（**写真1.2.2.1**）．

写真 1.2.2.1　建築における先組み鉄筋工法の事例

2）示方書，指針，仕様書における課題

　土木学会では，鉄筋定着・継手指針において，継手の信頼度をⅠ種からⅢ種まで分類し，Ⅰ種であれば全数継手であっても，強度低減なしで設計可能としている．また，各発注者の仕様書のほとんどが，機械式継手の設計，施工，検査の方法については，土木学会の鉄筋定着・継手指針に従うという記述となっている．つまり，機械式継手を同一断面に集める配筋仕様とするための指針や仕様書の環境は，整備されていると言える．

　しかし，道路橋示方書，鉄道標準，各事業者の仕様書において，「原則として継手を同一断面に集めてはならない」という規定があることに加えて，コ示［設計編］2012年版，2.6鉄筋の継手2.6.1一般（3）の本文において，「継手を同一断面に集めてはならないことを原則」とし，継手を同一断面に集める場合については「やむを得ずこれによれない場合は，継手の存在がひび割れや部材の変形に及ぼす影響を適切に考慮するとともに，性能照査にあたっては，設計限界値に対し設計応答値が十分小さくなるように配慮するものとする．」と記載されている．「継手を同一断面に集めてはならないことを原則」という記述と「やむを得ずこれによれない場合は」との継手を同一断面に集める場合の前提条件があるため，発注者および施工者は，生産性向上を目的として継手を同一断面に集めるという判断をしにくくなっている．

3）工事請負契約後の機械式継手を同一断面に集めた配筋仕様への変更時の課題

　機械式継手を同一断面に集めた配筋仕様の採用を検討する場合，構造物の信頼性を確保するために，出来る限り地震時に塑性化する箇所へ継手を配置することは避けることが望ましい．工事を請負契約後に，発注者と施工者で継手位置を協議する際に，機械式継手を同一断面に集めることができない範囲が明確になっていないことから，設計者に確認するなどの必要が生じ，設計者は，現状，そのような観点で設計図書を整理していないことから，回答に時間と労力を要することになる．

4）地震時に塑性化する箇所への継手適用における課題

　構造物の信頼性を確保するために，出来る限り地震時に塑性化する箇所へ継手を配置することは避けることが望ましく，さらに，機械式継手を同一断面に集めた配筋仕様とする場合は特に避けることが望ましい．

　しかしながら，地中に埋まるボックスカルバートは塑性化箇所が地盤の影響を受けることで塑性化する箇所が限定しにくいことがあり，塑性化しない範囲内に継手を配置できないことがある．また，鉄道営業線直上のＲＣラーメン高架橋の構築といった，狭隘な施工環境，き電停止時間中の短時間の急速施工を必要とされるようなケースでは，プレキャスト工法の採用が望ましいが，施工上合理的なプレキャスト部材とするために塑性化する箇所への継手適用が必要になる場合がある．

　このような場合において，コ示［設計編］や鉄筋定着・継手指針に従って設計することは可能となっている．継手単体性能について鉄筋母材と，強度，剛性，伸び能力およびすべり量について同等と言える力学性能を有するＳＡ級の継手とし，全数検査などにより検査の信頼レベルを高めて信頼度Ⅰ種とすることで設計され，施工実績が多数ある．ＲＣラーメン高架橋の柱にプレキャスト部材を適用する際は，塑性ヒンジ部に機械式継手を同一断面に集めた配筋仕様となるため，実物大部材を用いた交番載荷試験を実施し，継手の存在による部材の剛性，耐力および変形性能等への影響を把握し，安全性を確認した上で採用している[1)2)3)]．

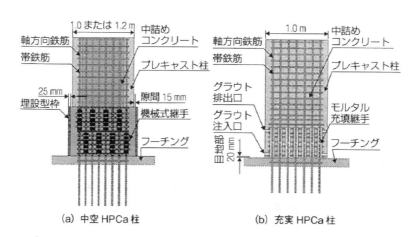

図1.2.2.2 塑性ヒンジ部へ機械式継手を配置した部材の実構造物への適用事例[3]

既往の設計において，塑性化部位に継手を配置する場合には，塑性化時の性能を把握した上で継手の信頼性を高めて適用し，さらに，塑性化部位に継手を同一断面に集める配筋仕様とする場合は，その信頼性を出来る限り高める必要がある．ただし，継手部が鉄筋部と全く同じ信頼性を持つことは難しいことから，塑性化部位に継手を設けるには，継手配置位置の制約条件，構造物の重要度，万一に一部の継手に弱点があった場合の部材または構造物としての冗長性等を総合的に判断する必要がある．

また，継手部およびその近傍が塑性化した場合における復旧方法や復旧後の性能について，十分な知見が整備されているとは言えないことから，研究開発による知見の蓄積が必要である．

b) 課題に対する対応方法

継手を同一断面に集める場合には，以下の対応により構造物の信頼性を確保できると考えられる．なお，塑性化部位で継手を同一断面に集める場合については，継手配置位置の制約条件，構造物の重要度，万一に一部の継手に弱点があった場合の部材または構造物としての冗長性等を総合的に判断する必要がある．

1) 継手工法の信頼度の確保について

コ示［設計編］でも記載されているように，継手に弱点がある場合に部材が危険になる可能性がある．コ示［設計編］，各規準や各仕様書ではその危険性を低減するために，継手を同一断面に集めないことを原則としている．つまり，継手を同一断面に集める場合には，継手の信頼度を十分に確保する必要がある．

鉄筋定着・継手指針において，継手の信頼度がⅠ種となる場合は，継手を同一断面に集めても強度の低減なしで設計して良いとされるが，継手の信頼度Ⅰ種となる継手の不良率の目安を0.3%以下としている．また，熱間押し抜き圧接継手は，全数の外観検査による合否判定が可能であるということから，継手指針では，全数検査することにより，不良品の発生割合と不良品の検出率から計算した継手の不良率が0.072%であるとし，0.3%以下となることから検査のレベルを1とし，施工のレベルを手動ガス圧接継手と同じ2とすることで，信頼度をⅠ種としている．なお，ＪＲ東日本では，設計マニュアルにおいて，熱間押し抜き圧接継手は，全数検査により強度低減なしで設計できることになっている[4]．

2) 塑性化部位への継手配置の回避について

　応力が大きい断面，特に塑性ヒンジ部に継手を配置する場合は，継手に弱点がある場合に部材が危険となる可能性が高くなるため，継手を同一断面に集めた場合には出来る限り塑性ヒンジ部への配置を避けるべきである．

　継手を同一断面に集める配筋仕様を活用している建築では，施工上合理的な位置に適用しているが，**図1.2.2.3**にあるように明快な全体降伏機構を設定し，塑性ヒンジ部への配置を原則しない設計体系となっている[5]．例えば，**写真1.2.2.1**のように柱基部の同一断面に継手を集めているが，この部分は柱部は塑性化させない設計となっている．

　これと同様に，鉄道ＲＣラーメン高架橋等のように，地震時に塑性化する箇所がおおよそ決まっている場合などについては，機械式継手を同一断面に集めることのできない範囲について，設計指針，設計仕様書に示すことで，発注後の変更にも速やかに対応できる．また，塑性化位置が不確定な構造物等については，機械式継手を同一断面に集めることのできない範囲を個別の設計図で示すことにより，継手位置や全数継手の配置を発注者と施工者での協議により速やかに決定できる．

図1.2.2.3　建築における降伏ヒンジ（塑性ヒンジ）想定部位[4]

3) コンクリートのゆきわたりに必要な十分なあきの確保

　機械式継手工法は，全般的に鉄筋径よりも太くなることから，同一断面に継手を集めるとコンクリートのゆきわたりに悪影響がでる可能性がある．各種機械式継手工法を全数継手としたときに，コンクリートのゆきわたりに十分なあきを確保することが必要となる．コ示［設計編］では，コンクリートのゆきわたりに必要なあきの確保をするのと同時に，継手部以外と同じあきを継手部で確保しようとすると鉄筋間隔が大きくなり設計がしづらくなることを考慮して，継手部相互のあきを粗骨材の最大寸法以上を確保することを規定している．

4) 全数継手による形状の変化に起因するひび割れや変形の影響の考慮

　コ示［設計編］では，継手の形状を鉄筋母材と同一にすることは困難なため，継手が同一断面に集中する場合は，形状に起因するひび割れや変形の影響を考慮する必要があるとしている．

参考文献

1) 相田浩伸, 谷村幸裕, 田所敏弥, 滝本和志：モルタル充填継手を用いた鉄道プレキャストラーメン高架橋柱の交番載荷実験, コンクリート工学年次論文集, Vol.27, No.2, pp.613-618, 2005

2) 黒岩俊之, 大滝 健, 谷村幸裕, 服部尚道：ハーフプレキャスト柱の復元力特性に関する実験的検討, コンクリート工学年次論文集, Vol.27, No.2, pp.619-624, 2005

3) 早川 正, 山下哲治, 服部尚道, 園木祥久, 山口正治, 相田浩伸：完全ハーフプレキャスト高架橋の開発と直接高架施工機を用いた線路直上での施工（小特集 京急蒲田駅付近連続立体交差事業）, Vol.43, pp.19-22, 2009.11

4) 東日本旅客鉄道株式会社：設計マニュアルⅡコンクリート構造物編 鉄道構造物等設計標準（コンクリート構造物）［平成16年4月版］のマニュアル, pp.141

5) 日本建築学会：鉄筋コンクリート造建物の靱性保証型耐震設計指針・同解説, 3.2 柱および梁の計画, pp.51-53, 1999.8

1.2.3 ガス圧接以外の鉄筋継手工法が採用されやすい環境を整備する

(1) 関連する仕様

　ここでは，参考資料として，ガス圧接の施工，品質管理，施工者の資格要件等に関する規定を各発注者の仕様書から抜粋し，**表 1.2.3.1** にまとめた．

表 1.2.3.1　鉄筋継手（ガス圧接）に関連する仕様

	発注者・仕様書名	章節	記載内容	備考
1	関東地整：土木工事共通仕様書（九州地整、中部地整でも同様の記述あり）	1-3-7-6 ガス圧接	1. 圧接工の資格 圧接工は、JIS Z 3881（鉄筋のガス圧接技術検定における試験方法及び判定基準）に定められた試験の種類のうち、その作業に該当する試験の技量を有する技術者でなければならない。また、自動ガス圧接装置を取り扱う者は、JIS G 3112（鉄筋コンクリート用棒鋼）に規定する棒鋼・アセチレン炎により圧接する技量を有する技術者でなければならない。 なお、受注者は、ガス圧接の施工方法を熱間押し抜き法とする場合、設計図書に関して監督職員の承諾を得なければならない。 また、圧接工の技量、圧接箇所の確認に関して、監督職員または検査職員から請求があった場合は、資格証明書等を速やかに提示しなければならない。 2. 施工できない場合の処置 受注者は、設計図書のガス圧接箇所が設計図書どおりに施工できない場合は、その処置方法について施工前に監督職員と協議しなければならない。 3. 圧接の禁止 受注者は、規格または形状の著しく異なる場合及び径の差が 7mm を超える場合はガス圧接してはならない。ただし、D41 と D51 の場合はこの限りでない。 4. 圧接面の清掃 受注者は、圧接面を圧接作業前にグラインダー等でその端面が直角で平滑となるように仕上げるとともに、さび、油、塗料、セメントペースト、その他の有害な付着物を完全に除去しなければならない。 5. 圧接面のすき間 突合わせた圧接面は、なるべく平面とし周辺のすき間は 2mm 以下とする。 6. 悪天候時の作業禁止 受注者は、降雪雨または、強風等の時は作業をしてはならない。ただし、作業が可能なように、遮へいした場合は作業を行うことができる。	
2	JRTT：土木工事標準示方書	キ ガス圧接	ガス圧接の施工は、「鉄筋継手工事標準仕様書ガス圧接継手工事（日本鉄筋継手協会）」によることとし、圧接位置、使用器具面の処理工程ガス圧接技量資格者とその種別、施工管理検査試験方法処置等について承諾を受けること。	
3	JR 九州：土木工事標準仕様書	8-6-4 ガス圧接	(1) ガス圧接の施工は、熱間押抜法によることを原則とする。 (2) ガス圧接の品質管理は、「付属書 8-2 鉄筋のガス圧接施工試験および管理検査基準」によること。 (3) ガス圧接の施工は、社団法人日本鉄筋継手協会の資格証明書を所持する者とし、あらかじめ資格種別について、写真等を添えて届出ること。 なお、熱間押抜法による施工は、社団法人日本鉄筋継手協会認定の優良企業によることを原則とし、あらかじめ監督員の承諾を受けること。た	

付属資料1 「Ⅱ編 課題と提案」の参考資料

	発注者・仕様書名	章節	記載内容	備考
			だし、施工場所、時期等で不可能な場合は、西日本圧接業共同組合の組合員としてもよい。この場合もあらかじめ監督員の承諾を受けること。ガス圧接の施工中は、ガス圧接部の管理状況について記録し、施工後、コンクリート打込み前に、管理結果を圧接部管理報告書により報告すること。なお、監督員から指示された場合は、現地において施工確認を受けること。 (5) 締め付けボルトには、スパイク型ボルトを用いること。 (6) 締付け位置は異形鉄筋のフシ部分とし、縦リブ部は締付けないこと。 (7) ホルダー取付け時のボルトの締付けは、過剰に締付けないこと。 (8) ボルト先端の磨耗には注意すること。	
4	JR東：土木工事準仕様書	8-6-5 ガス圧接	(1) ガス圧接の施工には、熱間押抜法によるのを原則とする。 (2) ガス圧接の品質管理は、付属書8-2によること。 (3) ガス圧接工は、社団法人日本鉄筋継手協会の資格証明書を所持する者とし、資格種別について写真票等を添えてあらかじめ届出て承諾を受けること。 (4) ガス圧接の施工中は、ガス圧接部の管理状況について記録し、施工後、管理結果を圧接部管理報告書により報告すること。 (5) 現地における施工確認については、監督員の指示を受けること。	
5	JR東海：土木工事標準示方書		(5) 施工にあたっては原則として熱間押抜法により施工するものとし、次によること。 ア) ガス圧接の施工にあたっては、次の事項を記載した圧接工事施工計画書をあらかじめ届出て承諾を受けること。 　a) 圧接位置・数量 　b) 使用器具（圧接装置等） 　c) 圧接工（圧接技量資格者）とその資格種別 　d) 作業方法（圧接面の処理） 　e) 施工管理（施工試験等） 　f) 検査、試験方法 　g) 検査後の処置方法 　h) その他 イ) 圧接工（圧接技量資格者）は、あらかじめ名簿、写真票を届出て承諾を受けること。 ウ) ガス圧接の施工における圧接装置、圧接工事標準仕様書 ガス圧接継手工事」にて、日本鉄筋継手協会「鉄筋継手工事標準仕様書 ガス圧接継手工事」によること。 エ) 施工に先立ち、施工試験を実施することとし、試験については、「付属書8-1 鉄筋のガス圧接試験施工および管理検査マニュアル」によること。また、圧接作業を行う作業員は、あらかじめ届出て承諾を受け、検査の結果は報告すること。 オ) 鉄筋は、割れ、端部の曲がり、その他圧接に有害な欠陥がないものを使用す	

	発注者・仕様書名	章節	記載内容	備考
6	JR北海道：土木工事標準仕様書	5-6-(4) ガス圧接	カ) 鉄筋の切断および圧接端面の加工は、直角かつ平滑とすること。また、圧接断面周辺を軽く面取りし、圧接端面およびその周辺の錆、油脂、塗料、セメントペーストなどを除去すること。 キ) 降雨時および強風時には圧接作業を行わないこと。ただし、やむを得ず圧接作業を行う場合は、必要な対策を講じて施工してもよい。 ク) 熱間押抜きおよび圧接において、押抜きリングを除去する時は、押抜きリングの温度に注意し、適当な落下防止および防火措置を行うこと。 ケ) ガス圧接部の品質検査については、「付属書8-1 鉄筋のガス圧接試験および管理検査マニュアル」によること。 コ) 検査の結果、不合格となった場合は、その処理方法についてあらかじめ届出て承諾を受けること。 サ) 圧接作業終了後、検査技術者により管理検査を行い、圧接部検査報告書を報告すること。(参考様式7-5～7-6) シ) 検査技術者は、日本鉄筋継手協会が行う熱間押抜法講習会受講証を有するもので、原則として圧接を業としないものとし、あらかじめ届出て承諾を受けること。 (1) ガス圧接の施工にあたっては、次の事項に記載した圧接工事施工計画書を作成し、あらかじめ届出て承諾を受けること。 ・圧接位置、使用器具、圧接面の処理、検査不合格時の処置方法、施工管理検査、試験方法、その他 (2) 圧接工は、公益社団法人日本鉄筋継手協会の鉄筋継手技能資格証明書の資格種別、ガス圧接の施工にあたっては、公益社団法人日本鉄筋継手協会の資格等をあらかじめ届出て承諾を受けること。 (3) ガス圧接の施工については、公益社団法人日本鉄筋継手工事標準仕様書ガス圧接工事」(付属書1-1 日本鉄筋継手工事)によること。 (4) ガス圧接部の品質検査は、「付属書1-1 日本鉄筋継手工事」の検査基準」によること。 (5) 検査結果不合格となった箇所については、施工計画書の不合格時の処置により報告すること。 (6) 圧接作業終了後、圧接部の検査結果を圧接部検査報告書により報告すること。	
7	中部電力：土木工事仕様書	2.3.26.（鉄筋の溶接）	(1) 鉄筋のガス圧接またはアーク溶接を指示する場合は、設計書および特別仕様書で定める。 (2) ガス圧接またはアーク溶接は、それぞれの作業技術の資格を有する作業員に実施させる。 (3) 当社の指定箇所以外の箇所の継手にガス圧接またはアーク溶接を用いる場合は社長の承認を得る。 (4) ガス圧接は、加圧により接合部がなだらかにもとの直径の1.2～1.5倍	

発注者・仕様書名	章節	記載内容	備考
東京都下水道局：土木工事標準仕様書	3.4.6 鉄筋工 (6) ガス圧接	にふくらみ、欠陥のないように接合する。 (5) 重ね継手の溶接長さは、鉄筋直径の4倍（両面溶接）または8倍（片面溶接）とし、溶接仕上り面は少なくとも鉄筋の外面より低くならないようにし、鉄筋の切口端へまわし溶接する。 (6) 継手の強度は、母材の強度以上でなければならない。 ア 圧接工は、JIS Z 3881（ガス圧接技術検定における試験方法及び判定基準）に定められた試験の種類のうち、その作業に該当する試験の技量を有する技術者でなければならない。また、自動ガス圧接装置を取り扱う者は、JIS G 3112（鉄筋コンクリート用棒鋼）に規定する棒鋼を酸素・アセチレン炎により圧接する技量を有する技術者でなければならない。 なお、受注者はガス圧接の施工方法を、熱間押抜き法とする場合は、設計図書に関して監督員の承諾を得なければならない。 イ 受注者は、予め当該工事に従事する圧接工の名簿写真及び資格証明書の写しを監督員に提出しなければならない。 ウ 受注者は、鉄筋のガス圧接箇所が設計図書どおりに施工できない場合は、その処置方法について施工前に監督員と協議しなければならない。 エ 受注者は、規格又は形状が著しく異なる場合及び径の差が7mmを超える場合は、手動ガス圧接してはならない。ただし、D41、D51の場合はこの限りでない。 オ 受注者は、圧接面を圧接作業前にグラインダー等でその端面が直角で平滑となるように仕上げるとともに、錆、油、塗料、セメントペースト、その他の有害な付着物を完全に除去しなければならない。 カ 受注者は、突き合せた圧接面は、なるべく平面とし、周辺のすき間は以下とするものとする。 （ア）SD490以外の鉄筋を圧接する場合：すき間3mm以下 （イ）SD490の鉄筋を圧接する場合：すき間2mm以下 ただし、SD490以外の鉄筋を自動ガス圧接する場合は、すき間は2mm以下とする。 キ 受注者は、ガス圧接を施工する際には、鉄筋軸方向の最終加圧は、母材断面当たり30MPa以上（SD490の場合は40MPa以上、かつ、下限圧については20～25MPa）としなければならない。 また、圧接部のふくらみの直径は、原則として鉄筋径（径の異なる場合、細い方の鉄筋径）の1.4倍（SD490は1.5倍）以上、ふくらみの長さは1.1倍（SD490は1.2倍）以上とし、その形状はなだらかとなるようにしなければならない。 ク 受注者は、ガス圧接を施工する際には、軸心のくい違いは、鉄筋径（径の異なる場合、細い方の鉄筋径）の1/5以下としなければならない。 ケ 受注者は、ガス圧接を施工する際には、圧接のふくらみの頂部と圧接部との	

発注者・仕様書名	章節	記載内容	備考
		ずれは、鉄筋径の1/4以下としなければならない。	
		コ 受注者は、降雪雨または、強風等の時は作業をしてはならない。ただし、作業が可能なように、遮へい等の場合は作業を行うことができる。	
		サ 受注者は、圧接部の検査は、原則として外観検査及び超音波探傷検査によらなければならない。外観部の検査は、全数量検査とし、超音波探傷検査は、抜取り検査とするものとする。 なお、超音波探傷抜取り検査における抜取りの検査は、ガス圧接箇所200箇所を1ロットとして、1ロットごとに30サンプリングを行い、不合格数が1箇所以下の時にはロットは合格とする。不合格の場合は、全数量の検査を行い、不合格部分は切り取って再圧接し、再検査をしなければならない。 ただし、自動ガス圧接する場合、ガス圧接箇所200か所を1ロットとして、1ロットごとに30箇所のランダムサンプリングを行い、不合格数が1箇所以下の時にはロットは合格とする。不合格の場合は、さらに20箇所のランダムサンプリングを行い、不合格部分は切り取って再圧接し、再検査をしなければならない。	
		シ 受注者は、加熱器の火口本体は、堅固な火口先を有するもので、作業中の炎の安定性がよく、鉄筋径に対して十分な加熱能力を有するものを使用しなければならない。	
		ス 受注者は、鉄筋の軸方向に母材断面に対し30MPa以上の加圧を行い、圧接端面のすき間が完全に閉じるまで還元炎で加熱したことを確認した後、鉄筋の軸方向に適切な圧力を加えながら圧接面を中心に鉄筋径の2倍程度の範囲を加熱しなければならない。 また、圧接端面のすき間が完全に閉じたことを確認した後、鉄筋の軸方向に適切な圧力を加えながら圧接面を中心に鉄筋径の2倍程度の範囲を加熱しなければならない。	
		セ 受注者は、ガス圧接後の圧接器の取外しは、鉄筋加熱部の火色消失後としなければならない。	
9	首都高：橋梁構造物設計施工要領	III.2.1.3 鉄筋の継手	(10) 両端が拘束されている鉄筋を圧接する場合、圧接位置が鉄筋長の誤差によって一致しないことがあるので重ね継手を1ヶ所設けることが望ましい。	
10	首都高：土木工事共通仕様書	第7章 コンクリート構造物工 第4節 ガス圧接工 第5節 エンクローズ溶接工	全文は掲載できないため、目次のみを示す。 第4節 ガス圧接工 　7.4.1 一般 　7.4.2 圧接装置 　7.4.3 圧接工 　7.4.4 施工前試験 　7.4.5 施工 第5節 エンクローズ溶接工 　7.5.1 一般 　7.5.2 材料および溶接装置 　7.5.3 溶接作業者 　7.5.4 溶接作業者の技量試験 　7.5.5 施工前試験 　7.5.6 施工	

1.2.4 せん断補強筋の機械式定着を活用できる環境を整備する

(1) 関連する仕様

a) 鉄道・運輸機構

せん断補強筋の機械式定着について「コンクリート構造物の配筋の手引き　第2回改訂　参考資料-5　せん断補強鉄筋に機械式定着工法を用いる場合の留意点」にまとめられている．これは，設計図はフックで，現場で機械式定着に変更する手引きとして作成されたものではあるが，構造物の種類や耐震性能，定着工法ごとに具体的な適用可能条件を提示しており，非常に参考となる．

b) JR東日本（図1.2.4.1）

「標準フックと同等以上の定着性能を有するもの」であれば使用してよいとしているものの，「せん断補強筋に用いる場合は，当面，配筋図および数量計算書は標準フックで発注し，変更する場合には図面を実情に合わせたものにする．」と書かれており，当初設計から機械式定着を採用する体系とはなっていない．また，「柱・梁において大地震時に塑性ヒンジが形成されるような区間には原則として用いないものとするが，試験等で性能を確認した場合は，この限りではない．」と適用には注意を要する．

「その他の定着方法」について
(1) 鉄筋端部を特殊な形状に拡大するように加工するか，鋼板，ナットなどの治具を接合し，コンクリートに支圧応力を伝達する定着方法を用いる場合には，標準フックと同等以上の定着性能を有するものを用いなければならない．

（異形鉄筋に定着板を取付けるタイプ）　　（ねじふし鉄筋に定着板付金物を取付けるタイプ）

解説図 11.9-3.1　鉄筋の定着体の例

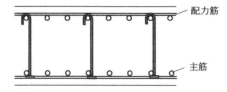

(b) せん断補強鉄筋に用いる場合の例

解説図 11.9-3.2　鉄筋の定着方法

(4) せん断補強鉄筋に用いる場合は，当面，配筋図および数量計算書は標準フックで発注し，変更する場合には図面を実状に合わせたものにする．なお，柱・梁において大地震時に塑性ヒンジが形成されるような区間には原則として用いないものとするが，試験等で性能を確認した場合は，この限りではない．

図1.2.4.1　JR東日本　設計マニュアル（2015年改訂版）抜粋

c) JR西日本（図1.2.4.2）

「施工の合理化，品質の向上の観点等総合的に判断して機械式定着が有利であると判断される場合には，採用を検討しても良い．」とされ，準拠すべき各種指針が示されている．適用可能性については耐震性能に

対して定められている他，列車荷重による変動作用を考慮して「ラーメン高架橋の全部材，桁，橋脚く体，橋台く体，杭（深礎を除く）については，損傷レベルにかかわらず原則として適用しないものとする．」と限定されている．

1.10 機械式定着

1.10.1 総則

せん断補強鉄筋（スターラップ，帯鉄筋）を機械式定着に置き換えて施工する場合は下記による．ただし，採用にあたっては，鉄筋定着・継手指針[1]，鉄道・運輸機構の事務連絡 せん断補強鉄筋に機械式定着工法を用いる場合の留意点について[2]等を参考にし，詳細な適用方法等十分な検討を行った上で用いる必要がある．

【解説】
施工の合理化，品質の向上の観点等総合的に判断して機械式定着が有利であると判断される場合には，採用を検討してもよい．参考資料-1 として，鉄道・運輸機構の事務連絡を巻末に付けており，その中で適用の範囲が示されている．採用にあたっては構造技術室に相談されたい．

1.10.2 対象とする機械式定着工法[1]

(1) せん断補強筋に機械式定着を適用する場合，列車による疲労の影響を受けない部材でかつ L2 地震時に損傷レベル 1 の部位であれば，以下①～③の工法を適用できる．ただし、L2 地震時に耐震性能 III を認められている部材は，損傷レベル 2 の部位まで使用してよい．

　① Head-bar 工法
　② Jフットバー工法
　③ Tヘッドバー工法（TH25）

(2) 定着具は主鉄筋の径および引張強度に応じて適切なサイズのものを使用する．

(3) ラーメン高架橋の全部材，桁，橋脚く体，橋台く体，杭（深礎を除く）については，損傷レベルにかかわらず原則として適用しないものとする．

図 1.2.4.2　JR 西日本　土木建造物設計施工標準（平成 26 年 6 月）抜粋

d) その他の企業

その他の企業の仕様書には機械式定着に関する具体的な記述はなく，基本的に土木学会のコンクリート標準示方書および鉄筋定着・継手指針に準拠するとしているところが多い．なお，首都高速道路では塑性ヒンジ部や梁柱接合部に加えて，トンネルの底版と側壁の隅角部においても，検証されていないためせん断補強筋の機械式定着は採用されていない．

(2) 提案の参考となる一考察

a) せん断補強筋に関する現場での施工上の課題

せん断補強筋に従来フックを用いると配筋が困難あるいは不可能な条件，また施工手間を要する環境には以下のような例がある．

1) 片側から配筋する壁や底版の場合（図 1.2.4.3）

(ア) 半円形フックのフック長が長くかぶりがそれに対して小さい場合，物理的にフックを主筋にかけることができない，もしくは仮にかけることができたとしても，部材厚が大きく他の鉄筋との干渉があれば非常に配筋が困難となる．

(イ) かぶりに余裕があったとしても，両端半円形フックは後挿入での配筋が不可能である．これは両面側から施工できたとしても同じである．

(ウ) 重ね継手を利用した両端半円形フックの2本組では，かぶりに余裕があれば組むことは理論的に可能であるが，部材中央部での結束作業が必要となり施工性が極端に落ちる．

(エ) 半円形＋直角フックを交互に配置してもよいとされているが，背面側に来る半円形フックが非常に組みにくいことには変わりがない．また，背面側に直角フックが来たとしても，先に内面側の半円形フックを配力筋にかけておかなければならないため，直角フックの長さと主筋・配力筋の格子間隔の関係により組立できないこともある．とくに太径せん断筋を用いる場合や，主筋だけでなく配力筋も密に入っている場合は直角フックが格子内に収まらないことがある．

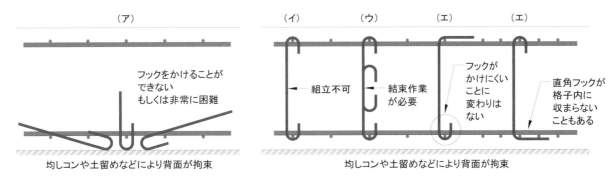

図 1.2.4.3　片側からの施工となる版構造物と各種せん断補強筋の形状および課題

2) 両側から施工できる柱の場合（図 1.2.4.4）

(ア) 柱の通常の帯鉄筋のピッチは 150mm である．主筋のピッチが小さく，かつ中間帯鉄筋が太径の場合にはフックが主筋と帯鉄筋の間を通らないことがある．

(イ) 2本組のせん断補強筋を使用し結束する必要がある場合，安全に結束作業ができるように橋脚内に足場を組む必要がある．

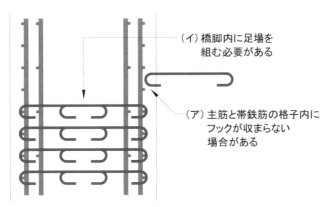

図 1.2.4.4　橋脚の鉄筋組立における課題

これらを解決するために，せん断補強筋の一端を機械式定着とすることで，図1.2.4.5に示すようにすべてあと挿入が可能となり施工性が格段に向上し，歩掛の改善・工期の短縮に貢献できる．

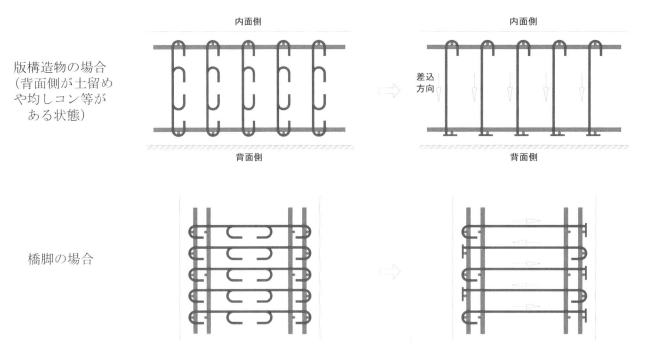

図1.2.4.5　機械式定着工法への変更例

b) 今後の課題

・認定を受けている各種工法の実験的検証のレベルはまちまちであり，新たに適用可能性を検討する場合，それぞれ個別に部位の形状や応力状態を模擬した部材実験を行わなければならず現実的ではない．一般に広く普及されるためには，工法によらず，性能確認方法の標準化とともに，想定している荷重条件や耐震性能等による適用可能部位の明確化が望まれる．

・当初設計において標準フックで設計されているせん断補強筋や隅角部補強筋のうち，特にD25を超える太径の鉄筋や2段配筋のような高密度配筋の場合に機械式定着工法の適用が早急に望まれる．

・鉄道では壁部材のせん断補強筋は主筋に掛けられることが多いため，機械式定着には結束が必要となる場合があり使いづらいことがある．このような場合は配力筋にせん断補強筋を掛ける配筋方法の採用も機械式定着の普及には有効と思われる．

参考文献

1) 鉄道・運輸機構：コンクリート構造物の配筋の手引き（第2回改定），H24.3
2) JR東日本：設計マニュアル 第2巻，H27.7
3) JR西日本：土木工事標準示方書，H26.1
4) 土木学会：2012年制定コンクリート標準示方書［設計編］，H24.12
5) 土木学会：鉄筋定着・継手指針［2007年版］（コンクリートライブラリー128）

1.3.1 部材接合部の設計方法についての規定を検討，整備する
(1) 関連する仕様

部材接合部の構造について，事業者ごとに整理した表を**表 1.3.1.1**に示す．ボックスカルバートでは，内空の大きさによりハンチの要否が決まっているものもあれば，「原則としてハンチを設ける」こととされているものもある．

また，「原則としてハンチを設ける」とされていながらも，ＮＥＸＣＯ設計要領では「底版の隅角部はハンチのかわりに部材厚を局所的に厚くする方法もある」，首都高速道路では「構造上困難な場合は，ハンチを設けず余裕を持たせた部材厚とする．」と規定されている．

このうち，国土交通省 中部地方整備局，道路土工 カルバート工指針，ＮＥＸＣＯ設計要領では，内空幅，内空高がある上限までは「ハンチは設けない」とされている．これは過去の大地震においても当該規模のボックスカルバートであれば，崩壊等の重大被害が認められていないからであると考えられる．

一方で，上記内空幅・高さ以上の形状を有する構造でも下ハンチを設けていない構造物もある．最近竣工した地下高速道路（ボックスカルバート）では，内空高さ８ｍ以上，内空幅12m以上の構造物であり，地震時の設計（レベル２）を要する構造物でありながら，ハンチ構造を設けていないという事例もある（図1.3.1.1）．

表 1.3.1.1　各指針のハンチに対する規定一覧

面の大きさ	内空幅 B=4.0m 以下 内空高 B=4.0m 以下	内空幅 B=6.5m 以下 内空高 B=5.0m 以下 （従来型カルバート）	内空幅 B=6.5m 以上 内空高 B=5.0m 以上
コンクリート標準示方書 設計編		**原則ハンチを設ける。**	
道路橋示方書 コンクリート橋編[1]		**原則ハンチを設ける。** 部材が変断面の場合、節点部の安全性について検討すれば設けなくても良い。	
道路土工 カルバート編[2]	**原則ハンチを設ける。** 一般に下ハンチは設けない。 （ハンチを設けない場合は、コンクリートの圧縮応力度が 許容応力の3/4程度となる部材厚にするのが望ましい）		記載なし。
国交省 中部地整[3]	**原則ハンチを設ける。** 一般に下ハンチは設けない。 （ハンチを設けない場合は、コンクリートの圧縮応力度が 許容応力の3/4程度となる部材厚にするのが望ましい）		**原則ハンチを設ける。**
NEXCO 東・中・西日本[4]	ハンチは設けない。	**原則ハンチを設ける。** 底版の隅角部は、ハンチの代わりに部材厚を局所的に厚くする方法もある。	
首都高速[5]		**原則ハンチを設ける。** 構造上困難な場合は、ハンチを設けずコンクリートの圧縮応力度に余裕を持たせた部材厚とする。	
阪神高速[6][7]		**原則ハンチを設ける。**	
鉄道標準 土留編[8] コンクリート編[9]		ハンチを設けた構造とするのがよい。	

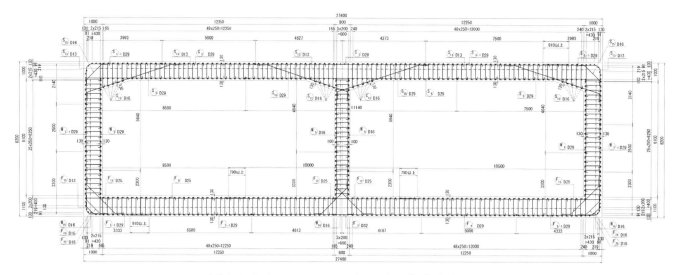

図 1.3.1.1 下ハンチのない地下高速道路の例

ハンチの形状については，表 1.3.1.2 に示すように，発注者毎に異なっている．各発注者とも，実験によってハンチの必要性，大きさを仕様として規定していると考えられる．

表 1.3.1.2 各事業者のハンチ形状の仕様

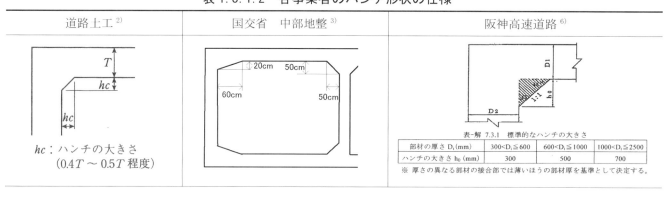

表 1.3.1.3 に各事業者の部材接合部構造に関する仕様の一覧表を示す．また，表 1.3.1.4 に部材接合部に関する既往の研究や実験結果を示す．現行の指針類はこれらの実験結果等から定められていると考えられる．

付属資料1 「Ⅱ編 課題と提案」の参考資料

表 1.3.1.3 各企業における部材接合部ハンチ構造の設計指針

	指針・標準・仕様書	章節	記載内容
1	道路橋示方書・同解説 Ⅲコンクリート橋編[1]	第16章 ラーメン構造 1.3.1 適用の範囲	(4) 節点部には、ハンチを設けるとともに、ハンチに沿う鉄筋を配置する。 解説 (3) 節点部は、各種の鉄筋が交差しており、大きな断面力が作用する。したがって、鉄筋の配置について十分に注意し、鉄筋の組立及びコンクリートの打ちこみ等に支障のないようにする必要がある。 (4) ただし、部材が変断面の場合に、特に節点部の安全性について検討した場合等の節点部にはハンチを設けなくてもよい。
		1-3 カルバートの概要 1-3-1 カルバートの種類と適用	(1) カルバートの種類 解表1-1 に適応するものを「従来型カルバート」と呼ぶこととし、第3章 調査・設計に述べるカルバートの構造形式の選定を経て、第5章 剛性ボックスカルバートあるいは第6章 パイプカルバートの設計に述べる慣用設計法により設計すれば所定の性能を確保するとみなすことができるとした。 解表1-1 従来型カルバートの適用範囲 注1) 裏込めの大きさ等により、適用にばらつきや上図の条件以外となる場合もある。 注2) 規格化されている製品の最大土かぶり。 注3) 鋼製仮設ビニルパイプカルバートは、円形管（VU, VP, VM）、リブ付き円形管（PRP）がある。また、主として円形管（VU）が用いられる。 1) 断面の大きさ等には、適用土かぶりと裏込めに使用する材料を標準条件となる施工上管理方法、損傷した場合の修復性等から、従来型がに最も大きよるものである。 2) カルバートの縦断方向（構造物軸方向）に急な配で傾斜しているときは、従来型カルバートとみなさず検討することが望ましい。 ルバートの設計では考慮していない縦断方向の継手等の断面力、縦断方向の断面力等について、横断方向に対し斜めに傾斜する断面との関係を考慮の上、検討を加える必要がある。 3) 不静定次数の高いカルバート、あるいはプレキャストカルバートにおいて輸送条件、施工条件等による分割接合部を設けた場合や、機械連手によるPC鋼材等による分割接合部に十分な連続性を与える構造では、局所的な破壊部分が分割接合部にとどまる可能性がある。一方、カルバートの分割接合部がカルバート全体の崩壊につながる可能性が大きくなる場合、部分的な破壊がカルバート全体の崩壊につながる可能性があるため、基礎地盤の不同沈下や地震動の作用に対する検討が必要である。 4) 単独で設置されるよりも、複数のカルバートが近接して連続的に設置されると、液状化の際に幅が狭く深く埋設されるカルバート同士の相互作用を考慮し、作用面比正方向のモードが狭い単独で設置された従来型カルバートとは異なる可能性がある。また、一般にカルバートは周辺地盤と比較して剛性が大きく単位厚さ当たりの保有量が大きいため、地震動に対しては支配的となるカルバート及び上載土の応答が判断する小さい場合には、多重に使用した場合にはカルバート同士が衝突する可能性がある。地震動の作用に対して別途検討が必要である。 5) 直接基礎による場合は支持力について、杭と構造体の接合部について検討を加える必要がある。 6) 中柱によりカルバートを多連構造にすると、地震時に構造に悪影響を及ぼすおそれがあるため、地震時の挙動について検討する。 7) ボックスカルバートで中柱がある場合には、一般に下向ハンチがあるため、土かぶりの状況によるボックスカルバートの部材厚(T)の0.4T〜0.5T程度を用いる（解図5-33）。ただし、施工上の理由からハンチを設けない場合、建築限界等確保のため、部材断面に十分な余裕を与えるとともに隅角部には解図5-33 に示すような用心鉄筋を配置しなければならない。また、ハンチを設けない場合の断面は、余裕としてコンクリートの曲げ圧縮応力度が許容応力度の3/4程度となる部材厚とすることが望ましい。
2	道路土工 カルバート工指針[2]	第5章 剛性ボックスカルバートの設計 5-7 場所内ボックスカルバートの設計	(7)構造細目 3)ハンチ カルバートには原則としてハンチを設けるものとする。ただし、一般に下向ハンチを設けない形状を用いられている（解図5-33）。ハンチの大きさは部材厚(T)の0.4T〜0.5T程度を用いられている（解図5-33）。ただし、施工上の理由からハンチを設けない場合、部材断面に十分な余裕を与えるとともに隅角部には解図5-33 に示すような用心鉄筋を配置しなければならない。また、ハンチを設けない場合の断面は、余裕としてコンクリートを配置することが望ましい。

解図5-32 ハンチの形状
(0.4T〜0.5T程度)

解図5-33 隅角部の用心鉄筋

	指針・標準・仕様書	章節	記載内容
3	国交省 中部地整 道路設計要領 設計編[3]	第4章 土工 4-4 カルバート工	4-4-1 基本事項 1) 適用範囲 　従来より多数構築されてきたカルバートは、慣用されてきた材料・構造形式や設計・施工法があり、これにより設計した場合、長年の経験の蓄積により、所定の性能を確保できる範囲内であれば、所定の性能を確保できるとみなせる。このようなカルバートを「道路土工カルバート工指針（平成21年度版）第4章 設計」に基づくものとする。 　上記「従来型カルバート」の適用範囲外であるカルバートは、「道路土工カルバート工指針（平成21年度版）第4章 設計」に関する一般事項に基づくものとし、本線カルバートとなる場合は、加えて設計要領「4-4-5 本線カルバート」に基づき設計を行うものとする。 【解説】 　「カルバート工指針」に従来型カルバートではこれまでの実績から、特に地震の影響を考慮しなくても過去の地震において目立った損傷が生じなかった。一般に「道路土工カルバート工指針（平成21年度版）第5章 剛性ボックスカルバートの設計、第7章 施工、第8章 維持管理」に従って設計、施工、維持管理を行いおおむね地震動の作用に対する所定の性能（性能1）を満足していると見なされるため、円形カルバートを除く従来型カルバートは、常時のみの設計で良いものとした。 4-4-2 従来型カルバート（場所打ちコンクリート） 1) 形状 (2) 下側のハンチは設けないものとする。 【解説】 ②ボックスカルバートにおける型枠の製作・設置撤去の省力化を目的に、かつ応力伝達を円滑にする効果をもたせるため、下側のハンチは設けない形状とする。このとき、側壁下端と底版端部において、ハンチ無しの影響を考慮して、コンクリートの圧縮応力度を許容応力度とする。このとき、原則ハンチを設ける、1：3を基準とし、「道示III コンクリート橋編」（同解説III コンクリート橋編）に示されるハンチの有効断面に準拠し、部材厚とすることとする。 4-4-5 本線カルバート 1) 設計 (3) ハンチ ①隅角部には、隅角部内の複雑な応力をやわらげ、かつ応力伝達を円滑にする効果をもたせるため、かつ形状は、「道路橋示方書・同解説III コンクリート橋編」に準拠し、1：3を基本とする。 ②中壁のハンチ幅は、50cm程度を基本とする。 2) 照査方法 ②隅角部の設計 常時及びレベル1地震時に対して行うものとし、節点部の応力状態に応じてハンチを設けるものとする。
4	NEXCO東中西 設計要領 第二集 【カルバート編】[4]	3. ボックスカルバート 6 本線用カルバート	3-6-2 ハンチ 内空幅4m以上のボックスカルバートの隅角部にはハンチを設けるものとする。 3-6-5 隅角部の設計（格点） 部材接合部（格点）の照査は、「道示III 16.3 節点部の設計」の原式とした。

付属資料1 「Ⅱ編 課題と提案」の参考資料

	指針・標準・仕様書	章節	記載内容
			6-6-1 ハンチ 本線用ボックスカルバートにおいても隅角部には、原則としてハンチを設けるものとする。底版の隅角部は、ハンチの代わりに隅角部の部材厚さを局部的に厚くして断面応力度を低減する方法もあるため、施工性、経済性をもとに底版の形状を検討するものとする。
5	首都高速道路トンネル構造物設計要領(開削工法編)[5]	第4章 構造物設計 4.4 各部材の設計	4.4.1 ラーメン部材 ラーメン隅角部には、ハンチをつけることを原則とする。構造上の理由から、ハンチを設けることが困難な場合においては必ずしもハンチを設ける必要はないが、コンクリートの圧縮応力度に余裕を持たせた部材厚とするのが望ましい。
		第5章 耐震設計 5.5 横方向の耐震性能の照査	5.5.4 隅角部の設計 隅角部が構造全体系の弱点とならないように、適切に隅角部耐力を確保するものとする。隅角部の設計について、実験棟により新たな照査方法を用いる場合には、技術管理室設計技術グループと協議すること。
6	阪神高速道路開削トンネル設計指針[6]	第2編 本体構造物編 第7章 本体構造物の設計 7.3 部材の照査方法	7.3.1 ハンチの形状 ラーメン隅角部や部材接合部にはハンチを設けることを原則とする。 ハンチの形状は1:1とすることを標準とする。
7	阪神高速道路開削トンネル耐震設計指針[7]	4.3 部材の照査方法	4.3.3 隅角部の評価 従来の道示に示される補強鉄筋算出手法は、基本的にラーメン橋脚の隅角部を想定したものであり、開削トンネル隅角部への適用性については不明確な点も多く、また狭小な施工条件に設定する必要がある。本式では、隅角部の交番載荷実験結果に基づき、既往の補強算定式の修正を行い定式化したものである。
8	鉄道総合研究所 鉄道構造物設計標準・同解説 土留め構造物[8]	19	19.4 カルバートの構造細目 カルバートの隅角部にはハンチを設け、補強のためのスターラップを配置することを標準とする。配筋の詳細は「コンクリート標準」によるものとする。
9	鉄道総合研究所 鉄道構造物設計標準・同解説 コンクリート構造物[9]	14章 構造物 14.13 ラーメン構造物	14.13.4 構造細目 ラーメン構造物の部材接合部は、支点の不等沈下や地震の影響などにより複雑な応力状態となるため、ハンチをつけるとともに、鉄筋その他で十分に補強しなければならない。

表 1.3.1.4 隅角部に関する既往研究一覧

No.	1	2
論文名	RCボックスカルバート隅角部の配筋合理化に関する実験的研究 [10]	L型RC隅角部の強度と変形特性に関する検討 [11]
投稿	土木学会年次講演概要集	土木学会論文集
投稿年月	2015 (H27)	2000
執筆者	村田, 武田	渡辺博志, 河野広隆
企業	大成建設	土木研究所
概要図		
コメント	・接合部の合理化を目的とした構造の検討。 ・接合部補強鉄筋やハンチ筋を省略することを目的としている。 ・配筋は本間らの実験 (No.3) をもとに、一般的な接合部補強鉄筋を採用 ・載荷方法は渡辺らの実験 (No.2) を参考 ・接合部補強鉄筋の引張負担の代替として普通コンクリートをSFRCに置換するケースを実施	・接合部の割れひび割れ強度および降伏時強度の評価方法を検討 ・試験体数は15体、パラメータはハンチ筋の有無、隅角部補強鉄筋の有無など

付属資料1 「Ⅱ編 課題と提案」の参考資料

No.	3	4
論文名	掘割構造物の隅角部補強鉄筋に関する実験的研究[12]	開削トンネル隅角部の耐震性に関する実験的研究[13]
投稿	国土交通省国土技術研究報告会	コンクリート工学年次論文報告集
投稿年月	2003（H15）	1998
執筆者	本間英喜	幸左賢二、安田扶律、藤井康男
企業	日本道路公団	阪神高速道路公団
概要図	図-4 隅角部配筋図／図-5 載荷装置概念図	
コメント	・現行の接合部補強鉄筋の配筋方法を提案し検討した文献 ・対象構造物が、既往の研究である阪高の実験式をもとにした配筋では過密配筋になるため、新たに補強鉄筋の配筋方法を検討した。	・ハンチ筋と接合部補強鉄筋をパラメータとして最適な構造形式を検討 ・この実験等により、接合部補強鉄筋の阪高配筋の阪高配筋が決定されたと考えられる。

No.	5	6
論文名	RC部材接合部の耐力に関する実験的研究[14]	鋼板・コンクリート合成版隅角部に関する実験的研究[15]
投稿	土木学会年次講演概要集	土木学会年次講演概要集
投稿年月	1983	1989
執筆者	蟹江、鈴木基行、尾坂芳夫	綿引透、若菜弘之、津村直宜、伊藤茂樹
企業	東北大学	NKK
概要図	図-2 隅角部内配筋図	
コメント	・RC接合部の合理的配筋方法の確立を目的として、部材実験を実施した。 ・実験パラメータ せん断スパン比、軸方向引張主鉄筋比、隅角部内補強鉄筋比、主鉄筋定着方法 また、隅角部のコンクリートを鋼繊維入りのコンクリートに置換した場合も実施	・鋼・コンクリート合成版構造における隅角部の性能を検討

No.	7	8
論文名	ループ継手構造によるプレキャストコンクリート製斜角大型ボックスカルバートの開発[16]	プレキャスト・現場打ちコンクリートを用いた組立式ボックスカルバートの力学特性（1）～（3）[17]
投稿	コンクリート工学 テクニカルレポート	土木学会年次講演概要集
投稿年月	2011	2005（H17）
執筆者	佐川、片山、堤、松下	三浦孝広、手嶋良祐、大澤照正
企業	九州大学、ヤマウ	羽田コンクリート工業
概要図		
コメント	・一般的な構造とループ継手を用いた隅角部の試験を比較検討することで、対象構造が同等の性能を有していることを示している。 ・検討項目は、①ひび割れ発生荷重②設計荷重③破壊抵抗荷重動的変形に対する試験はなし（P-δではほぼ同程度）	・隅角部の構造として基準（タイプ1）と提案3ケース（タイプ2～4）について検討している。 ・要素実験（隅角部のみ）を行い、タイプ2は同等、タイプ3、4は性能が及ばないとしている。 ・全体構造の縮小模型（1/3スケール）を実施し（タイプ1、2、4の3ケース）、タイプ2、4ともに終局荷重は同等以上であるが、タイプ4は定着具周りにコンクリートの圧壊が発生し脆性的な破壊を起こした。安全性・経済性を考慮しタイプ2が最適と結論付けている。 ・実大規模の載荷試験を実施（タイプ2）し、計算の耐力以上を有すること を確認している。

No.	9
論文名	1連道路ボックスカルバートの地震時限界状態の評価に関する研究[18]
投稿	土木学会論文集
投稿年月	2015
執筆者	ハッ元仁、藤原楓八、星隈順一、谷口哲憲、北村岳伸、王越隆資
概要図	ケース①　ケース②　ケース③ 図-12 供試体1の最終損傷状況図　図-13 供試体2の最終損傷状況図　図-14 供試体3の最終損傷状況図
コメント	・構造条件の違う3ケースの供試体に対して気中での正負交番繰返し載荷実験を行い、道路ボックスカルバートの地震時における最終的な破壊状態を確認した。 ・ケース①側壁軸応力度が小さくて内空幅が大きいケース、ケース②側壁軸応力度が大きくて内空幅が小さいケース、ケース③側壁軸応力度が小さくて内空幅が大きいケースについて評価した。 ・二次元骨組み解析において、実験の再現解析を行い、再現精度やその適用範囲について評価した。 ・最大荷重に達した後に面側のコンクリートが剥落したため、早期回復性を確保できる地震時限界状態としては、最大荷重に達した状態を設定すればよい。 ・ケース③のように、隅角部付近において内側・外側で主鉄筋の段落としが行われている場合、地震時に大きなせん断力が生じ、段落とし鉄筋の端部の位置関係によっては、最終的な破壊形態はせん断破壊となる可能性がある。 ・曲げ破壊の場合、頂版においてせん断破壊が生じると、上載荷重の支持能力を失うため、安全性を確保するためには上載荷重を支持する部材のせん断破壊が生じない限界状態を地震時限界状態と設定する。 ・ハンチを設けていない隅角部まわりでは、鉄筋の定着長が短くなり、主鉄筋の伸び出し量が大きくなる。 ・二次元骨組み解析は、最大荷重を高い精度で評価することができるが、側壁軸応力度が非常に高い条件の場合その値の精度は低下する傾向にある。 ・隅角部の主鉄筋の伸び出しを考慮すると、初期剛性や初期降伏変位については実験結果の再現性が高い。

参考文献

1) 日本道路協会：道路橋示方書・同解説　Ⅲコンクリート橋編，H24.3
2) 日本道路協会：道路土工　カルバート工指針（平成21年度版），H22.3
3) 国土交通省　中部地方整備局　道路部：道路設計要領　設計編，H26.3
4) 東日本高速道路，中日本高速道路，西日本高速道路：設計要領　第二集　カルバート編，H26.7
5) 首都高速道路：トンネル構造物設計要領　開削工法編，H20.7
6) 阪神高速道路：開削トンネル設計指針（H20.10 一部改訂），H17.9
7) 阪神高速道路：開削トンネル耐震設計指針，H20.10
8) 鉄道総合技術研究所：鉄道構造物等設計標準・同解説　土留め構造物，H24.1
9) 鉄道総合技術研究所：鉄道構造物等設計標準・同解説　コンクリート構造物，H16.4
10) 村田裕志，武田均：RCボックスカルバート隅角部の配筋合理化に関する実験的研究，土木学会年次学術講演概要集，第48号，2015
11) 渡辺博志，河野広隆：L型RC隅角部の強度と変形特性に関する検討，土木学会論文集，No.662/V-49，59-73，2000.11
12) 本間英喜：掘割構造物の隅角部補強鉄筋に関する実験的研究，国土交通省国土技術研究報告会，2003
13) 幸左賢二，安田扶律，藤井康男：開削トンネル隅角部の耐震性に関する実験的研究，コンクリート工学年次論文報告書，Vol.20，No.3，1998
14) 蟹江秀樹，鈴木基行，尾坂芳夫：RC部材接合部の耐力に関する実験的研究，土木学会年次学術講演概要集，1983
15) 綿引透，若菜弘之，津村直宣，伊藤茂樹：鋼板・コンクリート合成版隅角部に関する実験的研究，土木学会年次学術講演概要集，1989
16) 佐川康貴，片山強，堤俊人，松下博通：ループ継手構造によるプレキャストコンクリート製斜角大型ボックスカルバートの開発，コンクリート工学 Vo.49，No.3，2011.3
17) 三浦孝広，手嶋良祐，大澤照正：プレキャスト・現場打ちコンクリートを用いた組立式ボックスカルバートの力学特性(1)～(3)，土木学会年次学術講演会概要集，2005
18) 八ツ元仁，藤原慎八，星隈順一，谷口哲憲，北村岳伸，玉越隆史：1連道路ボックスカルバートの地震時限界状態の評価に関する研究，土木学会論文集A1（構造・地震工学），Vol.71，No.3，2015

1.3.2 施工性を考慮した構造が選ばれるような積算体系を検討・整備する

(1) 関連する仕様

擁壁の竪壁構造については，示方書，指針，各事業者の設計仕様書によって，定められているものと定められていないものがある．**表1.3.2.1**は示方書，指針，各事業者の設計仕様における擁壁形状に関する仕様を整理したものである．道路土工（擁壁工指針）では「竪壁の形状は施工性を考慮して規模の大きい擁壁を除き等厚が望ましい」，NEXCO設計要領では「竪壁主鉄筋の断面変化は原則として行わないものとする」，国土交通省における各地方整備局の設計指針では「竪壁背面には勾配を設けないものとする」となっており，いずれも竪壁に傾斜を設けないこととされている．一方，「鉄道構造物等設計標準・同解説（土留め構造物）」では，特に形状に関する記載はないが，概要図において傾斜を考慮した形状となっている．

各指針・各事業者の擁壁形状に関連する仕様を**表1.3.2.2**に示す．既往の構造物の中には，様々な用途の構造物において傾斜を考慮した擁壁が見られる．特に鉄道構造物では傾斜を考慮した擁壁が主流である．

表1.3.2.1 各事業者の設計仕様における擁壁の形状

設計指針・仕様書	擁壁の形状に関する仕様
道路土工　擁壁工指針[1]	竪壁の形状は，等厚が望ましい
NEXCO東日本・中日本・西日本 設計要領　第二集　擁壁編[2]	竪壁主鉄筋の断面変化は原則として行わないものとする
国土交通省　中部地方整備局[3]	竪壁背面にはテーパーを設けないものとする （土木構造物設計マニュアル(案)に基づく）
国土交通省　北陸地方整備局[4]	
国土交通省　近畿地方整備局[5]	
国土交通省　四国地方整備局[6]	
国土交通省　九州地方整備局[7]	
鉄道標準　土留め構造物[8]	形状に関して特に記載なし （概念図は傾斜した図となっている）

付属資料1 「Ⅱ編 課題と提案」の参考資料

表 1.3.2.2 指針・各事業者の擁壁形状に関連する仕様

土木構造物設計マニュアル（案）土工構造物・橋梁編 （平成11年11月）p.35 全日本建設技術協会 [9]	道路土工 擁壁工指針 （平成24年7月）p.179 日本道路協会 [1]
Ⅳ 擁壁 1. 形状の単純化 擁壁工の形状は，以下のように単純化することを原則とする。 (1) つま先版およびたて版には，テーパーを設けないものとする。 (2) たて壁背面には，勾配を設けないものとする。 (3) 原則としてたて壁前面には，勾配を設けないものとする。 【解説】 (1) 底版上面のテーパー量は，通常の場合10～20cmの範囲であり，この程度のテーパー量ではコンクリート体積の削減加工に伴う鉄筋加工よりも鉄筋加工に要する労力の削減の効果の方が大きいことから，おおびコンクリート表面仕上げに要する労力の削減の効果の方が大きいことから，底版上面にはテーパーは設けないこととする。また，底版上面をレベルとすることにより，たて壁施工時の足場の設置が容易となり，安全性の向上をはかることができる。 (2)(3) 配筋作業と型枠等の施工性を考慮して，たて壁には勾配を設けないこととした。具体的な効果としては，セパレーターの規格化が可能であること，型枠組立の効率化および作業足場と躯体との距離が一定となり，たて壁上部での張り出し足場が不用となる。ただし，擁壁が歩道などに面している場合，歩行者に与える圧迫感を和らげる目的から，たて壁前面に1:0.02程度の勾配を設けるのが望ましい。この場合でも，壁前面の鉛直鉄筋は据え付け値に据え付けるのがよい。 （図：従来の形状／単純化した形状　底版テーパーを設けない　たて壁に勾配を設けない） 図一解 4.1 擁壁形状の単純化方法 「土木構造物設計マニュアル（案）土工構造物・橋梁編」 Ⅳ擁壁 1. 形状の単純化 より転載	各部材の断面形状・寸法の決定に際しては，以下の事項を参考にするとよい。 ①たて壁の形状は，施工性を考慮して規模の大きい擁壁を除き等厚とするのがよい。ただし，歩道に面して擁壁を設置する場合は，歩行者に対してたて壁が倒れかかるような不安感を与えないよう，たて壁の前面に2%程度以上の勾配を付けるのが望ましい。 ②底版の上面は，施工性の点から水平にすることが望ましい。なお，規模の大きい場合で底版の上面に勾配を付けるときは，施工性から20%程度までがの配を付けるのが望ましい。

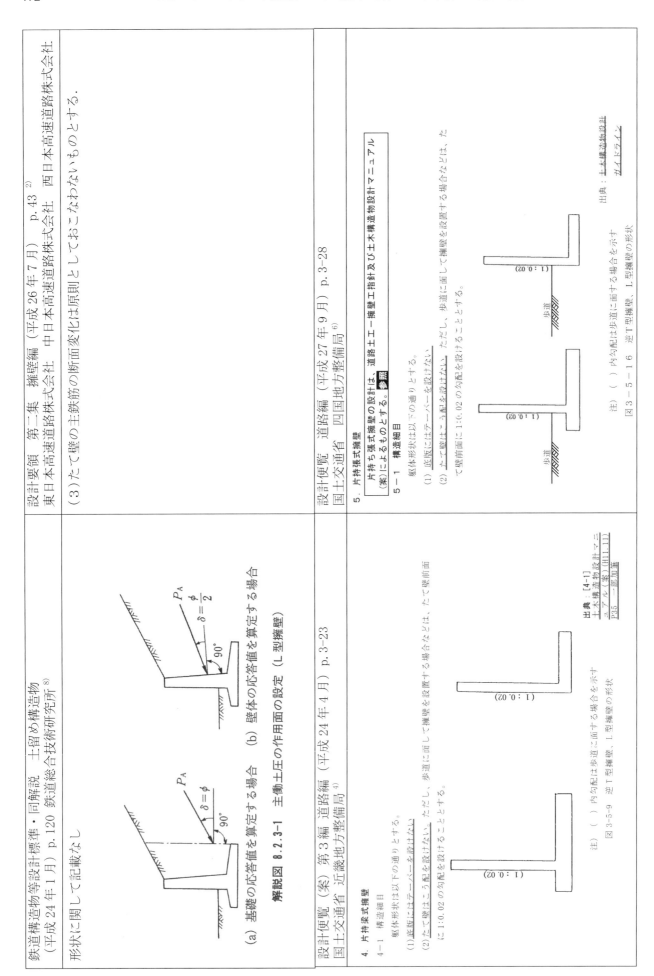

付属資料1 「Ⅱ編 課題と提案」の参考資料

道路設計計要領 設計編（平成26年3月）p.4-28
国土交通省 中部地方整備局 3)

4-2-5 片持ばり式擁壁

1) 形状

擁壁工の形状は、以下のわかる簡略化することを原則とする。

(1) つま先版およびかかと版には、テーパーを設けないものとする。
(2) たて壁背面には、勾配を設けないものとする。
(3) 原則としてたて壁前面には、勾配を設けないものとする。
(4) 部材の形状は、等厚の矩形断面とする。

【解説】

土木構造物設計マニュアル（案）に基づき以下のとおりとした。

工場加工や施工の自動化、機械化を促進することを目的として、部材の形状を最も単純な等厚矩形断面とする。また、標準化・規格化を目的に、部材厚、長さを表4-Ⅲ-14のとおり規定する。

図4-Ⅲ-48 形状の単純化

従来の形状 / 単純化した形状 / 底版にテーパーを設けない

表4-Ⅲ-14 各部材寸法のピッチ（m）

部材厚	高さ	幅
たて壁	0.1 (最小0.4)	-
底版	0.1 (最小0.4)	0.5

図4-Ⅲ-49 部材寸法の規格化

ただし、道路等に縦断勾配のある場合は縦断勾配に合わせて、たて壁高さを変化させるのが望ましい。

図4-Ⅲ-50 擁壁高のたて壁高さの変化

設計要領 道路編（平成24年4月）p.5-2
国土交通省 北陸地方整備局 4)

5-1-2 適用図書

1. 道路構造物（擁壁・ボックスカルバート等）の設計は本章による。
2. 記述のない事項については**表5.2**の関係図書他によるものとする。

表5.2 関係図書

関係図書	発行年月	発行
道路土工-カルバート工指針	H22.3	(社)日本道路協会
道路土工-擁壁工指針（平成21年度版）	H24.7	(社)日本道路協会
道路土工-切土工・斜面安定工指針（平成21年度版）	H21.6	(社)日本道路協会
道路土工-盛土工指針（平成22年度版）	H22.4	(社)日本道路協会
道路土工-仮設構造物工指針	H11.3	(社)日本道路協会
道路土工擁壁、カルバート、仮設構造物工指針	S62.5	(社)日本道路協会
道路橋示方書、同解説 I 共通編、IV 下部構造編	H24.3	(社)日本道路協会
道路橋示方書、同解説 V、耐震設計編	H24.3	(社)日本道路協会
2007年制定コンクリート標準示方書 設計編	H20.3	(社)土木学会
2007年制定コンクリート標準示方書 維持管理編	H20.3	(社)土木学会
舗装標準示方書	H19.3	(社)土木学会
立体横断施設技術基準、同解説	S54.1	(社)日本道路協会
落石対策便覧	H12.6	(社)日本道路協会
杭基礎設計便覧	H19.1	(社)日本道路協会
土木構造物標準設計1（側こう類、暗きょ等）	H12.9	(社)全日本建設技術協会
土木構造物標準設計2（擁壁）	H12.9	(社)全日本建設技術協会
土木構造物標準設計5（地下横断歩道）	S60.2	(社)全日本建設技術協会
標準設計	H20.11	国土交通省北陸地方整備局
土木用コンクリート製品設計便覧	H23.7	(社)北陸建設弘済会
土木構造物設計ガイドライン	H11.11	(社)全日本建設技術センター
改訂版道路の移動円滑化整備ガイドライン	H20.3	(財)国土技術研究センター
プレキャスト・コンクリート擁壁類 設計要領	H16.3	(財)北陸建設弘済会
セミプレハブ擁壁設計施工マニュアル	H16.6	(財)北陸建設弘済会
多数アンカー式補強土壁工法設計・施工マニュアル	H14.10	(財)土木研究センター
ジオテキスタイルを用いた補強土の設計・施工マニュアル	H12.2	(財)土木研究センター
補強土（テールアルメ）壁工法・施工マニュアル改訂版	H15.11	(財)土木研究センター
プレキャストボックスカルバート設計・施工マニュアル	H23.3	北陸建設弘済会
PCボックスカルバート道路埋設指針	H5.9	全国ボックスカルバート協会

（注）使用にあたっては、最新版を使用するものとする。

「土木構造物設計マニュアル（案）」は、「道路土工-擁壁工・カルバート工指針」に準拠した擁壁、カルバート、おおび剛構造の設計・施工合理化に関して合理化として現場作業の省力化および自動化、機械導入の内、特に施工の合理化に対する効果が大きいと考えられる項目に対して設計面からの促進を図るべく発刊されている。

本要領においても、構造物形状の簡純化、使用材料の標準化・規格化、構造物のプレキャスト化などの視点を設計などにもりこむことが良いと考えるが、従来の実績からも全て対応可能とは考えがたいため、ここに設計の考え方を示した。

(2) 提案の詳細情報
a) 傾斜した竪壁の例

図 1.3.2.1 に示すように，傾斜のある竪壁は，上部に行くほど発生曲げモーメントが小さくなり，断面力の分布状態に応じた部材厚としているため，コンクリート数量としては合理的だと考えられる．規模が大きい擁壁の場合は，よりこの傾向が当てはまるといえる．

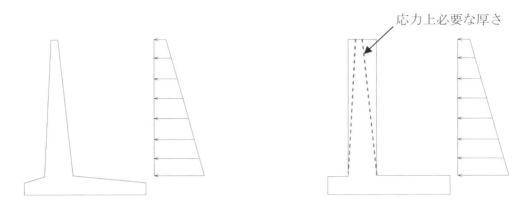

図 1.3.2.1　擁壁に作用する荷重分布

上述の通り，断面力に応じた部材厚とすることができる傾斜のついた竪壁は，コンクリート数量の観点でいえば合理的に見える．一方，先に述べたように，擁壁形状を直立にすることにより，図 1.3.2.2 に示すように，作業人員を減らせる，セパレータのように同じ材料で種類が数多くあるものを統一できる，足場を簡潔にできコストをさげるとともに安全性が向上する，コンクリートの充填性が向上し品質も向上する，等の効果を得ることができる．規模が大きくない擁壁であれば，傾斜をつけた場合と直立にした場合とで，それほど数量に差があるわけではない．よって，コスト，品質，施工性，安全を考慮した場合，規模の大きくない擁壁ではコンクリート数量を縮減する以上の効果があると考えられる．

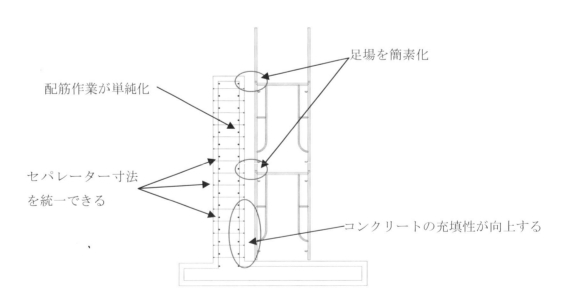

図 1.3.2.2　直立した竪壁擁壁の施工性

b) 施工性向上のためにストラット形状と頂版をフラット化した設計事例

　掘割構造物における頂版とストラットの交差部において，ストラット上筋の頂版への定着部と頂版の上筋が交差する部分の配筋が高密度になるため，コンクリートの充填性が課題となる．また，ストラット端部はハンチ形状であるため，コンクリート打設時に浮き型枠が必要となる．これらの課題を解決するため，**表1.3.2.3**に示すように，ストラット形状のフラット化（上面を頂版上面と同一レベルにする）を提案し，ストラットと頂版の取合部の配筋の簡素化，浮き型枠の省略及び防水工の施工性向上を図った．

表1.3.2.3　ストラット構造の差異による配筋比較

基本設計	提案による設計
高密度配筋（頂版上筋とストラット上筋の交差部）	配筋の簡素化（交差箇所なし）

　提案の妥当性を確認するために，3次元ＦＥＭ解析による検討を実施した．基本構造とフラット化の双方について解析を行い，**表1.3.2.4**に示す2断面で構造の妥当性を確認した．

表1.3.2.4　解析モデル図

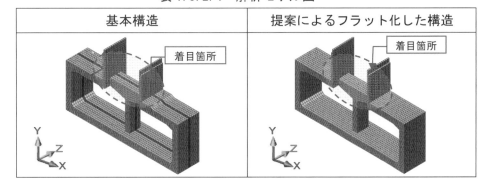

1) X-Y断面

解析結果を**表1.3.2.5**に示す．ストラット上筋を決定する（曲げ引張が最大となる）支間中央部においては，基本構造とフラット化の応力伝達方向はほぼ同じであり，最大主応力および鉄筋の引張応力度は大した差はないため，フラット化による構造への影響は微小であると判断できる．

また，ストラットと頂版の取合部においては，基本構造はストラット端部で局所的に大きな主応力が発生するが，フラット化では主応力値にバラツキはなく，その伝達方向は主鉄筋方向のみであり，フラット化は応力を一方向にスムーズに伝達できるシンプルな機構であるといえる．

表1.3.2.5 FEM解析結果（X-Y断面）

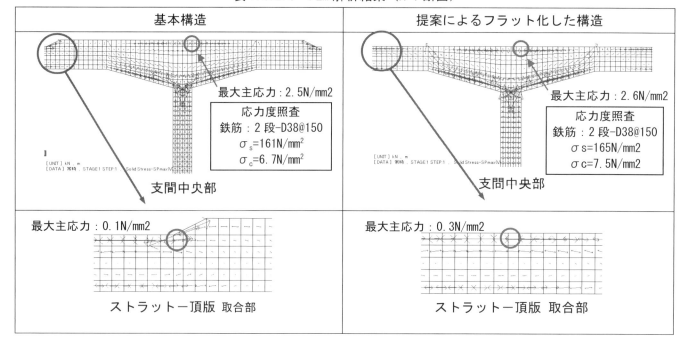

2) X-Z断面

表1.3.2.6に解析結果を示す．頂版端部の上床桁においては，基本構造とフラット化の主応力伝達方向はほぼ同じであり，最大主応力に大きな差はなく，鉄筋の引張応力度は非常に小さい値である．したがって，フラット化による奥行き（面外）方向への影響も非常に小さいと判断できる．

表1.3.2.6 FEM解析結果（X-Z断面）

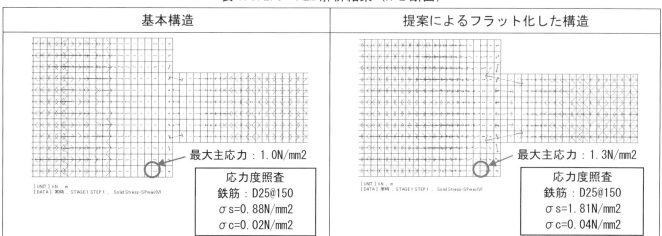

参考文献

1) 日本道路協会：道路土工　擁壁工指針，H24.7
2) 東日本高速道路，中日本高速道路，西日本高速道路：設計要領　第二集　擁壁編，H26.7
3) 国土交通省　中部地方整備局：道路設計要領　設計編，H26.3
4) 国土交通省　北陸地方整備局：設計要領　道路編，H24.4
5) 国土交通省　近畿地方整備局：設計便覧（案）　第3編　道路編，H24.4
6) 国土交通省　四国地方整備局：設計便覧　道路編，H27.9
7) 国土交通省　九州地方整備局：土木工事設計要領　設計要領　第Ⅲ編　道路編，H28.4
8) 鉄道総合技術研究所：鉄道構造物等設計標準・同解説　土留め構造物，H24.1
9) 全日本建設技術協会：土木構造物設計マニュアル（案）　土木構造物・橋梁編，H26.4

1.3.3 施設・設備に関連する構造を単純化および規格化する規定を追加する

(1) 施設箱抜きに関連する仕様

各指針・仕様書の施設箱抜きに関連する構造および開口部の補強について記載がされているかまとめたものを**表1.3.3.1**に示す．箱抜きの形状や寸法に関しては特に記載がない発注者が多く，統一化はされていない．記載のある発注者の仕様・指針の抜粋を**表1.3.3.2**に示す．

表1.3.3.1 各指針・仕様書の施設箱抜きに関する記述の有無

	国土交通省							
	東北地整	関東地整	中部地整	北陸地整	近畿地整	中国地整	四国地整	九州地整
設計標準	－	－	－	－	設計便覧(案)[1] 第3編 道路編 平成16年3月	－	－	設計要領[2] 第Ⅲ編 道路編 平成28年4月
箱抜き構造	－	－	－	－	記載なし	－	－	記載なし

	東日本高速道路株式会社 中日本高速道路株式会社 西日本高速道路株式会社	東日本高速道路株式会社 関東支店	首都高速道路	阪神高速道路
設計標準	設計要領 第二集[3] カルバート編 平成26年7月	東京外環自動車道(千葉県区間)掘割構造物[4] 設計条件に関する統一事項 平成22年6月	トンネル構造物設計要領 開削工法編[5] 平成20年7月	開削トンネル設計指針[6] 平成17年9月
箱抜き構造	記載なし	記載あり	記載あり	記載あり

	日本道路協会	鉄道総合技術研究所	東日本旅客鉄道株式会社	東海旅客鉄道株式会社 建設工事部
設計標準	道路トンネル非常用施設 設置基準・同解説[7] 平成13年10月	鉄道構造物等設計標準・同解説[8] コンクリート構造物 平成16年4月	設計マニュアル Ⅱコンクリート構造物編 鉄道構造物等設計標準[9] 平成16年4月版のマニュアル	ボックスカルバート設計 の手引き[10] 平成22年3月
箱抜き構造	記載あり	記載なし	記載なし	記載なし

表 1.3.3.2 仕様・指針の抜粋

東日本高速道路株式会社 関東支店[4]
東京外環道自動車道（千葉県区間）掘割構造物 設計条件に関する統一事項 平成 22 年 6 月

5.8.5 非常用施設の箱抜き

掘割構造物の側壁部等には、非常用電話ボックスその他防災設備関係機器等の設置のための箱抜きを設けるものとする。

解説

本区間の掘割構造物は、防災設備関係機器等のための箱抜きが側壁に設けられる。この場合において、側壁部を外側に張り出すことなく側壁の断面を計画することを基本とする。この際、箱抜きを設置する箇所においては、補強方法を適切に検討し、十分な補強鉄筋を配置しなければならない。

ただし、箱抜きによる断面欠損が大きく、通常の手法では補強設計が困難な場合は、構造的な弱点とならないよう慎重に構造を検討し設計するものとする。箱抜き形状については、図 5－8－6（a）～（d）に示す。

箱抜き図（1） S=1:40

箱抜き図（2） S=1:40

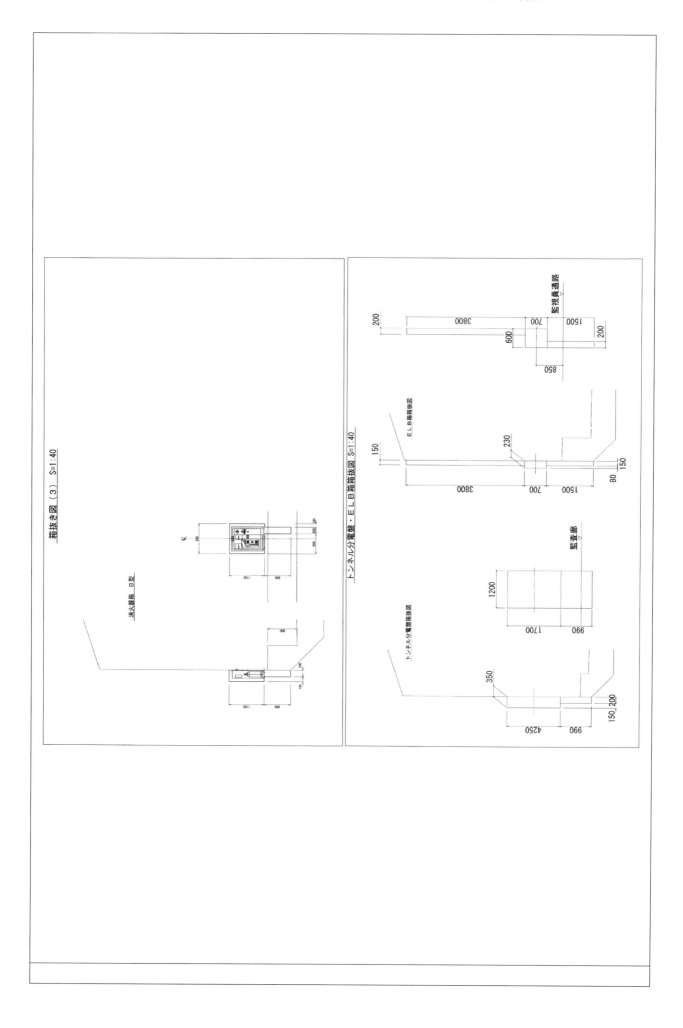

阪神高速道路 開削トンネル設計指針 平成17年9月 [5]

第2編 本体構造物編 / 第8章 構造細目

8.5 諸設備のための箱抜き

(1) トンネルの側壁部などには、非常電話ボックスその他の防災設備関係機器などの設置のための空間（箱抜き）を設けるものとする。
(2) 開口部、箱抜き部は、適切に補強しなければならない。

【解説】

(1)について

阪神高速道路で計画する開削トンネルには、その特性から防災設備関係機器などの箱抜きが側壁に設けられる。原則として、トンネルのための箱抜きを外側に張り出すことなく計画することを原則とする。

(2)について

防災設備関係機器等の設置に伴い、トンネル躯体に開口部および箱抜き部を形成するおよびトンネル部材厚に応じて、適切に補強する必要がある。開口、開口・箱抜き部の設計方法は設備の規模に応じ、以下に示す手法により設計することができる。表-解 8.5.1に主な設備の仕様と設計手法を示す。

① 標準断面（箱抜きを考慮しない）で解析し、得られた断面力に対して断面照査を行なう。
② 剛性低下法
箱抜き部の剛性を低下させた部材剛性に応じて、箱抜き部の隅角部有効高にて断面力に対して断面照査を行なう。
③ 見なし開口法
箱抜き部を"開口部"として取扱い、開口に隣接する側壁の有効幅の応力負担による手法を用いて設計を行う。

第2編 本体構造物編 / 第8章 構造細目

表-解 8.5.1 主な設備の箱抜き仕様と設計手法例

	正面図	側面図	設計手法
下階段・噴霧用消火器自動弁・消火栓・消火器設置用（通称4井栓・3点セット）もケア電話			見なし開口法
中継増幅器			簡便法 ※許容値内に収まらない場合には剛性低下法による。
一酸化炭素検出装置			簡便法
ELB盤			簡便法 ※許容値内に収まらない場合には剛性低下法による。
工事用電力箱			簡便法 ※許容値内に収まらない場合には剛性低下法による。
非常口管路配線用			剛性低下法

第2編 本体構造物編 / 第8章 構造細目

・見なし開口法について（解析手法）

開削トンネルは、トンネル横断方向が主応力方向となる一方向スラブで構成されれる。開口の影響によって断面力が配分される範囲は、下式による有効幅bmとする。開口幅+有効幅bmの幅を考慮し、低減された骨組解析モデルにより解析し、得られた断面に相当する部材の部材設計を行う。

$$b_m ≒ (0.8 - b/L) \cdot L$$

見なし開口部を有する側壁の設計は、開口幅+有効幅bmの幅を考慮し、低減された壁剛性による骨組解析モデルにより解析し、得られた断面力に対して相当する部材の部材設計を行う。

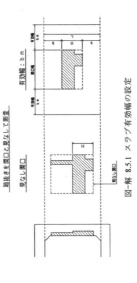

図-解 8.5.1 スラブ有効幅の設定

この設計方法は、箱抜き部をトンネルを構成する構造部材として期待せず、開口と見なして、箱抜き部に隣接する側壁を補強するため、箱抜き部の側壁の構造体としての機能は必要ない。従って、箱抜き部の側壁は、隣接する側壁に支持された4辺固定スラブとして考えておけばよい。設計荷重による分担荷重に対応できればよい。

二方向スラブによる照査は、図-解 8.5.2 に示す手法を行う。この時の荷重は、箱抜きを考慮した部材厚で照査を行う。この時の荷重は、箱抜きで全体に一定値載荷されていると仮定する。また、配筋は標準断面下端での主正圧および水平正断面における主鉄筋が確保されている、必要に応じ補強筋および補強筋を配置する。

第2編 本体構造編 ／ 第8章 構造細目

二方向スラブを考えた場合、以下の式により各方向の分担荷重を算出する。

$$W_x = W \cdot C_x$$
$$W_y = W \cdot C_y$$

ここに、
Wx：スラブのX方向における分担荷重
Wy：スラブのY方向における分担荷重
W：スラブの単位面積あたりの全荷重
Cx：四辺支承状態によって決まるLx方向の荷重係数
Cy：四辺支承状態によって決まるLy方向の荷重係数

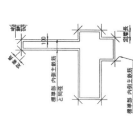

$$C_x = \frac{\ell_y^4}{\ell_x^4 + \ell_y^4}, \quad C_y = \frac{\ell_x^4}{\ell_x^4 + \ell_y^4}$$

図-解 8.5.2 箱抜き部背面部材の設計

(箱抜き部に隣接する側壁の補強)
見なし開口法により求められる必要鉄筋量を、有効幅bmに配置する。図-解 8.5.3 に箱抜き部に隣接する側壁の補強配筋図を示す。

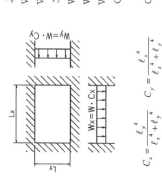

図-解 8.5.3 箱抜き部に隣接する側壁の補強鉄筋

第2編 本体構造編 ／ 第8章 構造細目

(箱抜き部周辺の補強)
箱抜き部周辺には、応力集中やその他によってひび割れが生じやすいため、補強鉄筋を配置する。図-解 8.5.4 に箱抜き部周辺の補強配筋図を示す。箱抜き部周辺に配置する鉄筋は側壁内側の主鉄筋と同サイズとし、囲むように配置する。

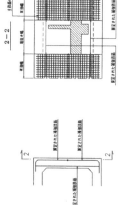

図-解 8.5.4 箱抜き部周辺の補強鉄筋

補強筋の定着処理については、補強筋の交差する箇所から定着長を確保する。
定着長は、以下の式により算出するものとする。

$$L_a = \frac{\sigma_{sa}}{4 \times \tau_{0a}} \cdot \phi$$

(箱抜き部背面に対する補強)
箱抜き部の背面における補強については、側壁内側の主鉄筋と同径のものを配置する。
箱抜き部については、主鉄筋およびスターラップの設置範囲については、図-解 8.5.5 に示す通りであり、鉄筋径については、側壁内側の主鉄筋と同径とする。また、配力筋については、箱抜き端部から所定の定着長を確保するものとする。
この時、箱抜き部部材厚を確保とし、側壁内側の主鉄筋と同径とする。また、配力筋については、箱抜き端部から所定の定着長を確保するものとする。

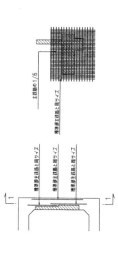

図-解 8.5.5 箱抜き部背面の補強鉄筋

付属資料1 「Ⅱ編 課題と提案」の参考資料

道路トンネル非常用施設設置基準・同解説 平成13年10月 日本道路協会[6]

通報・警報設備

概要	トンネル内における火災その他の事故の発生を管理所等へ通報し、非常警報装置の制御、消火、救助活動等に役立たせるための設備である。		
装置	(1) 非常電話		(2) 押しボタン式通話装置
設置間隔	200m以下		50m
設置高さ	路面または監視員通路面より 1.2m〜1.5m		箱抜きの一体化を考えて非常電話や消火設備と併設するのが望ましい 路面または監視員通路面より 0.8m〜1.5m
装置 設置例	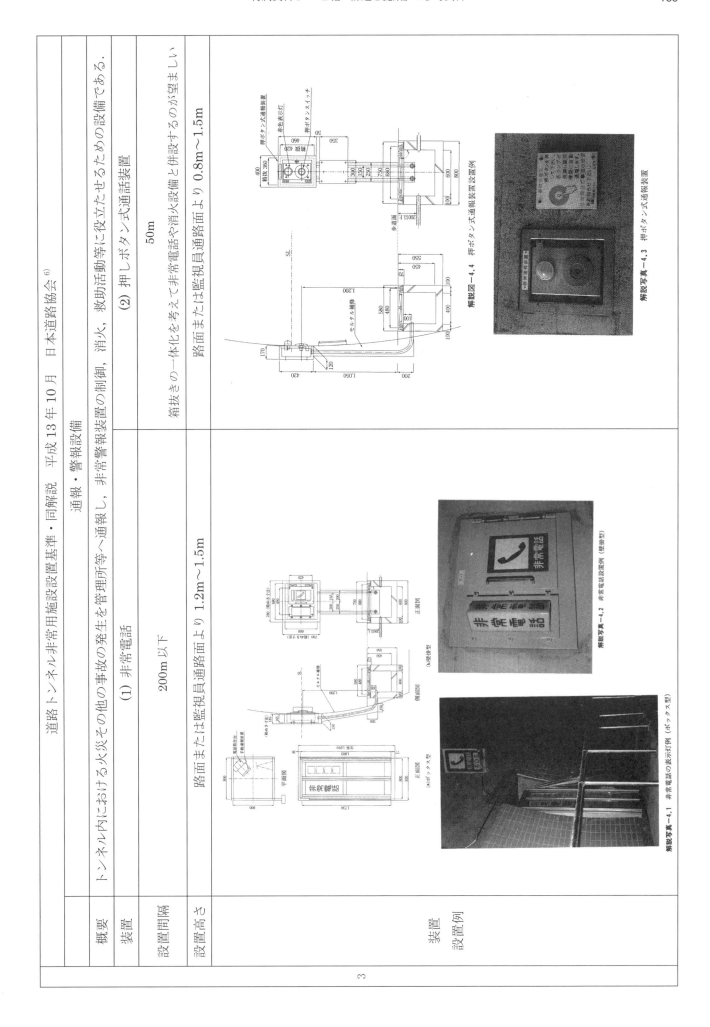		

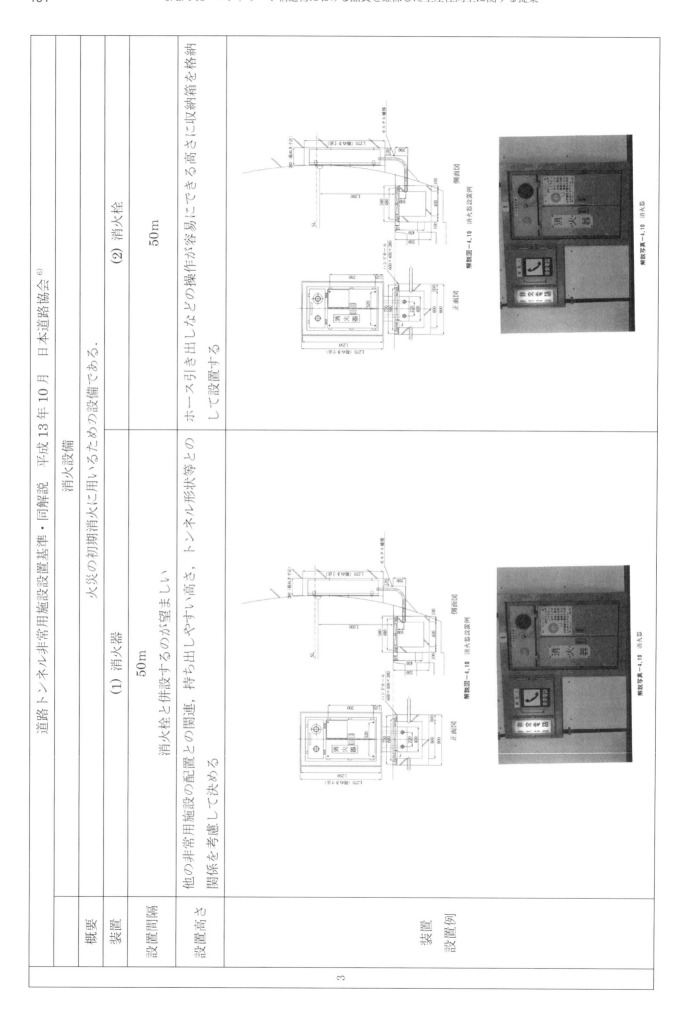

道路トンネル非常用施設設置基準・同解説　平成13年10月　日本道路協会[6]

概要	消火設備	
	火災の初期消火に用いるための設備である。	
装置	(1) 消火器	(2) 消火栓
設置間隔	50m	50m
設置高さ	消火栓と併設するのが望ましい	ホース引き出しなどの操作が容易に容易にできる高さに収納箱を格納して設置する
	他の非常用施設の配置との関連、持ち出しやすい高さ、トンネル形状等との関係を考慮して決める	
装置設置例		

(2) 提案に関する事例（埋め込み金物の干渉回避による配筋の複雑化の調整事例）

埋め込み金物の干渉回避による配筋の複雑化を調整した事例を図1.3.3.1に示す．埋込プレートのスタッドジベルと鉄筋の干渉状況を機械，電気側に提示し，干渉回避の方法を調整した．調整の結果，機械，電気側で埋込プレートの位置を移動するとともに，土木側で一部の配筋を移動した．これにより，スタッドジベルと鉄筋の干渉を回避するとともに鉄筋の切断を回避することができ，配筋の冗長性，施工性を確保することが可能となった．

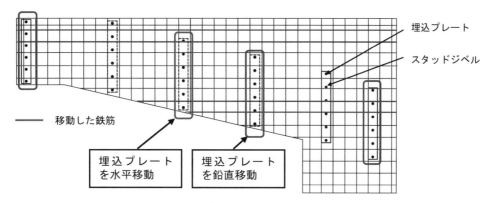

図1.3.3.1　埋込プレートと鉄筋の干渉回避（例）

参考文献

1) 国土交通省 近畿地方整備局：設計便覧（案）第3編 道路編, H24.4
2) 国土交通省 九州地方整備局：土木工事設計要領 設計要領 第Ⅲ編 道路編, H28.4
3) 東日本高速道路，中日本高速道路，西日本高速道路：設計要領 第二集 カルバート編, H26.7
4) 東日本高速道路 関東支店：東京外環自動車道(千葉県区間)掘割構造物 設計条件に関する統一事項, H22.6
5) 阪神高速道路：開削トンネル設計指針（H20.10 一部改訂）, H17.9
6) 日本道路協会：道路トンネル非常用施設 設置基準・同解説, 平成13年10月

1.4.1 コンクリート内に埋設できるスペーサの材料の規定を検討，整備する

(1) 関連する仕様

スペーサの材料として，型枠に接するスペーサはモルタル製およびコンクリート製を使用することを原則としている場合がほとんどである．

(2) 提案の参考となる一考察

a) 生産性及び品質確保を阻害する課題

仕様書やコ示［施工編：施工標準］10.4鉄筋組立において，スペーサの材料として，型枠に接するスペーサはモルタル製およびコンクリート製を使用することを原則としているが，モルタル製およびコンクリート製スペーサは設置しづらく，特に，壁部材などでは組立後に落下したり，抜け落ちたりする場合が多いことが課題である．

b) 提案の参考となる記述

コ示［施工編：施工標準］10.4鉄筋組立において，2012年の改訂に伴い，「側壁部では，耐荷力，熱膨張係数，スペーサの断面内の空間（開孔率）等が適切で，耐久性に悪影響を及ぼさないことを使用実績等から確認すれば，プラスチック製スペーサを用いることも可能である．」と記述されている．

1.4.2 埋設型枠を構造断面やかぶりとしてみなす規定を整備する

(1) 関連する仕様

コ示［施工編］11.9特殊型枠および特殊支保工において，埋設型枠に関する記載はあるが，構造部材の一部として見なすための要求性能等については書かれていない．

(2) 提案の参考となる一考察

a) 生産性及び品質確保を阻害する課題

モルタル製およびコンクリート製の埋設型枠設置時に，かぶりと見なして良いという性能や仕様の規定がなく，現状では，埋設型枠は有効断面として見なせないという見解もあることから，鉄筋の有効高さが小さくなる場合がある．埋設型枠との一体性についても，背面処理による付着のみとする場合やインサート等の鋼材で担保する場合など思想の統一がなされていないことが課題である．また，埋設型枠としては耐久性が高いものが多いが，継目（目地）の処理方法，耐久性についての評価方法などが定まっていないことも課題である．

b) 埋設型枠の仕様および適用事例

ここでは，埋設型枠の事例について紹介する．埋設型枠は，背面に打ち込まれるコンクリートとの一体性を確保するために，粗面に仕上げられており，対象とする構造物によって様々な形状とできることが特徴の一つである．埋設型枠の一例を**写真1.4.2.1**に示す．

写真1.4.2.1 埋設型枠の一例

また，埋設型枠は，建設審査証明等で強度，耐久性および一体性などの項目に関して要求性能が定められることから，構造条件，環境条件に応じて高強度や高耐久など様々な性能の埋設型枠を作製することができる．以下の**表1.4.2.1**に埋設型枠の性能試験結果の一例を示す．

表1.4.2.1 埋設型枠の性能試験結果一覧

項　目	試験方法	性能試験結果
施工性	施工性の確認	・コンクリートの側圧に十分耐えることができる． ・運搬，組立，建込みが容易である． ・穴あけ等の加工が可能
強度特性	圧縮強度試験（JIS A 1108）	・110.8N/mm²
	曲げ強度試験（JIS R 5201）	・24.2N/mm²
	弾性係数（JIS A 1149）	・35kN/mm²
	クリープ特性（JIS A 1157）	・クリープ係数 1.41
	パネル曲げ載荷試験	・12.6N/mm²
一体性	表面剥離試験（建研式による）	・普通コンクリートと同等
	二面せん断試験	・2.7～3.0N/mm²（道路橋標準示方書　平均せん断強度 0.4 N/mm²）
	鉄筋引張試験（ASTM C234）	・普通コンクリートを一体打設したものと同等
	インサート引抜き試験	・インサート埋込長 30mm とした場合 　R タイプ：18.7kN，W タイプ：21.2kN
	梁曲げ載荷試験	・普通コンクリートを一体打設したものと同等
	接合面透水試験（「アウトプット法」）	・普通コンクリートのみの供試体と同程度
耐久性	塩分浸透試験（JCI－SC04）	・表面塩化物イオン量は，普通コンクリートの場合の 1/8～1/10
	促進中性化試験（JIS A 1153）	・基材部（材齢1年）:0mm，目地部（材齢3ヶ月）:0mm
	凍結融解試験（JIS A 1148）	・600 サイクル時点で，相対動弾性係数および質量減少率の低下は認められない
	化学抵抗性試験 （「コンクリートの溶液浸漬による耐薬品試験方法（案）」）	・2％の HCl 溶液の浸漬試験で，1年浸漬後の質量減少率は普通コンクリートの 2/3
	乾燥収縮試験（JIS A 1129）	・普通コンクリートの 40％程度（材齢1年）
	透水試験（「インプット法」）	・水圧 1.96MPa，48 時間にて，透水係数は普通コンクリートの 1/100
	耐摩耗性試験（O式擦り減り装置）	・擦り減り係数は普通コンクリートの 47.3％
	海洋環境下での暴露試験	・暴露3年時点では，表面劣化は認められない
景観性	耐候性試験（サンシャインウェザーメータ）	・色相の変化は認められない

埋設型枠の適用事例を**表1.4.2.2**に示す．特に，厳しい環境下のコンクリート構造物に埋設型枠が適用され，腐食作用・凍結融解作用・摩擦作用および化学作用などに対して構造物の耐久性を向上させることができる．また，施工の合理化・工程短縮や支保工を必要としないことから，安全性の向上といった観点からも採用される場合がある．

表1.4.2.2 埋設型枠の適用事例

海洋構造物 （塩害環境下）		
橋梁下部工		
コンクリートダム		
トンネル （導水路トンネル）		

水理施設		
壁高欄，床スラブ		

設計時の諸定数の一例を以下の**表1.4.2.3**に示す．耐久性に関し，埋設型枠を有効かぶりとして設計することができる．また，目地部においてもシリコンなどの材料を用いてシーリングを行うことによって有効かぶりとして考慮できる．目地部の設計の一例を**図1.4.2.1**に示す．

表1.4.2.3 設計時の諸定数の一例

種　別	強度，定数	備　考
曲げ引張強度	繊維配向方向：32N/mm² 繊維配向直角方向：18N/mm²	
曲げ弾性係数	繊維配向方向：17kN/mm² 繊維配向直角方向：14kN/mm²	
単位容積質量	24kgf/枚	1枚の寸法：910mm×1820mm×8.5mm
線膨張係数	繊維配向方向：7.9×10^{-6}/℃ 繊維配向直角方向：9.7×10^{-6}/℃	普通コンクリートと同様
（施工時）埋設型枠の許容曲げ応力度	繊維配向方向：21N/mm² 繊維配向直角方向：12N/mm²	

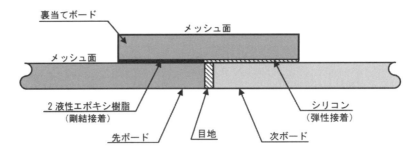

図1.4.2.1 目地部の設計の一例

1.4.3 仮設物の本体工への積極的活用により生産性の向上を図る

(1) 関連する仕様

現状では，連壁の本体利用について以下の示方書等に記載がある（**表1.4.3.1**）．各々一つの章を連壁本体利用に充てているため，ここでは該当する章を紹介するに留める．

表1.4.3.1　連壁の本体利用について示方書等の記載

示方書等の名称	該当する章
土木学会　トンネル標準示方書［開削工法・同解説］	第12章　地下連続壁を本体利用する場合の設計
鉄道構造物等設計標準・同解説［開削トンネル］	8章　地下連続壁を本体に利用する構造物の設計
首都高　トンネル構造物設計要領（開削工法編）	第7章　地中連続壁の本体利用

(2) 提案の課題

地中連続壁の本体利用や逆巻き工法については，既に設計・施工法が確立しており，実績も豊富である．切梁や中間杭等の仮設物を本設部材の一部として有効に利用する新たな工法については，これらの既存工法の実績等を足掛かりに研究開発～実用化を進めていく．

ボックスカルバート等では，プレキャスト化した部材を支保工材として本設・仮設兼用で用いる工法も考えられる（プレキャストとの複合により，更なる省力化，工程短縮が期待できる）．

研究開発にあたっては，完成した構造物が本設として備えるべき品質，性能を確実に担保出来る施工法ないし設計法であることが求められる．特に地下構造物においては水密性の確保が課題である．

1.4.4 鋼繊維補強コンクリートを構造部材へ適用できる規定を検討，整備する
(1)関連する仕様

各発注者の仕様書における繊維補強コンクリートに関する記載内容を表1.4.4.1に示す．各発注者の仕様書では，鋼繊維補強コンクリートに限らず，短繊維補強コンクリートに関する記述はわずかである．構造的な内容としては，鉄道総研の杭体設計の手引[4]では鋼繊維補強コンクリートを用いることで場所打ち杭の軸方向鉄筋の定着長を減じることが可能となっている．

一部の仕様書ではコンクリート標準示方書を参照することとなっているが，コンクリート標準示方書では施工編に「短繊維補強コンクリート」の章はあるものの，設計編の本文，解説には記述がなく，設計法が確立されていないのが現状である．

最近の実績が多い鋼繊維は端部フック型であるが，鋼繊維の太さ・長さ・強度・端部フック形状の違いにより同じ体積混入量でも力学性能に大きな差が生じる．そのため，現状では各種鋼繊維を用いた部材の力学性能に関する知見の蓄積が不十分であり，統一的な指針が策定されていないものと考えられる．

表1.4.4.1 各仕様書の短繊維補強コンクリートに関する記載内容

発注者・仕様書名	章節	記載内容
首都高 土木工事共通仕様書 H20	第8節 特殊コンクリート 7.8.6 鋼繊維補強コンクリート	請負者は，鋼繊維補強コンクリートの施工にあたっては，設計図書に示す品質が得られるよう，材料，配合，練混ぜ設備及び施工管理計画等について，作業計画書に記載しなければならない．
阪高 土木工事共通仕様書 H27.10	3.9.3 特殊コンクリート	(6) 短繊維補強コンクリート ① 短繊維補強コンクリートの施工は，Co示方書[施工編：特殊コンクリート] 5章（短繊維補強コンクリート）によらなければならない． ② 短繊維補強コンクリートの施工にあたっては，所要の品質が得られるよう，材料，配合，練り混ぜ設備，および施工方法などについて十分検討を行わなければならない．
JR東海 土木工事標準示方書 H26.3	8 無筋および鉄筋コンクリート工 8-5 施工 8-5-11 その他各種コンクリート	マスコンクリート，流動化コンクリート，高強度コンクリート，軽量骨材コンクリート，高流動コンクリート，膨張コンクリート，連続繊維補強コンクリート，プレパックドコンクリート，鋼繊維補強コンクリート，吹付けコンクリート，プレキャストコンクリート（工場製品）等については，土木学会示方書等関連規定類によるほか，各々の性質を十分に考慮し，材料，配合，施工方法等について事前に試験をする等十分検討した上で，あらかじめ届出て承諾を受けた後施工すること．
JR東海 土木工事標準示方書 H26.3	12 弾性マクラギ直結軌道路盤工 12-4 繊維補強コンクリート 12-4-2 配合	（2）配合計画におけるスランプは，ベースとなるレディーミクストコンクリートの受入れ検査時点で18±2.5cm，補強繊維混入後で12cm以上であることを試験練りで確認すること．
鉄道総研 鉄道構造物等設計標準・同解説：基礎構造物：杭体設計の手引き H24	第I編 場所打ち杭 2.10 軸方向鉄筋の接合部での定着	解説内：(c)軸方向鉄筋のフーチング内部での基本定着長 l_d ②軸方向鉄筋の定着部に鋼繊維補強コンクリートを用いる場合には，式（解2.10-3）により算定した k_s で式（2.9-1）により得られた値を除して低減してよい．

(2) 具体的な問題点および事例

1) 現状の設計基準類での問題点

a) せん断耐力式の制限

鋼繊維補強鉄筋コンクリート柱部材の設計指針（案）では，鋼繊維の混入量の適用範囲が 1.0〜1.5Vol.% と限定され，この範囲において指針（案）でのせん断耐力式が使用できるものとなっている．その内容は，通常のＲＣにおけるコンクリートのせん断力負担分を2倍するというものとなっている．しかし，この式では軸力の効果を考慮することができず，有効高さが 1.0m までの部材にしか適用できないという制限がある．また，高性能な鋼繊維も普及しており，体積混入率で制限をかけていることが不合理な状態となっている．

b) 曲げ耐力の算出方法

鋼繊維補強鉄筋コンクリート柱部材の設計指針（案）では，曲げに関しては圧縮側の応力－ひずみ曲線に高靭性な曲線を用いることを規定しているが，それ以外はコンクリート標準示方書に従うものとされている．つまり，鋼繊維による引張応力分担を考慮できないものとなっている．また，引張軟化曲線のモデルが記載されているが，せん断耐力を有限要素解析で求めるための引張軟化曲線であり，曲げに関する検証はされていない．引張軟化曲線を断面解析に用いる場合は等価検長が必要となるが，示されていないため曲げ耐力を算出することができない．また，鋼繊維の混入によって定性的に曲げひび割れが分散することが知られているが，鋼繊維の違い（長さ，太さ）や混入量の違いによる定量的な評価ができていないため，使用限界状態の照査についても鋼繊維による性能向上を考慮することができない．

c) 耐久性

通常のＲＣ構造と同様に鋼繊維補強コンクリートを考える場合，使用時にひび割れを許容することとなり，ひび割れ面の鋼繊維が腐食する．しかし，鋼繊維が腐食した後の力学性能について記述している指針類がない．

2) 適用例および研究例

個別には鋼繊維補強コンクリートの適用や研究開発が進んでおり，技術的には有効に使用できることが確認されている．以下に適用例および研究例を3件示す．

a) 山岳トンネルインバートへの適用例

トンネル完成後の地下水保全を目的として，トンネル内への湧水を止水する防水シートを使用したウォータータイト構造が採用されている工事において当初設計においては，標準断面部インバートは複鉄筋によるＲＣ構造とされていた（図1.4.4.1）．これを本工事では防水シートの品質向上と工程短縮を目的として，ＳＦＲＣ構造（鋼繊維補強コンクリート）へ変更した．ＳＦＲＣを採用した結果，インバート鉄筋組立時の防水シート破損のリスクが低減されたため，当初設計と比較して，防水構造をより確実なものとすることができた．また，鉄筋組立作業が削減されたため，当初想定していた鉄筋組立のサイクルが無くなり，工程短縮にもつながった．

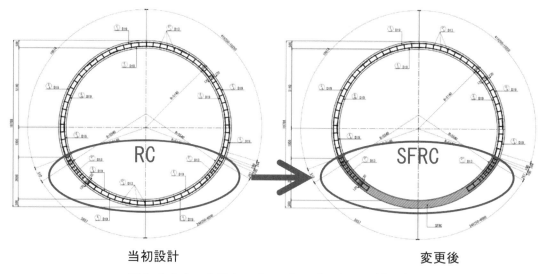

図 1.4.4.1 山岳トンネルインバートへの適用例

b) シールドセグメントの配筋合理化

シールドトンネル施工時のセグメントの割れ・欠けの防止と，RCセグメントの配筋の合理化（配力鉄筋の省略，主鉄筋量の低減）のため，RSF（鋼繊維補強鉄筋コンクリート）セグメントとした事例[5]がある（**図 1.4.4.2**）．実験データを蓄積して曲げに関する設計手法まで整理した土木学会技術評価報告書[6]で設計・施工をしたが，汎用的に設計に取り込むためには，指針類の整備が必要である．

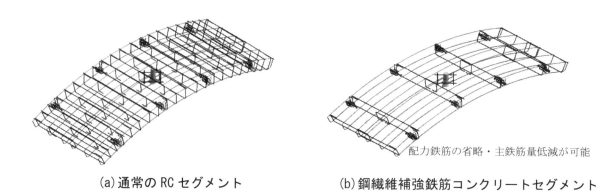

(a) 通常の RC セグメント　　　　　(b) 鋼繊維補強鉄筋コンクリートセグメント

図 1.4.4.2　シールドトンネルセグメントへの鋼繊維補強鉄筋コンクリートの適用例

c) 鋼繊維補強コンクリートを用いた鉄道ラーメン高架橋の柱・梁・杭の接合部の研究

耐震設計において考慮すべき地震力の増大により，鉄道ラーメン高架橋の鉄筋量が増加する傾向にある．そのため，**図 1.4.4.3** の左図に示すようなラーメン高架橋の柱・梁・杭の接合部においては，各部材の軸方向鉄筋が輻輳し，鉄筋組立が煩雑化し，コンクリート充填性が低下する．これより，施工性に優れた接合部の構造の開発が求められていた．また，近年の鉄筋の太径化や高強度化にともなう定着長の増加により，接合部の部材寸法が増加する場合があった．これに対し，接合部に鋼繊維補強コンクリートを使用することで接合部内の軸方向鉄筋の定着長を低減させたり，杭や柱部材の横方向鉄筋を省略できる接合部構造の研究開発が行われた[7]．鋼繊維量に応じて低減できる定着長の算定式が提案されており，仕様書にも適用されている（**表 1.4.4.1** 参照）．

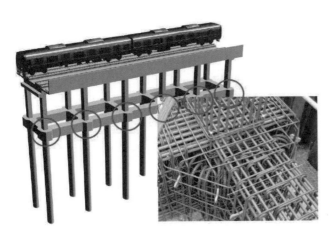
(a) 一般的なラーメン高架橋の柱・梁・杭接合部の配筋状況

(b) 鋼繊維により定着性能が向上した接合部

図 1.4.4.3　鉄道ラーメン高架橋の部材接合部への鋼繊維補強鉄筋コンクリートの適用例

参考文献

1) 首都高速道路：土木工事共通仕様書，2008．
2) 阪神高速道路：土木工事共通仕様書，2015.10
3) 東海旅客鉄道：土木工事標準仕様書，2014.3
4) 鉄道総合技術研究所：鉄道構造物等設計標準・同解説:基礎構造物:杭体設計の手引き，2012．
5) 加藤隆，山仲俊一朗，小森敏生，森田誠：鋼繊維補強鉄筋コンクリート（RSF）セグメントの実施工への適用，土木学会第 67 回年次学術講演会講演概要集，Ⅵ-166，pp.331-332，2012．
6) 土木学会：「繊維補強鉄筋コンクリート製セグメントの設計・製作技術」に関する技術評価報告書，技術推進ライブラリー，No.6，2010．
7) 田所敏弥，谷村幸裕，前田友章，徳永光宏，轟俊太郎，米田大樹：鋼繊維コンクリートを用いたラーメン高架橋部材接合部の開発，鉄道総研報告，第 23 巻，第 12 号，pp.35-40，2009．

1.5.1 軸方向鉄筋の機械式定着を活用するための規定を検討，整備する

(1) 関連する仕様

多くの発注者では軸方向鉄筋の機械式定着に関する具体的な規定がなく，国交省系では設計図書において特に定めのない事項については，土木学会の鉄筋定着・継手指針等の指針類に従うようにしている．軸方向鉄筋への機械式定着工法に関して記述している仕様書として，JR東マニュアル(2015年　改訂版)があり，「鉄筋の定着方法には，**図 1.5.1.1(a)**(解説図 11.9-3.2(a))のように軸方向鉄筋の定着として用いる場合と，**図 1.5.1.1(b)**(解説図 11.9-3.2(b))のようにせん断補強鉄筋の定着として用いる場合がある．標準フックに代えて，この定着工法を用いる場合には，確認された範囲の定着工法を用いるとともに，鉄筋の拡大部分の引張強度が鉄筋母材の規格引張強さ以上の方法を用いるものとする．なお，疲労及びねじりの影響が支配的な部材，梁・柱接合部の柱軸方向鉄筋については性能が確認された範囲内において利用することを原則とする．」とされ，鉄筋定着の方法の一つとして軸方向鉄筋の機械式定着を定めている．しかしながら，「配筋図および数量計算書は標準フックで発注し，変更する場合には実情に合わせたものとする」と記述されており，発注図には機械式定着が考慮されていないのが現状である．

表 1.5.1.1に軸方向鉄筋の機械式定着に関係する各発注者の仕様書の抜粋を示す．多くの発注者の仕様書では，特に定めのない場合，土木学会の鉄筋定着・継手指針等の指針類に従うこととされており，機械式定着工法の適用は個別に協議されているものと考える．

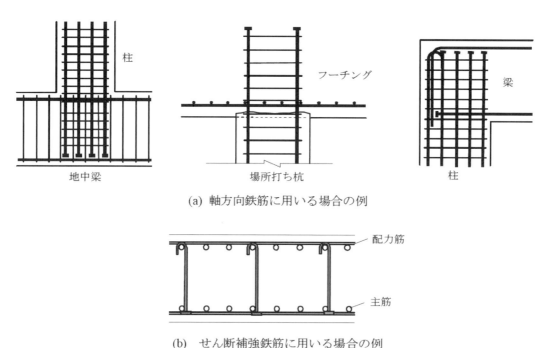

解説図 11.9-3.2　鉄筋の定着方法

図 1.5.1.1　鉄道構造物等設計標準（JR東日本）の機械式定着仕様の例

付属資料1 「Ⅱ編 課題と提案」の参考資料

表 1.5.1.1 軸方向鉄筋の機械式定着に関係する記述（各発注者仕様書）

	発注者・仕様書名	章節	記載内容	備考
1	国交省 関東地整 土木工事共通仕様書 国交省 九州地整 土木工事共通仕様書 国交省 中部地整 土木工事共通仕様書	第2節 適用すべき諸基準 1. 適用規定	受注者は、設計図書において特に定めのない事項については、下記の基準類による。これにより難い場合は、監督職員の承諾を得なければならない。なお、基準類と設計図書に相違がある場合は、原則として設計図書の規定に従うものとし、疑義がある場合は監督職員と協議しなければならない。 土木学会 コンクリート標準示方書（設計編）（平成25年3月） 土木学会 鉄筋定着・継手指針（平成19年8月）	
2	鉄道 JR東日本 鉄道構造物等設計標準のマニュアル	コンクリート構造物編 鉄筋の定着（その他の定着方法）	(1) 鉄筋端部を特殊な形状に加工するか、鉄板、ナットなどの冶具を接合し、コンクリートに支圧応力を伝達する定着方法を用いる場合には、標準フックと同等以上の定着性能を有するものを用いなければならない。 (2) 鉄筋の定着方法には、解説図 11.9-3.2(a)のように軸方向鉄筋の定着として用いる場合と、解説図 11.9-3.2(b)のようにせん断補強鉄筋の定着として用いる場合がある。標準フックの拡大部分の定着工法を用いる場合には、確認された範囲の定着工法を用いることとして、この定着工法の規格引張強さ以上の方法を用いるものとする。 なお、疲労及びねじりの影響が支配的な部材、梁・柱接合部の柱軸方向鉄筋については性能が確認された範囲内において利用することを原則とする。 (3) 引張鉄筋に用いる場合、定着長は基本定着長（フックあり）と同様に算出するものとする。ただし、当面、配筋図および数量計算書は標準フックで発注し、変更する場合には図面を実状に合わせたものにする。なお、柱・梁において大地震時にヒンジが形成されるような区間には図面に合わせたものにするが、呼び径の3倍まで定着部が相互に接しない範囲に試験で性能を確認した場合は、この限りではない。 (4) せん断補強鉄筋に用いる場合は、配筋図および数量計算書は標準フックで発注し、変更する場合には図面を実状に合わせたものにする。なお、柱・梁・床版面までの付着定着部の長さとする。 (5) 隣接する鉄筋相互の最小間隔は、定着部が相互に接した場合は、この限りではない。 (6) フック以外の支圧定着部で定着する場合のかぶりは、定着部の側面において標準かぶり以上とする。	
3	電力 電源開発 土木工事共通仕様書	5 コンクリート 5.7 鉄筋	図面に示していないかぶり、鉄筋のあき、鉄筋の曲げ形状、鉄筋の定着、鉄筋の継手は原則として、土木学会制定の「コンクリート標準示方書」によるものとする。	
4	道路 阪高 土木工事共通仕様書	第3章 一般施工 第2節 適用すべき諸基準	適用すべき諸基準については、この編第1章第1節 1.1.8「適用すべき諸基準」によるほか、次に示す基準などによるものとする。 土木学会 鉄筋定着・継手指針	
5	道路 首都高 土木工事共通仕様書	第7章 コンクリート構造工 第1節 一般事項 7.7.1 適用範囲	設計図書において特に定めのない事項については、次による。 土木学会 鉄筋定着・継手指針 [2007年版]	

(2) 提案の参考となる一考察

　多くの発注者では仕様書に軸方向鉄筋の機械式定着に関する具体的な規定がないため，当初設計に盛り込まれることがなく，施工不良や施工不可能となる恐れがある場合に，施工段階に発注者と施工者との協議等によって適用するのが現状であるが，近年では計画段階から機械式定着を考慮する発注者も増えつつある．

　さらに，建築の分野では指針や示方書に軸方向鉄筋への機械式定着を積極的に盛り込むことで，一般的に使われておりその実績も多いのが現状である（図1.5.1.2）．建築の場合は，機械式定着を用いることによって定着長を短くできるような規定があるが，建築と土木では要求性能等が異なることから，土木構造物の接合部に適用する場合は，隅角部の破壊形態や耐力に影響が出る可能性があるため，建築の規定をそのまま適用することは難しく，性能確認試験等による照査等が必要となる．

　一方，現状では各種機械式定着工法の実験的性能検証のレベルが工法によりまちまちであり，個別に適用性を検討する必要がある．一般に広く普及されるためには，性能確認の方法が標準化されることが望まれる．さらに，機械式定着の耐力は直接部材の耐力に影響するため，施工された定着体の品質を確実に確保する必要があると思われる．施工時の品質が安定しており（誰が施工しても確実に施工できる），検査時に不良品を確実に排除できる（誰が検査しても不良品を判別できる）製品であることが重要である．そのために，検査に手間がかかるとか，不良品の割合が高い等があると採用が難しい．以上を踏まえた検証体制の確立および製品の選別が土木分野で普及するための課題と思われる．

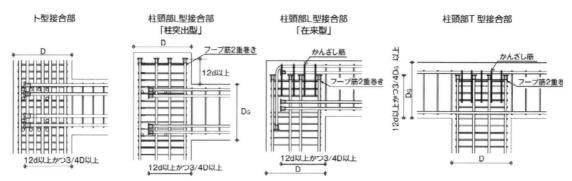

図1.5.1.2　建築分野での軸方向鉄筋に用いた機械式定着の配筋例

参考文献

1) 土木学会：2012年制定コンクリート標準示方書［設計編］，2014.9
2) 土木学会：鉄筋定着・継手指針［2007年版］，2007.8
3) 東日本旅客鉄道株式会社：鉄道構造物等設計標準のマニュアル［2004年12月制定］，2011.7
4) 国土交通省関東地方整備局：土木工事共通仕様書［平成27年版］，2015.4
5) 国土交通省九州地方整備局：土木工事共通仕様書［案］，2015.4
6) 国土交通省中部地方整備局：土木工事共通仕様書，2015.4
7) 電源開発株式会社：土木工事共通仕様書
8) 阪神高速道路株式会社：土木工事共通仕様書，2015.10
9) 首都高速道路株式会社：土木工事共通仕様書，2008.7
10) 日本建築総合試験所・機械式鉄筋定着工法研究委員会：機械式鉄筋定着工法設計指針，2006.1

1.5.2　主筋の定着長内での折曲げ仕様の規定を検討，整備する

(1)関連する仕様

a) コンクリート標準示方書

コ示［設計編：標準］7編2.5.3鉄筋の定着長(3)において，定着長内の折曲げ仕様に関して以下のように規定している．折り曲げ開始点に関する規定はなく，定着長として見なす範囲の最初から曲げ始めても良い規定となっている（図1.5.2.1）．

(ⅰ)　曲げ内半径が鉄筋直径の10倍以上の場合は，折り曲げた部分も含み，鉄筋の全長を有効とする．
(ⅱ)　曲げ内半径が鉄筋直径の10倍未満の場合は，折り曲げてから鉄筋直径の10倍以上まっすぐに延ばしたときにかぎり，直線部分の延長と折曲げ後の直線部分の延長との交点までを定着長として有効とする．

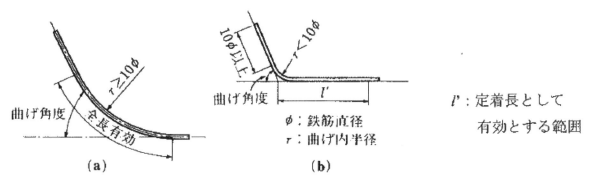

図1.5.2.1　定着部が曲がった鉄筋の定着長のとり方

b) 建築における配筋仕様の規定

建築においても，主筋定着の折曲げ仕様の規定は明記されていないが，図1.5.2.2に示すように「日本建築学会の鉄筋コンクリート造配筋指針・同解説」にて以下の柱梁接合部の柱筋の絞り位置と絞り方が記載されている[1]．建築，土木ともに，柱筋と杭筋などの干渉時にこの規定を参考に定着長内での折曲げ許可を得て現場で適用することがある．

また，建築の同指針では，折り曲げ位置に関して規定する記述がある．

なお，建築の指針において，柱せいの差eと梁せいDの比を$e/D \leqq 1/6$かつ150mm以下とした設定根拠については，今回の本小委員会の調査では確認できていない．

> **（1） 柱梁接合部の柱筋の絞り位置と絞り方**
>
> 上下階の柱せいの差 e と梁せい D の比が $e/D \leq 1/6$ かつ 150 mm 以下の場合には，柱梁接合部内で柱筋を絞ることができる．この場合，梁の上端では下記の 2 点のいずれかを目安とし，梁の下端では柱筋と梁筋の交差部を目安として柱筋を折曲げ加工する〔備考図 9.12 参照〕．
>
> （a） 梁筋と柱筋の中心線の交差点
> （b） スラブコンクリート上面より一定距離下がった点（例えば 50 mm）
>
> （a），（b）の方法は，加工工場で鉄筋を加工する場合や先組工法の場合に適している．柱筋の絞り位置は現場の状況に応じて変わることもあるが，折曲げの基準は設計図書に特記する．荷重や外力によって柱筋に引張力が作用すると，折曲げ勾配に応じた水平分力 H が生ずるので，柱筋の折曲げ位置に二重帯筋を用いるなどして，この水平分力に抵抗させる必要がある．
>
> 一方，下階よりも上階柱断面を小さくする柱の絞り面の数が増えると，柱筋の折曲げ加工数が増え，特に太径主筋を用いる鉄筋工事では，施工性が著しく低下する．そのため，構造設計の際に，柱の絞り面数が増えないように，各階柱断面の形状・寸法を計画するのがよい．
>
> なお，異形鉄筋は，ふしがあるため 2 方向曲げが困難であるので，通常，隅筋（柱断面隅部の柱筋）についても，1 方向折曲げ加工の鉄筋が用いられる．

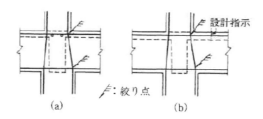

図 1.5.2.2　建築における柱梁接合部の柱筋の絞り位置と絞り方の規定 [1]

(2) 提案の参考となる情報

最近の研究において，組立時のずれの修正を行う場合の軸方向鉄筋の台直しによる耐震性能の影響を評価した研究があり，この文献では，定着長内において 1:5（望ましくは 1:7）程度以下の勾配で行う必要があるとの結論となっており [2]，建築における 1:6 の規定よりも大きな角度でも耐震性能に影響がないとされている．

また，上述の通り，建築では折り曲げ角度と折曲げ開始位置に制限を設ける規定がある．この仕様規定の根拠となる文献は，確認できていないが，現状，過去の地震被害を受けた建築構造物で，この仕様規定が要因で構造的な不具合が生じた事例の報告は見当たらない．

以上のことから，軸方向鉄筋の定着長内において，曲げ角度で制限することで定着性能を確保できる可能性が高いと考える．

参考文献

1) 鉄筋コンクリート造配筋指針・同解説，pp.205, 日本建築学会，2010.8
2) 辻正哲，石川雄志，畑中強志，澤本武博，飯田竜太，岡本大：主鉄筋の位置ずれ修正が RC 部材の力学的挙動に及ぼす影響，材料，Vol.54, No.8, pp.861-868, 2005.8

1.5.3 鉄筋の合理的な曲げ形状の性能照査方法を検討，整備する
(1) 関連する仕様

「JIS G 3112 鉄筋コンクリート用棒鋼」では SR235～SD490 が対象になっており，曲げ性が曲げ内半径として規定されている（**表 1.5.3.1**）．コ示では，[設計編：本編] および [設計編：標準] に関連する記述がある．その他，鉄筋の曲げ形状に関連する各示方書，設計標準・指針，各発注者の仕様について**表 1.5.3.4～表 1.5.3.10**に示す．

高強度鉄筋の場合については，鉄道標準[1]に記述があり，軸方向鉄筋のフックにおける曲げ内半径を，コンクリート強度に応じて規定することが提案されている．せん断補強鉄筋については標準フックの形状が示されている（**図1.5.3.1**，**表1.5.3.2**，**表1.5.3.3**）．

表1.5.3.1　JISにおける機械的性質

種類の記号	降伏点又は耐力 N/mm²	引張強さ N/mm²	引張試験片	伸び %	曲げ性 曲げ角度	曲げ性 内側半径	
SR235	235 以上	380～520	2号	20以上	180°		公称直径の1.5倍
			14A号	22以上			
SR295	295 以上	440～600	2号	18以上	180°	径16mm以下	公称直径の1.5倍
			14A号	19以上		径16mm超え	公称直径の2倍
SD295A	295 以上	440～600	2号に準じるもの	16以上	180°	呼び名D16以下	公称直径の1.5倍
			14A号に準じるもの	17以上		呼び名D16超え	公称直径の2倍
SD295B	295～390	440 以上	2号に準じるもの	16以上	180°	呼び名D16以下	公称直径の1.5倍
			14A号に準じるもの	17以上		呼び名D16超え	公称直径の2倍
SD345	345～440	490 以上	2号に準じるもの	18以上	180°	呼び名D16以下	公称直径の1.5倍
			14A号に準じるもの	19以上		呼び名D16超え 呼び名D41以下	公称直径の2倍
						呼び名D51	公称直径の2.5倍
SD390	390～510	560 以上	2号に準じるもの	16以上	180°		公称直径の2.5倍
			14A号に準じるもの	17以上			
SD490	490～625	620 以上	2号に準じるもの	12以上	90°	呼び名D25以下	公称直径の2.5倍
			14A号に準じるもの	13以上		呼び名D25超え	公称直径の3倍

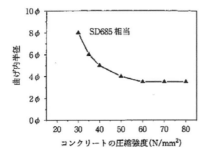

図1.5.3.1　軸方向鉄筋の標準フックの曲げ内半径[1]

表1.5.3.2　軸方向鉄筋軸の標準フック[1]

鉄筋の種類 (SD相当)	曲げ内半径 r	余長 半円形フック	余長 直角フック
SD 490	3.5φ	4.0φ以上かつ60mm以上	12.0φ以上
SD 685相当	付図1.5.3.1参照	4.0φ以上かつ60mm以上	12.0φ以上

表1.5.3.3　標準フック（せん断補強鉄筋）[1]

鉄筋の種類	曲げ内半径 r	余長 半円形フック	余長 直角フック
SD 490	3.0φ以上	4.0φ以上	6.0φ以上
SD 685相当	2.0φ以上	6.0φ以上	8.0φ以上
SD 785相当	2.0φ以上	6.0φ以上	8.0φ以上
SD 1275相当	2.5φ以上	6.0φ以上	8.0φ以上

表 1.5.3.4　各仕様書における鉄筋の規格、仕様規定に関する記載内容

発注者・仕様書名	章節	記載内容	備考
1　土木学会コンクリート標準示方書コンクリート編設計編 2012年	本編 13. 章　鉄筋コンクリートの前提 13.5　鉄筋の曲げ形状	折曲げ加工した鉄筋を用いる場合には、鉄筋の品質に与える影響やコンクリートに生じる支圧力の大きさを考慮して曲げ形状、配置方法を定めなければならない。	
	13.6　鉄筋の定着	鉄筋は、その強度を十分に発揮させるため、鉄筋端部がコンクリートから抜け出さないよう、コンクリート中に確実に定着しなければならない。	
	標準 7編　鉄筋コンクリートの前提および構造細目 2.4　鉄筋の曲げ形状	(1) 折曲げ鉄筋の曲げ内半径は、鉄筋直径の5倍以上でなければならない。ただし、コンクリート部材の側面から 2φ+20mm 以内の距離にある鉄筋を折曲げとして用いる場合には、その曲げ内半径を鉄筋直径の7.5倍以上としなければならない。 (2) ラーメン構造の隅角部の外側に沿う鉄筋の曲げ内半径は、鉄筋直径の10倍以上でなければならない。 図 2.4.1　折曲鉄筋の曲げ内半径　　図 2.4.2　ハンチ、ラーメンの隅角部等の鉄筋	
	標準 7編　鉄筋コンクリートの前提および構造細目 2.5.2　標準フック	(1) 標準フックとして、半円形フック、直角フック、鋭角フックを用いる。 (2) 標準フックの形状は、次の(i)〜(iii)による。 (i) 半円形フックは、鉄筋の端部を半円形に180°折り曲げ、半円形の端部から鉄筋直径の4倍以上で 60mm 以上まっすぐ延ばしたものとする。 (ii) 鋭角フックは、鉄筋の端部を135°折り曲げ、折り曲げてから鉄筋直径の6倍以上で 60mm 以上まっすぐ延ばしたものとする。 (iii) 直角フックは、鉄筋の端部を90°折り曲げ、折り曲げてから鉄筋直径の12倍以上まっすぐ延ばしたものとする。 図 2.5.1　鉄筋端部のフックの形状	

付属資料1 「Ⅱ編　課題と提案」の参考資料

表1.5.3.5. コンクリート標準示方書における標準フックの変遷

年代		昭和24年版	昭和42年版	昭和49年版			昭和61年版			平成3年版			平成8年版			2002年版			2007年版			2012年版		
表題		曲げ内半径	曲げ内半径	曲げ内半径			フックの曲げ内半径			フックの曲げ内半径			フックの曲げ内半径			フックの曲げ内半径			フックの曲げ内半径			フックの曲げ内半径		
用途				フック	スターラップ 帯鉄筋		フック	スターラップ 帯鉄筋		フック	スターラップ 帯鉄筋		フック	スターラップ 帯鉄筋		フック	スターラップ 帯鉄筋		軸方向鉄筋	スターラップ 帯鉄筋		軸方向鉄筋	スターラップ 帯鉄筋	
曲げ内半径	SR235(SR24)	―	2.0D以上	2.0D以上	1.0D以上		2.0D以上	1.0D以上		2.0D以上	1.0D以上		2.0D以上	1.0D以上		2.0D以上	1.0D以上		2.0D以上	1.0D以上		2.0D以上	1.0D以上	
	SR295(SR30)		2.5D以上	2.5D以上	2.0D以上		2.5D以上	2.0D以上		2.5D以上	2.0D以上		2.5D以上	2.0D以上		2.5D以上	2.0D以上		2.5D以上	2.0D以上		2.5D以上	2.0D以上	
	SD295(SD30)	1.5D	2.5D以上	2.5D以上	2.0D以上		2.5D以上	2.0D以上		2.5D以上	2.0D以上		2.5D以上	2.0D以上		2.5D以上	2.0D以上		2.5D以上	2.0D以上		2.5D以上	2.0D以上	
	SD345(SD35)		2.5D以上	2.5D以上	2.0D以上		3.0D以上	2.5D以上		2.5D以上	2.0D以上		2.5D以上	2.0D以上		2.5D以上	2.0D以上		2.5D以上	2.0D以上		2.5D以上	2.0D以上	
	SD390(SD40)		3.0D以上	3.0D以上	2.5D以上		3.5D以上	3.0D以上		3.0D以上	2.5D以上		3.0D以上	2.5D以上		3.0D以上	2.5D以上		3.0D以上	2.5D以上		3.0D以上	2.5D以上	
	SD490(SD50)	―	―	―	―		3.5D以上	3.0D以上		3.5D以上	3.0D以上		3.5D以上	3.0D以上		3.5D以上	3.0D以上		3.5D以上	3.0D以上		3.5D以上	3.0D以上	
異形鉄筋の直線部	直角フック	―	6Dもしくは60mm以上	12D以上			12D以上			12D以上			12D以上			12D以上			12D以上			12D以上		
	鋭角フック	―		6Dで60mm以上			6Dで60mm以上			6Dで60mm以上			6Dで60mm以上			6Dで60mm以上			6Dで60mm以上			6Dで60mm以上		
	半円形フック	適当な長さ	6Dもしくは60mm以上	4Dで60mm以上			4Dで60mm以上			4Dで60mm以上			4Dで60mm以上			4Dで60mm以上			4Dで60mm以上			4Dで60mm以上		
備考		・曲げ内半径を数値で規定	・鉄筋の種類ごとに曲げ内半径を規定。・フックの形を規定	・用途別に曲げ内半径を設定。→帯鉄筋はやや小型とする・フックの形状が現行の示方書と同様となる。			・SD490相当鉄筋を追加・表題がフックの曲げ内半径に変更。			・曲げ内半径が、現行の示方書と同様となる。・SD345,SD390鉄筋の曲げ内半径が0.5D分低減される。									・用途のフックが軸方向鉄筋に変更					

表1.5.3.6 道路橋示方書（Ⅲコンクリート橋編）における標準フックの変遷

年代		昭和53年版		平成6年版		平成8年版		平成14年版		平成24年版	
	用途	フック	スターラップ 帯鉄筋	フック	スターラップ 帯鉄筋	フック	スターラップ	フック	スターラップ	フック	スターラップ
曲げ内半径	SR235(SR24)	2.0D以上	1.0D以上	2.0D以上	1.0D以上	2.0D以上	1.0D以上	2.0D以上	1.0D以上	—	—
	SR295(SR30)	—	—	—	—	—	—	—	—	—	—
	SD295(SD30)	2.5D以上	2.0D以上	2.5D以上	2.0D以上	2.5D以上	2.0D以上	2.5D以上	2.0D以上	2.5D以上	2.0D以上
	SD345(SD35)	2.5D以上	2.0D以上	2.5D以上	2.0D以上	2.5D以上	2.0D以上	2.5D以上	2.0D以上	—	—
	SD390(SD40)	—	—	—	—	—	—	—	—	3.0D以上	2.5D以上
	SD490(SD50)	—	—	—	—	—	—	—	—	3.5D以上	3.0D以上
異形鉄筋の直線部	直角フック	12D以上		12D以上		12D以上		12D以上		12D以上	
	鋭角フック	6Dもしくは60mm以上		6Dもしくは60mm以上		6Dもしくは60mm以上		6Dもしくは60mm以上		6Dもしくは60mm以上	
	半円形フック	4Dもしくは60mm以上		4Dもしくは60mm以上		4Dもしくは60mm以上		4Dもしくは60mm以上		4Dもしくは60mm以上	
備考						・「Ⅳ下部構造編」では直線部の長さが長くなっているが、「Ⅲコンクリート橋編」では改訂無し。 ・用途の「スターラップおよび帯鉄筋」が「スターラップ」に変更。				・SR235,SD295についての規定値が紙面から削除→代わりにSD390,SD490の規定値が追加。 ・SD490については、直角フックのみを用いることとしている（半円形、鋭角フックは適用対象外）。	

表 1.5.3.7 道路橋示方書（Ⅳ下部構造編）における標準フックの変遷

年代	昭和55年版		平成2年版		平成8年版		平成14年版		平成24年版	
表題	曲げ内半径		曲げ内半径		曲げ内半径		曲げ内半径		フックの曲げ内半径	
用途	フック	スターラップ帯鉄筋	フック	スターラップ帯鉄筋	フック	スターラップ帯鉄筋	フック	スターラップ帯鉄筋	フック	スターラップ帯鉄筋
曲げ内半径 SR235(SR24)	2.0D以上	1.0D以上	2.0D以上	1.0D以上	2.0D以上	1.0D以上	2.0D以上	1.0D以上	―	―
曲げ内半径 SR295(SR30)	―	―	―	―	―	―	―	―	―	―
曲げ内半径 SD295(SD30)	2.5D以上	2.0D以上	2.5D以上	2.0D以上	2.5D以上	2.0D以上	2.5D以上	2.0D以上	―	―
曲げ内半径 SD345(SD35)	2.5D以上	2.0D以上	2.5D以上	2.0D以上	2.5D以上	2.0D以上	2.5D以上	2.0D以上	2.5D以上	2.0D以上
曲げ内半径 SD390(SD40)	―	―	―	―	―	―	―	―	3.0D以上	2.5D以上
曲げ内半径 SD490(SD50)	―	―	―	―	―	―	―	―	3.5D以上	3.0D以上
異形鉄筋の直線部 直角フック	12D以上		12D以上		12D以上		12D以上		12D以上	
異形鉄筋の直線部 鋭角フック	6Dもしくは60mm以上		6Dもしくは60mm以上		10D以上		10D以上		10D以上	
異形鉄筋の直線部 半円形フック	4Dもしくは60mm以上		4Dもしくは60mm以上		8Dもしくは120mm以上		8Dもしくは120mm以上		8Dもしくは120mm以上	
備考	・昭和49年版のコンクリート示方書と同じ				・半円形フックと鋭角フックの直線部の長さが、長くなっている。→コンクリート示方書と異なる規定				・SR235,SD295についての規定値が紙面から削除→代わりにSD390,SD490の規定値が追加。・SD490については、直角フックのみを用いることとしている（半円形、鋭角フックは適用対象外）。	

表 1.5.3.8 現行の示方書，指針による標準フックの相違

示方書・指針の種類		2012年版 コンクリート標準示方書		平成24年版 道路橋示方書					平成16年版 鉄道標準 コンクリート構造物	
				Ⅲコンクリート橋編		Ⅳ下部構造編				
年代 用途		軸方向鉄筋	スターラップ 帯鉄筋	フック	スターラップ	フック	フック以外		軸方向鉄筋	せん断補強鉄筋
曲げ内半径	SR235(SR24)	2.0D以上	1.0D以上	—	—	—	—		2.0D以上	1.0D以上
	SR295(SR30)	2.5D以上	2.0D以上	—	—	—	—		2.5D以上	2.0D以上
	SD295(SD30)	2.5D以上	2.0D以上						2.5D以上	2.0D以上
	SD345(SD35)	2.5D以上	2.0D以上	2.5D以上	2.0D以上	2.5D以上	2.0D以上		2.5D以上	2.0D以上
	SD390(SD40)	3.0D以上	2.5D以上	3.0D以上	2.5D以上	3.0D以上	2.5D以上		3.0D以上	2.5D以上
	SD490(SD50)	3.5D以上	3.0D以上	3.5D以上	3.0D以上	3.5D以上	3.0D以上		3.5D以上	3.0D以上
異形鉄筋の直線部	直角フック	12D以上		12D以上		12D以上			12D以上	
	鋭角フック	6D以上で60mm以上		6Dもしくは60mm以上		10D以上			6D以上で60mm以上	
	半円形フック	4D以上で60mm以上		4Dもしくは60mm以上		8Cもしくは120mm以上			4D以上で60mm以上	
備考									・SD685以上の鉄筋について，付属資料に記述がある。	

表 1.5.3.9 コンと道路橋示方書の標準フックの比較

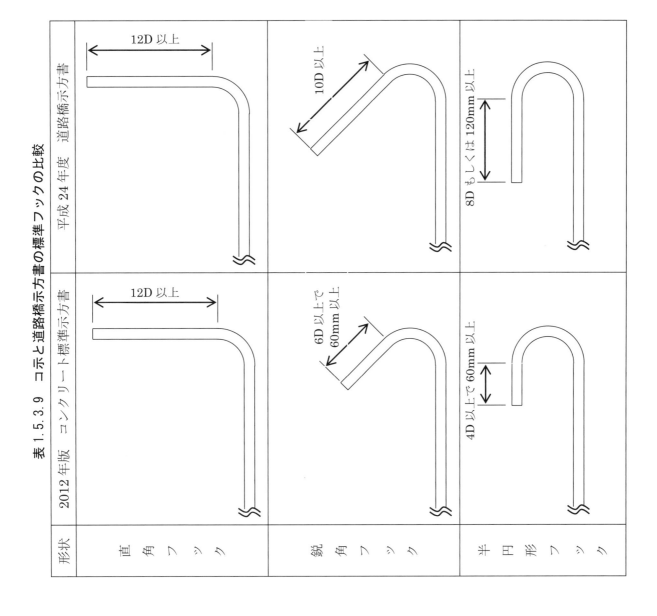

表 1.5.3.10 各仕様書における鉄筋の規格、仕様規定に関する記載内容

	発注者・仕様書名	章節	記載内容	備考
1	国土交通省 関東地方整備局 土木工事共通仕様書 H27.4	第1編 共通編 第3章 無筋・鉄筋コンクリート 第7節 鉄筋工 1-3-7-3 加工	3. 鉄筋の曲げ半径 受注者は、鉄筋の曲げ形状の施工にあたり、設計図書に鉄筋の曲げ半径が示されていない場合は、「コンクリート標準示方書（設計編）本編第13章鉄筋コンクリートの前提、標準7編第2章鉄筋コンクリートの前提」（土木学会、平成25年3月）の規定による。これにより難い場合は、監督職員の承諾を得なければならない。	
		第1編 共通編 第3章 無筋・鉄筋コンクリート 第7節 鉄筋工 1-3-7-3 加工	4. 曲げ戻しの禁止 受注者は、原則として曲げ加工した鉄筋を曲げ戻してはならない。	
		第3編 道路編 第2節 橋台・橋脚 1. 一般 1-4 配筋細目	(b) 仕様 (ロ)配筋に際しては、重ね継手長や定着長で調整できる鉄筋は原則として定尺鉄筋（50cmピッチ）を使用する。フック長および折り曲げ長を調整して定尺鉄筋を用いる必要はない。	
2	国土交通省 近畿地方整備局 設計便覧（案） H24.4	第3編 道路編 第3節 設計（標準） 第5章 ボックスカルバート 4. コンクリート部材の構造細目 4-7 鉄筋のフック及び曲げ形状	(1) 鉄筋の曲げ形状は、加工が容易にでき、かつ、鉄筋の材質が傷まないような形状とする。 (2) 鉄筋の曲げ形状は、コンクリートに大きな支圧応力を発生させないような形状とするものとする。	出典：[4-7] 道路土工-カルバート工指針（平成21年度版）(H22.3) P124
		第3編 道路編 第3節 設計（標準） 第5章 ボックスカルバート 第3節 設計（標準） 5. 配筋方法	(2) 頂版、底版および側壁の配力鉄筋は主鉄筋の外側に配置する。ただし、土留め壁との間隔が狭い場合や、鉄筋を組む前に型枠を設置する場合には、配筋の順序を考慮し、決めなければならない。鉄筋の配筋規定は、下記の通りとする。	
		第3編 道路編 第5章 ボックスカルバート	5) カルバート外周鉄筋 ラーメン隅角部における鉄筋中心の曲げ半径は、鉄筋直径の10.5倍の値を10mm	

	発注者・仕様書名	章節	記載内容	備考
3	国土交通省 九州地方整備局 土木工事設計要領 H23.7	第3節 設計（標準） 5. 配筋方法	単位に切り上げる。	
		第2章 橋梁設計 第3節 耐震設計 7 鉄筋コンクリート部材 7-1 鉄筋コンクリート橋脚の塑性変形能を確保するための構造細目	2）鉄筋の種類に応じたフックの曲げ内半径は、下部構造編7.7の規定による。	出典：道示Ｖ10.8 (H24.3)
4	国土交通省 九州地方整備局 九州地区における土木コンクリート構造物 設計・施工指針（案） H26.4	3章 施工計画 3.11 鉄筋工の計画	(1) 鉄筋は設計図書で定められた正しい形状および寸法を保持するように、材質を害さない適切な方法で加工し、これを所定の位置に正確に、堅固に組み立てられるよう事前に計画を定めなければならない。 【解説】鉄筋の加工について：鉄筋を加工する場合には、鉄筋の形状および寸法が正しく、鉄筋の材質を害さない適切な方法により行わなければならない。設計図書に鉄筋の曲げ半径が示されていないときは、土木学会 2012 年制定コンクリート標準示方書［設計編］2.5.2 の表2.5.1 に示されている曲げ内半径以上で鉄筋を曲げなければならない。鉄筋の加工には、鉄筋切断機と鉄筋曲げ機がある。一般に、鉄筋の曲げ加工には、鉄筋の種類に応じた適切な曲げ戻しと材質を害さない適切な方法で加工した鉄筋の曲げ戻しは行ってはならない。用いて行うことが望ましい。なお、いったん曲げ加工した鉄筋を曲げ戻す場合には、曲げ加工した鉄筋をできるだけ大きい半径で行うか、900～1000℃程度で行うなどの適切な対処が必要である。	
5	国土交通省 九州地方整備局	第1編 共通編 第3章 無筋・鉄筋コンクリート	受注者は、鉄筋の曲げ形状の施工にあたり、設計図書に鉄筋の曲げ半径が示されていない場合は、「コンクリート標準示方書（設計編） 本編第13章鉄筋コンク	

	発注者・仕様書名	章節	記載内容	備考
	土木工事共通仕様書（案）H27.4	第7節 鉄筋工 1-3-7-3 加工 3. 鉄筋の曲げ半径	リートの前提、標準7編第2章鉄筋コンクリートの前提（土木学会、平成25年3月）の規定による。これにより難い場合は、監督職員の承諾を得なければならない。	
		第1編 共通編 第3章 無筋・鉄筋コンクリート 第7節 鉄筋工 1-3-7-3 加工 4. 曲げ戻しの禁止	受注者は、原則として曲げ加工した鉄筋を曲げ戻してはならない。	
6	国土交通省 四国地方整備局 設計便覧 H27.9	第3編 道路編 第5章 ボックスカルバート 第3節 設計（標準） 5. 配筋規定 2）配筋方法	(6) ラーメン隅角部における鉄筋中心の曲げ半径は、鉄筋直径の10.5倍の値を10mm単位に切り上げる。	
7	中部地方整備局 土木工事共通仕様書 H27	第1編 共通編 第3章 無筋・鉄筋コンクリート 第7節 鉄筋工 1-3-7-3 加工 3. 鉄筋の曲げ半径	受注者は、鉄筋の曲げ形状の施工にあたり、設計図書に鉄筋の曲げ半径が示されていない場合は、「コンクリート標準示方書（設計編）本編第13章鉄筋コンクリートの前提、標準7編第2章鉄筋コンクリート（土木学会、平成25年3月）の規定による。これにより難い場合は、監督職員の承諾を得なければならない。	
		第1編 共通編 第3章 無筋・鉄筋コンクリート 第7節 鉄筋工 1-3-7-3 加工 4. 曲げ戻しの禁止	受注者は、原則として曲げ加工した鉄筋を曲げ戻してはならない。	
8	JR九州 土木工事標準仕様書	8 無筋および鉄筋コンクリート工 8-6-2 鉄筋工	(3) 鉄筋の曲げ戻しは原則として行わないこと。ただし、やむを得ず曲げ戻しを行う場合は、できるだけ大きい半径で行うか、900～1000℃程度で加熱して行うこと。	
		付属書 8-5 鉄筋フレア溶接施工の手引き	(10)床版の箱抜き等で一度曲げた鉄筋を直に戻して溶接継手を施工する場合は、折り曲げた部分を900℃～1000℃（暗赤色）に加熱して曲げ戻し、空冷したのち、	

付属資料1 「Ⅱ編　課題と提案」の参考資料

発注者・仕様書名	章節	記載内容	備考
9		溶接を施工する。	
	コンクリート構造物の配筋 第1章 総則 1.8 鉄筋の曲げ形状・標準フック	鉄筋の曲げ形状については、表1.8.1に示される値を参考に定めてよい。記号の定義は図1.8.1による。 【解説】曲げ加工の角度が45°, 90°以外の場合には、端部におけるかぶり不足を防止するため、加工図に角度表示を行うのが望ましい。	
JR西日本 土木建造物設計施工標準 Ⅱ．コンクリート構造物編 H26.6	第1章 総則 1.8 鉄筋の曲げ形状・標準フック 1.8.2 軸方向鉄筋の標準フック	(2) 軽量骨材コンクリートにおける標準フックの曲げ内半径は、【RC標準11.9.4.3 表11.9.1】に示す値よりも30%程度大きくするのがよい。	
	第2章 スラブ 2.2 片持スラブ 2.2.1 軸方向鉄筋	(2)片持ちスラブの軸方向鉄筋は、延長して中間スラブの負鉄筋および折り曲げて中間スラブの正鉄筋として用いるのが一般的であるが、延長せずに定着する場合は、梁前面から$d+l_d$（l_d：基本定着長）以上延長し、中間スラブの下側〜15°の角度で曲げ下げて、10φ延ばして定着する（図2.2.1）。	
	第3章 ラーメン構造物 3.1 梁 3.1.1 配筋の一般事項	(3)ラーメン隅角部の外側に沿う軸方向鉄筋の曲げ内半径は、鉄筋径φの10倍以上とする。	
	第3章 ラーメン構造物 3.1 梁 3.1.2 鉄筋の定着 3.1.2.2 横梁	【解説】ラーメン隅角部の外側に沿う軸方向鉄筋の曲げ半径は鉄筋直径の10倍以上としなければならないが、中間部の横梁では梁高が小さく曲げ半径を10φ以上確保することが困難である。そのため図3.1.11に示すように、スタブを設けることにより図3.1.14の張出し梁がある場合の横梁に準じて直角フックの曲げ半径としても良いとした。	
	第3章 ラーメン構造物 3.1 梁 3.1.3 鉄筋配置図	(1)縦梁の最上段の軸方向鉄筋は、柱の軸方向鉄筋と外面を合わせるように曲げ下げるのがよい。また、ハンチ筋の先端は、柱の軸方向鉄筋の内側に合わせるのがよい。	

発注者・仕様書名	章節	記載内容	備考
		縦梁の橋軸方向端部に定着コンクリートを設ける場合は、図3.1.10を参考とする。	
	第3章 ラーメン構造物 3.1 梁 3.1.3 鉄筋配置図 3.2.1.2 帯鉄筋	(6) 帯鉄筋の端部はフレア溶接で閉合形とする。中間帯鉄筋についてはフレア溶接を行えず、やむを得ない場合には帯鉄筋端部を135°以上に折曲げで内部コンクリートに定着する。このとき、フック余長を鉄筋径の10倍以上とする。なお、フレア溶接は同一断面に配置しないようにする。	
	第3章 ラーメン構造物 3.4 基礎部 3.4.1 配筋の一般事項	(2) 最上段の軸方向鉄筋は、下側軸方向鉄筋の直上まで曲げ下げて定着する。最下段の軸方向鉄筋は、20φ以上（φ：定着する鉄筋の直径）の直線部を設けて曲げ上げる。	
	第3章 ラーメン構造物 3.4 基礎部 3.4.1 配筋の一般事項	(3) 地中梁軸方向鉄筋が2段に配置される場合、2段目鉄筋の定着は直角に折り曲げて定着することを基本とする。なお、この場合の定着長は、図3.4.2を満足させるものとする。 【解説】従来の配筋では地中梁軸方向鉄筋が2段配筋の場合、2段目鉄筋の端部はフックを設けて定着している。しかし、地中梁軸方向鉄筋端部に設けられたフックが、柱・杭軸方向鉄筋と干渉する場合があることから、接合部の配筋精度を向上させるため直角に折り曲げで定着することを基本とした。ただし、フックを設けて定着することを否定するものでない。	
	コンクリート構造物の設計 第2章 単純桁 2.1 桁の足付けの設計	(5) 上側主鉄筋の端部は、ラーメン高架橋の隅角部と同様の曲げ形状（曲げ内半径10φ以上）とする。	
阪神高速道路株式会社 土木工事共通仕様書 H27.10	第1編 共通 第3章 一般施工 第9節 無筋、鉄筋コンクリート 3.9.5 鉄筋工	①鉄筋工については、道示Ⅲ19.7（鉄筋の加工および配筋）、19.13（検査）およびCo示方書 [施工編：施工標準]10章（鉄筋工）によらなければならない。	

付属資料1 「Ⅱ編 課題と提案」の参考資料

	発注者・仕様書名	章節	記載内容	備考
11	首都高速株式会社 土木工事共通仕様書 H20.7	(1)貯蔵・加工・組立て	4 請負者は、本節に定めのない事項については、土木学会「コンクリート標準示方書（施工編）」10.6鉄筋工」並びに日本道路協会「道路橋示方書・同解説（Ⅰ共通編Ⅲコンクリート橋編）19.7鉄筋の加工及び配筋」によらなければならない。	
12	関西電力 土木工事共通仕様書 H13	第1編 総則・材料 第7章 コンクリート構造物工 第3節 鉄筋工 7.3.1 一般	なお、この共通仕様書および追加仕様書に明記されていない事項は、土木学会「コンクリート標準示方書・施工編」に準拠するものとする。	
13	電源開発株式会社 土木工事共通仕様書	第5章 コンクリート 第3節 鉄筋加工組立 1. 適用範囲　5 コンクリート　5.7 鉄筋	(3) 請負人は、図面または監督員の指示する標準配筋図に基づき、鉄筋の加工組立図及び材料表を作成し、監督員に提出し、了解をうけなければならない。図面に示していないかぶり、監督員のあと、鉄筋の曲げ形状、鉄筋の定着、鉄筋の継手は原則として、土木学会制定の「コンクリート標準示方書」によるものとする	
14	東京都下水道局 土木工事標準示方書 H26.4	第3章 工事一般 第4節 コンクリート工 3.4.6 鉄筋工 (3)加工	ウ 受注者は、鉄筋の曲げ形状の施工にあたり、設計図書に鉄筋の曲げ半径が示されていない場合、「コンクリート標準示方書（設計編）」（（公社）土木学会）第13章鉄筋に関する構造細目の規定による。これにより難い場合は、監督員の承諾を得なければならない。	

参考文献

1) 鉄道総合技術研究所編：鉄道構造物等設計標準・同解説　コンクリート構造物，2004.4
2) 関東地方整備局：土木工事共通仕様書，2015.4
3) 近畿地方整備局：設計便覧(案)，2012.4
4) 九州地方整備局：土木工事設計要領，2011.7
5) 九州地方整備局：九州地区における土木コンクリート構造物設計・施工指針(案)，2014.4
6) 九州地方整備局：土木工事標準仕様書(案)，2015.4
7) 四国地方整備局：設計便覧(案)，2015.9
8) 中部地方整備局：土木工事仕様書，2015
9) 九州旅客鉄道：土木工事標準仕様書
10) 西日本旅客鉄道：土木建造物設計施工標準Ⅱ.コンクリート構造物編，2014.6
11) 阪神高速道路：土木工事標準仕様書，2015
12) 首都高速株式会社：土木工事共通仕様書，2008.7
13) 関西電力：土木工事仕様書，2001
14) 電源開発：土木工事共通仕様書
15) 東京都下水道局：土木工事標準仕様書

1.5.4 せん断補強鉄筋の直角フックの適用可能範囲を明示する規定を検討，整備する

(1) 関連する仕様
本提案に関連するスターラップの定着フックの仕様として，鉄道構造物等設計標準・同解説の記述および道路橋示方書・同解説の記述を**表1.5.4.1**に示す．

(2) 今後の課題
提案の研究開発の項で述べたが，適用範囲や選択規定を設けるにあたって，鉄筋の半円形フック，鋭角フック，直角フックの適用範囲について部材種別に原則を明確化し，鉄筋の定着フック形状の選択規定を設ける根拠となる実験やデータの収集を多数行い，十分な知見の蓄積を行う必要がある．

参考文献
1) 道路橋示方書・同解説　Ⅲコンクリート橋編：(社) 日本道路協会，2012.3
2) 鉄道構造物等設計標準・同解説　コンクリート構造物：鉄道総合技術研究所編，2004.4

表 1.5.4.1　スターラップの定着フックに関する規定

	発注者・仕様書名	章節	記載内容	備考
1	道路橋示方書・同解説 Ⅲ コンクリート橋編	6.6.3 鉄筋の定着	(9) スターラップは、引張鉄筋に定着するものとする。圧縮鉄筋がある場合は、引張鉄筋及び圧縮鉄筋を取り囲み、フックをつけて圧縮部のコンクリートに定着するものとする。また、圧縮鉄筋がある場合は、引張鉄筋及び圧縮鉄筋を取り囲み、原則として直角フックを付けて圧縮部のコンクリートに定着するものとする。<後略> 【解説】 <前略>スターラップは、これら2つの部分が離れるのを防ぎ、ハウトラスの鉛直引張材のような働きをさせる目的で配置されるものであるから、スターラップはその端に半円形あるいは直角フックをつけて、これを圧縮部のコンクリートに定着するか、圧縮側の鉄筋にひっかけて確実に定着しなければならない。	
2	鉄道構造物等設計標準・同解説 コンクリート構造物	11.9.5.1 せん断補強鉄筋の定着方法	(2) スターラップは、引張鉄筋を取り囲み、標準フックを設けて圧縮側のコンクリートに定着する。 (5) 帯鉄筋は、軸方向鉄筋を取り囲み、標準フックを設けて内部のコンクリートに定着する。 【解説】 (2)について <前略>スターラップは二つの部分が離れようとするのを防ぎ、トラスの鉛直引張材のような働きをさせる目的で配置するものであるから、標準フックを設け、これを圧縮側の鉄筋にひっかけて確実に定着することとした。	
3	鉄道構造物等設計標準・同解説 コンクリート構造物	11.9.6 横拘束鉄筋の定着	(4) スターラップは、軸方向鉄筋を確実に連結して内部コンクリートを十分に拘束するように、その端部は135°以上に折り曲げて軸方向鉄筋にかけて定着するか、または軸方向鉄筋を取り囲む閉合形とする。 【解説】 (4)について スターラップは斜めひび割れの進展を抑制してせん断耐力を向上させるとともに、軸方向鉄筋の座屈を抑制し、かつコアコンクリートを拘束する役割も果たすものである。定着方法としては、解説図 11.9.10 に示すように、端部を135°以上に折り曲げて軸方向鉄筋にかけて定着するか、軸方向鉄筋を取り囲む閉合形として定着しなければならない。	

1.5.5 薄いスラブの定着長が1.3倍となる規定を見直す

(1) 関連する仕様

本提案に関連する仕様として，①コ示［設計編：標準］の記述，②鉄道構造物等設計標準・同解説の記述および③ACI 318の記述を**表 1.5.5.1** に示す．

①および②は，③のＡＣＩの規定が元になっていると考えられる．したがって，現時点では①コ示［設計編：標準］の内容を②鉄道構造物等設計標準・同解説に合致させることに関して，特に問題はないと考えられる．

(2) 今後の課題

提案の研究開発の項で述べたとおり，これを機に，ブリーディングが異形鉄筋とコンクリートの付着に及ぼす影響について知見を充実させておくことも必要と考えられる．

参考文献

1) 鉄道総合技術研究所：鉄道構造物等設計標準・同解説　コンクリート構造物, 11.9 鉄筋の定着, pp.239, 2004.4

2) 米国コンクリート学会：Building Code Requirement for Structural Concrete (ACI318-11) and Commentary, 12.2 Development of deformed bars and deformed wire in tension, pp.211, 2011.8

表 1.5.5.1 鉄筋の位置による重ね継手の定着長割増しに関する規定

	発注者・仕様書名	章節	記載内容	備考
1	コ示[設計編：標準]	2.5.3 鉄筋の定着長	(1) 鉄筋の基本定着長 ld は，式 (2.5.1) による算定値を，次の (i) ～ (iii) に従って補正した値とする。 <中略> (iii) 定着を行う鉄筋が，コンクリートの打込みの際に，打込み終了面から 300mm の深さよりも上方の位置で，かつ水平から 45° 以内の角度で配置されている場合は，引張鉄筋または圧縮鉄筋の基本定着長は，(i) または (ii) で算定される値の 1.3 倍とする。	【解説】には特に補足説明はない。
2	鉄道構造物等設計標準・同解説 コンクリート構造物	11.9.3 鉄筋の定着長	(2) 鉄筋の基本定着長 ld は，式 (11.9.1) による算定値を，次の (a) ～ (c) に従って補正した値とする。 <中略> (c) 水平から 45° 以内の角度に配置する鉄筋がコンクリートの打込み終了面から 300mm の深さよりも上方に位置し，かつ鉄筋の下側におけるコンクリート打込み高さが 300mm 以上ある場合，引張鉄筋または圧縮鉄筋の基本定着長 ld は，(a) または (b) で算定される値の 1.3 倍とする。 【解説】 (2) (c) について これを定めたのは，定着を行う鉄筋の配筋角度や下側のコンクリートの打込み高さに関して，鉄筋の付着強度がブリーディング等の影響により低下することを考慮したものである。解説図 11.9.2 に示したような位置にあり，水平から 45° 以内の角度に配置する鉄筋が該当する。 ただし，ブリーディングを生じないコンクリートを用いる場合は，コンクリートの打込み高さに関する定着長の補正は行わなくてよい。 (注：解説図 11.9.2 は本項の図 1.6.6.1 と同じである。)	
3	ACI318: BUILDING CODE REQUIREMENT FOR STRUCTURAL CONCRETE AND COMMENTARY	12.2 Development of deformed bars and deformed wire in tension	12.2.4 The factors used ψ in the expressions for development of deformed bars and deformed wires in tension in 12.2 are as follows: (a) Where horizontal reinforcement is placed such that more than 12 in. of fresh concrete is cast below the development length or splice, $\psi_t = 1.3$. For other situation, $\psi_t = 1.0$.	ACI の規定には打込み終了面からの距離に関する記述はない。

1.5.6 場所打ち杭の帯鉄筋にフレア溶接を活用するための規定を追加する
(1) 関連する仕様

道路橋示方書・同解説Ⅳ下部構造編平成24年版および平成14年版[1)2)]では、ともに「帯鉄筋を重ね継手により継ぐ場合においては，帯鉄筋の直径の40倍以上帯鉄筋を重ね合わせ，半円形フックまたは鋭角フックを設ける．」としており，平成14年版では「十分な施工管理を行った上で，溶接継手を用いてもよい．」としていたが，平成24年版ではその記載が無くなっている．

一方，鉄道構造物等設計標準・同解説コンクリート構造物[3)]では，スターラップに沿ってひび割れが生じることがあるので，コンクリートとの付着に期待する重ね継手をスターラップおよび帯鉄筋に用いないこととしている．

したがって，場所打ち杭の帯鉄筋は，道路構造物の場合にはフック付重ね継手，鉄道構造物の場合にはフレア溶接としているのが現状である．

なお，コ示［設計編］においては，杭の帯鉄筋に限定した記載はないが，帯鉄筋について，「大変形時にかぶりコンクリートがはく落する領域の軸方向鉄筋すべてを取り囲むように配置する帯鉄筋は，かぶりコンクリートがはく落してもその全強が発揮される必要がある．したがって，帯鉄筋に継手を設ける場合にも，その条件を満たすことが求められる．そのような継手としては，フレア溶接あるいは機械式継手が挙げられる．なお，継手部が内部コンクリートにある場合には，帯鉄筋の端部を標準フックとした重ね継手としてもよい．」としている（図1.5.6.1）．

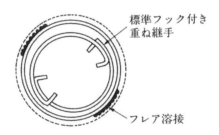

図1.5.6.1 帯鉄筋の継手（コ示［設計編］より）

(2) 提案の参考となる一考察

コ示［設計編］においては，大変形時にコンクリートがはく落しても全強が発揮される帯鉄筋の継手として，フレア溶接や機械式継手を挙げており，杭の帯鉄筋にフレア溶接を適用することは，問題ないと考えられる．

帯鉄筋の継手として重ね継手を基本としている各発注者の設計指針，設計仕様書においても，品質確保および確認の方法を規定したうえで，フレア溶接を認めることで，二重配筋の場合の鉄筋組立時やトレミーによるコンクリート打込み時において施工性が改善するものと考えられる．

なお，帯鉄筋の継手としてフレア溶接を基本としているＪＲや鉄道・運輸機構では，有資格者による施工，全数外観検査（溶接長、ビード幅など）により，品質確保および確認を行っている．

参考文献
1) 日本道路協会：道路橋示方書・同解説Ⅳ下部構造編，2012.3
2) 日本道路協会：道路橋示方書・同解説Ⅳ下部構造編，2002.3
3) 鉄道総合技術研究所：鉄道構造物設計標準・同解説コンクリート構造物，2004.4

1.5.7 溶接閉鎖形帯強筋を活用できる規定を追加する
(1) 関連する仕様
a) コンクリート標準示方書

コ示［設計編：標準］2.6.3 横方向鉄筋の継手の解説では，大変形時にかぶりコンクリートがはく落する領域の軸方向鉄筋すべてを取り囲むように配置する帯鉄筋での継手仕様として，フレア溶接と機械式継手をあげているが，同じ程度の継手性能を有すると考えられる突合せ抵抗溶接継手（アプセット溶接継手，フラッシュ溶接継手）の記載がない．

b) 鉄筋定着・継手指針［2007年版］[1)]

鉄筋定着・継手指針［2007年版］では，各種継手の設計基準が網羅的に記載されているが，突合せ抵抗溶接継手の適用範囲を図1.5.7.1のように記載しており，本文では鉄筋径や鉄筋強度の適用範囲をD16以下に制限した記述となっている．また，解説において，「性能が確認された鋼種，径は適用範囲内としてよい」との記載があり，設計降伏強度490N/mm²以上の鉄筋を適用範囲内とできる可能性を示している．

9.3.4 鉄 筋

突合せ抵抗溶接継手に用いる鉄筋は，原則として，**JIS G 3112**「鉄筋コンクリート用棒鋼」に規定するSD295A，SD295B，SD345，SD390とする．なお，径はD10，D13，D16とする．

【解 説】 JIS G 3112にはSD490も含まれるが，実績が少ないことから原則としては適用範囲外としている．ただし，第Ⅰ編3.2「継手部の性能照査」で，性能が確認された鋼種，径は適用範囲内としてよい．

高強度鉄筋として，降伏点が685 N/mm²級，785 N/mm²級の材料があり，それらを用いた継手部の性能が確認されているものもある．

図1.5.7.1 土木学会の鉄筋定着・継手指針[2007年版]における突合せ抵抗溶接継手に関する記述 [1)]

c) 建築工事標準仕様書・同解説　JASS 5　鉄筋コンクリート工事 2009[2)]

JASS 5 10.4 鉄筋の加工の解説に，「突合せ抵抗溶接は，製品規格に指定された溶接条件および品質管理の下で行う．異形鉄筋でD10～D25の場合にアップセット溶接，カーボン量の多い高強度の鉄筋でD10～D41の場合にフラッシュ溶接などが使われている．これらを使用する場合には，溶接部の信頼性確保の点から指定性能評価機関などにより性能が確かめられたものとし，設備の整った工場でその製品規格，品質基準に従って製作されたものを使用する．」と記載されている．

工場で行われるフラッシュ溶接とアプセット溶接は，工場ごとに任意に建築での継手性能評定を取得しており，評定では製造する工場，鉄筋の鋼種と径，製造可能サイズ，溶接機と溶接条件，製造管理方法，品質管理方法，製品検査基準を規定している．建築で使用されている溶接閉鎖形せん断補強筋の種類及び強度を表1.5.7.1に示す．

表 1.5.7.1 建築で使用されている溶接閉鎖形せん断補強筋の種類及び強度[3]

材料の規格	種類の記号	降伏点又は耐力 (N/mm^2)	引張強さ (N/mm^2)	呼び名
JIS 規格品	SD295A	295 以上	440～600	D10
	SD345	345～440	490 以上	D13
	SD390	390～510	560 以上	D16
	SD490	490～625	620 以上	D19
大臣認定品	685	685 以上	856 以上	※10, 13, 16
	785	785 以上	930 以上	
	1275	1275 以上	1420 以上	※7.1, 9.0 10.7, 12.6

※大臣認定品の鉄筋の呼び名は評定ごとの表記となる．（例えば，S13，K13，T13，U12.6…等）

参考文献

1) 土木学会：コンクリートライブラリー 鉄筋定着・継手指針[2007年版]，2007.8
2) 日本建築学会：建築工事標準仕様書・同解説 JASS 5 鉄筋コンクリート工事 2015，2015.7
3) （公社）日本鉄筋継手協会：溶接せん断補強筋の手引き，2014.5

1.5.8 重ね継手の太径鉄筋での使用制限の規定を追加する
(1) 関連する仕様

コ示［設計編］や鉄道標準[1]では，重ね継手の適用径に制限は設けておらず，D51 まで必要な継手性能を確保できる設計式としている．道路橋示方書[2]では，鉄筋径で使用する継手を指定することはしていないが，表1.5.8.1のように一般的な施工条件における鉄筋の継手を示している．なお，コ示［設計編］の定着長の計算式が，鉄筋のかぶり，横方向鉄筋の諸元，鉄筋径により，定着長が異なるようになっているのに対し，道路橋示方書の定着長の計算式は，それらを考慮するようになっておらず，既往の検討[3]では，側面割裂の可能性が考えられる部位においては，D25 程度までが適用範囲の上限と考えられるとしている．

表 1.5.8.1　道路橋示方書の参考資料に示されている「一般的な施工条件における鉄筋の継手」[2]

	～D16	D19～D25	D29～D35	D38～D51
重ね継手	◎	◎		
ガス圧接継手		○	◎	○
機械式継手		○	◎	◎

◎：比較的多用されている継手，○：用いられている継手

表1.5.8.2に示すように一部の発注者での仕様書では，D25以上，またはD29以上には原則として重ね継手を用いない規定を設けている．その理由として，北海道開発局の仕様書では「継手周囲にコンクリートを十分に行きわたらせることや施工性を考慮し」と記述されており，他の仕様書では，仕様書上に理由の記載はないが，重ね継手のコストが圧接よりも高くなることが理由とされている．

日本建築学会のRC規準[4]では，太径の異形鉄筋の重ね継手は，かぶりコンクリートの割裂を伴いやすいので，D35 以上には原則として重ね継手を用いないと規定としている．ただし，この建築における太径の重ね継手がかぶりコンクリートの割裂を伴いやすいという設計思想については，土木とは，対象構造物，設計の考え方などが異なることから，本提案の根拠として適用することはできない．また，土木では上記の通り，太径鉄筋においても，コ示［設計編］に基づく限り安全性を確保できるとされている．

表 1.5.8.2 重ね継手の適用径の制限に関する記述（各発注者仕様書）

	発注者・仕様書名	章節	記載内容	備考
1	平成27年度 北海道開発局 道路設計要領 第3集 橋梁 平成27年版	第2編 コンクリート橋 1.4.1.5 鉄筋の継手	鉄筋の継手は重ね継手を標準とする。ただし、D29以上の大径の鉄筋については、継手周囲にコンクリートを十分に行きわたらせることや施工性を考慮し、ガス圧接や機械式継ぎ手を標準とする。但し、深礎杭においては原則、機械式継ぎ手とする。	
2	国交省 関東地整 土木工事共通仕様書 平成27年版	記載なし	記載なし	
3	国交省 中部地整 土木工事共通仕様書 平成27年版	記載なし	記載なし	
4	国交省 近畿地整 設計便覧 第1編 土木工事共通編	第4節 3. 鉄筋の継手	(1)異形鉄筋の重ね継手長は下表の値以上とする。ただし、耐震を考慮した橋脚の柱のように、重ね継手を用いると継手有効に働かなくなることが懸念される場合には、ガス圧接継手とする。	
5	国交省 九州地整 土木工事設計要領 第I編 共通編	記載なし	記載なし	
6	国交省 九州地整 九州地区における土木コンクリート構造物 設計・施工指針（案） 平成26年	記載なし	記載なし	
7	NEXCO東中西 コンクリート施工管理要領 平成23年	記載なし	記載なし	
8	首都高速 橋梁構造物設計施工要領 平成20年	IIIコンクリート橋編 2.1.3 鉄筋の継手	(1)D29以上の鉄筋の継手はガス圧接を原則とし、D25以下の鉄筋は重ね継手を原則とする。また、D19以上の鉛直方向の主鉄筋はガス圧接を標準とする。ただし、両側の鉄筋が拘束されている等によりガス圧接の施工が出来ない場合は、この限りではない。(4)D35以上の鉄筋の継手は、施工性等を考慮し選定するものとする。なお、選定にあたって、(3)同様、鉄筋継手指針（土木学会）による静的耐力性能A級の継手を用いるものとする。<解説>(1)継手の選定についてはこれまでのD29以上についてはガス圧接とすることと規定した。鉄筋の種類、直径、施工方法等は異なるが、公団の施工実績等により条文のよ	

	発注者・仕様書名	章節	記載内容	備考
9	阪神高速 土木工事共通仕様書 平成27年	第3章 一般施工 第9節 無筋、鉄筋コンクリート 3.9.5 鉄筋工 (2) 鉄筋の継手	うにガス圧接と重ね継手の標準を定めた。(4)今回新たにD35以上の鉄筋の継手について、規定を設けた。過去数年国内では、D35以上の鉄筋の継手に種々の継手方法(ガス圧接継手、機械継手など)が採用されているが、鉄筋径ごとに限定できるほど実績が顕著な継手方法がないこと、継手を設ける箇所によっては、方法次第で施工不良を引き起こすことが考えられるなどから、このような規定を設けた。	
10	鉄道運輸機構 土木工事標準仕様書 H16年3月	第3章 無筋、鉄筋コンクリート 3-5 鉄筋工 3-5-(3) 組立 オ 継手	① 直径29mm以上の太い鉄筋は、場所打ちコンクリート杭や開削トンネルなどを除き、原則として重ね継手を使用してはならない。ただし、開削トンネルにおいても会社制定「開削トンネル設計指針」に示される制限範囲について重ね継手を用いないことを原則とする。② 直径38mm以上の太い鉄筋の加工組立にあたっては、鉄筋の支持方法および継手の方法などについて作業計画書を作成し、監督員に提出しなければならない。	
11	JR北海道 土木工事標準仕様書 (平成27年 改訂版)	記載なし	(ウ) 重ね継手は、所要の長さに重ね合わせて緊結すること。ただし、設計図書に示された場合を除き、直径25mmをこえる鉄筋に重ね継手を用いないこと。	
12	JR東日本 土木工事標準仕様書 (平成27年 改訂版)	記載なし	記載なし	
13	JR東海 土木工事標準仕様書 (平成26年改正版) 土木工8-5 施工 (平成20年改正版)	記載なし	記載なし	
14	JR西日本 土木工事標準仕様書 (平成26年)	記載なし	記載なし	
15	JR九州 土木工事標準仕様書	記載なし	記載なし	

(2) 提案に関する一考察
a) 概要

現状，太径鉄筋で重ね継手を使用することにより，あきの確保が困難となる事例がある．一部の発注者の共通仕様書で，「D25以上（またはD29以上）の太径の鉄筋については，継手周囲にコンクリートを十分に行きわたらせることや施工性を考慮し，ガス圧接や機械式継ぎ手を標準とする」というような記述があり，仕様規定であきの不足の防止や施工性の配慮をしている．

なお，太径鉄筋での重ね継手を用いたとしても，設計段階において，部材接合部の鉄筋同士の干渉などを考慮した配筋を設計することで，必要なあきを確保することはある程度可能であると考える．ただし，過度に高密度な配筋の場合，干渉を解消することは不可能である場合や干渉を解消する設計の労力が膨大となる．さらに，3Dモデルなどで必要なあきを確保した配筋図を作成したとしても，余裕がない配筋図であると，現場の施工条件などから，そのあきが確保できない可能性も考えられる．

以上を踏まえると，標準示方書や各発注者における共通仕様書などに，D29以上には原則として重ね継手を用いないとする規定を設けることは，過密配筋防止や配筋図作成の労力低減において，実効性があると考えられる．

ただし，太径鉄筋でも重ね継手を用いても，鉄筋の干渉やあき確保の課題がない場合や課題を解決できる場合もあるので，「ただし，D29以上の場合においても，重ね継手でも，必要な鉄筋のあきや施工性が確保できることを確認できる場合は，それに依らない．」との規定を設けることで合理的な設計を妨げることにはならないと考える．

b) 定量的な評価検討

ここでは，D25～D35の鉄筋で重ね継手を有する場合の鉄筋のあきについて，現行の一部発注者の仕様書で規定している，「D29以上（またはD25以上）には原則として重ね継手を用いない」とする規定の有効性について示す．

1) 検討対象
・D25，D29，D32，D35の重ね継手の配筋

2) 検討条件
・鉄筋の配置上必要な幅として，鉄筋の最外径とする（表1.5.8.3）．ここでの鉄筋の最外径は，建築の配筋指針で示される電炉鉄筋メーカー（6社）が製造する太径ねじ節鉄筋用の最大値とする．

表1.5.8.3 鉄筋の呼び径と最外径

呼び名	呼び径 ϕ_0 (mm)	最外径 ϕ_m (mm)
D25	25	28
D29	29	33
D32	32	36
D35	35	40

・図1.5.8.1のように1列の鉄筋で2つ以上の重ね継手を有する場合とすると，鉄筋中心位置の間隔を等間隔 c_s としたとき，一番狭いあきとしては，$a_2 = c_s - \phi_m \times 2$ となる．

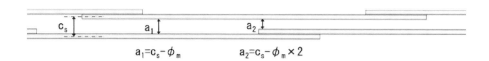

ここに，
ϕ_0 : 鉄筋呼び径
ϕ_m : 鉄筋最外径
c_s : 鉄筋中心位置の間隔
a_1, a_2 : 鉄筋のあき

図 1.5.8.1 重ね鉄筋のあき

表 1.5.8.4 重ね継手を有する場合の鉄筋間隔，鉄筋径をパラメータとした鉄筋のあき a_2 とあきの余裕代

呼び名	鉄筋のあき a_2 (mm)				必要なあき※ a_3 (mm)	あきの余裕代 a_2-a_3 (mm)			
	$c_s=100$	$c_s=125$	$c_s=150$	$c_s=200$		$c_s=100$	$c_s=125$	$c_s=150$	$c_s=200$
D25	44	69	94	144	27	17	42	67	117
D29	34	59	84	134	29	5	30	55	105
D32	28	53	78	128	32	-4	21	46	96
D35	20	45	70	120	35	-15	10	35	85

※必要なあき：20mm 以上，$G_{max}=20mm \times 4/3$ 以上かつ鉄筋呼び径以上

3) あき確保の評価

上述したように，部材接合部などでは，干渉を解消するために，鉄筋を数 cm ずらす必要があることがある．ここでのあき確保の評価では，仮に，重ね継手を配置する床版部材と，同径の鉄筋を有する柱部材との接合部において，床版の上端筋の重ね継手部と柱部材の軸方向鉄筋が干渉していることを想定する．鉄筋同士の最大のずらし量が必要となるのは，重ね継手部の中心位置に柱部材の軸方向鉄筋が配置されるような場合であるが，その場合では，鉄筋最外径×1.5 だけのずらし量を必要とする．このずらし量があきの余裕代以上となる場合，重ね継手部で十分なあきを確保できない可能性が高くなると考えられる．

表 1.5.8.5 に，必要な最大ずらし量とあきの不足量を整理したものを示す．フーチングや床版の配筋ピッチ（鉄筋中心位置の間隔 c_s）は，一般的に 125～300mm である．今回の検討条件では，c_s=125mm の場合，D29 であきが不足し，D25 ではあきの不足量がゼロと全く余裕がない結果となっている．一部の発注者での仕様書では，D29 以上（または D25 以上）には原則として重ね継手を用いない規定を設けており，この規定により，今回想定したような鉄筋の干渉によって，あきの不足は生じにくいと考えられる．

表 1.5.8.5 重ね継手を有する場合の鉄筋間隔，鉄筋径をパラメータとした
必要な最大ずらし量とあきの不足量

呼び名	必要な最大ずらし量 $\phi_b \times 1.5$ (mm)	あきの不足量 $a_2-a_3-\phi_b \times 1.5$ (mm)			
		$c_s=100$	$c_s=125$	$c_s=150$	$c_s=200$
D25	42	-25	0	25	75
D29	50	-45	-20	6	56
D32	54	-58	-33	-8	42
D35	60	-75	-50	-25	25

参考文献

1) 鉄道総合技術研究所編，国土交通省鉄道局監修：鉄道構造物等設計標準・同解説 コンクリート構造物，2004.4
2) (社)日本道路協会：道路橋示方書・同解説 Ⅳ下部構造編，2012.3
3) 土木研究所：鉄筋コンクリート構造物の施工性を考慮した構造細目の検討，土木研究所資料，第4143号，2009.6
4) 日本建築学会：鉄筋コンクリート構造計算規準・同解説，2010.2

1.5.9　合理的な重ね継手の規定を検討，整備する

(1) 関連する仕様

a) 配力筋の継手・定着に関する規定

　各部材の配力筋は主鉄筋量に応じて配分される場合が多く，鉄筋自体に大きな耐力が期待されることは少ない．コ示［設計編］には配力筋の継手・定着に関する明確な記述が存在しない．配力筋の定着や継手について言及しているものは下記に示すようにコ示［構造性能照査編］（2002年）しかなく，これも具体的・定量的ではないため，配力筋であっても主筋と同等の継手や定着方法とせざるを得ないのが現状であり，コスト増加や施工性の低下，隅角部などの過密配筋の一因となっていることがある．

　主な示方書・指針類の配力筋についての取り扱いは以下のようになっている．

1) コ示［設計編］

　鉄筋の構造細目として軸方向鉄筋や横方向鉄筋（スターラップや帯鉄筋）についての記載はあるが，配力筋についてはほとんど言及されていない．

2) コンクリートライブラリーNo.128　鉄筋定着・継手指針［2007年版］[1]

　軸方向鉄筋と横方向鉄筋（スターラップや帯鉄筋）の定着および継手について，詳細に性能等級や信頼度を規定しているが，配力筋については触れられていない．

3) コ示［構造性能照査編］（2002制定）[2]

　以下のように配力筋について定めている項目がある．

（ア）鉄筋量

　　一方向スラブ，長短スパン比が0.4以下の二方向スラブ及び片持ちスラブの配力筋は，引張主鉄筋断面積に対して一定割合以上を配置しなければならないとしている．長短スパン比が0.4よりも大きい二方向スラブは版計算を行い，二方向の断面力を求めてそれぞれ適切な鉄筋量を配置する．

（イ）定着性能

　　鉄筋に求められる定着性能は使用目的と使用箇所によって異なるため，一つの指標で性能を代表させることは合理的でなく，表1.5.9.1に示すように鉄筋の使用目的と使用箇所ごとに，必要十分な定着性能の選択を可能とするようにしている．

表 1.5.9.1 「解説　表 9.5.1　鉄筋定着の使用箇所と必要とする定着性能（例）」

使用箇所 項目		軸方向鉄筋				配力鉄筋 用心鉄筋	スターラップ	帯鉄筋
		橋梁基礎など		疲労が問題とならない橋梁上部構造など		疲労が問題となる橋梁上部構造		
		基部	その他	主桁他	床板			
静的耐力	A級	○	○	○	○	○	○	○
	B級							
	C級					○		
高応力繰返し耐力	あり	○						○
	なし		○	○	○	○	○	
高サイクル繰返し耐力	あり				○		○	
	なし	○	○	○		○		○

表 1.5.9.2 「表 9.5.1　静的耐力」

性能	強度	抜け出し量	残留変形量
A級	母材並み	標準フックと同等	基本定着長と同等
B級		標準フックより劣る	
C級	母材より劣る		基本定着長より劣る

表 1.5.9.3 「解説　表 9.5.2　静的耐力」

評価の分類	性能の条件		
	強度	抜け出し量	残留変形量
A級	母材の規格降伏点の135%以上または母材の規格引張強さ以上	母材の規格降伏点の95%の応力に対し，鉄筋の抜け出し量が標準フックの場合の抜け出し量以下	母材の規格降伏点の95%の応力を載荷後，同2%以内に除荷した時の残留変形量が0.3mm以下
B級		母材の規格降伏点の70%の応力に対し，鉄筋の抜け出し量が標準フックの場合の抜け出し量の110%以下，および母材の規格降伏点の95%の応力に対し，鉄筋の抜け出し量が標準フックの場合の抜け出し量の130%以下	
C級	母材の規格降伏点以上	母材の規格降伏点の50%の応力に対し，鉄筋の抜け出し量が標準フックの場合の抜け出し量の110%以下，および母材の規格降伏点の95%の応力に対し，鉄筋の抜け出し量が標準フックの場合の抜け出し量の150%以下	規定せず

上の3表はすべてコ示［構造性能照査編］（2002年制定）p130-131より抜粋

　表 1.5.9.1～表 1.5.9.3 より，配力筋に求められる定着性能は静的耐力の C 級であることがわかる．ただし，この表は一例として挙げられているもので，実際の適用には技術的判断を要する．その静的耐力 C 級が満たすべき性能は表 1.5.9.3（解説　表 9.5.2）に数値とともにまとめられており，軸方向鉄筋と同等の仕様にする必要がないことはわかるが，ここに挙げられている性能を確認するには施工状況に応じた実験が必要であり，この表だけではどのような定着形状・定着長とすればよいかは不明である．

（ウ）継手性能

継手性能については，軸方向鉄筋とスターラップ以外の継手が満たすべき性能として細目が書かれており（9.6.3 鉄筋継手の性能），定着性能と同様に使用目的と使用箇所によって要求される継手性能が異なるため，一例として**表1.5.9.4**のようにまとめられている．

表1.5.9.4 「解説 表9.6.1 鉄筋継手の使用箇所と必要とする継手性能（例）」

項目		軸方向鉄筋					配力鉄筋 用心鉄筋	スター ラップ	帯鉄筋
使用箇所		橋梁橋脚等		疲労が問題とならない 橋梁上部構造等		疲労の厳しい 部材等			
		基部	その他	主桁他	床板				
静的耐力	A級	○	○	○	○	○		○	○
	B級								
	C級						○		
高応力 繰返し耐力	あり	○							○
	なし		○	○	○	○	○	○	
高サイクル繰 返し耐力	あり				○			○	
	なし	○	○	○			○		○

表1.5.9.5 「表9.6.1 静的耐力」

性能の 分類	性能の条件		
	強度	軸方向剛性	残留変形量
A級	母材の規格降伏点の135% 以上または母材の規格引 張強さ以上	母材の規格降伏点の70%の応力に対し，軸方向剛性が母材以上，および母材の規格降伏点の95%の応力に対し，母材の90%以上	母材の規格降伏点の95% の応力を載荷後，同2%以 内に除荷した時の残留変 形量が0.3mm以下
B級		母材の規格降伏点の70%の応力に対し，軸方向剛性が母材の90%以上，および母材の規格降伏点の95%の応力に対し，母材の70%以上	
C級	母材の規格降伏点以上	母材の規格降伏点の50%の応力に対し，軸方向剛性が母材の90%以上，および母材の規格降伏点の95%の応力に対し，母材の50%以上	規定せず

上の2表はすべてコ示［構造性能照査編］（2002年制定）p141-142より抜粋

継手性能も定着性能と同様，**表 1.5.9.4**（解説 表 9.6.1）より，配力筋に求められる継手性能は静的耐力のC級であることがわかるが，この表も一例として挙げられているもので，実際の適用には技術的判断を要する．その静的耐力C級が満たすべき性能は**表1.5.9.5**（表9.6.1）に数値とともにまとめられており，軸方向鉄筋と同等の仕様にする必要がないことはわかる．しかし，やはり継手の種別・形状を決定するには，性能を確認するための実験を行わなければならない．

b) 梁柱に囲まれた壁の縦横筋に関する規定

土木において，梁柱に囲まれた壁の縦横筋に関する規定は特にない．

1) 鉄筋コンクリート造配筋指針・同解説（日本建築学会）[3]

建築では，隣り合った鉄筋の重ね継手は相互にずらすことを基本としているが，柱梁で囲まれた壁の配筋仕様について，図1.5.9.1のように重ね継手を同一断面に集めた仕様を標準図として記載している.

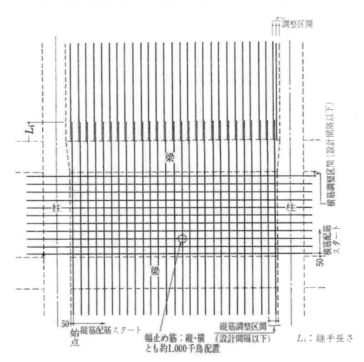

図1.5.9.1　日本建築学会の指針における壁配筋の解説図[3]

c）重ね継手を同一断面に集める仕様

1）コ示［設計編］

重ね継手を同一断面に集める仕様とする際に，コ示［設計編：標準］2.6.2 軸方向鉄筋の継手で，以下のような規定がある.

　条件①　配置する鉄筋量が計算上必要な鉄筋量の2倍以上

　条件②　同一断面での継手の割合が1/2以下

　　条件①のみ満足しない場合　　　　基本定着長の1.3倍

　　条件②のみ満足しない場合　　　　基本定着長の1.3倍

　　条件①＆②ともに満足しない場合　基本定着長の1.7倍（≒1.3×1.3）

そして，上記条件において，「定着長を長くする理由」として，コ示［設計編］の解説で以下のように示されている.

・継手を一断面に集中すると，継手に弱点がある場合，部材が危険になるおそれがあること

・継手部のコンクリートのゆきわたりが悪くなることもあること

◇1.3倍，1.7倍の根拠について，過去のコンクリート標準示方書と海外規準の調査結果

　上記の示方書の記述は，限界状態設計法の記述となった昭和61年制定版[4]から変わっておらず，同改訂資料にこの根拠に関する記述はない．また，昭和61年制定版作成に向けてその前に刊行された以下の文献についても本文は2007年版と同じであり，その根拠について記述はなかった．

・コンクリート構造の限界状態設計法指針（案）（コンクリートライブラリー第52号，昭和58年）[5]

・コンクリート構造の限界状態設計法試案（コンクリートライブラリー第48号，昭和56年）[6]

　さらに前の昭和55年版コンクリート標準示方書[7]では，

- 鉄筋の継手位置は相互にずらし，一断面に集めてはならない．また，応力の大きい部分では，鉄筋の継手を，できるだけ避けなければならない．
- 重要な箇所に用いる引張鉄筋の重ね継手は，横方向鉄筋による補強をしなければならない．

などとあり，具体的な数値の記載はないが，考え方は現在と同様である．

鉄筋継手指針（コンクリートライブラリー第49号，昭和57年）[8]では，重ね継手について昭和55年版コンクリート標準示方書と同様の記述である．

鉄筋コンクリート構造物の設計システム（コンクリート技術シリーズ95）[9]には，構造細目に関する調査結果があり，1.7倍以上というのは1.3×1.3≒1.7の意味であると述べられている．

以上，国内の示方書及び関連する資料を調査した結果，条件によって基本定着長を1.3倍という数値の根拠は見つけられなかった．

昭和61年制定版は限界状態設計法へ移行しており，海外規準の調査が行われている．そこで，ACI(American Concrete Institute) Building Codeからの引用の可能性を考え調査した．昭和61年制定（1986年）の頃のACI Building CodeはACI318-83[10]であるが，当該規準がなく，ACI318-11[11]を調査した．ACI318-11では，表1.5.9.6（Table R12.15.2）と示されており，継手部の配置鉄筋量と継手の集中度から重ね継手長を1.3倍する記述があり，現状の示方書の1.3倍の安全率はACI Building Codeから引用された可能性がある．なお，ACI318-11では，コ示［設計編］の規定にある2つの条件を満たさない場合の「1.3×1.3≒1.7倍」の規定はなく，2つの条件を満たさない場合においても1.3倍となっている．

表1.5.9.6　ACI318-11での重ね継手の規定

12.15 — Splices of deformed bars and deformed wire in tension

12.15.1 — Minimum length of lap for tension lap splices shall be as required for Class A or B splice, but not less than 12 in., where:

Class A splice.................................. $1.0\ell_d$
Class B splice.................................. $1.3\ell_d$

where ℓ_d is calculated in accordance with 12.2 to develop f_y, but without the 12 in. minimum of 12.2.1 and without the modification factor of 12.2.5.

TABLE R12.15.2 — TENSION LAP SPLICES

A_s provided* / A_s required	Maximum percent of A_s spliced within required lap length	
	50	100
Equal to or greater than 2	Class A	Class B
Less than 2	Class B	Class B

*Ratio of area of reinforcement provided to area of reinforcement required by analysis at splice locations.

d) 重ね継手を継手長の約半分ずらす仕様に関する規定

重ね継手においてコンクリートが負担する応力分布は，図1.5.9.2に示すように，重ね継手の端部で最大となるとされている．このため，隣り合う鉄筋を継手長の半分だけずらすことにより，コンクリートが負担する応力を分散することができるとされている[12]．

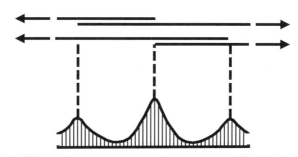

(a) 隣接した重ね継手を重ね継手長だけずらした場合

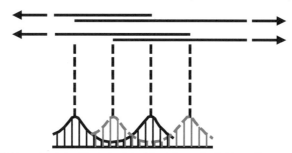

(b) 隣接した重ね継手を重ね継手長の半分だけずらした場合

図1.5.9.2　重ね継手によるコンクリートに作用する割裂引張応力 [12]

1) 土木での規定

土木では，道路床版に適用することを前提に本配筋仕様の構造性能を確認し，従来の重ね継手と同等の性能を有することを確認している [13].

2) 鉄筋コンクリート造配筋指針・同解説（日本建築学会）[3]

継手は相互にずらして設けるのが良いとして，重ね継手のずらし方の例として，重ね継手を定着長の半分だけずらす仕様の記載があり，標準的に採用できるようになっている（図1.5.9.3）.

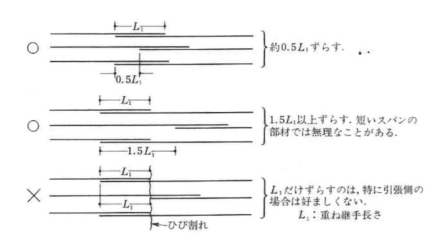

図1.5.9.3　日本建築学会の指針における重ね継手のずらし方 [3]

(2) 提案に関する一考察

重ね継手の継手範囲が，必要以上に大きいことは，施工条件によっては，仮設物との干渉などで，品質や施工性を低下させたり，先組み鉄筋工法等の合理化工法の活用を阻害したりする問題がある．以下に施工上の課題や先組み鉄筋工法の活用の事例を示す．

a) 現行規定における重ね継手の施工上の課題

鉄筋コンクリート構造物の構築では，一度にコンクリートを打込みできる範囲が限られることから，コンクリート打込み面や型枠面などの打継ぎ面から鉄筋を突出させておき，次の施工ブロックに突出した鉄筋を継いで配筋する．その際に，鉄筋の継手として重ね継手で半数継手とする場合，打継ぎ面からの鉄筋の突出長は，短い方で重ね継手の「基本定着長」が最低限必要となり，長い方は，「基本定着長」＋25D（D：鉄筋公称径）＋「基本定着長」が必要となり，この長い方の長さが重ね継手範囲の必要長さということになる．基本定着長を40Dとすると，重ね継手が一般に使用されるD13，D16，D19，D22，D25での重ね継手範囲の必要長さは，表1.5.9.7のようになり，例えばD25の場合では3m近く突出させる必要がある．

表1.5.9.7　重ね継手範囲の必要長さ

呼び径	基本定着長「40Dとした場合」	重ね継手範囲の必要長さ			
		千鳥配置「40D＋25D＋40D」	全数継手 基本定着長×1.3	全数継手 基本定着長×1.7	ハーフラップ仕様 基本定着長×1.5
D13	520	1365	676	884	780
D16	640	1680	832	1088	960
D19	760	1995	988	1292	1140
D22	880	2310	1144	1496	1320
D25	1000	2625	1300	1700	1500

例えば，打込み面となる水平打継ぎ面から鉄筋が3m近く突出する場合，風などで鉄筋が振動しないようにするために突出した鉄筋をある程度固定しておく必要がある．しかしながら，構築する躯体が下から出来上がってくることから，仮設足場の高さも十分でない状態で，鉄筋の仮固定作業をする必要があるため，作業の安全性に問題があったり，突出鉄筋の仮固定が不十分な状況になりやすかったりする．

また，鉛直および水平の打継ぎにおいて，打継ぎ面の近くに施工上必要な仮設物がある場合において，突出する鉄筋が仮設物と干渉する場合があり，重ね継手の必要長さが長いほど，仮設物との干渉の可能性が高くなる．干渉を解消するために鉄筋を折り曲げるなどの対応をする場合があるが，曲げ戻す必要があることから品質低下の可能性がある．

b) 先組み鉄筋工法の活用

例えば，柱梁に囲われて面内応力のみが作用する壁において，重ね継手の同一断面に集めた仕様が認められると，写真1.5.9.1のような壁配筋への先組み鉄筋工法の適用が可能となる。

写真 1.5.9.1 柱梁で囲まれた壁配筋への先組み鉄筋工法の適用事例（建築工事）

c) 適用箇所に応じた重ね継手に要求される性能の違い

上述したように，適用箇所により重ね継手に要求される性能は異なることから，研究開発により，それらを明らかにすることでより合理的な継手仕様を規定できると考えられる．

例）壁や床の配力筋の重ね継手，梁柱で囲まれて面内応力が主に作用する壁の縦横筋での重ね継手

参考文献

1) 土木学会：コンクリートライブラリーNo.128 鉄筋定着・継手指針［2007年版］
2) 土木学会：コンクリート標準示方書［構造性能照査編］（2002 制定）
3) 日本建築学会：鉄筋コンクリート造配筋指針・同解説，2010.11
4) 土木学会：コンクリート標準示方書［設計編］（昭和61年制定），1986
5) 土木学会：コンクリート構造の限界状態設計法指針（案）（コンクリートライブラリー第52号），1983
6) 土木学会：コンクリート構造の限界状態設計法試案（コンクリートライブラリー第48号），1981
7) 土木学会：コンクリート標準示方書［設計編］（昭和55年制定），1980
8) 土木学会：鉄筋継手指針（コンクリートライブラリー第49号），1982
9) 土木学会：鉄筋コンクリート構造物の設計システム（コンクリート技術シリーズ95），2011.6
10) American Concrete Institute : Building Code Requirements for Structural Concrete (ACI 318-83) and Commentary, 1984
11) American Concrete Institute : Building Code Requirements for Structural Concrete (ACI 318-11) and Commentary, 2011
12) レオンハルト：レオンハルトのコンクリート講座③「鉄筋コンクリートの配筋」，鹿島出版社，1985.4
13) 大沢浩二，劉 新元，渡部寛文，新井達夫：鉄筋継手の違いによるRC床版の動的挙動の比較，プレストレストコンクリート技術協会第9回シンポジウム論文集，pp399-pp404，1999.10

1.5.10 あき重ね継手の規定を検討, 整備する

(1) 関連する仕様

本提案に関連する仕様として，日本建築学会およびＡＣＩの規定を以下に示す．

a) 日本建築学会：鉄筋コンクリート造配筋指針・同解説

6.3 鉄筋の継手（解説）

5) 重ね継手に関するその他の事項

ii) 重ね継手の相互の鉄筋は，密着させるのが原則であるが，解説図6.7に示すあき重ね継手も同等に有効であり[1]，スラブ筋・壁筋などで，隣接するパネルあるいは階により鉄筋の間隔が変わる部材などに用いてよい．

解説図6.7 あき重ね継手

[1] あき重ね継手は，米国のACI規準（Building Code Requirements for Structural Concrete ACI318）の12章（Development and Splices of Reinforcement）の規定によっている．

b) ACI318: BUILDING CODE REQUIREMENT FOR STRUCTURAL CONCRETE AND COMMENTARY

12.14 Splices of reinforcement — General

12.14.2.3 Bars spliced by noncontact lap splices in flexural members shall not be spaced transversely farther apart than the smaller of one-fifth the required lap splice length, and 6 in.

(2) 提案の根拠と今後の課題

あき重ね継手は，日本建築学会やＡＣＩでは認められており，利用実績も豊富である．また，これを準用する形で土木においても利用実績はあり，技術的には特に大きな問題はないと考えられる．

しかし，土木においてはこれまで十分検討されてこなかったことから，標準示方書に規定を設けるにあたっては，土木と建築の違いを考慮し，実験やデータ収集に基づく「あき」の上限値の設定や，あき重ね継手の適用範囲の検討を行っていく必要があると考えられる．そのため，本提案は，c)研究開発に関する提案が主となるように取りまとめた．

参考文献

1) 日本建築学会：鉄筋コンクリート造配筋指針・同解説，6.3 鉄筋の継手（解説），pp.141，2010.11
2) 米国コンクリート学会：Building Code Requirement for Structural Concrete (ACI318-11) and Commentary, 12.14 Splices of reinforcement — General, pp.230, 2011.8

1.5.11 軸方向鉄筋への高強度鉄筋を活用するための規定を検討，整備する

(1)関連する仕様

a)コンクリート標準示方書

コ示［設計編：本編］3章構造計画，3.3 施工に関する検討では，構造計画の段階で，高強度コンクリートの利用や鉄筋のプレハブ化などの採用を検討することが必要との記述はあるが，高強度鉄筋の利用については触れられていない．

材料の特性値の設定方法に関して，コ示［設計編：本編］5.3 鋼材において，JIS 規格外の高強度鉄筋に関する機械的性質の規定やその特性値の設定方法に関する記述がないので整備が必要である．

疲労強度に関して，コ示［設計編：本編］5.3.2 疲労強度の条文では，「試験による疲労強度に基づいて定める」とあるので，そのままで対応可能である．しかしながら，コ示［設計編：標準］3.4.3 鋼材の疲労強度では高強度材料に関する記述はないので，規定を整備する必要がある．

曲げ耐力を算出するうえでの応力-ひずみ関係の設定方法に関して，高強度鉄筋では明確な降伏点が見られないため，規定の整備が必要である．コ示［設計編：本編］5.3.3 応力-ひずみ曲線の条文では，「照査の目的に応じて適切な形を仮定するものとする」とあるので，そのままで対応可能である．コ示［設計編：標準］3編2.4.2 曲げモーメントおよび軸方向力に対する照査において，明確な降伏点が見られない高強度鉄筋の応力-ひずみ曲線のモデルを示す必要がある．

曲げ形状について，コ示［設計編：本編］13.5 鉄筋の曲げ形状の条文に従えば，そのままで対応可能である．しかしながら，コ示［設計編：標準］7編鉄筋コンクリートの前提および構造細目 2.5.2 標準フックでは軸方向鉄筋のフック曲げ内半径が表で示されているが，異形棒鋼の種類として SD490 までしか記述されていないため，これよりも高強度な鉄筋の曲げ形状を具体的に示す必要がある．

曲げひび割れ幅算定式について，コ示［設計編：標準］4編使用性に関する照査 2.3.4 曲げひび割れ幅の設計応答値の算定の解説では，「特性値が 490N/mm^2 以上の高張力異形鉄筋を用いる場合では，別途の適切な方法によりひび割れ間隔を求めるのがよい．」との記述がある．ここに既往の研究成果を反映し，685N/mm^2 まで対応可能であることを記す必要がある．

b)鉄道構造物等設計標準・同解説　コンクリート構造物（平成16年4月）

高強度鉄筋を採用できるようになっており，付属資料に高強度鉄筋の機械的性質や疲労強度が示されている．

・曲げひび割れ幅算定式：鉄道標準 6.4.2 鉄筋コンクリート構造の設計応答値（2）解説

　　「SD490，SD685 相当の鉄筋でコンクリートの圧縮強度が 80N/mm^2 の場合に関して，式（6.4.4）が適用できることは実験的に検証されているが，これ以外の材料を使用する場合は特別な検討を行うのがよい．」とされている．

・付属資料7　鋼材の品質規格

　　高強度鉄筋の機械的性質の例が示されている．

・付属資料8　SD685 相当の鉄筋の疲労強度

　　SD685 相当の鉄筋母材および機械式継手の S-N 線の検討結果が示されている．

・付属資料16　高強度鉄筋を使用する場合の留意点

　　11 章照査の前提に示される鉄筋の曲げ加工形状等の項目は，SR235〜SD390 を対象としたものであり，鉄筋の設計引張降伏強度が 400N/mm^2 を上回る鉄筋を用いる場合には，別途検討が必要である．

SD490, SD685 相当の鉄筋を軸方向鉄筋に用いる場合の標準フックについて記述がある．

c) 道路橋示方書

道路橋示方書・同解説［Ⅲコンクリート橋編］（平成 24 年 3 月）では SD390, SD490 が追加された．しかしながら，「現時点においては多様な荷重条件や鉄筋配置等に対するひび割れ幅の算出方法について明確にはなっていない．」とのことから，耐久性の観点でコンクリート表面のひび割れ幅を 0.2mm 程度以下とするために，常時における許容応力度は SD345 と同一の値とされている．これも利用が促進されない一因である．

d)（社）プレストレストコンクリート技術協会（現（公社）プレストレストコンクリート工学会）

「高強度鉄筋 PPC 構造設計指針」（平成 15 年 11 月）が発刊されており，降伏強度が 685N/mm^2 以上の高強度鉄筋の機械的性質を規定した上で，限界状態設計法を基本とした設計法が示されている．

付属資料1 「Ⅱ編　課題と提案」の参考資料

表 1.5.11.1　各仕様書における鉄筋の規格、使用規定に関する記載内容

	発注者・仕様書名	章節	記載内容	備考
1	関東地整 土木工事共通仕様書 H27	第2編　材料編 第2章　土木工事材料 2-2-5-2 構造用圧延鋼材	構造用圧延鋼材は、以下の規格に適合するものとする。 JIS G 3101（一般構造用圧延鋼材） JIS G 3106（溶接構造用圧延鋼材） JIS G 3112（鉄筋コンクリート用棒鋼） JIS G 3114（溶接構造用耐候性熱間圧延鋼材） JIS G 3140（橋梁用高降伏点鋼板）	
2	近畿地整 設計便覧（案）	第3編　道路編 第2節　橋台・橋脚 1-4 配筋細目	(1) 配筋の基本 (a) 材料 鉄筋は、SD345を基本とするが、軸方向鉄筋が多段となり施工上問題となる場合にはSD490の採用を検討する。	出典：西・中・東日本高速道路（株）設計要領　第二集　橋梁建設編（H22.7）P4-1に一部加筆
		第3編　道路編 第5節　細部構造 2. 鋼板巻立て工法	(18) 鋼材の種類は鋼材の種類毎に、以下の規格に適合する鋼材を使用するものとする。 鋼板：JIS G 3106規格に適合する溶接構造用圧延鋼材　SM400 鉄筋：JIS G 3112規格に適合する鉄筋コンクリート用棒鋼　SD345	出典：(財)海洋架橋・橋梁調査会　既設橋梁の耐震補強工事例集（H17.4）P I-56
		第3編　道路編 (参考) 道路橋示方書の改定について	高強度鉄筋の規定導入 高強度鉄筋(SD390、SD490)の使用により、杭外周補強鉄筋を排除（過密配筋の解消）するとともに、杭外周補強鉄筋の溶接による定着を排除（品質の向上）	
3	九州地整 土木工事標準仕様書（案） H27.4	第2編材料編 第2章　土木工事材料 第5節　鋼材	構造用圧延鋼材は、以下の規格に適合するものとする。 IS G 3101（一般構造用圧延鋼材） JIS G 3106（溶接構造用圧延鋼材） JIS G 3112（鉄筋コンクリート用棒鋼） JIS G 3114（溶接構造用耐候性熱間圧延鋼材） JIS G 3140（橋梁用高降伏点鋼板）	関東地整と同様（通し番号1）
		第2編　材料編 第1章　一般事項 6. 海外の建設資材の品質証明	受注者は、海外で生産された建設資材のうちJISマーク表示品以外の建設資材を用いる場合、海外建設資材品質審査・証明事業実施機関が発行する海外建設資材品質審査証明書あるいは、日本国内の公的機関で実施した試験結果資料を監督職員に提出しなければならない。	
4	九州地整 土木工事設計要領 H23.7	第Ⅰ編　共通編 第5節　設計基準強度及び許容応力度 5. 鉄筋の材料強度 5-1 使用区分	鉄筋は、SD345を標準とする。	

#	発注者・仕様書名	章節	記載内容	備考
5	九州地整 土木工事設計要領 H25.1	第Ⅲ編 道路編 第2章 基礎工 2-4-5 杭頭結合部 2 構造細目	鋼管杭及び鋼管ソイルセメント杭、SC杭の杭頭部の補強は、施工品質の確保が可能な中詰め補強しないこと方式による。施工品質の確保が困難な溶接による中詰め補強鉄筋を用いた補強方式による。SD345の中詰め補強鉄筋では配置が困難な場合には、SD390やSD490を用いる。ただし、この場合にはコンクリートの設計基準強度を30N/mm²とする。	
6	九州地整 九州地区における土木コンクリート構造物設計・施工指針(案) H26.4	2章 計画・設計段階における建設プロセス 2.1 設計の基本 2.1.3 予備設計段階	(2)構造物の安全性、使用性、耐久性や景観、施工性、経済性、維持管理の容易さ、さらには環境負荷低減等を考慮して、構造物の種類や形式等を決定するとともに、工場製品使用の検討や新技術、新材料導入の検討を行わねばならない。 【解説部】 (2)について　中略　従来の手法では対応が困難な構造物や部材は、国土交通省のNETIS等を有効活用し、新技術・新材料の導入を検討する。	
7	四国地整 設計便覧 H26.4	第3編 道路編 第6章 橋梁上部工 第3節 プレストレストコンクリート橋 8.連結桁 8-2 連結部の使用材料および許容応力度	使用する鉄筋は、JISG3112(鉄筋コンクリート用棒鋼SD345)とし、鉄筋加工後、溶接亜鉛めっき(付着量550g/m³)を施すものとする。 コンクリートは σ_{ck}=30N/mm²、鉄筋 SD345を原則とする。	
		第3編 道路編 第6章 橋梁上部工 第4節 鉄筋コンクリート橋 6.メナーゼヒンジ		
		第3編 道路編 第7章 橋梁下部工	(12)踏掛版の設計は、「道路橋示方書・同解説Ⅳ下部構造編」参考資料5による構造細目は次の通りとする。 ①コンクリートは設計基準強度 σ_{ck}=24N/mm²、鉄筋はSD345を使用するものとし、許容応力度はコンクリート σ_{ca}=8.0N/mm²、鉄筋 σ_{sa}=180N/mm²とする。	
8	四国地整 設計便覧 H25.4	第3編 道路編 第16章 耐震補強 第3節 RC巻立て工法 3.使用材料	(2)鉄筋は、SD345とする。 (2)H24 道示Ⅴの改正では、従来の規定よりも降伏点の高い鉄筋(SD390およびSD490)を鉄筋コンクリート橋脚の軸方向鉄筋として使用することができるようになったが、補強のためにフーチングに定着する軸方向鉄筋にSD390又はSD490を用いる場合、定着方法や地震時保持水平耐力および許容塑性率の算出方法等について橋脚模型に対する正負交番繰返し載荷実験結果等に基づく検証が必要である。	

付属資料1 「Ⅱ編　課題と提案」の参考資料

	発注者・仕様書名	章節	記載内容	備考
9	中部地整	第4章 土工 Ⅲ 設計標準 4-2 擁壁工 3) 使用材料 (2) 鉄筋	鉄筋コンクリート用棒鋼は、異形鋼棒SD345とする。	
10	中部地整 土木工事仕様書 H27	第2編 材料編 第2章 土木工事材料 第5節 鋼材 2-2-5-1 構造用圧延鋼材	構造用圧延鋼材は、以下の規格に適合するものとする。 JIS G 3101（一般構造用圧延鋼材） JIS G 3106（溶接構造用圧延鋼材） JIS G 3112（鉄筋コンクリート用棒鋼） JIS G 3114（溶接構造用耐候性熱間圧延鋼材） JIS G 3140（橋梁用高降伏点鋼板）	
11	運輸機構 土木工事標準示方書 H16.3	第3章 無筋、鉄筋コンクリート 3-3 コンクリート 3-3-(1) 材料	鉄筋は、鉄筋コンクリート用棒鋼JIS G 3112の規格品を使用すること。なお、柱や場所打ち杭の帯鉄筋に細径異形PC鋼棒を用いる場合は、JIS G 3137の規格品を使用すること。	
12	JR北海道 土木工事標準仕様書 H27	5. 無筋および鉄筋コンクリート 5-4 材料 5-4-(4) 鉄筋	鉄筋は、鉄筋コンクリート用棒鋼JIS G 3112「鉄筋コンクリート用棒鋼」の規格品を使用し、その規格証明書を報告すること。	
13	JR東日本 土木工事標準仕様書 H27	8 無筋および鉄筋コンクリート工 8-4 材料 8-4-4 鉄筋	鉄筋は、原則として鉄筋コンクリート用棒鋼 JIS G 3112 の規格品を使用すること。	
14	JR東海 ボックスカルバート設計の手引き H22.3	4章 設計一般 4.4.5 使用材料	以下の材料を標準として使用する。 (1) コンクリート：設計基準強度 $f'ck=27$ N/mm2 (2) 鉄筋：JIS G 3112 に適合するSD345 (3) 粗骨材の最大寸法：25mm (4) ヤング係数：コンクリート Ec＝26.5 kN/mm2 　鉄筋 Es＝200 kN/mm2 ※使用材料について、高強度等の材料を使用したほうが合理的、経済的になる場合においては、十分な検討を行ったうえで使用しても良い。	
15	JR東海 土木工事標準示方書 H26	8 無筋および鉄筋コンクリート工 8-4 材料および配合 8-4-5 鉄筋	鉄筋は、JIS G 3112「鉄筋コンクリート用棒鋼」に適合するものを用いること。	

	発注者・仕様書名	章節	記載内容	備考
16	JR西日本 土木建造物設計施工標準 II. コンクリート構造物編 コンクリート構造物の配筋 H26.6	第1章 総則 1.3 鉄筋 1.3.1 一般	(1) 鉄筋はJIS G 3112「鉄筋コンクリート用棒鋼」に適合するもののうち、SR235、SR295、SD295A、SD295B、SD345およびSD390を用いること。なお、SD390より高強度の鉄筋については、別途検討する。 (2) 耐震設計により断面寸法が決定される部材の鉄筋で、径がD29以上の鉄筋を選定する場合は、SD390を使用することを基本とする。 【解説】 (2)について 従来、鉄筋径は原則D32までとしてきた。近年の構造物では、耐震性を向上させるために鉄筋が輻輳し、施工性が低下する傾向にある。D32を超える大径鉄筋を使用することで施工性の低下を軽減できる場合があることなどから、本文のとおり定めた。	
		第1章 総則 1.3 鉄筋 1.3.2 高強度帯鉄筋の使用	(1) 帯鉄筋にSD390(設計引張降伏強度390N/mm2、設計引張強度560N/mm2)を超える高強度鉄筋を使用する場合は、下記(2)、(3)、(4)によることとする。 (2) 設計引張降伏強度が390N/mm2を超えて800 N/mm2未満の鉄筋を帯鉄筋とする場合、設計引張降伏強度の値はコンクリートの設計圧縮強度f'_{cd}の25倍を上限とし、800N/mm2以上の場合は800N/mm2を上限とする。 (3) 【RC標準 解説表6.2.1 帯鉄筋強度を考慮する係数kw0】にもとづいて設計することを基本とするが、やむを得ず既設計を簡便に変更する場合には、次式を満足させる。 $P_{wd} \geq P_{wd1} \cdot \frac{f_{wyd}}{f_{wyd1}}$ ここに、P_{wd1}: 帯鉄筋強度比 f_{wyd}: 帯鉄筋の鉄筋の引張降伏強度の下限値(上式による) f_{wyd1}: 帯鉄筋の引張降伏強度(上限設計値) (4) 高強度鉄筋を使用する場合は、【RC標準】の関連条項以外に、以下の細目を適用する。 (a) 鉄筋は、直径φ9mm以上のスパイラル筋とし、スパイラル筋端部のフック余長は15φとする。 (b) 高架橋柱の上下端の接合部から2D (D:柱幅)の範囲のスパイラル筋間隔は100mm以下とする。	
17	JR西日本 土木建造物設計施工標準 II. コンクリート構造物編 PC桁の施工 H26.6	第3章 使用材料 3.5 鉄筋	(1) 鉄筋は、JIS G 3112に適合するものを用いることとする。 【解説】(1)についてJIS G 3112「鉄筋コンクリート用棒鋼」に定められている規定値を満たしていることを確認する。	

付属資料1 「Ⅱ編 課題と提案」の参考資料

	発注者・仕様書名	章節	記載内容	備考
18	JR九州土木工事標準仕様書	第8章 無筋および鉄筋コンクリート工 8-4 材料 8-4-5 鉄筋	鉄筋は、鉄筋コンクリート用棒鋼JIS G 3112の規格品であることを規格証明書等で照合すること。	
19	NEXCO 東日本土木工事共通仕様書 H27.7	第8章 コンクリート構造物工 8-4 鉄筋工 8-4-4 材料	(1)鉄筋は、JIS G 3112（鉄筋コンクリート用棒鋼）の規格に適合するものでなければならない。 (2)受注者は、使用する鉄筋の規格証明書を入荷の都度、監督員に提出しなければならない。	
20	阪神高速道路土木工事共通仕様書 H27	第2章 材料 第6節 コンクリート 2.6.2 鉄筋コンクリート用棒鋼	(1)鉄筋コンクリート用棒鋼は、JIS認証取得製品でJIS G 3112（鉄筋コンクリート用棒鋼）に適合するものでなければならない。 (2)監督員が必要と認める場合は、その指示に従い機械的性質に関する試験を行い、その結果を監督員に提出しなければならない。	
21	中国電力土木工事仕様書 H25	1.総則 1.2 材料 1.2.5（鉄鋼）	鉄鋼材は、特に指定したもののほかは、JISに適合したものとする。	
22	関西電力土木工事仕様書 H13	第3節 鉄筋加工組立 2. 使用材料	(1)使用する鉄筋は、追加仕様書に指定する。	
23	電源開発土木工事共通仕様書	5. コンクリート 5.7 鉄筋	(1)鉄筋の種類及び規格は、設計図書に規定する。	
24	日本原子力発電土木工事共通仕様書	第3章 材料 3.3 鉄筋及び鋼材	鉄筋及び鋼材は、加工済であるか否とにかかわらず、塵埃や油類などの異物で汚損しないようにするとともに、適切な防錆措置を講ずるものとする。JIS以外の材料を使用する場合は、その品質を明らかにした資料を監理員に説明し、提出するものとする。	
25	東京都下水道局土木工事標準仕様書	第2章 材料 第1節 工事材料の品質及び検査 2.1.3 工事材料の検査	表2.1-2 材料の規格中の記載 仕様 規格 品名 規格 鉄筋コンクリート用棒鋼 JIS G 3112 規格証明書及び試験報告書を提出のこと	

(2)提案の根拠
a)高強度鉄筋 PPC 構造設計指針[2]

- 降伏強度が685N/mm²以上を有する構造用鉄筋として，2種類（Ⅰ種：明瞭な降伏点を有する，Ⅱ種：明瞭な降伏棚を有しない）を規定している．

表1.5.11.2　高強度鉄筋Ⅰ種の機械的性質

種類の記号	降伏点又は0.2%耐力 N/mm²	降伏比 %	伸び %			曲げ性		適用サイズ
			降伏棚のひずみ値	伸び		曲げ角度	内側半径	
USD685A	685～785	85以下	1.4以上	≦D22（2号）		10以上	公称直径2倍	D19～D51
				≧D25（3号）				
USD685B	685～755	80以下		≦D22（2号）				
				≧D25（3号）				

表1.5.11.3　高強度鉄筋Ⅱ種の機械的性質

種類の記号	降伏点又は0.2%耐力 N/mm²	引張強さ N/mm²	伸び %	曲げ性		適用サイズ
				曲げ角度	内側半径	
KSS785	785以上	930以上	8以上（2号）	180°	公称直径1.5倍	D10～D16
HDC685	685以上	785以上				

- コンクリートの圧縮強度の特性値（設計基準強度）は30～80N/mm²を基本とする．
- Ⅰ種に対して疲労強度式あり．
- 鉄筋の曲げ形状は，鉄筋としてはⅠ種で曲げ内半径が鉄筋径の2倍以上で曲げ性が確保でき，コンクリート内では余裕を持たせ鉄筋径の3.5倍以上が望ましいとしている．
- 鉄筋の基本定着長は，普通強度鉄筋と同じ．
- 曲げひび割れ幅は，鉄筋が弾性域内であれば従来の普通強度鉄筋と同じであることが実験的に確認されており[3,4,5]，従来と同じ曲げひび割れ幅算定式となっている．
- 耐食性については，従来の鉄筋と同等であるとの研究結果から[6]，従来と同じ許容ひび割れ幅となっている．

b) 施工事例

実際に高橋脚に採用された事例を示す．ただし，必ずしも鉄筋組立などの生産性向上を目的に採用したものでなく，断面の縮小などが行われている．

1) 事例 1[7]

・USD685，$\sigma ck=50N/mm^2$ の組み合わせ
・本事例では常時における鉄筋応力度が普通強度鉄筋と同等であることから，耐久性上の問題はないとしている．

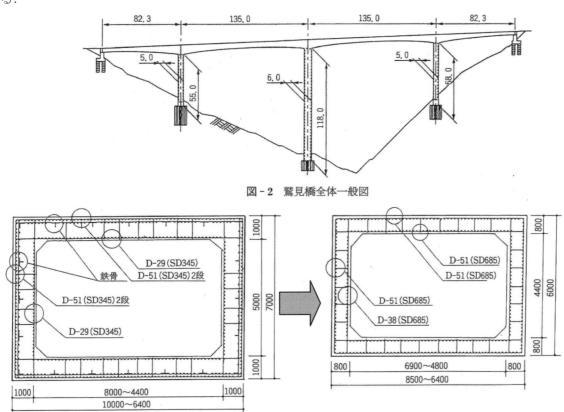

図-2 鷲見橋全体一般図

表-4 橋脚形状と橋脚下端の補強鋼材量（鉄筋量）比較

橋脚高		橋軸方向幅		直角方向幅		補強鋼材量	
		当初設計	修正設計	当初設計	修正設計	当初設計	修正設計
P1橋脚	55 m	6 m	5 m	6.4～10 m	6.4～8.5 m	D51，2段＋鉄骨	D51，1段
P2橋脚	118 m	7 m	6 m	6.4～10 m	6.4～8.5 m	D51，2段＋鉄骨	D51，1段
P3橋脚	68 m	6 m	5 m	6.4～10 m	6.4～8.5 m	D51，2段＋鉄骨	D51，1段

表-5 概算数量比較表

設計基準強度	kgf/cm²	当初設計（300）	修正設計（500）	参考（400）
橋脚壁厚	cm	100	80 (0.80)	80 (0.80)
コンクリート	m³	6,950	4,940 (0.71)	5,900 (0.86)
型 枠	m²	11,500	10,310 (0.90)	12,200 (1.03)
補強鋼材	t	2,180 （鉄筋＋鉄骨）	1,400 (0.64) （鉄筋のみ）	1,250 (0.70) （鉄筋のみ）

図 1.5.11.1 参考文献 7)における図表

2) 事例 2[8)]

・USD685, $\sigma ck=50N/mm^2$ の組み合わせ

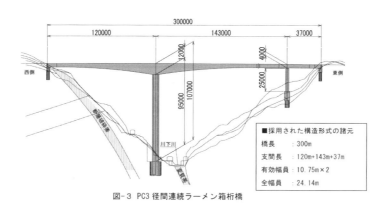

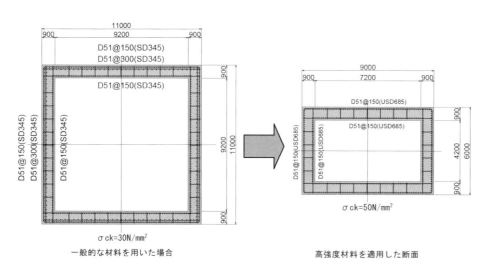

図 1.5.11.2　参考文献 8)における図

③事例 3[9)]

・SD490, $\sigma ck=40N/mm^2$ の組み合わせ

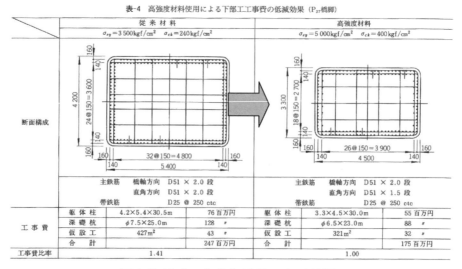

図 1.5.11.3　参考文献 9)における図

参考文献

1) 鉄道総合技術研究所編：鉄道構造物等設計標準・同解説　コンクリート構造物，2004.4
2) （社）プレストレストコンクリート技術協会：高強度鉄筋PPC構造設計指針，2003
3) 飯島基裕，山口隆裕，池田尚治：高強度材料を用いたPPCはりの曲げ挙動，コンクリート工学年次論文報告集，Vol.19，No.2，1997
4) 近藤吾郎：高強度材料を使用した鉄筋コンクリートはりの曲げひび割れ性状，第52回セメント技術大会講演要旨，1998
5) 尚自端，大野義照，鈴木計夫，鳥居洋，高強度材料を用いてプレストレスを導入したPRC合成梁の長期曲げ性状，コンクリート工学年次論文報告集，Vol.20，No.3，1998
6) 森田司郎，上之薗隆志，塩原等，福山洋，平石久廣：高強度鉄筋の開発，コンクリート工学，Vol.32，No.10，1994
7) 水口和之，芦塚憲一郎：高強度材料を用いたコンクリート高橋脚-東海北陸自動車道鷲見橋-，土木技術，53-9，pp.45-53，1998
8) 波田匡司，大城荘司，秋山隆之，齋藤公生：新名神高速道路川下川橋の計画・設計，プレストレストコンクリート技術協会第19回シンポジウム論文集，pp.409-412，2010
9) 仲谷邦博，上田喜史，木村祐司，山脇正史：高強度鉄筋SD490を使用した七色高架橋の計画と設計（上），橋梁と基礎，pp.11-17，1999.11
10) 関東地方整備局：土木工事共通仕様書，2015.4
11) 近畿地方整備局：設計便覧(案)
12) 九州地方整備局：土木工事標準仕様書(案)，2015.4
13) 九州地方整備局：土木工事設計要領，2011.7
14) 九州地方整備局：土木工事設計要領，2013.1
15) 九州地方整備局：九州地区における土木コンクリート構造物設計・施工指針(案)，2014.4
16) 四国地方整備局：設計便覧(案)，2014.4
17) 四国地方整備局：設計便覧(案)，2013.4
18) 中部地方整備局：土木工事仕様書，2015
19) 鉄道建設・運輸施設整備支援機構：土木工事標準示方書，2014.3
20) 北海道旅客鉄道：土木工事標準仕様書，2015
21) 東日本旅客鉄道：土木工事標準仕様書，2015
22) 東海旅客鉄道：ボックスカルバート設計の手引き，2010.3
23) 東海旅客鉄道：土木工事標準仕様書，2014
24) 西日本旅客鉄道：土木建造物設計施工標準Ⅱ．コンクリート構造物編，2014.6
25) 九州旅客鉄道：土木工事標準仕様書
26) 東日本高速道路：土木工事共通仕様書，2015.7
27) 阪神高速道路：土木工事標準仕様書，2015
28) 中国電力：土木工事仕様書，2013
29) 関西電力：土木工事仕様書，2011
30) 電源開発：土木工事共通仕様書
31) 日本原子力発電：土木工事共通仕様書
32) 東京都下水道局：土木工事標準仕様書

1.5.12 高強度のせん断補強鉄筋を活用するための規定を検討，整備する

(1) 関連する仕様

a) コンクリート標準示方書［設計編］

コ示［設計編］では，はりや柱などの棒部材のせん断耐力について，せん断補強鉄筋の降伏強度の適用範囲が $25f'_{cd}(N/mm^2)$ と $800N/mm^2$ のいずれか小さい値を上限とすることになっており，コンクリート強度に応じて高強度鉄筋（USD785 まで）が使用できるようになっている．鉄道構造物等設計標準ではコ示［設計編］より先にこの考えが用いられていた．

コ示［設計編：標準］3 編 2.4.3.2 棒部材の設計せん断耐力の条文および解説文には以下の記載がある．

○条文の（1）内
「f_{wyd}：せん断補強鉄筋の設計降伏強度で，$25f'_{cd}(N/mm^2)$ と $800N/mm^2$ のいずれか小さい値を上限とする．」

○解説
「最新の研究によると，せん断補強鉄筋の設計降伏強度 f_{wyd} の上限は，コンクリート設計圧縮強度の 25 倍に設定することにより，実験結果と良好な適合性を得られることが確認されているため，上限値を規定した．ただし，設計降伏強度が $800N/mm^2$ を超える場合は，実験データが少ないことから，当面，$800N/mm^2$ を上限とした．」

b) 道路橋示方書 [1]

道路橋示方書では，平成 24 年版で軸方向鉄筋に SD490 まで使用できるようになったが，せん断補強鉄筋は従来通り SD345 までの適用にとどまっている．この理由として，「適用性がまだ十分に検証されていない」とされている．以下に本文と解説を示す．

道路橋示方書 耐震設計編 10.5 鉄筋コンクリート橋脚のせん断耐力の条文および解説に以下の記載がある．

○条文
「σ_{sy}：せん断補強鉄筋の降伏点 (N/mm^2) で，上限を $345N/mm^2$ とする．」

○解説
「今回の改訂では，SD390 及び SD490 の鉄筋の使用が認められることとなったものの，鉄筋コンクリート橋脚のせん断補強鉄筋に SD390 又は SD490 の鉄筋を用いる場合に対しては，ここに規定されるせん断耐力の算出方法の適用性がまだ十分に検証されていない．このため，これらの種類の鉄筋をせん断補強鉄筋として用いる場合であっても，式（10.5.3）におけるせん断補強鉄筋の降伏点 σ_{sy} には，従来から使用されている鉄筋（SD345）の降伏点と同じ $345N/mm^2$ を用いることを規定している．」

また，同じ理由で横拘束鉄筋の拘束効果も $345N/mm^2$ までしか考慮できなくなっている．このように，道路橋示方書では高強度鉄筋をせん断補強鉄筋に適用できなくなっているため，道路橋でのせん断補強鉄筋の高密度配筋が解消できないのが課題となっている．

c) 鉄道・運輸機構のコンクリート構造物の配筋の手引き [2]

鉄道ラーメン高架橋の柱を対象として，降伏強度 $1275N/mm^2$ の高強度スパイラル鉄筋を用いて以下のような設計方法を規定し，構造細目も規定している．

コンクリート構造物の配筋の手引きの参考資料 6 に以下のように規定されている．

「高強度帯鉄筋の設計引張降伏強度以下で，下記の値とする．
　　柱の上下2D区間　　：　　　　1000 N/mm^2
　　柱の中間部　　　　：　　　　25×コンクリートの設計圧縮強度 N/mm^2
　　　　　　　　　　　　　　　　（コンクリートの材料係数は γc=1.0 とする）
注意事項1：柱の上下2D区間に計算上必要となる帯鉄筋量が中間部より少なくなる場合は，上下2D区間にも中間部と同量以上の帯鉄筋を配置しなければならない．
注意事項2：元設計の帯鉄筋の配置には，上下2D区間と中間部の区別が無い場合がある．この場合は必要せん断耐力の確認が必要であるため，設計技術部に相談すること．」

d) 土木学会技術推進ライブラリー[3]

土木学会の技術推進機構から，高強度せん断補強鉄筋の活用を図るべく技術推進ライブラリーとして「靭性の向上を目的とした高強度鉄筋による柱および杭の設計施工法に関する技術評価報告書」を発刊している．

本報告書では，設計降伏強度を 1275N/mm^2 として，実験等により十分な検討を行った上で，設計せん断耐力を評価する式を提案しているが，実際の設計では活用されるに至っていない．実用化に至らない理由としては，上記のコ示［設計編］や鉄道構造物等設計標準のせん断補強鉄筋の降伏強度の適用範囲を超えることに対して，発注者として認可することが出来なかったことが大きな要因と考えられる．

(2) 提案の参考となる一考察

道路橋示方書においてせん断補強鉄筋が SD345 までに制限されている理由は，十分な実験データが蓄積されていないためとされている．コ示［設計編］や鉄道構造物等設計標準では，最大で800N/mm^2 までの降伏強度を有するせん断補強鉄筋を適用できるものとなっているが，これはＲＣはりを静的単調載荷することによって得られた知見である．

ＲＣ橋脚基部のように，地震時に塑性ヒンジ部となるような箇所については，高強度のせん断補強鉄筋の適用によってせん断補強鉄筋量を減じる場合に，静的荷重下のせん断耐力以外にも以下のことを考慮する必要がある．
・せん断補強鉄筋（横拘束筋）の拘束効果
・塑性ヒンジ長
・正負交番繰返し載荷によるせん断耐力の低下

前者2つはせん断破壊に関するものではなく，曲げ破壊するＲＣ部材に関するものであるが，せん断補強鉄筋量・強度・配置が大きく影響する．これらより，せん断補強鉄筋を高強度化してせん断補強鉄筋量を低減したＲＣ柱部材の正負交番載荷実験のデータを蓄積する必要があると考えられる．なお，曲げ破壊するＲＣ柱において，せん断補強鉄筋で SD345 を SD490 へ変更してせん断補強鉄筋量を減じても耐震性能がほとんど変化しない実験結果例[4]もある．

実験データを蓄積した上で各指針間での差異を統一することで課題が解決できるものと考えられる．現状ではコンクリート標準示方書と鉄道構造物等設計標準ではせん断補強鉄筋に高強度鉄筋を適用できるが道路橋示方書では適用できない．また，道路橋示方書ではせん断耐力算定式も前者2つとは式が異なり，塑性ヒンジの考え方も統一されていない．同じ土木系のＲＣ構造物であるので，設計手法を統一できれば生産性の向上につながる．高強度鉄筋の利用は建築分野において先行しているので，建築分野での設計手法を取り入れることも仕様統一の一助になるものと考えられる．

参考文献

1) 日本道路協会：道路橋示方書・同解説　耐震設計編，2012
2) 鉄道建設・運輸施設整備支援機構：コンクリート構造物の配筋の手引き，参考資料-6　高強度せん断補強筋を用いる場合の留意点，2004.12
3) 土木学会:技術推進ライブラリーNo.4　靭性向上を目的とした高強度鉄筋による柱および杭の設計施工法に関する技術評価　報告書，2009.7
4) 村田裕志，渡辺典男，水谷正樹，小尾博俊，福浦尚之：SD490を用いた高鉄筋比のRC橋脚の耐震性能に関する実験的研究，土木学会構造工学論文集，Vol.56A，pp.928-937，2010.3

1.5.13　部分的なかぶり不足対策に防食鉄筋を活用できる環境を整備する

(1)関連する仕様

a)コンクリートライブラリー112 エポキシ樹脂塗装鉄筋を用いる鉄筋コンクリートの設計施工指針[改訂版]

　この指針ではエポキシ樹脂塗装鉄筋を用いる鉄筋コンクリート部材の設計および施工において，必要な事項についての標準が示されている．エポキシ樹脂塗装鉄筋の防食性能を考慮し，その使用効果を発揮できる耐久性の照査方法が規定されている．

b)コンクリートライブラリー130 ステンレス鉄筋を用いるコンクリート構造物の設計施工指針（案）

　ステンレス鉄筋を最外縁鉄筋のみに用いた場合，普通鉄筋である主筋や配力筋とステンレス鉄筋が接触し，異種金属接触によるマクロセル腐食が生じ，普通鉄筋が急速に腐食する可能性も考えられるが，コンクリート中の塩化物イオン濃度が普通鉄筋の腐食発生限界濃度の 1.2kg/m³ 以下であれば，普通鉄筋に対するステンレス鉄筋の腐食促進の影響はないことが実験により確認されている．

c)鉄道・運輸機構「コンクリート構造物の配筋の手引き」

　下図に示すように，機械式継手を用いた場合の最外縁鉄筋の部分的なかぶり不足の対策としてエポキシ鉄筋等の使用が挙げられている．

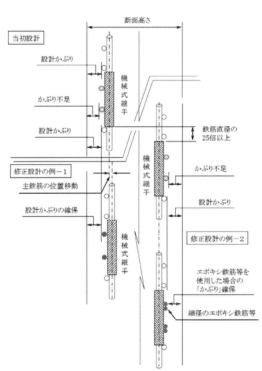

提供：鉄道・運輸機構

図1.5.13.1　コンクリート構造物の配筋の手引き　第2回改定　参考資料-4（鉄道・運輸機構）

d)その他の示方書や仕様書

　その他の示方書や仕様書には構造用鉄筋に防錆処理を施した場合のかぶりに関する記述はなく，防食鉄筋に関する記述は「純かぶり内に配置される組立鉄筋には防食鉄筋を使用する．」との記述に留まる．

(2) 提案の参考となる一考察

a) かぶりの最小値

かぶりの最小値は，鉄筋直径または耐久性を満足するかぶりのうち大きいほうに，施工誤差を加えた値で決められており，耐久性の項目としては，ひび割れ・中性化・塩害・凍害・化学的侵食および耐火性が挙げられている．中性化のおそれのない環境や塩化物イオンが飛来しない屋外環境においては，一般的にそれらに対する照査は省略して良く，その中で防食鉄筋を用いれば要求される耐久性の項目が少なくなるため，必要かぶりを小さくできる可能性が高くなる．

また，腐食性環境下においては，防食鉄筋を用いた場合であっても原則としてコ示[設計編：標準]2編耐久性に関する照査で規定された各照査を満足しなければならず，そのうちエポキシ樹脂塗装鉄筋とステンレス鉄筋についてはそれぞれのライブラリーを参照することができる．

b) 最近の動向

最近では，部分的なかぶり不足の対応策として，主筋の位置を深く再設定するのではなく，最外縁鉄筋にエポキシ樹脂塗装鉄筋やステンレス鉄筋などの防食鉄筋を使用し，必要とされる耐久性を確保することによって要求性能を満足する方法が用いられてきている．

c) 今後の課題

セメント系やアルコール系などの防錆材を使用した鉄筋，溶融亜鉛メッキを施した鉄筋など，エポキシ樹脂塗装鉄筋やステンレス鉄筋以外の防食鉄筋については，未だ耐久性に関する照査方法が確立されていないのが現状である．これらはエポキシ樹脂塗装鉄筋やステンレス鉄筋と比較して安価なため，耐久性に関する指標が明らかになればさらに選択肢が多くなりかつ経済的な設計の可能性が考えられる．

参考文献

1) 土木学会：2012年制定コンクリート標準示方書［設計編］，2012.12
2) 土木学会：エポキシ樹脂塗装鉄筋を用いる鉄筋コンクリートの設計施工指針［改訂版］（コンクリートライブラリー112），2003.11
3) 土木学会：ステンレス鉄筋を用いるコンクリート構造物の設計施工指針（案）（コンクリートライブラリー130），2008.9
4) 鉄道・運輸機構：コンクリート構造物の配筋の手引き（第2回改定），2012.3

1.5.14 面部材でのせん断補強鉄筋の最大配置間隔を検討，整備する

(1) 関連する仕様

a) コ示［設計編：標準］の現状

　ここでは，コ示［設計編：標準］の中の関連する記載，および関連する細目の根拠に関する調査結果[1]を記す．

　［設計編：標準］7編：鉄筋コンクリートの前提および構造細目 2.3.2 横方向鉄筋の配置では，**表 1.5.14.1** に示す記載がある．

　（ⅰ）の計算上必要のない場合にもスターラップを配置する理由は，現在のコ示［設計編：標準］にあるように，収縮などによるひび割れへの対策ではなく，耐力算定式が適用できる前提として，はりがトラス機構を形成できるようにするためであると考えられる[1]．なお，昭和61年版コ示から現在の記述となっているが，「柱部材有効高さの3/4倍以下，かつ400mm以下」の根拠については記されていない．

　（ⅱ）の計算上必要なスターラップの間隔について，有効高さの1/2以下としているのは，45度の角度の斜めひび割れがせん断補強鉄筋と交わるようにするためである．「300mm以下」については昭和61年版から条文に記載があり，「収縮等によるひび割れの発生を防ぐために用心鉄筋としても有効となるように」と記述されているが，「300mm以下」の根拠は不明である．

　また，（ⅰ）にのみ面部材には適用しなくてもよいとの記述があるが，（ⅱ）について記述がない理由は不明である．ただし，いずれも文頭には「棒部材」との記述がある．

　このようにせん断補強鉄筋の最大配置間隔は，有効高さに依存している部材耐力の確保の役割から決まるものと，収縮などのひび割れ発生を防ぐ用心鉄筋として決まる場合とがある．

　以上より，コ示［設計編：標準］7編 2.3.2 横方向鉄筋の配置は，棒部材を対象と記されているように，本来，面部材に対して本条文は必ずしも当てはまらない．しかしながら，面部材を対象としたせん断補強鉄筋の配筋仕様に関する記述がないため，棒部材の配筋仕様が採用されているのが実情である．

　用心鉄筋については，コ示［設計編：標準］7編 2.3.4 ひび割れ制御のための鉄筋の配置に**表 1.5.14.1**に示す記載があり，ここでも「300mm以下」と数値があるが，根拠は不明である．

b) コ示［設計編：本編］の現状

　コ示［設計編：本編］については，「13章鉄筋コンクリートの前提　13.4 鉄筋の配置」で，「要求性能を満足するように，照査法に応じて必要となる鉄筋を配置しなければならない」とあり，部材に応じた鉄筋の配置は可能であるが，照査法は示されていないため高度な検討が必要である．

c) 道路橋示方書の現状

　コ示［設計編：標準］と同様に，コンクリート橋編「6.6.10　スターラップ及び折曲げ鉄筋の配置」において，「(4) 計算上スターラップが必要な場合においては，スターラップの間隔は，桁の有効高さの1/2以下で，かつ，300mm以下とする．また，6.4(6)の規定によりスターラップを配置する場合においては，スターラップの間隔は桁高の3/4以下で，かつ，400mm以下とする．」と記載されている．

　また，耐震設計編「7.3　最小鉄筋量，最大鉄筋量」において，「3) ⅰ) 乾燥収縮や温度勾配等による有害なひび割れが発生しないように，鉄筋を配置しなければならない．ⅱ) 部材表面に沿った長さ1mあたり500mm²以上の断面積の鉄筋を中心間隔300mm以下の間隔で配置した場合においては，ⅰ)を満たすものとする．」と記載されている．

表 1.5.14.1 コア示における記載内容

発注者・仕様書名	章節	記載内容	備考
1	土木学会 コンクリート標準示方書 設計編 2012年	標準 7編 鉄筋コンクリートの前提および構造細目 2.3.2 横方向鉄筋の配置	(1) スターラップの配置 (i) 棒部材には、0.15%以上のスターラップを部材全長にわたって配置するものとする。また、その間隔は、部材有効高さの3/4倍以下、かつ400mm以下を原則とする。ただし、面部材にはこの項を適用しなくてもよい。 (ii) 棒部材において計算上せん断補強鋼材が必要な場合には、スターラップの間隔は、部材有効高さの1/2倍以下で、かつ300mm以下としなければならない。また、計算上せん断補強鋼材を必要とする区間の外側の有効高さに等しい区間にも、これと同量のせん断補強鋼材を配置しなければならない。	
		標準 7編 2.3.4 ひび割れ制御のための鉄筋の配置	(1) 部材には、荷重によるひび割れを制御するために必要な鉄筋のほかに、必要に応じて、温度変化、収縮等によるひび割れを制御するための用心鉄筋を配置しなければならない。 (2) ひび割れ制御を目的とする鉄筋は、必要とされる部材断面の周辺に分散させて配置しなければならない。この場合、鉄筋の径および間隔は、できるだけ小さくするものとする。 (3) 軸方向鉄筋およびこれと直交する各種の横方向鉄筋の配置間隔は、原則として300mm以下とする。	「300mm」の根拠が不明
		本編 13章 鉄筋コンクリート 13.4 鉄筋の配置	構造物には、要求性能を満足するように、照査法に応じて必要となる鉄筋を配置しなければならない。	

付属資料1 「Ⅱ編　課題と提案」の参考資料

表1.5.14.2 各仕様書におけるスターラップ横方向鉄筋に関する記載内容

	発注者・仕様書名	章節	記載内容	備考
1	近畿地方整備局 設計便覧（案） 第3編 道路編	第7章 橋梁下部工 第2節 橋台・橋脚 1. 一般（標準） 1-4 配筋の基本 (1)配筋の基本 (e) はり部材	(e)はり部材 (ロ) スターラップ はり部材のスターラップは、部材全長にわたって設けるものとし表7-2-5によるのを原則とする。 表7-2-5 はり部材のスターラップ | 鉄筋径 | D13以上 | | 鉄筋中心間隔 | 計算上必要な範囲：はりの有効高さの1/2以下、300mm以下、上記2つの小さいほうの値とする。 | | | 必要のない範囲：はりの有効高さ以下 |	道路橋示方書・同解説Ⅳ 下部構造編（H.14.3） P185に一部加筆
			(f) 柱部材 (ロ) スターラップ 柱部材の帯鉄筋は、表7-2-7によるのを原則とする。 表7-2-7 柱部材の帯鉄筋 | 鉄筋径 | D13以上 | | 中間帯鉄筋 | 300mm以下（但し、塑性化を考慮する領域は、150mm以下） | | | 帯鉄筋と同径（同材質） | | | 梁および'フーチング以外で帯鉄筋の配置される全断面 | | | 鉛直方向は部材の有効高さの1/2以下、水平方向は1m以内 | なお、高さ方向に対して帯鉄筋の間隔を変化させる場合には、図7-2-6に示す緩衝帯区間を設け、徐々に変化させるものとする。 （塑性域区間） ・塑性ヒンジ長の4倍の区間内にある塑性化領域においては、帯鉄筋を150mmの間隔にて配置する。 （緩衝帯区間） ・帯鉄筋の配置間隔が150mm→300mmと急変することは避け、応力が分散するよう弱軸方向厚（橋脚断面の短辺長）分の緩衝区間を設け、その配置間隔は250mm程度としてよい。 D：弱軸方向厚（Dとdの薄い方） P：塑性ヒンジ長（Lp）×4倍	道路橋示方書・同解説Ⅴ 耐震設計編（H.14.3） P169～170に一部加筆 道路橋示方書・同解説Ⅳ 下部構造編（H.14.3） P188に一部加筆

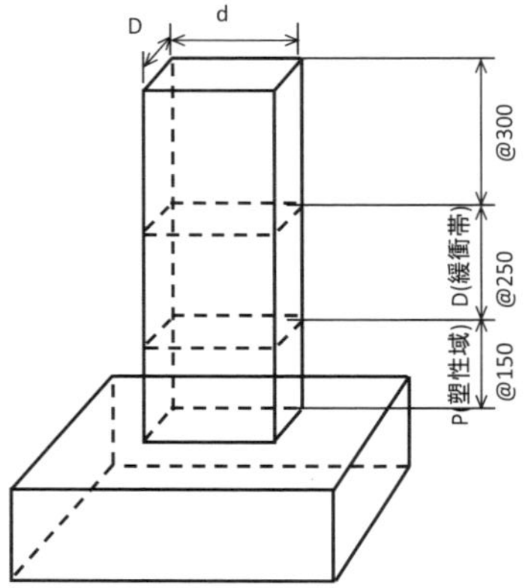

発注者・仕様書名	章節	記載内容	備考
	第7章 橋梁下部工 第2節 橋台・橋脚 1. 一般（標準） 1-4 配筋細目 (2) 橋台	(a) パラペット (ハ) 中間帯鉄筋 配置：鉛直方向は部材の有効高の1/2以内、水平方向は1m以内 ただし、計算上せん断補強筋を必要としない場合、部材の有効高以下 (b) たて壁 (ニ) 中間帯鉄筋 配筋間隔：鉛直方向は600mm以内、水平方向は1m以内 (c) フーチング (ニ) スターラップ 間隔：有効高の1/2以下（計算上必要とする場合） 有効高以下（計算上必要としない場合）	道路橋示方書・同解説Ⅳ 下部構造編（H14.3） P198に一部加筆
	第7章 橋梁下部工 第2節 橋台・橋脚 1. 一般（標準） 1-4 配筋細目 (3) 橋脚	(a) はり (ハ) スターラップ 配置：1/2×有効高かつ30cm以下	道路橋示方書・同解説Ⅳ 下部構造編 (H14.3) P185
		(b) 柱 (ロ) 帯鉄筋 配筋間隔：300mm以下（ただし、塑性化を考慮する領域は150mm以下） (ハ) 中間帯鉄筋 配筋間隔：鉛直方向は部材の有効高の1/2以下、水平方向は1m以内	道路橋示方書・同解説Ⅳ 下部構造編 (H14.3) P186、P187
		(c) フーチング (ニ) スターラップ 間隔：有効高の1/2以下（計算上必要とする場合） 有効高以下（必要としない場合）	道路橋示方書・同解説Ⅳ 下部構造編 (H14.3) P185
	第10章 基礎工 第3節 杭基礎の設計（標準） 8. 構造細目 8-5 場所打ちコンクリート杭の配筋	(4) 帯鉄筋 配置鉄筋：30cm以下 ただし、フーチング底面より杭径の2倍（設計地盤面がフーチング底面以下の場合は設計地盤面より杭径の2倍）の位置は以下とする。	

付属資料1 「Ⅱ編 課題と提案」の参考資料

	発注者・仕様書名	章節	記載内容	備考
		第16章 耐震補強 第5節 細部構造 1. 鉄筋コンクリート巻立て工法	(2) 巻立て部に配置する鉄筋は、表16-5-1に示す配筋を標準とする。 表16-5-1 鉄筋の標準的な配筋 		最小径	最大径	間隔
---	---	---	---
軸方向鉄筋	D22	D32	150～300mm
帯鉄筋	D16	D22	100～150mm | (6) 中間貫通帯鉄筋の設置間隔は、水平方向には補強後の橋軸方向の断面幅以内、高さ方向には300mm程度とすることを標準とする。	(財)海洋架橋・橋梁調査会 既設橋梁の耐震補強工法 事例集(H17.4) PⅠ-47～50
		第16章 耐震補強 第5節 細部構造 2. 鋼板巻立て工法	(15) 帯鉄筋を径13mm以上の異形棒鋼を間隔150mm以下で配筋するものとする。	(財)海洋架橋・橋梁調査会 既設橋梁の耐震補強工法 事例集(H17.4) PⅠ-55
	九州地方整備局 土木工事設計要領第Ⅲ編道路編 H.25.1	第2章 橋梁設計 第2節 橋梁設計 2-4 構造細目 2-4-2 場所打ち杭 3 配筋細目	(2) 帯鉄筋 中心間隔は300mm以下とする。ただし、フーチング底面より杭径の2倍(設計地盤面がフーチング底面以下の場合は設計地盤面より杭径の2倍)の範囲内では、帯鉄筋の中心間隔を150mm以下とする。 帯鉄筋の中心間隔は、場所打ち杭の変形特性等に実状を考慮して最大間隔を300mmと定めた。なお、水中コンクリートの充てん性を考慮すると、帯鉄筋の最小間隔は125mm以上とすることが望ましい。	
		第2章 橋梁設計 第2節 橋梁設計 2-4 構造細目 2-4-3 深礎基礎 3 配筋細目	4) 組杭式深礎基礎の帯鉄筋は、道示Ⅳ12.11.2(3)2)の規定に準じて配置する。	
2		第2章 橋梁設計 第3節 耐震設計 7. 鉄筋コンクリート部材の構造 7-1 鉄筋コンクリート橋脚の塑性変形性能を確保するための構造細目	(3) 1) 塑性化を考慮する領域 における帯鉄筋間隔は、帯鉄筋の直径に応じて表-10.8.1に示す値以下、かつ、断面高さの0.2倍以下とする。この場合、断面高さは、矩形断面の場合は、円形断面の場合においては直径とする。 表-10.8.1 | 帯鉄筋の直径 φ(mm)	13≦φ<20	20≦φ<25	25≦φ<30	φ≧30
帯鉄筋間隔の上限値(mm)	150	200	250	300	 なお、弾性域に留まることが確実な領域では、帯鉄筋間隔の上限値は300mmとしてもよい。ただし、高さ方向に対して途中で帯鉄筋の間隔を変化させる場合においては、その間隔を徐々に変化させなければならない。 4) ii) 中間帯鉄筋の断面内配置間隔は、原則として1m以内とする。	道路示方書・同解説Ⅴ耐震設計編(H.24.3) P201, 202

発注者・仕様書名	章節	記載内容	備考
四国地方整備局 設計便覧 第3編 道路編 H.26.4	第7章 橋梁下部工 第2節 橋台・橋脚 2. 橋台・橋脚の設計（標準） 2-20 配筋細目 (1)配筋の基本	(g)せん断補強鉄筋 (イ)鉄筋コンクリート部材に配置するせん断補強鉄筋は、「道路橋示方書・同解説Ⅳ下部構造編」7．10の規定による	
	第7章 橋梁下部工 第2節 橋台・橋脚 2. 橋台・橋脚の設計（標準） 2-20 配筋細目 (2)橋台	(a)パラペット (ハ)せん断補強鉄筋 「道路橋示方書・同解説Ⅳ下部構造編」7．10の規定による。 (b)たて壁 (ロ)せん断補強鉄筋 「道路橋示方書・同解説Ⅳ下部構造編」7．10の規定による。 (c)フーチング (ニ)せん断補強鉄筋 「道路橋示方書・同解説Ⅳ下部構造編」7．10の規定による。	
	第7章 橋梁下部工 第2節 橋台・橋脚 2. 橋台・橋脚の設計（標準） 2-20 配筋細目 (3)橋脚	(a)はり (ロ)せん断補強鉄筋 「道路橋示方書・同解説Ⅳ下部構造編」7．10の規定による。 (b)柱 (ロ)せん断補強鉄筋 せん断補強鉄筋は、「道路橋示方書・同解説Ⅳ下部構造編」7．10の規定による。帯鉄筋のフーチング内部への配置は、「道路橋示方書・同解説Ⅳ下部構造編」8．5の規定による。 (c)フーチング (ハ)せん断補強鉄筋 「道路橋示方書・同解説Ⅳ下部構造編」7．10の規定による。	
	第8章 基礎工 第4節 杭基礎の設計（基礎） 8. 構造細目 8-5 場所打ちコンクリート杭の仕様	(3)帯鉄筋 配置鉄筋：30cm以下。ただし、フーチング底面より杭径の2倍（耐震設計上の地盤面がフーチング底面以下の場合は耐震設計上の地盤面より杭径の2倍）の位置は右図とし@150mm以下とする。水中コンクリートの充てん性を考慮し、最小間隔は125mm以上とする。	

付属資料1 「Ⅱ編 課題と提案」の参考資料

発注者・仕様書名	章節	記載内容	備考
	第16章 耐震補強 第3節 RC巻立て工法 4. 構造細目	(2) 補強部材に配置する鉄筋は、以下のものを標準とする。 |	最小径	最大径	間隔
軸方向鉄筋	D22	D32	125、250mm
帯鉄筋	D16	D22	100〜150mm	 帯鉄筋の配置間隔は150mmを基本とするが、D22ctc150mmを配置しても必要帯鉄筋量を満足しない場合にはD22ctc100mmを配置するものとする。	
西日本旅客鉄道株式会社 土木建造物設計施工標準 Ⅱ.コンクリート構造物編 コンクリート構造物の配筋 H.26.6	第3章 ラーメン構造物 3.1 梁 3.1.1 配筋の一般事項 3.1.1.2 スターラップ	(2) 横拘束鉄筋として用いるスターラップの間隔は、軸方向鉄筋の直径の12倍以下かつ部材断面の短辺寸法の1/2以下とする。また塑性ヒンジ部に配置する場合は、次のうち最も小さい値以下とする。 (a)有効高さの1/4 (b)スターラップ直径の24倍 (c)軸方向鉄筋の直径の8倍 (d)300 mm	
	第3章 ラーメン構造物 3.2 柱 3.2.1 配筋の一般事項 3.2.1.2 帯鉄筋	(1) 柱の帯鉄筋の間隔は、軸方向鉄筋の直径の12倍以下かつ部材断面の短辺寸法の1/2以下とする。また矩形断面の場合は、帯鉄筋の横方向の間隔を帯鉄筋の直径の48倍以下とし、これを超える場合には中間帯鉄筋を配置する (2) 柱の塑性ヒンジ部に配置する帯鉄筋の間隔は、次のうち最も小さい値以下とする。 (a) 有効高さ1/4 (b) スターラップ直径の24倍 (c) 軸方向鉄筋の直径の8倍 (d) 300 mm	

発注者・仕様書名	章節	記載内容	備考
	第4章 橋脚 4.1 く体 4.1.1 配筋の一般事項 4.1.1.2 帯鉄筋	(1) 帯鉄筋の間隔は、軸方向鉄筋の直径の12倍以下かつ部材断面の短辺寸法の1/2以下とする。また矩形断面の場合は、帯鉄筋の直径の48倍以下とし、これを超える場合には中間帯鉄筋を配置する (2) 塑性ヒンジ部に配置する帯鉄筋の間隔は、次のうち最も小さい値以下とする。なお、橋脚く体下端から短辺断面高さの2倍までの範囲には塑性ヒンジ部と同量の帯鉄筋を配置することとする。 (a) 有効高さ1/4 (b) スターラップ直径の24倍 (c) 軸方向鉄筋の直径の8倍 (d) 300 mm	
	第5章 橋台 5.2 く体 5.2.1 鉄筋配置	(4) せん断補強鉄筋はフーチング内に4段程度をく体内と同ピッチで配置し、それ以降中心線を越えるまで2倍程度のピッチで配置する。	
	第8章 ボックスカルバート 8.1 床版	(4) スターラップ間隔は、有効高さの1/2以下かつ300 mm以下とする。	
	第9章 場所打ち杭 9.5 帯鉄筋	(1) 帯鉄筋の直径は13〜32 mmを標準とし、帯鉄筋の中心間隔は主鉄筋直径の20倍以下、かつ帯鉄筋直径の48倍以下とする。なお、せん断補強鉄筋として計算上必要な場合には300mm以下の間隔、計算上不要な場合でも400mm以下の間隔とする。 (2) 杭頭部の帯鉄筋は、次による。 ・フーチング下端から杭径の2倍(2D)の範囲はコンクリートの側断面積の0.30%以上を配置し、中心間隔は125〜150 mmとする。 ※ 帯鉄筋D29, D32の場合、施工性向上を目的に、鉄筋間隔は150 mm以上とする。なお、これにより難い場合は別途検討する。	

付属資料1 「Ⅱ編 課題と提案」の参考資料

発注者・仕様書名	章節	記載内容	備考
東海旅客鉄道株式会社 ボックスカルバート設計の手引き H.22.3	5章 カルバートの普通設計 5.8 く体の照査 5.8.1 照査の前提 5.8.1.8 せん断補強筋の配置	(1) 「5.8.1.3 最小鉄筋量」の (d) に従ってスターラップを配置する場合、コンクリートの収縮や温度差等によるひび割れを生じないようにしなければならない。一般には、以下に示す間隔でスターラップを配置することとする。 ①有効高さの3/4 以下 ②400mm 以下 (2) せん断補強鉄筋を計算上必要とする場合、スターラップは腹部コンクリートに発生する斜めひび割れと必ず交わるように、一般には以下に示す間隔で配置することとする。 ①有効高さの1/2 以下 ②300mm 以下 (3) 圧縮鉄筋がある場合、スターラップは圧縮鉄筋の座屈を防止するために、一般に以下に示す間隔で配置することとする。 ①圧縮鉄筋の直径の15 倍以下 ②スターラップの直径の48 倍以下 (4) せん断補強鉄筋を計算上必要とする区間の両外側にそれぞれ有効高さに等しい区間にも、同量のせん断補強鉄筋を配置することとする。	鉄道構造物等設計標準・同解説 コンクリート構造物 11.7.3 (仕様書中にはRC標準と明記)
	5章 カルバートの普通設計 5.8 く体の照査 5.8.1 照査の前提 5.8.1.9 横拘束鉄筋の配置	軸方向鉄筋の降伏が想定される部材の横拘束鉄筋に帯鉄筋や内部のコンクリートを十分に拘束するような配置としなければならない。以下に示す間隔で配置することとする。 ① 軸方向鉄筋の直径の12 倍以下 ② 部材の短辺寸法の1/2 以下 ③300mm 以下 (1) 塑性ヒンジ部にスターラップおよび帯鉄筋を配置する場合は、一般に以下に示す間隔で配置することとする。 ①有効高さの1/4 以下 ②スターラップ，帯鉄筋の直径の24 倍以下 ③圧縮・引張鉄筋の直径の8 倍以下 ④300mm 以下 (2) 長方形断面で帯鉄筋を用いる場合について 帯鉄筋の横方向の配置間隔は、帯鉄筋の直径の48 倍以下とする。また帯鉄筋の間隔がこれを超える場合には、中間帯鉄筋を配置することとする。	鉄道構造物等設計標準・同解説 コンクリート構造物 11.7.4 (仕様書中にはRC標準と明記)

	発注者・仕様書名	章節	記載内容	備考
6	東日本旅客鉄道株式会社 鉄道構造物等設計標準（コンクリート構造物）[平成16年4月版]のマニュアル H.16.4	11.7.3 せん断補強鉄筋の配置	(1) 最小鉄筋量に従ってスターラップを配置する場合には、スターラップの間隔は、有効高さの3/4以下かつ400mm以下とする (2) せん断補強鉄筋を計算上必要とする場合、スターラップの間隔は、有効高さの1/2以下かつ300mm以下とする。 (3) 圧縮鉄筋がある場合、スターラップの間隔は、圧縮鉄筋の直径の15倍以下かつスターラップの直径の48倍以下とする。 (7) 場所打ち杭の帯鉄筋は以下による。 　(a) 帯鉄筋の直径は10mm以上、帯鉄筋の中心間隔は主鉄筋の直径の20倍以下、かつ帯鉄筋直径の48倍以下とする。 　(b) 杭頭部の帯鉄筋は、フーチング下端から杭径2倍(2D)の範囲はコンクリートの側断面積の0.3％以上を配置し、中心間隔は125～150mmとする。	
		13.3.4 梁の構造細目（耐震）2. せん断補強鉄筋の配置および定着	(b) 部材接合部から断面高さの1.5倍までの範囲に配置するスターラップの間隔は、次の内最も小さい値とする。 　i) 有効高さの1/4 　ii) スターラップの直径の24倍 　iii) 軸方向鉄筋の直径の8倍 　iv) 300mm (c) スターラップの配置間隔は、軸方向鉄筋の直径の12倍以下で、かつ部材断面の短辺寸法の1/2以下とする。	
		13.4 柱（一般）	「帯鉄筋柱」について (2) 帯鉄筋の間隔は、部材断面の短辺寸法以下かつ軸方向鉄筋の直径の12倍以下かつ帯鉄筋の直径の48倍以下とする。	
		14.3 スラブ桁	「スラブ桁の構造細目の一般的事項」について (2) (a) スターラップはφ10以上とし、支点からスパンの1/4までの範囲に有効高さ以下の間隔で配置する。	
7	首都高速道路株式会社 トンネル構造物設計要領（開削工法編）H.20.7	6.2.2 鉄筋の配置および打継ぎ目	「道路橋示方書・同解説 IV下部構造編 7.10」による	

付属資料1 「Ⅱ編　課題と提案」の参考資料

表 1.5.14.3　各示方書、規準におけるスターラップ横方向鉄筋に関する記載内容

	発注者・仕様書名	章節	記載内容	備考
1	道路橋示方書・同解説　Ⅳ下部構造編　H.14.3	7章　鉄筋コンクリート部材の構造細目　7.10　スターラップ　P.185	(2) 5) はりに計算上スターラップを配置する必要がある場合、スターラップの間隔は、はりの有効高の1/2以下かつ300mm以下とする。また、計算上スターラップを必要としない場合においても、スターラップをはりの有効高以下の間隔に配置する。 6) フーチングに計算上スターラップを配置する必要がある場合、スターラップの間隔は、フーチングの有効高の1/2以下とする。また、計算上スターラップを必要としない場合においても、スターラップをフーチングの有効高以下の間隔に配置する。	
		7章　鉄筋コンクリート部材の構造細目　7.11　帯鉄筋　P.186	(2) 2) 帯鉄筋は、柱状部材の全長にわたって配置し、その間隔は300mm以下とする。 4) 高さ方向に対して帯鉄筋の間隔を変化させる場合には、その間隔を徐々に変化させるものとし、急激に変化させてはならない。 5) 橋脚柱の軸方向鉄筋を段落しする場合、段落し位置においては、これより上下それぞれに相当する断面の1.5倍に相当する断面領域では、帯鉄筋の間隔を150mm以下とする。	
		7章　鉄筋コンクリート部材の構造細目　7.12　中間帯鉄筋　P.187	(2) 2) 中間帯鉄筋は、計算上せん断補強が必要な区間に加えて、その区間の両端にそれぞれ部材断面の有効高に等しい長さを加えた区間に配置する。 3) 中間帯鉄筋の配置間隔は、鉛直方向は部材の有効高の1/2以内、水平方向は1m以内とする。	
		8章　橋脚、橋台及びフーチングの設計　8.4　橋台の設計　8.4.1　逆T式橋台　P.197,198	(2) 4) 次の規定に従って中間帯鉄筋を配置するものとする。 ⅱ) 中間帯鉄筋の配置間隔は、鉛直方向600mm以内、水平方向1m以内とする	
2	道路橋示方書・同解説　Ⅴ耐震設計編　H.14.3	10章　鉄筋コンクリート橋脚の地震時保有水平耐力及び許容塑性率　10.3　鉄筋コンクリート橋脚のじん性を向上するための構造細目　P.169,170	(2)　帯鉄筋及び中間帯鉄筋の配置 2) 帯鉄筋は、直径13mm以上の異形棒鋼とし、塑性化を考慮する領域における帯鉄筋間隔は150mm以下とすることを標準とする。ただし、高さ方向において途中で帯鉄筋の間隔を変化させる場合には、その間隔を徐々に変化させるものとし、急激に変化させてはならない。 5) 橋脚断面内部には、中間帯鉄筋を配置することを標準とする。内部コンクリートの拘束効果を高めるために配置する中間帯鉄筋は、以下の条件を満足するものとする。	

	発注者・仕様書名	章節	記載内容	備考
			ⅲ) 中間帯鉄筋の断面内配置間隔に、原則として 1m 以内とする。 ⅳ) 中間帯鉄筋は、帯鉄筋の配置される全ての断面で配筋する。	
3	道路橋示方書・同解説 Ⅴ耐震設計編 H.24.3	10章 鉄筋コンクリート橋脚の地震時保有水平耐力及び許容塑性率 10.8 鉄筋コンクリート橋脚のじん性を向上するための構造細目 P.201,202	(3) 横拘束鉄筋の配置は、次に事項による場合においては、1) 2)を満たすものとする。 1)～塑性化を考慮する領域における帯鉄筋間隔は、10.8.1に示す値以下、かつ、断面高さの0.2倍以下とする。この場合、断面高さは、矩形断面の場合においては短辺の長さ、円形断面の場合においては直径とする。帯鉄筋の直径に応じて表-10.8.1に示す値以下、かつ、断面高さの0.2倍以下とする。この場合、断面高さは、矩形断面の場合においては短辺の長さ、また、円形断面の場合においては直径とする。 なお、弾性域に留まることが確実な領域では、帯鉄筋間隔の上限値は 300mm としてもよい。ただし、高さ方向に対しては途中で帯鉄筋の間隔を変化させる場合においては、その間隔を徐々に変化させなければならない。	斜体は H.14.3 からの変更箇所 中間帯鉄筋の項目はH.14.3 と同じ
4	既設橋梁の耐震補強工法事例集 H.17.4 (財)海洋架橋・橋梁調査会	5. 部材の耐震補強工法 5.1 鉄筋コンクリート橋脚 5.1.3 鉄筋コンクリート巻立て工法 (3) 構造細目	3) 巻立て部に配置する鉄筋 巻立て部に配置する鉄筋は、表-5.1に示す配筋が一般的である。 帯鉄筋の配置間隔は 150 mm以下を基本とし、D22ctc150mm を配置しても必要帯鉄筋量を満足しない場合には D22ctc100mm や、D25 を採用する事例もある。帯鉄筋の間隔については、塑性ヒンジ長の4倍の区間よりも上の断面領域においては最大値を 300 mm としてもよい。(P.Ⅰ-48) 7) 中間貫通鋼材の配置 中間貫通帯鉄筋の設置間隔は、水平方向には補強後の橋軸方向の断面幅以内、高さ方向には 300 mm程度とすることが標準的である。(P.Ⅰ-49)	
		5. 部材の耐震補強工法 5.1 鉄筋コンクリート橋脚 5.1.4 鋼板巻立て工法 (4) 鉄筋コンクリートと円形鋼板を併用した下端拘束工法の設計	帯鉄筋として径 13 mm状の異形棒鋼を間隔 150 mm以上で配筋する。	

付属資料1 「Ⅱ編 課題と提案」の参考資料

	発注者・仕様書名	章節	記載内容	備考
5	鉄道構造物等設計標準・同解説 コンクリート構造物	11章 照査の前提 11.7 鋼材の配置 11.7.3 せん断補強鉄筋の配置	(1) 「11.4.1 最小鉄筋量」の(4)に従ってスターラップを配置する場合、コンクリートの収縮や温度差等によるひび割れを抑制するために有効な間隔で配置することとする。一般には、有効高さの3/4以下かつ400mm以下とすればよい。 (2) せん断補強鉄筋を計算上必要とする場合、スターラップは腹部コンクリートに発生するななめひび割れと必ず交わるような間隔で配置することとする。一般には、有効高さの1/2以下かつ300mm以下とすればよい。 (3) 圧縮鉄筋がある場合、スターラップは圧縮鉄筋の座屈を防止するために有効な間隔で配置することとする。一般には、圧縮鉄筋の直径の15倍以下かつスターラップの直径の48倍以下とすればよい。 (4) 折曲げ鉄筋をせん断補強鉄筋として用いる場合、斜めひび割れに対しても有効な角度で配置することとする。一般には、折曲げ鉄筋の軸線と部材軸のなす角度は30°以上とすればよい。補強鉄筋として有効となる間隔は有効高さの1.5倍以下、部材軸と30°以上とすればよい。ただし、折曲げ鉄筋の配置を検討する基線の位置は、有効高さの中央とする。 (5) せん断補強鉄筋を計算上必要とする区間の両外側に位置するそれぞれ有効高さに等しい区間にも、同量のせん断補強鉄筋を配置することとする。	
		11章 照査の前提 11.7 鋼材の配置 11.7.4 横拘束鉄筋の配置	(2) スターラップおよび帯鉄筋の部材軸方向の配置間隔は、軸方向鉄筋の直径の12倍以下で、かつ部材断面の短辺寸法の1/2以下とする。ただし、長方形断面で帯鉄筋を用いる場合には、帯鉄筋の横方向の間隔は、帯鉄筋の直径の48倍以下とし、帯鉄筋の間隔がこれを超える場合には、中間帯鉄筋を配置する。また、塑性ヒンジ区間に配置するスターラップおよび帯鉄筋の部材軸方向の間隔は、次の(a)~(d)のうち最も小さい値以下とする。 　(a) 有効高さの1/4 　(b) スターラップ、帯鉄筋の直径の24倍 　(c) 圧縮・引張鉄筋の直径の8倍 　(d) 300mm	

参考文献

1) 土木学会：鉄筋コンクリート構造物の設計システム－Back to the Future－，コンクリート技術シリーズ95, 2015.3
2) 近畿地方整備局：設計便覧（案）第3編道路編
3) 九州地方整備局：土木工事設計要領第Ⅲ編道路編，2013.1
4) 四国地方整備局：設計便覧第3編道路編，2014.4
5) 西日本旅客鉄道株式会社：土木建造物設計施工標準Ⅱ．コンクリート構造物編コンクリート構造物の配筋，2014.6
6) 東海旅客鉄道株式会社ボ：ボックスカルバート設計の手引き，2010.3
7) 東日本旅客鉄道株式会社：鉄道構造物等設計標準（コンクリート構造物）[平成16年4月版]のマニュアル，2004.4
8) 首都高速道路株式会社：トンネル構造物設計要領（開削工法編），2010.
9) 社団法人日本道路教会：道路橋示方書・同解説Ⅳ下部構造編，2002.3
10) 社団法人日本道路教会：道路橋示方書・同解説Ⅴ耐震設計編，2002.3
11) 社団法人日本道路教会：道路橋示方書・同解説Ⅴ耐震設計編，2012.3
12) 財団法人海洋架橋・橋梁調査会：既設橋梁の耐震補強工法事例集，2005.4
13) 国土交通省鉄道局：鉄道構造物等設計標準・同解説　コンクリート構造物，2004.4

2.1.1 発注時にコンクリートのスランプを規定しない

(1)発注者の仕様書等の記載内容

各発注者の仕様書におけるスランプに関する記載内容を**表 2.1.1.1**に示す．

表 2.1.1.1 各仕様書におけるスランプに関する記載内容

発注者・仕様書名	章節	記載内容	備考
NEXCO 東中西日本 コンクリート施工管理要領 H23.7	2 建設工事の施工管理 2-3 試験 2-3-1 コンクリートの種類	コンクリートの種類は表 2-2 を標準とするが，現場の施工性や耐久性等から表 2-2 以外の品質基準を定めてもよい．例えば，寒冷地での空気量の見直し，配筋の複雑な構造物でのスランプの見直し，硬化熱抑制のためのセメントの種類の変更が上げられる．特にスランプは，構造物の形状，配筋状態，ポンプの圧送性などの施工条件を十分考慮して定めるものとする． ただし，大幅な基準の変更は，コンクリートの全体の品質に影響する可能性があるため，十分注意しなければならない． 注7) スランプは，コンクリートの打込み箇所における値である．打ち込み箇所とはコンクリートを打ち込んだ直後締固め前の箇所をいう．	表 2-2 におけるスランプは 8, 15, 18cm. 配筋の複雑な構造物でのスランプの見直しは可能
NEXCO 東中西日本 設計要領第二集橋梁建設編 H27.7	2章 共通 3. 使用材料 3-2 コンクリート	表 2-3-1 コンクリートの種類及び使用区分 P3-4：鋼材量の多い^{注1)} 一般の場所打ちプレスレストコンクリート 注1) 鋼材量の多いプレスレストコンクリートとは，1 橋当りのプレスレストコンクリート量に対する鉄筋および PC 鋼材 (内ケーブル，プレグラウトケーブル) の鉄筋換算量をあわせた鋼材量 $250kg/m^3$ を超えるものをいう．ここで言う PC 鋼材の鉄筋換算量とは，PC 鋼材のシースの断面を鉄筋重量に置き換えたものである．	プレストレストコンクリート構造物に用いるコンクリートの通常のスランプは 8cm だが，鋼材量が $250kg/m^3$ を超える場合にはスランプ 12cm の P3-4 が選択できる．
首都高 橋梁構造物設計施工要領 H20	3.2 コンクリート 3.2.1 コンクリートの選定 表-3.2.1 構造物に使用するコンクリートの種類	構造物に使用するコンクリートは，表-3.2.1 に示すものを標準とする． 注3) プレキャスト部材については，工場製作となるため記号 B の代わりに A (スランプ 5cm) のコンクリートを用いてもよい．	スランプ A：5cm，B：8cm，C：12cm，D：15cm
首都高 トンネル構造物設計要領(開削工法編) H20.07	第2章使用材料 2.1 コンクリート	トンネルに用いるコンクリートは，表-2.1.1 を標準とする． 表-2.1.1 トンネル構造物に使用するコンクリート スランプは，原則 8cm とするが，ポンプ圧送距離が長い，または，鉄筋が密に配筋されている等の理由で，作業性が低下し，所定のコンクリートの品質が確保できないと予想される場合は，スランプロスや施工性を考慮し，12cm としてよい． なお，コンクリートのポンプ圧送距離とスランプロスの関係およびお鋼材の配筋状況とスランプの選定条件については，「平成 12 年版コンクリートのポンプ施工指針 (コンクリートライブラリ 100)」や「2002 年制定コンクリート標準示方書改訂資料 (コンクリートライブラリ 108)」が参考にできる．	トンネル構造物：B (8cm)，C (12cm) 場所打ち杭，地中連続壁の水中コンクリート：E (18cm) 均しコンクリート：C (12cm)

発注者・仕様書名	章節	記載内容	備考
阪高 土木工事共通仕様書 H27.10	第6節 コンクリート 2.6.1 コンクリート	表-2.6.1 コンクリートの種別と適用構造物 表-2.6.3 荷卸し地点でのスランプの許容差	普通コンクリートのスランプ：8, 15, 18cm 標準的には8cm
	第9節 無筋, 鉄筋コンクリート 3.9.2 コンクリート	(5) コンクリートのポンプ施工 ③ 配合設計においては，ポンプ施工機械の性能および配管計画などを考慮して適切な配合を定めなければならない．また，ポンプ施工を理由に強度，スランプなどコンクリートの品質基準値を原則として変えてはならない．	
JR東日本 土木工事標準仕様書 （20110201改訂版，201212改訂）	8 無筋および鉄筋コンクリート工 8-5 配合 8-5-1 配合条件	(1) コンクリートの配合は，表8-3の配合条件を満足すること． なお，スランプまたはスランプフローの範囲は参考値とし，コンクリートが所要の施工性を満足するよう任意に定めてよい．	
	参考	コンクリートの標準配合	標準配合にスランプが記載されている．
JR西日本 建 第393号 土木工事標準示方書 H26.1	5. 無筋および鉄筋コンクリート工 5-5 配合	5-5-1 配合条件 コンクリートの配合は，表5-4の配合条件を満足すること． 表5-4 配合条件	
	5. 無筋および鉄筋コンクリート工 5-6 施工	5-6-6 コンクリート工 2) コンクリートポンプ イ) 圧送するコンクリートのスランプは，作業に適する範囲内で，できるだけ小さくすること．	
鉄道建設・運輸施整備支援機構 示方書追加事項	第3章 無筋, 鉄筋コンクリート 3-3 コンクリート	3-3-(2) 表3-1を次のとおり定める． 表3-1 配合条件	スランプ8cmおよび12cm
九州地整 九州地区における土木コンクリート構造物設計・施工指針（案） H26.4	2章 計画・設計段階における建設プロセス 2.5 配筋状態を考慮した打込みの最小スランプの設定	(1) コンクリートのスランプは，部材の断面形状や寸法，鋼材の配置状況，施工性を考慮して適切に設定しなければならない． (2) 構造物の配筋状態や締固め作業高さに応じて最小スランプを適切に定めるのがよい． (3) 打込みの最小スランプをもとに荷卸し箇所の目標スランプを設定し，レディーミクストコンクリートの種類を適切に選択するのがよい． (4) 高密度な配筋や複雑な形状で十分な締固めが困難であると判断される場合には，高流動コンクリートを適用するのが望ましい． 【解説】・・・ (4)について 高密度配筋や複雑な形状のため，内部バイブレータが挿入できない部材・部位には，高流動コンクリートを適用することが望ましい．その場合のコンクリート配合の選定は，土木学会「高流動コンクリートの配合設計・施工指針【2012版】」によるものとする．ただし，スランプ21cmまでのコンクリートでは施工性能が不足するが，高流動コンクリートほどの性能は必要としない場合には，専門評価機関と検討するのが望ましい．	計画・設計段階において，施工性を考慮して最小スランプを定めることが記載されている．
	3章 施工計画 3.1 一般	【解説】・・・ また，構造条件や施工条件などから，コンクリートの打込み，締固め作業の難易度が高いと判断される場合は，流動化コンクリートや高流動コンクリートを採用することも有効な手段である．	打込み，締固め作業の難易度が高い場合の記載

(2) コンクリート標準示方書における記載内容

- コ示［設計編：本編］1章総則おいて，以下のような記述がある．

 「1.2 設計の基本：【解説】ただし，形状・寸法・配筋等の構造詳細は，［施工編］で示されている施工性等にも深く関わるので，施工性で不合格とならないように，この示方書において事前に配慮することが，設計全体を合理的なものとする上で必要である．」

- コ示［設計編：本編］3章構造計画において，以下のような記述がある．

 「3.3 施工に関する検討：構造計画においては，施工に関する制約条件を考慮しなければならない．」【解説】「構造物が求められる機能を発揮し，必要な性能を保持するためには，設計図等に示された条件を満足するように施工されることが必要である．そのためには，施工に関する制約条件を十分に考慮して構造計画を行うことが必要である．」

- コ示［基本原則編］2章コンクリート標準示方書の体系と各編の連携，2.2 各段階での作業と連携において，以下のような記述がある．

 「構造計画において，建設に要する費用が概略決まるだけでなく，将来の維持管理に要する費用もほぼ決定する．」

- コ示［施工編：施工標準］では，各施工段階で変化するスランプを示し，製造から打込みまでの各施工段階のうち，打込み箇所で必要とされる「打込みの最小スランプ」を規準とすることが明記された．打込み箇所で必要な最小スランプは，主に部材の種類や鋼材量などの構造条件，ポンプ圧送などによる運搬や打込み・締固め作業の難易度などの施工条件によって異なるため，代表的な部材としてスラブ・柱・はり・壁のＲＣ部材，および主に橋梁上部工を対象としたＰＣ部材を取り上げ，それぞれについて鋼材量（鋼材あき）と締固め作業高さとを相関させた「打込みの最小スランプ」の目安が一覧表として示されている．

 以上から，施工条件を考慮したスランプの設定および工事費への反映は，示方書の思想に照らして問題ないものと考えられる．

参考文献

1) 東日本高速道路，中日本高速道路，西日本高速道路：コンクリート施工管理要領，2011.7
2) 東日本高速道路，中日本高速道路，西日本高速道路：設計要領第二集橋梁建設編，2015.7
3) 首都高速道路：橋梁構造物設計施工要領，2008
4) 首都高速道路：トンネル構造物設計要領（開削工法編），2008.07
5) 阪神高速道路：土木工事共通仕様書，2015.10
6) 東日本旅客鉄道：土木工事標準仕様書（20110201改訂版，201212改訂）
7) 西日本旅客鉄道：建第393号土木工事標準示方書，2014.1
8) 鉄道建設・運輸施設整備支援機構：示方書追加事項
9) 国土交通省九州地方整備局：九州地区における土木コンクリート構造物設計・施工指針（案），2014.4

2.1.2 高流動コンクリートの選択が可能な規定を検討，整備する
(1) 関連する仕様

各発注者の仕様書類の記述内容は，コ示［施工編］の記載を踏襲したものが多い．各発注者の仕様書における高流動コンクリートに関する記載内容を表 2.1.2.1 に示す．各発注者の仕様書では，発注者毎に若干異なる部分があるが，高流動コンクリートに関する記載はある．ただし，発注段階の積算にも反映されている例は少ないのが現状であると考えられる．

JR東日本では，高流動コンクリートの具体的な適用部位に関する記述がある．また，九州地整では，高流動コンクリートの適用条件が記載されている．

表 2.1.2.1 各仕様書における高流動コンクリートに関する記載内容

発注者・仕様書名	章節	記載内容	備考
九州地整 九州地区における土木コンクリート構造物設計・施工指針（案） H26.4	2章 計画・設計段階における建設プロセス 2.5 配筋状態を考慮した打込みの最小スランプの設定	(1) コンクリートのスランプは，部材の断面形状や寸法，鋼材の配置状況，施工性を考慮して適切に設定しなければならない． (2) 構造物の配筋状態や締固め作業高さに応じて最小スランプを適切に定めるのがよい． (3) 打込みの最小スランプをもとに荷卸し箇所の目標スランプを設定し，レディーミクストコンクリートの種類を適切に選択するのがよい． (4) 高密度な配筋や複雑な形状で十分な締固めが困難であると判断される場合には，高流動コンクリートを適用するのが望ましい． 【解説】・・・ (4)について 高密度配筋や複雑な形状のため，内部バイブレータが挿入できない部材・部位には，高流動コンクリートを適用することが望ましい．その場合のコンクリート配合の選定は，土木学会「高流動コンクリートの配合設計・施工指針【2012版】」によるものとする．ただし，スランプ21cmまでのコンクリートでは施工性能が不足するが，高流動コンクリートほどの性能は必要としない場合には，専門評価機関と検討するのが望ましい．	計画・設計段階において，施工性を考慮して最小スランプを定めること，高流動コンクリートの適用条件が記載されている．
	3章 施工計画 3.1 一般	【解説】・・・ また，構造条件や施工条件などから，コンクリートの打込み，締固め作業の難易度が高いと判断される場合は，流動化コンクリートや高流動コンクリートを採用することも有効な手段である．	打込み，締固め作業の難易度が高い場合には高流動コンクリートを採用
阪高 土木工事共通仕様書 H27.10	1.1.8 適用すべき諸基準	土木学会 高流動コンクリート施工指針	
	3.9.3 特殊コンクリート	(5) 高流動コンクリート 高流動コンクリートの施工は，Co示方書［施工編：特殊コンクリート］7章（高流動コンクリート）によらなければならない．	高流動コンクリートは土木学会コンクリート標準示方書を参照する．
JR東日本 土木工事標準仕様書 （20110201 改訂版，201212 改訂）	8 無筋および鉄筋コンクリート工 8-5 配合 8-5-1 配合条件	(1) コンクリートの配合は，表8-3の配合条件を満足すること．なお，スランプまたはスランプフローの範囲は参考値とし，コンクリートが所要の施工性を満足するよう任意に定めてよい．	
	参考	コンクリートの標準配合	標準配合にスランプが記載されている．

発注者・仕様書名	章節	記載内容	備考
JR東日本 技術管理の手引き 2012.02.	(8) 特殊コンクリート イ) 高流動コンクリート	土木工事標準仕様書では，高架橋やラーメン式橋台の柱部のコンクリートには，ノンブリーディングの高流動コンクリートを用いることとしている．その理由は，過去に施工された高架橋柱部材のハンチ下の打継目において，ブリーディング水に起因するレイタンスの処理が不十分なため不連続面が生じ，経年劣化や地震時の損傷拡大の一因となってしまうケースがあったことや，阪神淡路大震災以降に柱部材の帯鉄筋が従来よりもかなり密に配置されるようになったことを考慮したものである．	高流動コンクリートの適用部位が明記されている．
JR西日本 建 第393号 土木工事標準示方書 H26.1	5．無筋および鉄筋コンクリート工 5-10 高流動コンクリート	5-10-1 本節は，自己充填性を有する高流動コンクリートを使用する場合に適用する．ここに示されていない事項については，土木学会「高流動コンクリートの配合設計・施工指針」を参考とすること．	

(2) コンクリート標準示方書の記載内容

高流動コンクリートの適用実績は十分にあり，技術的な課題はなく，効果も確認されている．コ示［施工編］においても，特殊コンクリートとして詳細が記載されている．

(3) 高流動コンクリートの適用条件の指標に関する検討例

高流動コンクリートの適用範囲に関する具体的な指標について，施工性・経済性を考慮して部材ごとに有スランプと高流動コンクリートを打ち分ける際に検討された指標の例を示す[6]．この例の流動障害率のような指標が一般化されることが期待される．

1) 工事の概要

対象構造物は**写真2.1.2.1**に示す鉄道構造物であり，2～8径間のRCラーメン高架橋と河川および道路交差部のPRC桁による高架橋である．

2) 上床梁の配筋状況

本高架橋における上床梁の代表的な配筋は**図2.1.2.1**に示すような4タイプである．比較的スパンの短い梁に適用される2組のスターラップを配置したタイプC，Dでは，図のスターラップ間に4本のせん断補強筋が配置されるため，非常に高密度な配筋となる．また，梁端部においては，定着のための半円形フックが入らないためフレアー溶接にて対応した箇所もあった．

このような配筋状況の施工に際して普通コンクリートでは充填性が確保できない部分が予想されたため，自己充填性のある高流動コンクリートの採用を検討した．一般に高架橋上部工では同じ配合のコンクリートが打ち込まれる．しかし，本構造物においては，各部材において鉄筋量が大きく異なるため，施工性・経済性を考慮して部材ごとに異なる配合のコンクリートを打ち込むことを検討した．

3) 流動障害率によるコンクリート充填性の評価

検討の結果，配合の異なるコンクリートを打ち分ける基準となる鉄筋の疎密の程度を判定する指標として**図2.1.2.2**に示す流動障害率を定義した．ここで定義した流動障害率とは，梁上面のコンクリートの透過しづらさを示す指標で，針上面の単位面積に占める鉄筋の投影面積の割合を表すものである．

高架橋ごとに流動障害率を求めた結果，いずれの高架橋においても縦梁よりも横梁のほうが大きな流動障害率となっていると評価され，流動障害率50%がコンクリートの配合を変更する基準として参考になると考えられた．以上の検討結果から，本施工では，上床横梁に高流動コンクリートを縦梁およびスラブに流動化コンクリートを打ち込むこととした．コンクリートの打設手順を**図2.1.2.3**に示す．

写真 2.1.2.1　対象構造物

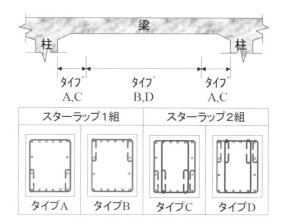

図 2.1.2.1　上床梁の代表的配筋

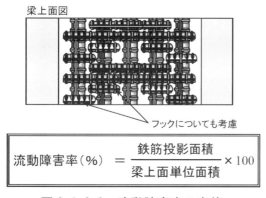

図 2.1.2.2　流動障害率の定義

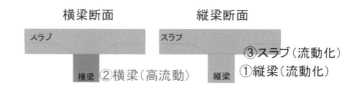

図 2.1.2.3　コンクリートの打設手順

(4) 今後の課題

　高流動コンクリートの採用にあたっては，示方書においても「通常のコンクリートで施工できない場合に適用」程度の記述にとどまっている．具体的な適用条件が設定されれば，高流動コンクリートの適用例は増加すると考えられる．

参考文献

1) 阪神高速道路：土木工事共通仕様書，2015.10
2) 東日本旅客鉄道：土木工事標準仕様書（20110201 改訂版，201212 改訂）
3) 東日本旅客鉄道：技術管理の手引き，2012.02.
4) 西日本旅客鉄道：建第 393 号土木工事標準示方書，2014.1
5) 国土交通省九州地方整備局：九州地区における土木コンクリート構造物設計・施工指針（案），2014.4
6) 井口重信，小谷美佐，小林将志，須藤正弘：コンクリートの充填性を考慮した RC ラーメン高架橋の施工，土木学会第 57 回年次学術講演会概要集，V-677，pp.1353-1354，2002.9

2.1.3 振動・締固めを必要とする高流動コンクリートの選択が可能な規定を検討，整備する

(1)関連する仕様

各発注者の仕様書における振動・締固めを必要とする高流動コンクリート（以後，中流動コンクリートと称す）に関する記載内容を表 2.1.3.1 に示す．道路系（NEXCO）では，トンネル覆工の材料は原則として中流動覆工コンクリートを標準とすると記載されており，発注段階の積算にも反映されているものと考えられる．この仕様設定の背景としては，コンクリートの打込みが難しいトンネル覆工の品質確保を目的として，発注者が品質性能を定め，配合設計手法や施工管理について要領を纏めていることが挙げられる．その他の発注者の仕様書では，中流動コンクリートに関する記載は無く，発注段階の積算に反映されている例も無いと考えられる．

九州地整では，「有スランプのコンクリートでは施工性能が不足するが，高流動コンクリートほどの性能は必要としない場合には，専門評価機関と検討するのが望ましい．」との記載があり，中流動コンクリートなどの適用を念頭に置いているものと考えられる．

表 2.1.3.1 各仕様書における中流動コンクリートに関する記載内容

発注者・仕様書名	章節	記載内容
NEXCO 東中西日本 設計要領第三集トンネル編 H27.7	(1) トンネル本体工建設編 4. 一般の設計 4-10 覆工 4-10-2 覆工の材料	覆工の材料は，原則として，場所打ちの無筋コンクリートとし，アーチ・側壁部は中流動覆工コンクリートを標準とする． 【解説】・・・ 中流動覆工コンクリートは，覆工コンクリートの施工性や経済性を考慮しスランプ 15～18cm の普通（従来）コンクリートとスランプフロー65cm 程度の高流動コンクリートの中間的な性状を有するスランプフロー35～50cm 程度のコンクリートであり，会社で品質性能を定めたものである．現在室内試験等で確認されている混和材は，石炭灰，石粉であり，混和剤は，高性能 AE 減水剤と増粘剤が一体となった一液タイプの配合のものである．
NEXCO 東中西日本 トンネル施工管理要領 H25.7	5 覆工 5-1 適用の範囲	本章は，石炭灰，石粉および高性能 AE 減水剤等を用いた中流動覆工コンクリートに適用する． 本要領の記載にある（FA）は石炭灰を用いた配合のもの，（LS）は石粉を用いた配合のもの，（Ad）は高性能減水剤等を用いた配合のものとする． 中流動覆工コンクリートとはスランプフロー35～50cm 程度で，スランプ 15～18cm の普通（従来）コンクリートとスランプフロー65cm 程度の高流動コンクリートの中間的な性状を有するコンクリートであり，特徴を以下に示す． ① 覆工コンクリートの吹上げ打設を型枠バイブレータの振動だけで行える． ② 現在室内試験等で確認されている混和材（剤）は石炭灰，石粉，および高性能 AE 減水剤と増粘剤が一体となった一液タイプである． ③ 一般の生コンクリート工場の設備で製造可能． ④ 搬・ポンプ圧送が通常の施工機械で行え，型枠（セントル）の特別な補強等を必要としない． ⑤ ンクリート強度 24N/mm2 以上を対象とする． ⑥ 普通コンクリートと同等以上のひび割れ抵抗性を有する． なお，石炭灰，石粉および高性能 E 減水剤等以外にも，セメントとしてフライアッシュセメントを必要量用いることで中流動覆工コンクリートを製造する場合や，その他の混和材及び混和剤を添加することで中流動覆工コンクリートの性能を満足させる場合などがあり，これらの材料の品質や仕様を包括的に規定することは困難である．このため，石炭灰，石粉および高性能 AE 減水剤以外の混和材（剤）を用いる場合には，その有効性を室内試験および実機試験により十分確認することにより示方配合を決定し，本要領の基準に準拠して施工管理を実施するものとする．
九州地整 九州地区における土木コン	2 章 計画・設計段階における建設プロセス	・・・ (4) 高密度な配筋や複雑な形状で十分な締固めが困難であると判断される場合には，高流動コンクリートを適用するのが望ましい．

発注者・仕様書名	章節	記載内容
クリート構造物設計・施工指針（案）H26.4	2.5 配筋状態を考慮した打込みの最小スランプの設定	【解説】・・・ (4)について　高密度配筋や複雑な形状のため，内部バイブレータが挿入できない部材・部位には，高流動コンクリートを適用することが望ましい．その場合のコンクリート配合の選定は，土木学会「高流動コンクリートの配合設計・施工指針【2012版】」によるものとする．ただし，スランプ21cmまでのコンクリートでは施工性能が不足するが，高流動コンクリートほどの性能は必要としない場合には，専門評価機関と検討するのが望ましい．

(2) 提案の現状と今後の展望

a) 現状の実績と課題

　道路系（NEXCO）では，トンネル覆工の材料として中流動覆工コンクリートの適用実績は十分にあり，技術的な課題はなく，効果も確認されている．

　コ示［施工編］においては，現状では中流動コンクリートの記載がないが，既に技術を確立した道路系（NEXCO）を参考として，特殊コンクリートとして詳細を記載することも可能と考えられる．

　中流動コンクリートの適用範囲に関する具体的な指標について研究を蓄積し，指標が一般化されることが期待される．

b) 今後の展望

　中流動コンクリートの材料性能の規定や配合設計手法，締固め管理規定がコポ［施工編］に記載され，具体的な適用条件が設定されれば，中流動コンクリートの適用例は増加すると考えられる．

参考文献

1) 土木学会：2012年制定コンクリート標準示方書［施工編］，2013.3
2) 東日本高速道路，中日本高速道路，西日本高速道路：設計要領第三集トンネル編，2015.7
3) 東日本高速道路，中日本高速道路，西日本高速道路：トンネル施工管理要領，2013.7
4) 九州地方整備局：九州地区における土木コンクリート構造物設計・施工指針（案），2014.4

2.1.4 流動化剤の適宜使用を可能とする規定を検討，整備する

(1) 関連する仕様

流動化コンクリートに使用については，流動化後の所要の品質が得られることを前提として，示方書および仕様書に反映されている．

(2) 提案の参考となる一考察

a) 生産性及び品質確保を阻害する課題

鉄道高架柱では，写真2.1.4.1に示すように，梁・柱交差部では高密度配筋となり，スランプ12cm程度のコンクリートで打ち込んだ場合，充填不足による初期欠陥を起こすことが懸念される．また，トンネルの覆工コンクリート天端部では，図2.1.4.1に示すように，狭隘な箇所を限られた打設窓から締固めを行うため，十分な締固めが行えず，通常の覆工コンクリートで用いられるスランプ15cm程度では，充填不足が懸念される．

このような場合，スランプの異なるコンクリートを打ち込むことが考えられるが，当該箇所へ打ち込むためのアジテータ車の配車調整が煩雑となることや，配合が異なるコンクリートを同じ部材に打ち込むことが認められない場合があるなどの課題がある．

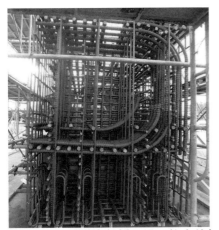
写真2.1.4.1　鉄道高架橋の梁・柱交差部の配筋状況

図2.1.4.1　覆工コンクリートの打込み状況

b) 適用事例

コ示[施工編：特殊コンクリート] 2.4 コンクリートの流動化[1]には，「流動化コンクリートの施工にあたっては，流動化後に所要の品質が得られるように，事前にベースコンクリートの材料，配合，流動化の方法，品質管理の方法等について十分検討を行わなければならない．」という記述がある．したがって，流動化コンクリートの品質を事前に確認することを前提として，流動化剤を適宜使用することは，示方書の思想に照らしても問題ないものと考えられる．

図2.1.4.2に鉄道高架橋における事例を示す．鉄道高架橋の地中梁，杭，柱および上層梁，柱の結合部の鉄筋が密集している箇所に流動化剤を使用した．施工方法は，スランプ12cmで受け入れたコンクリートに流動化剤を添加し，スランプ増加量は8cmとし，スランプ20cmまで流動化しコンクリートを打ち込んだ．図2.1.4.3に示すように，梁，柱等の接合部の周辺を先行して2層にて打ち込み，その後，流動化したコンクリートを梁，柱接合部の打込みを行った．また，受入時のスランプ12cmを，15cmまたは18cmまで増加させた実績もある．

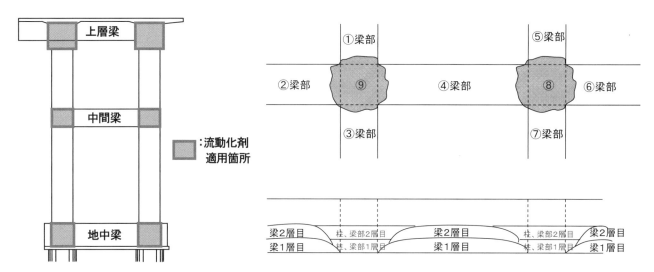

図 2.1.4.2　鉄道高架橋の適用事例　　　　　　　　図 2.1.4.3　施工方法

参考文献

1) 土木学会：2012 年制定コンクリート標準示方書［施工編：特殊コンクリート］, 2013.3

2.1.5 水中不分離性コンクリートの適用条件を拡大できる規定を追加する
(1) 関連する仕様

鋼管矢板基礎の底版コンクリートおよび水中コンクリート，水中不分離性コンクリートに関して，各発注者の仕様書やコ示［施工編］における記載内容を**表 2.1.5.1** に示す．鋼管矢板基礎の底版コンクリートについては設計仕様に強度や厚さ，打設方法についての記載があるが，コンクリートの種別についての記載は無く，水中コンクリートを選択することも可能と解釈できる．水中コンクリートに関する仕様書類やコ示［施工編］の記載内容には，広い面積に水中コンクリートを施工する際の，材料分離の原因となるトレミー切替えの頻度が増えること，上面に生じる不良コンクリートの処理量が増大するなどのリスクについては記載が無いため，品質確保の観点からは水中不分離性コンクリートの採用が望ましい場合でも，設計仕様としてより安価な水中コンクリートが選択されているものと考えられる．各発注者施工仕様の記述内容は，コ示［施工編］の記載を踏襲したものが多いと考えられる．

表 2.1.5.1　各仕様書における鋼管矢板基礎の底版コンクリートおよび水中コンクリート，水中不分離性コンクリートに関する記載内容

発注者・仕様書名	章節	記載内容
日本道路協会 道路橋示方書 IV下部構造編 H24.3	20章　鋼管矢板基礎の施工 20.6　仮締切及び頂版 20.6.1　仮締切部の施工	2)底版コンクリートは，所要のコンクリート強度，厚さを確保するように施工する必要がある．したがって，底版コンクリート打設前に，鋼管矢板表面に付着した土砂の清掃を行うとともに，底版コンクリートの打設はトレミーで行うのがよい．
鉄道総研 鉄道構造物等設計標準・同解説 基礎構造物 H24.1	16章　鋼管矢板基礎 16.6　鋼管矢板基礎の構造細目 16.6.6　底盤コンクリート	井筒内を水中掘削した後，水中で底盤コンクリートを打設する場合，所定のコンクリート厚，コンクリート強度を確保するものとする． 【解説】 底盤コンクリートは，付属資料25によって算定されるコンクリート厚のほか，所定のコンクリート強度を確保するものとする．
	付属資料25　鋼管矢板基礎仮締切りの設計の手引き 12　構造細目 12.2　底盤コンクリート	(1)円形の鋼管矢板基礎の底版コンクリートの厚さは，仮締切り内径の1/10以上または最小厚さ1.0mとし，いずれか大きい方の値とする． (2)矩形の鋼管矢板基礎にあっては，それと等面積の円形の鋼管矢板基礎に換算し，(1)によるものとする．
鋼管杭・鋼矢板技術協会 鋼管矢板基礎-その設計と施工- H14.12	3.　鋼管矢板基礎の施工 3.3.7　底盤コンクリート工	底盤コンクリートは，仮締切り施工中の安全性を確保するために重要な工程で，コンクリートの品質を確保するとともに，入念な施工を行って所定のコンクリート厚，コンクリート強度を確保しなければなりません． 底盤コンクリートの打設は一般にトレミー管を用いて行われます．なお，トレミー管1本の施工範囲は一般に30m²程度です．
土木学会 2012年制定コンクリート標準示方書[施工編] H25.3	特殊コンクリート 8章　水中コンクリート 8.1　総則 8.1.2　一般	【解説】 水中不分離性コンクリートは，適切な材料，配合を用いて適切な施工を行えば，かなり高品質の水中コンクリートが得られること，また，施工中における周辺の水中への懸濁物質の溶出量が少ないという長所がある．そのために，水中不分離性コンクリートは高品質の水中コンクリート構造物を構築する場合，あるいは水質汚濁防止が必要な場合に多用されている．
	特殊コンクリート 8章　水中コンクリート 8.2　一般の水中コンクリート 8.2.1　配合	【解説】 既往の調査結果によると，トレミーを用いた水中コンクリートの圧縮強度は，トレミーからの流動距離が3mを超えると標準供試体の圧縮強度の60%程度まで低下する場合もある．このことは，コンクリートは，水中へ打ち込まれる過程で周囲の水の洗い出し作用を受けやすく，その結果，強度の低下が生じていることを示している．
	特殊コンクリート 8章　水中コンクリート 8.2　一般の水中コンクリート	(2)1本のトレミーで打ち込む面積は，品質低下のない範囲で定めなければならない． 【解説】 (2)について

発注者・仕様書名	章節	記載内容
	8.2.2　打込み 8.2.2.2　トレミーによる打込み	トレミーの下端から流出したコンクリートを水中で長く流動させると，品質が低下するので，1本のトレミーで打ち込める面積は，一般に30m²程度が限界である．ただし，高さ，面積ともに大きい単純な形状の無筋コンクリート構造物では，60m²程度まで実施例がある．
	特殊コンクリート 8章　水中コンクリート 8.3　水中不分離性コンクリート 8.3.4　打込み	(3)水中流動距離は5m以下を標準とする．
関東地整 土木工事共通仕様書 H27.4	第1編　共通編 第3章　無筋・鉄筋コンクリート 第12節　水中コンクリート 9.トレミー打設	(2)受注者は，1本のトレミーで打ち込む面積について，コンクリートの水中流動距離を考慮して過大であってはならない．
	第1編　共通編 第3章　無筋・鉄筋コンクリート 第13節　水中不分離性コンクリート 1-3-13-4　運搬打設 3.打設	(7)受注者は，水中流動距離を5m以下としなければならない．
九州地整 土木工事共通仕様書(案) H27.4	第1編　共通編 第3章　無筋・鉄筋コンクリート 第12節　水中コンクリート 9.トレミー打設	(2)受注者は，1本のトレミーで打ち込む面積について，コンクリートの水中流動距離を考慮して過大であってはならない．
	第1編　共通編 第3章　無筋・鉄筋コンクリート 第13節　水中不分離性コンクリート 1-3-13-4　運搬打設	(7)受注者は，水中流動距離を5m以下としなければならない．
NEXCO コンクリート施工管理要領 H27.7	2　建設工事の施工管理 2-4　構造物用コンクリートの施工 2-4-10　水中コンクリート	(3)コンクリートの打込み 2)トレミーによる打込みについては以下を原則とする． ②1本のトレミーで打ち込む面積は，過大であってはならない．
	2　建設工事の施工管理 2-4　構造物用コンクリートの施工 2-4-10　水中コンクリート	(3)コンクリートの打込み 4)水中不分離性コンクリートによる打込みについては以下を原則とする． ③水中流動距離は，5m以下とする．
阪高 土木工事共通仕様書 H27.10	第1編共通 第3章　一般施工 第9節　無筋，鉄筋コンクリート 3.9.3　特殊コンクリート	(1) 水中コンクリート ① 一般の水中コンクリート，水中不分離性コンクリートならびに場所打ち杭および地中連続壁に用いる水中コンクリートの施工は，Ｃｏ示方書［施工編：特殊コンクリート］１０章（水中コンクリート）によらなければならない．

(2) 提案の現状と今後の展望

a) 現状の実績と課題

水中不分離性コンクリートの適用実績は十分にあり，技術的な課題はなく，効果も確認されている．

コ示［施工編］においても，特殊コンクリートとして記載されている．さらには，水中不分離性コンクリート設計施工指針（案）（コンクリートライブラリー67）にも詳細が記載されている．

水中不分離性コンクリートの適用範囲に関する具体的な指標について研究を蓄積し，指標が一般化されることが期待される．

b) 今後の展望

設計の仕様書に水中不分離性コンクリートを積極的に選択するような記述が記載され，具体的な適用条件が設定されれば，水中不分離性コンクリートが適正に選択されると考えられる．

参考文献

1) 土木学会：2012年制定コンクリート標準示方書［施工編］，2013.3
2) 土木学会：水中不分離性コンクリート設計施工指針（案）（コンクリートライブラリー67）
3) 日本道路協会：道路橋示方書Ⅳ下部構造編，2012.3
4) 鉄道総研：鉄道構造物等設計標準・同解説，基礎構造物，2012.1
5) 鋼管杭・鋼矢板技術協会：鋼管矢板基礎 -その設計と施工-，2002.12
6) 関東地方整備局：土木工事共通仕様書，2015.4
7) 九州地方整備局：土木工事共通仕様書，2015.4
8) 東日本高速道路，中日本高速道路，西日本高速道路：コンクリート施工管理要領，2015.7
9) 阪神高速道路株式会社：土木工事共通仕様書，2015.10

2.1.6 逆打ち部の施工方法の規定を追加する

(1) 関連する仕様

各事業者の示方書・指針類には，逆打ち部に関する仕様の記載はなく，施工方法については，コ示［施工編：施工標準］9章9.3水平打継目の施工に準じているものと考えられる．

中埋めコンクリートの施工に関しては，例えば，ニューマチックケーソンの中埋めコンクリートに関して表2.1.6.1に示したような記載がある．道路橋示方書では，コンクリートのスランプが具体的に示されているが，上部に空隙が生じることに配慮した記述とはなっていない．一方，鉄道構造物等設計標準では，コンクリートのスランプは示されていないが，確実な充填にはグラウチングなどの処置が必要との記述がある．

表 2.1.6.1　各仕様書における中埋めコンクリートに関する記述

発注者・ 仕様書名	章節	記載内容
日本道路協会 道路橋示方書・同解説Ⅳ H24.3	17.11 ニューマチックケーソンの中埋コンクリート	【条文】 中埋めコンクリートは，あらかじめ底面地盤を整正し，作業室内を清掃した後，室内の気圧を管理しながら作業に適するワーカビリティーのコンクリートを用いて，配管の閉塞等が生じないよう配慮して室内を確実に充てんしなければならない． 【解説】 ・・・ コンクリートのスランプの値は，作業室気圧の増加に伴うスランプロスを考慮して設定する必要がある．目安として作業室気圧が 0.29MPa 未満の一般的な場合は180mm程度，0.29MPa以上の場合は210mm程度が用いられている．この際，コンクリートの材料分離にも注意した配合にする必要がある．
鉄道総合研究所 鉄道構造物等設計標準・同解説　基礎構造物 H24.1	14.6 ケーソン基礎の構造細目 14.6.1 ニューマチックケーソンの中埋めコンクリート	【解説】 ニューマチックケーソンの中埋めコンクリートは，ケーソンを所定の地盤に沈設させた後に，作業室天井スラブ，刃口および掘削面によって囲まれた作業室空間を埋めるもので，完成後においては底面における地盤反力を作業室天井スラブおよび刃口に確実に伝達させるものでなければならない．そのためには，作業室内はコンクリートが完全に充填されていることが必要で，適切なワーカビリティーのコンクリートを用い，さらにグラウチングなどの処置が必要である．

(2) 実施事例

a) 地下躯体構築工事逆打ち部における施工例[3]

図2.1.6.1に示す地下躯体構築工事において，打継処理を確実に行うために図2.1.6.2にように打継部の最終充填範囲を計画した．最終充填部においては，打継処理は可能であるが，コンクリートの締固め作業が困難であったため，高流動コンクリートと高流動モルタルを併用することとした．最終充填部の打込み方法を図2.1.6.3に示す．最終充填部の大部分を高流動コンクリートで充填し，最終の接合部は高流動モルタルにて充填した．なお，高流動コンクリートと高流動モルタルは，膨張材を添加して収縮補償仕様とした．施工状況を図2.1.6.4に示す．

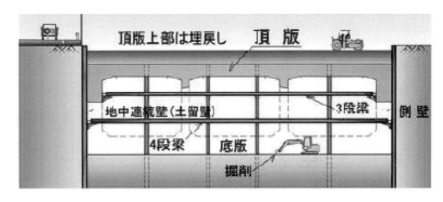

図2.1.6.1　頂版先受け工法

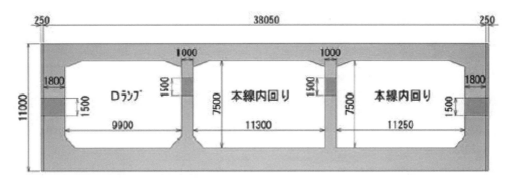

図2.1.6.2　打継部最終充填範囲の計画例

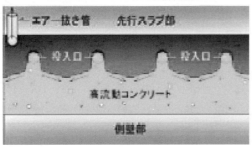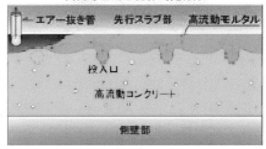

図2.1.6.3　最終充填部の打込み方法

図2.1.6.4　施工状況

b) ニューマチックケーソンの中埋めコンクリート最終層の高流動モルタルによる施工例

本事例では，ニューマチックケーソンを有する立坑工事において，中埋めコンクリート打込みの最後にモルタル充填を行った．図 2.1.6.5 は中埋めコンクリート（スランプ 21cm）の打込み状況を撮影した監視カメラの画像である．図から，中埋めコンクリートは水平に打ち上がるのではなく，打込み箇所が山となり，低い所に流れながら広がるのが分かる．さらに作業室内の残り高さ 0.3〜0.5m 区間（最終層）は，中埋めコンクリートと作業室天端との離隔が徐々に狭くなるため，特に流動性が要求される．そこで，図 2.1.6.6 のように最終層の配合をコンクリートに比べてより流動性の高い 1:4 モルタルに変更して打込みを行った．

図 2.1.6.5 中埋めコンクリートの打込み状況
（監視カメラ）

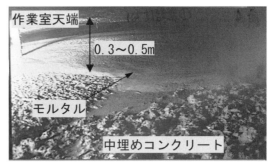
図 2.1.6.6 モルタルの打込み状況
（監視カメラ）

(3) 今後の課題

有スランプコンクリートを高流動コンクリートや高流動モルタルへの変更にすると材料費の大幅なコスト増となる．打継処理の作業性向上による施工費の歩掛りが多少向上したとしても，材料費の増分を吸収できるほどの効果は見込めないと考えられる．したがって，設計段階で逆打ち部の施工を考慮した材料設定を行い，各発注者による積算にも反映することが望まれる．

参考文献

1) 日本道路協会：道路橋示方書・同解説Ⅳ下部構造編，2012.3
2) 鉄道総合技術研究所：鉄道構造物等設計標準・同解説 基礎構造物，2012.1
3) 木戸健太，寺下雅裕，梁 俊，小暮英雄，長尾達也，斎藤孝志：頂版先受け工法による開削トンネルの施工(2)，土木学会第 69 回年次学術講演会，Ⅵ-149，pp.297-298，2014.9

2.2.1 許容打重ね時間間隔の設定の自由度を向上させる規定を検討，整備する
(1)関連する仕様

各発注者の仕様書における許容打重ね時間間隔に関する記載内容を表 2.2.1.1 に示す．各発注者の仕様書では，発注者毎に若干異なる部分があるが，基本的に，「2 層以上に分けて打ち込む場合，上層と下層が一体となるように施工しなければならない」と記載されており，各発注者施工仕様の記述内容は，コ示［施工編］の記載を踏襲したものが多いと考えられる．一部の発注者では標準としてコ示［施工編］に示す表を踏襲して示している．

表 2.2.1.1 各仕様書における許容打重ね時間間隔に関する記載内容

発注者・仕様書名	章節	記載内容	備考
土木学会 2012 年制定 コンクリート標準示方書［施工編］H25.3	施工標準 7 章 運搬・打込み・締固めおよび仕上げ 7.4 打込み 7.4.2 打込み	(6)コンクリートを 2 層以上に分けて打ち込む場合，上層と下層が一体となるように施工しなければならない．また，コールドジョイントが発生しないよう，施工区画の面積，コンクリートの供給能力，打重ね時間間隔等を定めなければならない．許容打重ね時間間隔は，表 7.4.1 を標準とする．	表 7.4.1 許容打重ね時間間隔の標準 外気温 25℃以下：許容打重ね時間間隔 2.5 時間 外気温 25℃を超える：許容打重ね時間間隔 2.0 時間
関東地整 土木工事共通仕様書 H27.4	第1編 共通編 第3章 無筋・鉄筋コンクリート 第6節 運搬・打設 1-3-6-4 打設 14. 上層下層一体の締固め	受注者は，コンクリートを 2 層以上に分けて打込む場合，上層のコンクリートの打込みは，下層のコンクリートが固まり始める前に行い，上層と下層が一体になるように施工しなければならない．	
九州地整 土木工事共通仕様書（案）H27.4	第1編 共通編 第3章 無筋・鉄筋コンクリート 第6節 運搬・打設 1-3-6-4 打設 14. 上層下層一体の締固め	受注者は，コンクリートを 2 層以上に分けて打込む場合，上層のコンクリートの打込みは，下層のコンクリートが固まり始める前に行い，上層と下層が一体になるように施工しなければならない．	
NEXCO コンクリート施工管理要領 H27.7	2 建設工事の施工管理 2-4 構造物用コンクリートの施工 2-4-1 運搬および打込み	(4)打込み 7) 2 層以上に分けて打込む場合は，上層は下層が固まり始める前に打設しなければならない．	
首都高 土木工事共通仕様書 H20.7	第7章 コンクリート構造物工 第7節 場所打ちコンクリート工 7.7.3 運搬，打込み及び締固め	3 請負者は，打込みに当たっては，次によらなければならない． (7)コンクリートを 2 層以上に分けて打込む場合，上層のコンクリートの打込みは，下層のコンクリートが固まり始める前に行い，上層と下層が一体になるように施工すること．	
阪高 土木工事共通仕様書 H27.10	第1編共通 第3章 一般施工 第9節 無筋，鉄筋コンクリート 3.9.2 コンクリート	(1)運搬および打込み ①コンクリートの運搬，打込み，および締固めは，Ｃｏ示方書〔施工編：施工標準〕7 章（運搬・打込み・締固めおよび仕上げ）10 章 10.3（現場での運搬，打込みおよび締固め），および道示Ⅲ19.6(3)（運搬），19.6(4)（打込み），19.6(5)（締固め）によらなければならない．	Ｃｏ示方書〔施工編：施工標準〕7 章 表 7.4.1 許容打重ね時間間隔の標準 外気温 25℃以下：許容打重ね時間間隔 2.5 時間 外気温 25℃を超える：許容打重ね時間間隔 2.0 時間

発注者・仕様書名	章節	記載内容	備考
JR東海 土木工事標準仕様書 H26.3	8　無筋および鉄筋コンクリート工 8-5　施工 8-5-5　コンクリート工	(7)打込み オ) 打込み1層の高さは40cm以下を標準とし，2層以上に分けて打込む必要のあるときは，下層コンクリートが硬化し始める前に上層コンクリートを打込み，上層と下層が一体となるように施工すること．なお，施工計画時にコールドジョイントが発生しないよう，一施工区画の面積，コンクリートの供給能力，許容打重ね時間間隔（表8-3を標準とする）を定めておくこと．	表8-3　許容打重ね時間間隔の標準 外気温25℃を超える：許容打重ね時間間隔2.0時間 外気温25℃以下：許容打重ね時間間隔2.5時間
JR西日本 土木工事標準仕様書 H26.1	5　無筋および鉄筋コンクリート工 5-6　施工 5-6-6　コンクリート工	5)打込み キ) コンクリートを2層以上に分けて打込む場合，上層のコンクリートの打込みは，下層のコンクリートが固まり始める前に行い，上層と下層が一体となるように入念に施工すること．また，コールドジョイントが発生しないよう，一施工区画の面積，コンクリートの供給能力，許容打重ね時間間隔等を十分考慮して施工すること．許容打重ね時間間隔は表5-6を標準とする．	表5-6　許容打重ね時間間隔の標準 外気温25℃を超える：許容打重ね時間間隔2.0時間 外気温25℃以下：許容打重ね時間間隔2.5時間
鉄道運輸機構 土木工事標準示方書 H16.3	第3章　無筋，鉄筋コンクリート 3-3　コンクリート 3-3-(3)　施工	イ　打込みおよび締固め コンクリートを2層以上に分けて打込む場合，上層のコンクリートの打込みは，下層のコンクリートが固まり始める前に行い，振動機を下層のコンクリート中に10cm程度挿入し，上層と下層のコンクリートが一体となるように施工すること．	

(2) 提案の現状と今後の展望

　凝結遅延剤を添加して規定の時間を拡大して施工した実績は十分にあり，技術的な課題はなく，効果も確認されている．コールドジョイント防止を目的として凝結遅延剤を用いる方法については，コンクリート構造物のコールドジョイント問題と対策（コンクリートライブラリー103）に技術的根拠の詳細が記載されている．セメントの種類ごと，多段階の外気温において，許容打重ね時間間隔の標準時間を定める研究を蓄積し，指標が一般化されることが期待される．

　示方書および発注仕様書に，施工条件や材料仕様を考慮すればコンクリートの許容打重ね時間間隔を拡大できるような記述が記載されれば，凝結遅延剤の使用や，プロクター貫入抵抗値による管理により，許容打重ね時間間隔の設定の自由度を向上した施工が増加すると考える．

参考文献

1) 土木学会：2012年制定コンクリート標準示方書［施工編］，2013.3
2) 土木学会：コンクリート構造物のコールドジョイント問題と対策（コンクリートライブラリー103）
3) 関東地方整備局：土木工事共通仕様書，2015.4
4) 九州地方整備局：土木工事共通仕様書，2015.4
5) 東日本高速道路，中日本高速道路，西日本高速道路：コンクリート施工管理要領，2015.7
6) 首都高速道路株式会社：土木工事共通仕様書，2008.7
7) 阪神高速道路株式会社：土木工事共通仕様書，2015.10
8) JR東海：土木工事標準仕様書，2014.3
9) JR西日本：土木工事標準仕様書，2014.1
10) 鉄道運輸機構：土木工事標準示方書，2004.3

2.2.2 練混ぜから打終わりまでの限界時間の設定の自由度を向上する規定を検討，整備する

(1)関連する仕様

各発注者の仕様書における練混ぜから打終わりまでの時間に関する記載内容を表2.2.2.1に示す．各発注者の仕様書では，発注者毎に若干異なる部分があるが，基本的に，コ示［施工編］と同様の記載が示されている．ただし，コ示［施工編］では「～を標準とする」と記載されているのに対し，各発注者の仕様書では「～を原則とする」と記載されているため，現状としては規定の時間を拡大して施工することが難しい．

表2.2.2.1 各仕様書における練混ぜから打終わりまでの時間に関する記載内容

発注者・仕様書名	章節	記載内容
土木学会 2012年制定コンクリート標準示方書［施工編］ H25.3	施工標準 7章 運搬・打込み・締固めおよび仕上げ 7.2 練混ぜから打終わりまでの時間	練り混ぜてから打ち終わるまでの時間は，外気温が25℃以下のときで2時間以内，25℃を越えるときで1.5時間以内を標準とする．
関東地整 土木工事共通仕様書 H27.4	第1編 共通編 第3章 無筋・鉄筋コンクリート 第6節 運搬・打設 1-3-6-4 打設 1.一般事項	受注者は，コンクリートを速やかに運搬し，直ちに打込み，十分に締固めなければならない．練混ぜから打ち終わるまでの時間は，原則として外気温が25℃を超える場合で1.5時間，25℃以下の場合で2時間を超えないものとし，かつコンクリートの運搬時間（練り混ぜ開始から荷卸し地点に到着するまでの時間）は1.5時間以内としなければならない．これ以外で施工する可能性がある場合は，監督職員と協議しなければならない．
NEXCO コンクリート施工管理要領 H27.7	2 建設工事の施工管理 2-4 構造物用コンクリートの施工 2-4-1 運搬および打込み	練り混ぜから打ち終わるまでの時間は，外気温が25℃を越える時は，1.5時間以内，25℃以下の時でも2時間を越えてはならない．
首都高 土木工事共通仕様書 H20.7	第7章 コンクリート構造物工 第7節 場所打ちコンクリート工 7.7.3 運搬，打込み及び締固め	3 請負者は，打込みに当たっては，次によらなければならない． (4)特殊コンクリート及び設計図書に示す場合を除いて，練り混ぜてから打ち終わるまでの時間は，外気温が25℃を越えるときで1.5時間以内，25℃以下のときで2時間を越えないものとする．
阪高 土木工事共通仕様書 H27.10	第1編共通 第3章 一般施工 第9節 無筋，鉄筋コンクリート 3.9.2 コンクリート	(1)運搬および打込み ②練り混ぜてから打ち終わるまでの時間は，外気温が25℃を越えるときで1.5時間，25℃以下のときで2時間を超えてはならない．
JR東日本 土木工事標準仕様書 H27.8	8 無筋および鉄筋コンクリート工 8-6 施工 8-6-8 コンクリート工	(1)運搬 ウ)練り混ぜてから打ち終わるまでの時間は，原則として外気温が25℃を超えるとき1.5時間，25℃以下のとき2時間を超えないこと．
JR東海 土木工事標準仕様書 H26.3	8 無筋および鉄筋コンクリート工 8-5 施工 8-5-5 コンクリート工	(1)運搬 イ)練混ぜはじめから打ち終わるまでの時間は，原則として外気温が25℃を超えるときで1.5時間，25℃以下のときで2時間を超えないこと． ウ)打込みまでの時間が長くなる場合や外気温が25℃を超えるときは，事前に遅延形AE減水剤等の使用を検討するとともにコールドジョイントを避けるために片押し打設等，打込み順序について検討し，承諾を受けること．
JR西日本 土木工事標準仕様書 H26.1	5 無筋および鉄筋コンクリート工 5-6 施工 5-6-6 コンクリート工	1)運搬 ウ)練り混ぜから打ち終わるまでの時間は，原則として外気温が25℃を超えるとき1.5時間，25℃以下のとき2時間を超えないこと． エ)打込みまでの時間が長くなる場合や外気温が25℃を超えるときは，事前に遅延形AE剤，減水剤，流動化剤等の使用を検討すること．

発注者・ 仕様書名	章節	記載内容
鉄道運輸機構 土木工事標準示 方書 H16.3	第3章　無筋，鉄筋コンクリート 3-3　コンクリート 3-3-(3)　施工	ア　コンクリートの運搬 (ケ)練混ぜてから打ち終わるまでの時間は，原則として外気温が25℃を超えるとき1.5時間，25℃以下のとき2時間を超えないこと．

(2) 提案の現状と今後の展望

a) 現状の実績と課題

　凝結遅延剤を添加して規定の時間を拡大して施工した実績は十分にあり，技術的な課題はなく，効果も確認されている．

　セメントの種類ごと，多段階の外気温において，練混ぜから打終わりまでの標準時間を定めるための研究を蓄積し，指標が一般化されることが期待される．

b) 今後の展望

　示方書および発注仕様書に，施工条件や材料仕様を考慮すれば練混ぜから打終わりまでの時間を拡大できるような記述が記載されれば，凝結遅延剤の添加，セメント，混和剤の種類および使用量の変更，荷卸し時のスランプ管理などにより，練混ぜから打終わりまでの限界時間を拡大した施工が増加すると考えられる．

参考文献

1) 土木学会：2012年制定コンクリート標準示方書［施工編］，2013.3
2) 土木学会：コンクリート構造物のコールドジョイント問題と対策（コンクリートライブラリー103）
3) 関東地方整備局：土木工事共通仕様書，2015.4
4) 東日本高速道路，中日本高速道路，西日本高速道路：コンクリート施工管理要領，2015.7
5) 首都高速道路株式会社：土木工事共通仕様書，2008.7
6) 阪神高速道路株式会社：土木工事共通仕様書，2015.10
7) JR東日本：土木工事標準仕様書，2015.8
8) JR東海：土木工事標準仕様書，2014.3
9) JR西日本：土木工事標準仕様書，2014.1
10) 鉄道運輸機構：土木工事標準示方書，2004.3

2.2.3 合理的な養生方法の規定を検討，整備する

(1) 関連する仕様

各示方書・指針，各発注者におけるに独自の仕様はなく，養生の標準日数に関して示方書と同様の記述が散見されるのみである．

(2) 提案の参考となる一考察

コ示［施工編］の中で，湿潤養生期間を定める方法として，「なお，湿潤養生期間は日平均気温ではなく，コンクリートの強度や初期凍害等との関係を積算温度等で整理して定めてもよい．」[1]という記述はあるが，その具体的な方法は述べられていない．一方で，日本建築学会[2]では，部材厚 18 cm 以上のコンクリートで，早強，普通，中庸熱セメントを使用する場合については，養生を終了してよい強度が示されており，この条件は多くの土木構造物に該当する．

8.2 湿潤養生

a. 打込み後のコンクリートは，透水性の小さいせき板による被覆，養生マットまたは水密シートによる被覆，散水・噴霧，膜養生剤の塗布などにより湿潤養生を行う．その期間は，計画供用期間の級に応じて表8.1によるものとする．

表8.1 湿潤養生の期間

セメントの種類	計画供用期間の級 短期および標準	長期および超長期
早強ポルトランドセメント	3日以上	5日以上
普通ポルトランドセメント	5日以上	7日以上
中庸熱および低熱ポルトランドセメント，高炉セメントB種，フライアッシュセメントB種	7日以上	10日以上

b. コンクリート部分の厚さが 18 cm 以上の部材において，早強，普通および中庸熱ポルトランドセメントを用いる場合は，上記 a. の湿潤養生期間の終了以前であっても，コンクリートの圧縮強度[(1)]が，計画供用期間の級が短期および標準の場合は $10\,\mathrm{N/mm^2}$ 以上，長期および超長期の場合は $15\,\mathrm{N/mm^2}$ 以上に達したことを確認すれば，以降の湿潤養生を打ち切ることができる．

［注］(1) JASS 5 T-603（構造体コンクリートの強度推定のための圧縮強度試験方法）によって，養生方法は，現場水中養生または現場封かん養生とする．

c. 9.10 に定めるせき板の存置期間後，上記 a. に示す日数または b. に示す圧縮強度に達する前にせき板を取り外す場合は，その日数の間または所定の圧縮強度が発現するまで，コンクリートを散水・噴霧，その他の方法によって湿潤に保つ．

d. 気温が高い場合，風が強い場合または直射日光を受ける場合には，コンクリート面が乾燥することがないように養生を行う．

図 2.2.3.1 日本建築学会 建築工事標準仕様書・同解説抜粋[2]

参考文献

1) 土木学会：2012年制定コンクリート標準示方書［設計編］，2013.3
2) 日本建築学会：建築工事標準仕様書・同解説 JASS5 鉄筋コンクリート工事 2015.7

2.3.1 鉄筋の結束を合理化する環境を整え，技術開発を推進する

(1) 関連する仕様

表 2.3.1.1 に各発注者の仕様等で規定されている鉄筋の結束に関する記述を示す．鉄筋の固定方法を具体的に規定している仕様と固定方法を規定していない仕様がある．

表 2.3.1.1　鉄筋の結束に関する記述（各発注者の仕様書）

発注者・仕様書名	章節	記載内容	備考
関東地整 土木工事共通仕様書 H.27	第3章　無筋・鉄筋コンクリート 第7節　鉄筋工 1-3-7-4　組立て 2.　配筋・組立	受注者は，図面に定めた位置に，鉄筋を配置し，コンクリート打設中に動かないように十分堅固に組み立てなければならない． 受注者は，鉄筋の交点の要所を，直径 0.8 mm 以上のなまし鉄線，またはクリップで緊結し，鉄筋が移動しないようにしなければならない．	
九州地整 九州地区における土木コンクリート構造物設計・施工指針（案） H.26.4	3章　施工計画 3.11　鉄筋工の計画 鉄筋位置の固定方法について	鉄筋相互の位置を固定するためには，鉄筋の交点を直径 0.8mm 以上の焼きなまし鉄線で結束するのが普通である．	
九州地整 土木工事共通仕様書 H.27.4	第3章　無筋・鉄筋コンクリート 第7節　鉄筋工 1-3-7-4　組立て 2.　配筋・組立	受注者は，図面に定めた位置に，鉄筋を配置し，コンクリート打設中に動かないように十分堅固に組み立てなければならない． 受注者は，鉄筋の交点の要所を，直径 0.8 mm 以上のなまし鉄線，またはクリップで緊結し，鉄筋が移動しないようにしなければならない．	
中部地整 土木工事共通仕様書 H.27	第3章　無筋・鉄筋コンクリート 第7節　鉄筋工 1-3-7-4　組立て 2.　配筋・組立	受注者は，図面に定めた位置に，鉄筋を配置し，コンクリート打設中に動かないように十分堅固に組み立てなければならない． 受注者は，鉄筋の交点の要所を，直径 0.8 mm 以上のなまし鉄線，またはクリップで緊結し，鉄筋が移動しないようにしなければならない．	
JR九州 土木工事標準仕様書 年度不明	第8章 8-6　施工 8-6-2　鉄筋工	鉄筋は，所定の位置に堅固に組立てること．	
JR西日本 土木工事標準示方書 H.26.1	5.　無筋および鉄筋コンクリート工 5-6　施工 5-6-2　鉄筋工	3)　鉄筋の組立 鉄筋は，正しい位置に配置し，コンクリートを打込むときに動かないように堅固に組み立てること．	
JR西日本 土木建造物設計施工標準 Ⅱ．コンクリート構造物編 コンクリート構造物の配筋 H.26.6	第9章　場所打ち杭 9.7　鉄筋かごの組立等	(2)　鉄筋かごの組立ては，杭体の耐力，変形性能を低下させることの無いよう，適切な方法により行わなければならない． 　主鉄筋と帯鉄筋との組立てに際しては，鉄筋を正しい位置に配置し，コンクリートを打ち込むときに動かないよう堅固に組み立てなければならない． (5)　杭頭部から下方2D，およびフーチングへの設計定着長の範囲の主鉄筋と組立て用鋼材や帯鉄筋と主鉄筋の結合には，溶接（点溶接を含む）を行ってはならないものとし，設計図に溶接禁止区間を明示する． 　溶接禁止区間の主鉄筋と帯鉄筋の接合は，結束鉄線で緊結する．結束鉄線は10番程度の太径のものを用い，確実に結束する	
JR西日本 土木建造物設計施工標準 Ⅱ．コンクリート構造	第7章　鉄筋工 7.3　鉄筋の組立	(2)　鉄筋の交点の要所は，直径0.8mm 以上の焼きなまし鉄線または適切なクリップで緊結しなければならない．	

付属資料1 「Ⅱ編　課題と提案」の参考資料

発注者・仕様書名	章節	記載内容	備考
物編 PC桁の施工 H.26.6			
JR東海 土木工事標準示方書 H.26.3	7　基礎工 7-6　場所打ち杭工 7-6-9　鉄筋工 (2)　鉄筋の組立 8　無筋および鉄筋コンクリート工 8-5　施工 8-5-1　鉄筋工 (2)　鉄筋の組立	ア）鉄筋かごの製作において，点溶接を用いてはならない．鉄筋の結束は固定用金物を用いることとし，その使用材料についてあらかじめ届出て承諾を受けること． ウ）鉄筋は，コンクリートを打込むときに動かないよう堅固に組立て，鉄筋の交点の要所を直径 0.8mm 以上の焼きなまし鉄線または適切なクリップで緊結すること．	
JR東日本 土木工事標準示方書 H.27.8	8　無筋および鉄筋コンクリート工 8-6　施工 8-6-2　鉄筋工	(2)　鉄筋は，所定の位置に堅固に組立てること．	
JR東日本 土木工事技術管理の手引き H.24.2	第7章　基礎工 7-5　深礎工 7-5-2　施工 (3)　鉄筋組立	ア）主筋および帯鉄筋は正しい位置に十分堅固に組立てる．	
JR北海道 土木工事標準示方書 H.27.5	5.　無筋および鉄筋コンクリート工 5-6　施工 5-6-(2)　鉄筋工	(1)　鉄筋は～所定の位置に堅固に組立てること．	
鉄道運輸機構 土木工事標準示方書 H16.3	第3章　無筋，鉄筋コンクリート 3-5　鉄筋工 3-5-(3)　組立	イ　鉄筋を所定の位置に配置し，コンクリート打込み時に動かないよう堅固に組立てること	各工種鉄筋工において同様の記述
中国電力 土木工事仕様書 H.25.4	2.　一般工事 2.3　コンクリートおよび鉄筋コンクリート 2.3.35　鉄筋の加工組立	(7) d.　鉄筋の交点は，直径 0.9mm 以上の焼鈍鉄線で緊結する．	土木学会コンクリート標準示方書【施工編】では「直径0.8mm 以上の焼きなまし鉄線」
九州電力 土木工事特記仕様書 H.23.9	Ⅲ.　工事仕様 2.　工事 2.2　直接工事 (3)　鉄筋工	b. 加工・組立 　コンクリート打設に際して動かないように十分堅固に組立てる	
関西電力 土木工事共通仕様書 H.13		記載なし	
電源開発 土木工事共通仕様書	5.　コンクリート 5.7　鉄筋	(6)　鉄筋は，～コンクリートの打込みに際し，動かないよう十分堅固に組立てなければならない．鉄筋の交点の要所は，適切な径の焼きなまし鉄線または適切なクリップで緊結しなければならない	
日本原子力発電 土木工事共通仕様書 H.16.4	第6章　コンクリート工 6.6　鉄筋	3.　鉄筋は，コンクリートを打つときに動かないように堅固に組立てて	
東京都下水道局 土木工事標準仕様書 H.26.4	第3章　工事一般 第4節　コンクリート工 3.4.6　鉄筋工	イ　鉄筋の交点の要所を直径 0.8mm 以上のなまし鉄筋又はクリップで緊結し，鉄筋が移動しないようにしなければならない．	

発注者・仕様書名	章節	記載内容	備考
	（4） 組立て 第4章 工事 第9節 場所打杭工 4.9.2 場所打杭 （11） 鉄筋かごの組立て	コンクリート打込みの際に鉄筋が動かないように堅固なものとしなければならない	
NEXCO 東　土木工事共通仕様書 H.27.7		記載なし	
阪神高速道路 土木工事共通仕様書 H.27		記載なし	
首都高 土木工事共通仕様書 H.20	第7章 コンクリート構造物工 第3節 鉄筋工 7.3.3 鉄筋の組立	1．鉄筋の交点の要所を直径0.8mm以上のなまし鉄線またはクリップで緊結し，鉄筋が移動しないようにしなければならない．	

2.3.2 D25以下の鉄筋は定尺鉄筋を用いた配筋とする

(1)関連する仕様

「土木構造物設計ガイドライン　土木構造物設計マニュアル（案）」の中でも，配筋仕様の標準化について記載があり，定尺鉄筋の使用を標準としている．（図2.3.2.1）

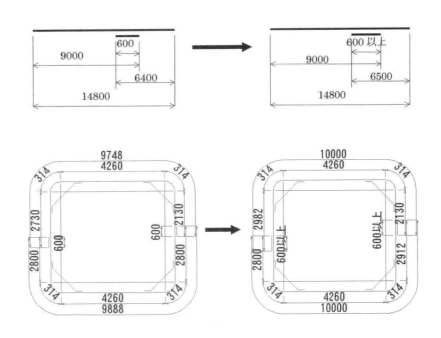

2.2 配筋仕様の標準化

施工性を考慮し、配筋仕様は以下のとおりとする。
(1) 重ね継手長や定着長で調整できる鉄筋は原則として、定尺鉄筋（50cmピッチ）を使用する。
(2) 頂版、底版および側壁の配力鉄筋は主鉄筋の外側に配置する。
(3) 主鉄筋中心からコンクリート表面までの距離は10cmを標準とする。
    ただし、底版については11cmを標準とする。

【解説】
(1) プレキャスト製品を除くボックスカルバートの鉄筋加工の単純化をはかるため、定尺鉄筋（50cmピッチ）の使用を原則とし、重ね継手長を長くすることで調整することとする。ただし、スターラップ、組立筋、ハンチ筋はこの限りではない。また、鉄筋のフック長による調整は、鉄筋の加工作業を煩雑にさせるため行わないのがよい。

図-解3.2　定尺鉄筋の採用例（鉄筋径D19）

図2.3.2.1　配筋仕様の標準化に関する記述
（「土木構造物設計ガイドライン　土木構造物設計マニュアル（案）」2.2配筋仕様の標準化より転載）

参考文献

1) 全日本建設技術協会：土木構造部物設計ガイドライン　土木構造物設計マニュアル(案)，1999.11

2.4.1 ICT技術を用いた検査手法を活用できる環境を整備する

(1) 関連する仕様

コ示[施工編：検査標準]7.3.1鉄筋の加工および組立の検査における検査の標準を表2.4.1に示す．

表2.4.1 鉄筋の加工および組立の検査（コ示[施工編：検査標準]，表7.3.1）

項目		試験・検査方法	時期・回数	判定基準
鉄筋の種類・径・数量		製造会社の試験成績表による確認，目視，径の測定	加工後	設計図書どおりであること
鉄筋の加工寸法		スケール等による測定		所定の許容誤差以内であること
スペーサの種類・配置・数量		目視	組立後および組立後長期間経過したとき	床版，はり等の底面部で$1m^2$あたり4個以上 柱等の側面部で$1m^2$あたり2個以上
鉄筋の固定方法		目視		コンクリートの打込みに際し，変形・移動のおそれのないこと
組み立てた鉄筋の配置	継手および定着の位置・長さ	スケール等による測定および目視		設計図書どおりであること
	かぶり			耐久性照査時で設定したかぶり以上であること
	有効高さ			所定の許容誤差以内であること
	中心間隔			所定の許容誤差以内であること

(2) 検査への適用が期待されるICT技術

検査への適用可能性が高まっているICT要素技術は，以下のとおりである．

a) 拡張現実（AR：Augmented Reality）

CIMの普及展開が進展する中で，今後益々，3次元モデルで設計される工事が増えていくことが想定される．今後は，測量機器やスマートデバイスに3次元設計データを取り込んだ上で現実画像に重畳表示させることで，施工誤差や変位の見える化が実現できると思料される（図2.4.1.1，写真2.4.1.1）．

図2.4.1.1 画像計測ソリューション「Nivo-i」
（出典：ニコントリンブルHP）

写真2.4.1.1 ARを活用した配筋検査イメージ

b）高精度３次元測位技術

準天頂衛星システムは，複数機の人工衛星により構成される日本全域をカバーする地域的衛星測位システムである．日本のほぼ真上（準天頂）に長時間留まるよう工夫された初号機「みちびき」を利用することで，山間部や高層ビル街のようにＧＰＳ信号が届きにくい，見通しの悪い場所でも測位ができるようになるだけでなく，補強信号を利用することで測位精度を数 cm まで高めることができる．内閣府では，2018 年度に準天頂衛星「みちびき」を４機体制へ，2023 年度を目途に７機体制とする整備スケジュールを組んでおり，都市部や山間部でも安定した高精度測位を実現する予定である（**図 2.4.1.2**，**図 2.4.1.3**）．

図 2.4.1.2　準天頂衛星「みちびき２・４号機」
出典：準天頂衛星システムウェブサイト（http://qzss.go.jp/overview/download/cg-image24.html）

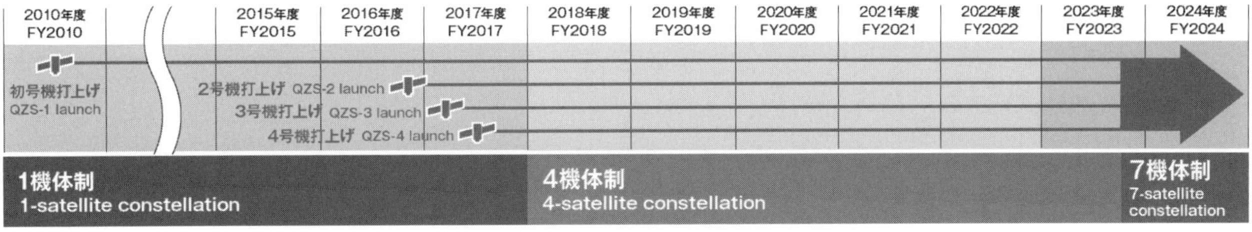

図 2.4.1.3 準天頂衛星　整備スケジュール
出典：準天頂衛星システムウェブサイト（http://qzss.go.jp/overview/download/pamphlet.html）

ただし，土工事であれば数 cm オーダーの精度でも十分であるが，コンクリート工事ではミリオーダーの測位精度が求められる．したがって，たとえば施工現場のプライベートなエリア内で「相対精度」でミリオーダーの測位を実現する技術が期待されている．たとえば，製造業において活用されている「屋内ＧＰＳ」は，今後の技術開発によって屋外へも利用範囲が拡大される可能性もある（**写真 2.4.1.2**，**図 2.4.1.4**）．

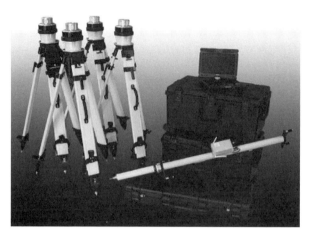

写真 2.4.1.2　Indoor GPS（出典：東陽テクニカ）

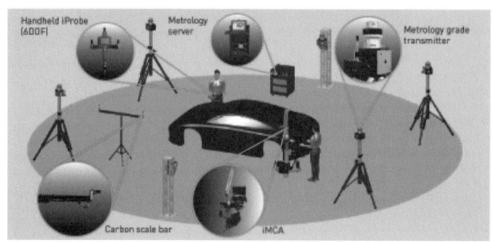

図 2.4.1.4　Indoor GPS の活用イメージ（出典：東陽テクニカ）

c) 遠隔情報共有技術

スマートデバイスやウェアラブルデバイスの活用により，遠隔地からでも現場の状況（現場画像，音声，各種計測データなど）を確認できれば，測量や検査における人の立ち合いの手間を軽減することが可能となる．今後は，建設作業の邪魔にならないよう更なる小型軽量化や低電力化などが期待されている．
（写真 2.4.1.3，写真 2.4.1.4）

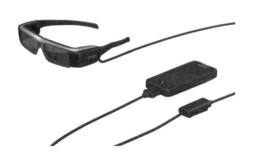

写真 2.4.1.3　MOVERIO
（出典：EPSON HP）

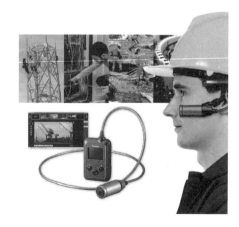

写真 2.4.1.4　ウェアラブルカメラ
（出典：Panasonic HP）

d) UAV／UGV（＋3D レーザースキャナ or ＋高精度デジタルカメラ）

　ボックスカルバートなど，同一形状が連続し，なおかつ高所箇所の検査が必要な場合は，組んだ足場を移動させながら検査しなければならず非常に労力がかかっている．たとえば，ＵＡＶ（Unmanned aerial vehicle）もしくはＵＧＶ（Unmanned ground vehicle）に，レーザースキャナや高精度デジタルカメラを搭載し，連続して出来形計測やひび割れ調査などができれば大幅な工数削減が期待できる．

　土工分野では，３Ｄスキャナ等で得られた点群データを用いた出来形管理検査方法の整備が進められている．RC躯体においても，点群データを用いた出来形管理方法を導入することで出来形管理の省力化が期待できる（写真2.4.1.5，写真2.4.1.6）．

写真 2.4.1.5　土工事で活用が進むUAV

写真 2.4.1.6　写真 UGV
（Segway RMP 220，出典：セグウェイ HP）

e) スマートデバイスを用いた立会検査

　発注者の立会検査は，関係者のスケジュール調整だけでも時間を要しており，調整がつかず手待ちになることも多い．現地現物を確認するのが立会の目的であるが，スマートデバイスを活用した Web 会議やウェアラブルデバイスの活用などで遠隔地からでも検査できるようなシステムが適用できれば，立会に要する時間，手間を省略することができる．なお，ダム工事ではスマートデバイス上での電子サインによる立会検査が行われているが，トンネル工事においても，iPad を利用した電子サインによる立会検査が実施されている．電子サインを発注者個別ではなく一律に認めることによって，立会検査の省力化が広がると思料される（図 2.4.1.6）．

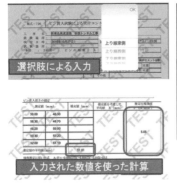
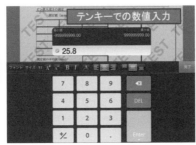

図 2.4.1.6　タブレットを活用した立会検査の入力イメージ　（シムトップス社「i-Reporter」）

3.1 プレキャストコンクリートの形状の規格化により生産性向上を図る

(1) 形状の規格化が望まれる施工事例

現状,形状の規格化がなされていないことから,コストアップしているプレキャストの事例を以下に示す.以下の事例についても,計画段階で規格化されたプレキャストコンクリートを活用することにより,コスト削減を図れると考える.

a) ボックスカルバートの事例

ボックスカルバートの規格について内空幅 1000mm から 5000mm まで幅 100mm 間隔で内空高さ 1000mm から 2000mm まで高さ 100mm 間隔の場合,451 種類の型枠対応が必要となる.さらに,現場によっては幅高双方 50mm 単位の指定もあり,内空高さについても 1000mm 以下から 5000mm 程度まで対応する場合もあり,実際の型枠種類としてはさらに多く必要となっている.また,プレキャストコンクリートの型枠は鋼製で型枠費そのものも高価である.そのような状況で施工延長が短く一型枠当りの製造本数が少ない場合には,その型枠費が製造コストに反映されプレキャストコンクリートのコストアップの大きな要因となっている.

このような現状への打開策としては,規格サイズの集約化を図り型枠の対応種類を減らした規格化が考えられる.

b) プレテンション方式の PC けたの事例

「JIS A 5373 推奨仕様 2-1 道路橋用橋げた」では,プレテンション方式のＰＣ橋けたが,適用支間 5.2m から 1m ごとに 24.2m まで規格化されている.しかしながら,実構造物の計画や設計では,規格通りの支間で計画されることは稀であり,さらには,橋梁の斜角も 90° でない場合が多い.このため,橋梁ごとに型枠を改良することが必要となり,せっかくの規格化のメリットを生かしきれていないのが現状である.

規格化の利点を最大限生かすための方策としては,計画および設計時から規格通りの部材を使える配慮を行うことが考えられる.

今回,規格化されたプレキャストコンクリートを計画段階で検討することを提案するが,プレキャストコンクリートの活用方法の理解を普及させる必要があり,様々な施工事例や検討事例を周知展開することが重要となる.また,規格化されたプレキャストコンクリートが採用されるように積算体系を整備することも必要になる.さらに,より活用されやすい規格化されたプレキャストコンクリートの開発が望まれるが,汎用性の高い規格とするためには,業界全体で研究開発に取り組む必要がある.

3.2 工場製品に用いるスペーサの低減を図る規定を検討,整備する

(1) 関連する仕様

コ示［施工編：特殊コンクリート］11.5.2 鋼材の組立「(2)スペーサを用いる場合は，工場製品の耐久性および外観を考慮して，スペーサの材質や使用方法等を定めなければならない.」の解説(2)についてに「鋼材の位置を固定するためにスペーサを用いることは有効であるが（省略）・・・，工場製品の耐久性に悪影響を及ぼさないことを使用実績等から確認して用いるものとする.」と記述されている．また，コ示［施工編］10.4 鉄筋の組立 解説にあるスペーサの数は，はり，床版等で 1 m^2 当り 4 個以上，ウェブ，壁および柱で 1 m^2 当り 2～4 個程度を配置すると記述されている．

(2) 提案の参考となるスペーサの考え方

a) スペーサの使用数の考え方

工場製品のスペーサの材質は，使用される場所，環境に応じて適切に選定する必要があり，2012 年制定コ示［施工編：施工標準］10.4 鉄筋の組立 解説「鉄筋工事用スペーサ設計施工ガイドライン」[1]を参照することの記載がある．現場打ちコンクリートは，工場製品に比べ部材が厚くコンクリート重量が大きく，配筋作業中やコンクリート打込み中の作業荷重，および作業員の衝撃や鉄筋を落下させた場合の衝撃的な荷重が作用する．

コ示［施工編］10.4 鉄筋の組立 解説にあるスペーサの数は，はり，床版等で 1 m^2 当り 4 個以上，ウェブ，壁および柱で 1m^2 当り 2～4 個程度を配置すると記述されているが，コンクリート製品では作用荷重が小さいため低減できると考えられる．工場製品のスペーサの使用数は，現場打ちコンクリートと同様に「鉄筋工事用スペーサ設計施工ガイドライン」を参照して設計することで可能である．

スペーサの設計に用いる耐荷力は，スペーサの荷重試験を行って求めた最大荷重に基づいて定めるのが一般的であり，スペーサメーカーが用途，材質，形状などを考慮した使用条件に近い条件下で試験をして算定している．最大荷重は，プラスチック製のスペーサの耐荷力は変形で決まり，コンクリートやモルタル製のスペーサは破壊により決まるのが一般的である．また，スペーサの使用数は，1 個当たりの耐荷力により適切に決定する必要がある．

スペーサに作用する荷重は，スペーサを用いる場所により異なる．現場打ちコンクリートの場合は，水平鉄筋の下に用いるスペーサには，鉄筋重量，コンクリート重量および配筋作業時やコンクリート打込み時の作業荷重が作用する．しかし，コンクリート製品は鉄筋かごとして予め製作し鋼製型枠に設置するため，これらの荷重が作用することはない．

スペーサの使用数は，過去の実績や計算で求める．計算で求める場合は，スペーサに作用する各荷重とその組み合わせを，各作業段階において表 3.2.2.1 のように考える．これらの組み合わせ荷重に対して，鉄筋が変形や変位しないように十分強度のあるスペーサを適切な配置で設置する．

表 3.2.2.1 の組み合わせ荷重のうち大きい方の荷重に対して，1.5 倍程度の保証耐荷力を有するスペーサを選定する．

表 3.2.2.1 作用荷重とその組み合わせ

組合わせ	作 用 荷 重	現場打ちコンクリート	コンクリート製品
コンクリート打込み前	① 鉄筋重量がスペーサに均等に作用すると仮定して算定した鉄筋重量の2〜3倍	○	○
	② 作業員の歩行時の荷重(スペーサが分担する部分に乗る作業員の合計体重，60 kg/人)	○	—
	③ 衝撃的に作用する荷重(鉄筋組立中，鉄筋束を落下させた時などに衝撃的に作用する荷重で，落下した鉄筋束などの重量の数倍以上の荷重)	○	—
コンクリート打込み時	① 鉄筋重量がスペーサに均等に作用すると仮定して算定した鉄筋重量の2〜3倍	○	○
	② 作業員の歩行時の荷重(スペーサが分担する部分に乗る作業員の合計体重，60 kg/人)	○	—
	③ コンクリートの全重量が，スペーサに均等に作用すると仮定して算定した重量の5〜10%の荷重	○	○

※表の○について作用荷重を考慮する．

b) スペーサの使用個数計算例

1) 検討条件

検討条件は，以下のとおりである．

　　コンクリート製品　　　　：落ちふた式U形側溝3種400A[2]　製品質量5220N
　　使用スペーサ量の設定：1製品当りに設置する鉄筋を支持するスペーサを6個とする．
　　使用スペーサの種類　　：プラスチック製スペーサ　保証耐荷力500N/個
　　鉄筋重量と形態　　　　：鉄筋かご（140N/個）は予め組み立てられたものを鋼製型枠に配置する．

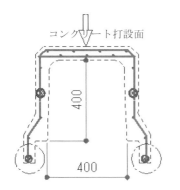
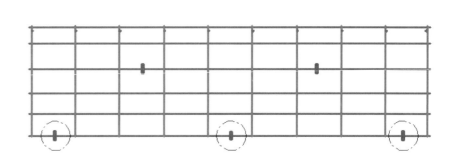

図 3.2.2.1　落ちふた式U形側溝3種400Aスペーサの位置図

2) スペーサ耐荷力の検討
① コンクリート打設前
- 鉄筋重量　　　　　　：落ちふた式U形側溝 400A　１４０N/個×３倍＝４２０N
- 作業員歩行時の荷重　：なし
- 衝撃的に作用する荷重：なし

以上の結果から，コンクリート打設前に作用する荷重は，４２０N

② コンクリート打設時
- 鉄筋重量　　　　　　：落ちふた式U形側溝 400A　１４０N/個×３倍＝４２０N
- 作業員歩行時の荷重　：なし
- コンクリートの重量　：製品重量５２２０Nの１０％がスペーサに作用する
　　　　　　　　　　　　５２２０×０.１＝５２２N

以上の結果から，コンクリート打設時に作用する荷重は，４２０＋５２２＝９４２N

③ スペーサ１個当りに作用する荷重

検討に使用する荷重は，コンクリート打設時の方が大きいことから９４２Nとする．

図3.2.2.1のように，６個のスペーサを使用すると設定したので，スペーサ１個に作用する荷重は以下となる．

　　　９４２N/６＝１５７N

④ スペーサ耐荷力の検討

プラスチック製スペーサ保証耐荷力５００N/個を使用するので，

　　　P＝１５７×１.５（安全率）≒２３６N/個　＜　Pa＝５００N/個　　【O.K】

したがって，保証耐荷力 500N/個のプラスチック製スペーサを６個以上設置する．

(3) かぶりの確認

現在，鉄筋のかぶりはスペーサの設置個数の計算や過去の実績等による，製造時のプロセス管理により確保している．しかし，最近の非破壊検査技術の向上により出来上がった製品のかぶりを直接測定して確認することで，各プロセス段階でのかぶり管理を省略することが可能である．

コンクリート工場製品の製品完成後の抜き取り等による非破壊検査等により鉄筋のかぶりを確認することで，品質の担保や生産性の向上が図れる．さらに，必要に応じて実物のコンクリート製品により曲げ載荷試験により製品強度の確認および鉄筋かぶりの確認を行うことが可能である．

(4) 今後の課題

コンクリート製品の鉄筋かぶりの確認位置や製造数と非破壊検査の必要確認回数に関する相関データ等の蓄積が必要である．また，製品ごとの非破壊検査の基準類や規定の整備が必要である．

参考文献

1) 日本建設業連合会：「鉄筋工事用スペーサ設計・施工ガイドライン」1994年3月
2) 日本規格協会：JIS A 5372 プレキャスト鉄筋コンクリート製品 附属書E 路面排水側溝類 落ふた式U形側溝

3.3.1 薄肉断面の曲げひび割れ強度算定式を検討，整備する
(1)関連する仕様

鉄道構造物等設計標準・同解説　コンクリート構造物(鉄道総合技術研究所編・2004年4月（以下，同設計標準という）において，コンクリートの曲げひび割れ強度の特性値は，コ示［設計編］と同じ算定式が記載されている．しかし，耐久性の検討における曲げひび割れの検討における解説の中では以下のように記述されている．

---

1) 鉄筋コンクリート構造について

　鉄筋コンクリート構造においては，永久作用と変動作用が組み合わされた条件で，全断面を有効としたコンクリートの縁引張応力度が**解説表10.2.1**に示す値以下となる場合には，永久作用による引張鉄筋の応力度を**解説表10.2.2**に示す制限値 σ_{sll} 以下とすることにより，曲げひび割れ幅の検討を省略してよい．この曲げひび割れ幅の検討の省略条件は，主として引張鉄筋比が比較的小さな部材を考慮して定めたも

解説表 10.2.1 曲げひび割れ幅の検討を省略する場合のRC構造に対する
コンクリートの縁引張応力度の制限値（N/mm²）

作用の組合せ	断面高さ(m)	設計基準強度 f_{ck}(N/mm²)						
		24	27	30	40	50	60	80
永久作用 ＋ 変動作用	0.25	3.9	4.1	4.4	5.2	5.8	6.5	7.6
	0.50	2.9	3.1	3.3	3.9	4.5	5.0	5.9
	1.0	2.2	2.4	2.6	3.1	3.5	4.0	4.7
	2.0以上	1.8	1.9	2.1	2.5	2.9	3.2	3.9

解説表 10.2.2 曲げひび割れ幅の検討を省略できる部材における永久作用による引張鉄筋応力度の制限値 σ_{sll}(N/mm²)

鋼材の腐食に関する環境条件		
一般の環境	腐食性環境	とくに厳しい腐食性環境
140	120	100

注）鉄筋は異形鉄筋とする．

のである．引張鉄筋比が比較的小さな部材では，通常の使用状態においてコンクリートが負担する引張力は鉄筋が負担する引張力に比べて相対的に大きいので，ひび割れの発生，進展が抑制される傾向にあるが，一般の応力計算ではコンクリートの引張応力を無視するため，結果的に鉄筋応力度が実際の平均的な鉄筋応力度よりもやや過大評価され，ひび割れ幅も大きく算定される．以上の点を考慮して，曲げひび割れ幅の検討を省略できる条件を設定した．

コンクリートの設計基準強度 $f'_{ck}=30\text{N/mm}^2$，部材断面 $h=0.25\text{m}$ にてコ示［設計編］で曲げひび割れ強度を算出すると $f_{bck}=2.27\text{N/mm}^2$ となる．同一条件での上記解説表10.2.1における縁引張応力度の制限値は 4.4N/mm^2 であり，倍近い値となっている．部材厚が薄いＰＣａ製品の引張鉄筋比は比較的小さく，製品によっては無筋製品もあり同設計標準の値に近いとも判断される．

同設計標準においても，算定式の適用範囲は 0.2m 以上で解説表の最小部材厚は 0.25m であり 0.2m 以下の断面については，算定方法が見当たらない状況である．

(2) 提案の根拠と今後の課題

ＰＣａ製品を対象とした，既往の研究結果と薄肉部材での曲げ試験結果によるＰＣａ製品の曲げひび割れ強度の算定式を以下に紹介する．

$$f_{bck} = k_{0b} k_{1b} f_{tk} \tag{1}$$

$$k_{0b} = 1 + \frac{1}{0.005 + 5.0(h/l_{ch})} \tag{2}$$

$$k_{1b} = 1.0 \quad (h \leqq 0.1\text{m}, \text{または乾燥等の影響の小さい部材}) \tag{3}$$

$$k_{1b} = \frac{0.55}{\sqrt[4]{h}} \quad (0.1\text{m} < h) \quad \text{ただし } k_{1b} \geqq 0.4 \tag{4}$$

$$l_{ch} = \frac{E_{c,d\max} G_F}{1000 f_{tk}^2} \tag{5}$$

$$E_{c,d\max} = \left\{1 + 0.3\log\left(\frac{d_{\max}}{20}\right)\right\} E_{c,20} \tag{6}$$

表 3.3.1.1 普通コンクリート(Gmax=20mm)のヤング係数

f'_{ck} (N/mm²)	18	24	30	40	50	60	70	80
$E_{c,20}$ (kN/mm²)	22	25	28	31	33	35	37	38

$$G_F = 10(d_{\max})^{1/3} \cdot f_{ck}'^{1/3} \gamma_h \tag{7}$$

$$\gamma_h = \left\{-(h/d_{\max})^3 + 9(h/d_{\max})^2 + 72\right\}/180 \quad (h/d_{\max} \geqq 6 \text{ のとき } \gamma_h = 1.0) \tag{8}$$

$$f_{tk} = 0.23 f_{ck}'^{2/3} \tag{9}$$

ここに，f_{bck} ：曲げひび割れ強度(N/mm²)

k_{ob} ：コンクリートの引張軟化特性に起因する引張強度と曲げ強度の関係を表す係数

k_{1b} ：乾燥，水和熱など，その他の原因によるひび割れ強度の低下を示す係数

f_{tk} ：引張強度(N/mm²)

h ：部材の高さ(m)

l_{ch} ：特性長さ(m)

$E_{c,20}$ ：粗骨材の最大寸法が20mmの普通コンクリートのヤング係数(N/mm²) (**表 3.3.1.1**)

$E_{c,dmax}$ ：粗骨材の最大寸法が d_{max} の普通コンクリートのヤング係数(N/mm²)

G_F ：破壊エネルギー(N/m)

d_{max} ：粗骨材の最大寸法(mm)

γ_h ：破壊エネルギーの低減係数

f'_{ck} ：設計基準強度(N/mm²)

以上の曲げひび割れ強度の算定式において破壊エネルギーの寸法依存性の知見が少ないこと，提案式の構築に用いたデータにばらつきがあることから改善の余地も残されており，今後の更なる研究の進展により精度の高い曲げ強度算定式の確立が望まれる．

参考文献
1) 鉄道構造物等設計標準・同解説　コンクリート構造物(鉄道総合技術研究所編・2004年4月
2) 湯浅憲人，國府勝郎，清水和久：プレキャストコンクリート製品の曲げひび割れ耐力の計算方法，土木学会論文集E2, Vol.67, No.4, pp.474-481, 2011

3.3.2 エポキシ樹脂塗装鉄筋使用時の耐久性照査法を検討，整備する

(1) 関連する仕様

エポキシ樹脂塗装鉄筋の塩害に対する照査は，現在 2007 年に発刊された「エポキシ樹脂塗装鉄筋を用いる鉄筋コンクリートの設計施工指針[改訂版][1]」（以下，エポキシ鉄筋設計施工指針[2007 改訂版]）に従い行っている．しかし，エポキシ鉄筋設計施工指針[2007 改訂版]は，2002 年制定コ示[設計編]に準拠しているため，エポキシ樹脂塗装鉄筋を採用する場合の塩害に対する照査方法の鋼材腐食発生限界濃度について，最新の知見が導入されていない．

エポキシ鉄筋設計施工指針［2007 改訂版］とコ示［設計編］2012 年制定における塩害の耐久性照査式の相違点を表 3.3.2.1 に示す．エポキシ鉄筋設計施工指針 ［2007 改訂版］では，塩化物イオンの侵入に伴う鋼材腐食に関する照査は，2002 年制定コ示に示された塩化物イオンに対するコンクリートの拡散係数により行っている．このため，照査に用いる腐食発生限界塩化物イオン濃度は，1.2kg/m³を採用している．また，コンクリートの塩化物イオン拡散係数の特性値D_kは，水セメント比と見掛けの拡散係数との関係式から予測されるが，2002 年制定コ示［設計編］の回帰式を用いている．したがって，現状ではエポキシ鉄筋設計施工指針［2007 改訂版］で設計されている．

表 3.3.2.1　エポキシ鉄筋設計施工指針［2007 改訂版］とコ示［設計編］2012 年制定における塩害の耐久性照査式の相違点

	エポキシ鉄筋設計施工指針[2007 改訂版]	コンクリート標準示方書［設計編］2012 年制定
鋼材腐食発生限界濃度 C_{lim}	1.2kg/m³	セメント種類により異なる
ひび割れ幅が拡散係数に及ぼす影響	ひび割れ幅の影響を考慮	ひび割れ幅の影響を2007 改訂版よりも安全側に評価して考慮

(2) 提案の根拠

2012 年制定コ示に準拠したエポキシ樹脂塗装鉄筋の照査方法（案）を以下に示す．

塩化物イオンの侵入に伴う鋼材腐食に対する照査は，エポキシ樹脂塗装で覆われた素地鋼材表面における塩化物イオン濃度の設計値C_dの鋼材腐食発生限界濃度C_{lim}に対する比に構造物係数γ_iを乗じた値が，1.0以下であることを確かめることにより行うことを原則とする．

$$\gamma_i \frac{C_d}{C_{lim}} \leq 1.0 \tag{3.2.1}$$

ここに，　γ_i：一般に1.0〜1.1としてよい．

C_{lim}：鋼材腐食発生限界濃度(kg/m³)．類似の構造物の実測結果や試験結果を参考に定めてよい．それらによらない場合，式(3.2.2)〜(3.2.5)を用いて定めてよい．ただし，W/Cの範囲は，0.30〜0.55とする．なお，凍結融解作用を受ける場合には，これらの値よりも小さな値とするのがよい．

（普通ポルトランドセメントを用いた場合）

$$C_{lim}=-3.0(W/C)+3.4 \tag{3.2.2}$$

(高炉セメントB種相当，フライアッシュセメントB種相当を用いた場合)

$$C_{lim} = -2.6(W/C) + 3.1 \tag{3.2.3}$$

(低熱ポルトランドセメント，早強ポルトランドセメントを用いた場合)

$$C_{lim} = -2.2(W/C) + 2.6 \tag{3.2.4}$$

(シリカフュームを用いた場合)

$$C_{lim} = 1.20 \tag{3.2.5}$$

C_d：素地鋼材表面における塩化物イオン濃度の設計値．一般に，式(3.2.6)により求めてよい．

$$C_d = \gamma_{cl} \cdot C_o \left(1 - erf\left(\frac{0.1}{2 \cdot \sqrt{t}}\left(\frac{Cd}{\sqrt{Dd}} + \frac{Cep}{\sqrt{Depd}}\right)\right)\right) + C_i \tag{3.2.6}$$

ここに，C_o：コンクリート表面における塩化物イオン濃度(kg/m^3)

D_{epd}：エポキシ樹脂塗膜内への塩化物イオンの侵入を拡散現象とみなした場合の塩化物イオンに対する見掛けの拡散係数の設計用値(cm^2/年)．一般に，2.0×10^{-6} cm^2/年としてよい．

c_d：耐久性に関する照査に用いるかぶりの設計値(mm)．施工誤差をあらかじめ考慮して，式(3.2.7)で求めることとする．

$$c_d = c - \triangle c_e \tag{3.2.7}$$

c：かぶり(mm)

$\triangle c_e$：施工誤差(mm)

t：塩化物イオンの侵入に対する耐用年数(年)

　一般に，式(3.2.6)で算定する鋼材位置における塩化物イオン濃度に対しては，耐用年数100年を上限とする．

γ_{cl}：鋼材位置における塩化物イオン濃度の設計値C_dのばらつきを考慮した安全係数であり，

　一般に1.3としてよい．ただし，高流動コンクリートを用いる場合には，1.1としてよい．

C_i：初期塩化物イオン濃度(kg/m^3)

D_d：塩化物イオンに対する設計拡散係数(cm^2/年)．一般に，式(3.2.8)により算定してよい．

$$D_d = \gamma_c \cdot D_k + \lambda \cdot \left(\frac{w}{l}\right) \cdot D_o \tag{3.2.8}$$

ここに，γ_c：コンクリートの材料係数．一般に1.0としてよい．ただし，上面の部位に関しては1.3とするのがよい．

D_k：コンクリートの塩化物イオンに対する拡散係数の特性値(cm^2/年)

λ：ひび割れの存在が拡散係数に及ぼす影響を表す係数．一般に，1.5としてよい．

D_o：コンクリート中の塩化物イオンの移動に及ぼすひび割れの影響を表す定数(cm^2/年)．

　一般に，400(cm^2/年)としてよい．

w/l：ひび割れ幅とひび割れ間隔の比

$$\frac{w}{l} = \left(\frac{\sigma_{se}}{E_s} + \varepsilon'_{csd}\right) \tag{3.2.9}$$

ここに，σ_{se}，ε'_{csd}は，ひび割れ幅の設計応答値の算定に用いた値を用いる．

(3) 2012年度版コ示［設計編］に準拠したエポキシ鉄筋設計施工指針照査方法（案）の成立性
a) 腐食発生限界塩化物イオン濃度について

照査に用いる腐食発生限界塩化物イオン濃度は，2012年度版コ示と同様に，コンクリート単位容積当りの全塩化物量で表し，その値についてはエポキシ鉄筋設計施工指針［2007改訂版］では，1.2kg/m^{3}の固有値であったが2012年度版コ示［設計編］の考え方を準用して，セメントの種類ごととする．ただし，エポキシ鉄筋設計施工指針［2007改訂版］にもあるように，コ示で設定している鋼材腐食発生限界濃度が，鋼材のごく近傍のコンクリート中における塩化物イオン濃度を指しているのに対して，エポキシ樹脂塗装鉄筋の場合には，鋼材のごく近傍のエポキシ樹脂塗膜内の塩化物イオン濃度を指すことになる．しかし，エポキシ樹脂塗装鉄筋においては，塗膜によって鋼材腐食のもう一つの因子である酸素の拡散が著しく抑制されたものとなることが考えられることや，エポキシ樹脂塗装の内部まではコンクリート表層での乾湿繰り返しの影響はほとんど及ばないと考えられる．これらから，2012年制定コ示における設定値との整合性と取り扱いの簡便性を考慮して，2012年制定コ示に準拠することを提案する．

b) 素地鋼材表面における塩化物イオン濃度の設計値について

塩化物イオンの侵入によって設計耐用期間中に素地鋼材表面に蓄積する塩化物イオンの濃度は，式(3.2.6)に示すフィックの拡散方程式の解をもとに推定してよいことを提案する．ここでは，エポキシ鉄筋設計施工指針［2007改訂版］と同様に，エポキシ樹脂塗膜をかぶりコンクリートと同様に塩化物イオンの拡散場ととらえている．式(3.2.6)は，2007年発刊のエポキシ鉄筋設計施工指針と同様に，エポキシ樹脂塗膜のしゃへい効果を同等の効果を有するかぶりコンクリートの仮想厚さに換算し，これをコンクリートのかぶりに上乗せすることを意味している．

(4) 提案式の有効性
a) 普通異形鉄筋かぶりの試設計

2007年発刊のエポキシ鉄筋設計施工指針［2007改訂版］と2012年度版コ示［設計偏］のエポキシ樹脂塗装鉄筋を使用しない場合のひび割れが生じている普通異形鉄筋のかぶりについて，試設計を行う．各示方書による試設計により，塩化物イオンの拡散係数 D_k と鋼材の腐食発生塩化物イオン濃度 C_{limn} のかぶり c への影響について，高炉セメントB種相当と普通ポルトランドセメント，コンクリートの塩化物イオン濃度をパラメーターとして計算結果を比較する．試設計には，以下を設定値とする．

  構造物係数：γ_i = 1.0（プレキャストボックスカルバート）
  設計耐用年数：t = 100年
  水セメント比（水結合材比）：W/C = 30%
  鋼材位置における塩化物イオン濃度の設計値のばらつきを考慮した安全係数：γ_{cl} = 1.3
  コンクリートの材料係数：γ_c = 1.0
  鉄筋の応力度：σ_{se} = 160N/mm^2
  初期塩化物イオン濃度：C_i = 0.30kg/m^3
  施工誤差：$\triangle c_e$ = 3.0mm

普通異形鉄筋のかぶりとコンクリート表面の塩化物イオン濃度の関係結果を図3.3.2.1に示す．縦軸にかぶり(mm)，横軸にコンクリート表面の塩化物イオン濃度（kg/m^3）を示す．

極めて過酷な塩害環境下のコンクリート製品において，図3.3.2.1に示すように，コンクリートの配合調整やかぶりの増加といったコンクリートの性能に頼った塩害対策だけでは不経済となるばかりか，現実的な

設計が不可能となる．一般に，JIS 等で規格化されたコンクリート工場製品は，鉄筋かぶりは 12〜40mm 程度である．高炉セメント B 種相当で水結合材比 30％の場合でも，多くの場合で普通異形鉄筋では過大な部材厚となる．

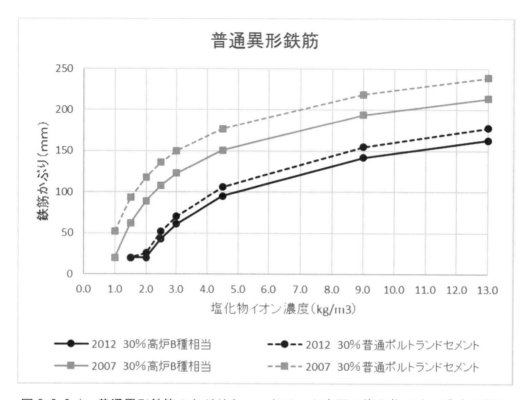

図 3.3.2.1　普通異形鉄筋のかぶりとコンクリート表面の塩化物イオン濃度の関係

b) エポキシ樹脂塗装異形鉄筋かぶりの試設計

2007 年度発刊のエポキシ鉄筋設計施工指針［2007 改訂版］と 2012 年度版コ示［設計編］のエポキシ樹脂塗装異形鉄筋を使用した場合でひび割れが生じている場合のかぶりについて，試設計を行う．各示方書による試設計により，塩化物イオンの拡散係数 D_k と鋼材の腐食発生塩化物イオン濃度 C_{limn} のかぶり c への影響について，高炉セメント B 種相当と普通ポルトランドセメント，コンクリートの塩化物イオン濃度をパラメーターとして計算結果を比較する．試設計には，以下を設定値とする．

　構造物係数：γ_i = 1.0（プレキャストボックスカルバート）

　設計耐用年数：t = 100 年

　水セメント比（水結合材比）：W/C = 30％

　エポキシ樹脂塗膜内への塩化物イオンの見掛けの拡散係数の設計用値：D_{epd} = 2.0×10^{-6} cm^2/年．

　鋼材位置における塩化物イオン濃度の設計値のばらつきを考慮した安全係数：γ_{cl} = 1.3

　コンクリートの材料係数：γ_c = 1.0

　鉄筋の応力度：σ_{se} = 160N/mm^2

　初期塩化物イオン濃度：C_i = 0.30kg/m^3

　施工誤差：$\triangle c_e$ = 3.0mm

エポキシ樹脂塗装異形鉄筋のかぶりとコンクリート表面の塩化物イオン濃度の関係結果を図 3.3.2.2 に示す．縦軸にかぶり (mm)，横軸にコンクリート表面の塩化物イオン濃度（kg/m^3）を示す．一般に，JIS 等で規

格化されたコンクリート工場製品は，鉄筋かぶりは 12〜40mm 程度である．図 3.3.2.2 に示すように，高炉セメントB種相当および普通ポルトランドセメントの水結合材比 30%の場合では，エポキシ樹脂塗装異形鉄筋の使用により従来から規格化されている部材厚や形状のままで製作可能となる場合がある．コンクリート工場製品は，一般的に鋼製型枠により量産されるので，新規に型枠を製作するなどの必要がないことは，生産性向上の大きなメリットである．

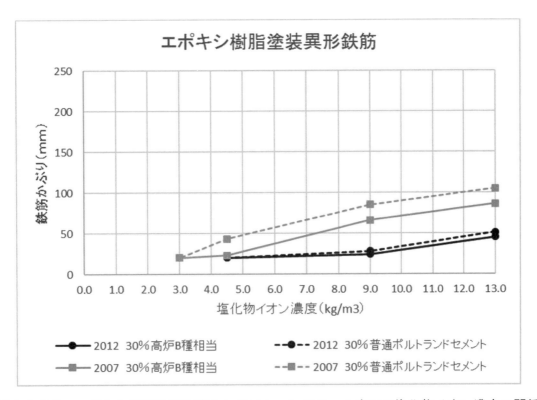

図 3.3.2.2　エポキシ樹脂塗装鉄筋のかぶりとコンクリート表面の塩化物イオン濃度の関係

(5) 今後の課題

大型化されたコンクリート製品は，工場において分割製作されており，分割された部材を現場において一体化する．したがって，過酷な塩害環境下等において，ＰＣ鋼材による圧着継手や機械式継手の採用も増えており，エポキシ樹脂塗装を施したＰＣ鋼材や機械式継手等の設計指針および維持管理についての研究を推進する必要がある．

参考文献

1) 土木学会：エポキシ樹脂塗装鉄筋を用いる鉄筋コンクリートの設計施工指針［改訂版］，コンクリートライブラリー112，2003 年 11 月

3.3.3　低水セメント比コンクリート使用時の耐久性照査を検討，整備する
(1) 関連する仕様
1) コンクリート標準示方書
・［設計編：標準］第2編「耐久性に関する照査」

2.1.4 塩害に対する照査

2.1.4.1 塩化物イオンの侵入に伴う鋼材腐食に対する照査

（1） 塩化物イオンの侵入に伴う鋼材腐食に対する照査は，鋼材位置における塩化物イオン濃度の設計値 C_d の鋼材腐食発生限界濃度 C_{lim} に対する比に構造物係数 γ_i を乗じた値が，1.0 以下であることを確かめることにより行うことを原則とする．

$$\gamma_i \frac{C_d}{C_{lim}} \leq 1.0 \tag{2.1.5}$$

ここに，γ_i ：一般に 1.0〜1.1 としてよい．

C_{lim} ：鋼材腐食発生限界濃度（kg/m³）．類似の構造物の実測結果や試験結果を参考に定めてよい．それらによらない場合，式（2.1.6）〜（2.1.9）を用いて定めてよい．ただし，W/C の範囲は，0.30〜0.55 とする．なお，凍結融解作用を受ける場合には，これらの値よりも小さな値とするのがよい．

（普通ポルトランドセメントを用いた場合）
$$C_{lim} = -3.0(W/C) + 3.4 \tag{2.1.6}$$

（高炉セメントB種相当，フライアッシュセメントB種相当を用いた場合）
$$C_{lim} = -2.6(W/C) + 3.1 \tag{2.1.7}$$

（低熱ポルトランドセメント，早強ポルトランドセメントを用いた場合）
$$C_{lim} = -2.2(W/C) + 2.6 \tag{2.1.8}$$

（シリカフュームを用いた場合）
$$C_{lim} = 1.20 \tag{2.1.9}$$

C_d ：鋼材位置における塩化物イオン濃度の設計値．一般に，式（2.1.10）により求めてよい．

$$C_d = \gamma_{cl} \cdot C_0 \left(1 - erf\left(\frac{0.1 \cdot c_d}{2\sqrt{D_d \cdot t}}\right)\right) + C_i \tag{2.1.10}$$

ここに，C_0 ：コンクリート表面における塩化物イオン濃度（kg/m³）．一般に 2.1.4.3 に示す値を用いてよい．

c_d ：耐久性に関する照査に用いるかぶりの設計値（mm）．施工誤差をあらかじめ考慮して，式（2.1.11）で求めることとする．

$$c_d = c - \Delta c_e \tag{2.1.11}$$

c ：かぶり（mm）

Δc_e ：施工誤差（mm）

t ：塩化物イオンの侵入に対する耐用年数（年）．一般に，式（2.1.10）で算定する鋼材位置における塩化物イオン濃度に対しては，耐用年数 100 年を上限とする．

γ_{cl} ：鋼材位置における塩化物イオン濃度の設計値 C_d のばらつきを考慮した安全係数．一般に 1.3 としてよい．ただし，高流動コンクリートを用いる場合には，1.1 としてよい．

D_d ：塩化物イオンに対する設計拡散係数（cm²/年）．一般に，式（2.1.12）により算定してよい．

$$D_d = \gamma_c \cdot D_k + \lambda \cdot \left(\frac{w}{l}\right) \cdot D_0 \tag{2.1.12}$$

・2章「耐久性照査の標準的な方法」2.1.4「塩害に対する照査」

> ここに，γ_c ：コンクリートの材料係数．一般に1.0としてよい．ただし，上面の部位に関しては1.3とするのがよい．
> D_k ：コンクリートの塩化物イオンに対する拡散係数の特性値（cm^2/年）
> λ ：ひび割れの存在が拡散係数に及ぼす影響を表す係数．一般に，1.5としてよい．
> D_0 ：コンクリート中の塩化物イオンの移動に及ぼすひび割れの影響を表す定数（cm^2/年）．一般に，400cm^2/年としてよい．
> w/l ：ひび割れ幅とひび割れ間隔の比．一般に，式（2.1.13）で求めてよい．
>
> $$\frac{w}{l} = \left(\frac{\sigma_{se}}{E_s}\left(\text{または}\frac{\sigma_{pe}}{E_p}\right) + \varepsilon'_{csd}\right) \qquad (2.1.13)$$
>
> ここに，σ_{se}, σ_{pe}, ε'_{csd} の定義は，［設計編：標準］4編に準じ，ひび割れ幅の設計応答値の算定に用いた値を用いる．
>
> なお，$erf(s)$ は，誤差関数であり，$erf(s) = \frac{2}{\sqrt{\pi}}\int_0^s e^{-\eta^2} d\eta$ で表される．
>
> C_i ：初期塩化物イオン濃度（kg/m^3）．一般に，0.30kg/m^3としてよい．

（以下略）

(2) 提案の経緯
・高強度，高耐久化の為の低水セメント比のコンクリートの例が多くなって来ている事．
・一部の高耐久コンクリートについては，水結合材比25%などのデータを採取し，学識経験者のコミットメントの下，実務に供している事例[1]もある．

(3) 今後の課題
・拡散係数を求める為の試験には緻密なコンクリートほど結果が得られるまでに時間がかかる．
　より簡便な試験方法の確立が期待される．

参考資料
1) 高炉スラグを用いて耐塩害性，耐凍害性，耐硫酸性を向上した緻密コンクリート「ハレーサルト」
　細谷多慶：高炉スラグを用いて耐塩害性，耐凍害性，耐硫酸性を向上した緻密コンクリート「ハレーサルト」，中国地方建設技術開発交流会（広島会場），2013.11.8

3.3.4 プレキャスト部材における全数継手の適用を拡大する

(1) 関連する仕様

東日本高速道路，中日本高速道路，西日本高速道路 設計要領第二集 橋梁保全編 4章床版「8-4 プレキャストＰＣ床版」[1]において，「橋軸方向継ぎ手構造は，ＲＣループ継ぎ手とし，プレキャストＰＣ床版と同等以上の膨張コンクリートを充填する構造を標準とする．」との記載があり，「なお，床版厚さの制約や周辺環境による施工条件の制約が伴う場合は，耐久性の確認された継ぎ手工法について検討を実施してもよい．」との解説が記載されている[1]．

ループ継手は，国外で開発された継手構造であり，国内への導入に際しては，輪荷重走行疲労実験など各種の実験により，その耐荷性や耐久性が検証され，プレキャストＰＣ床版の橋軸方向の標準的な継手構造とされたと考えられる．ただし，ループ継手に使用する鉄筋の曲げ半径の制約から版厚が決まることがあり，既設のＲＣ床版を取り替える際には，版厚が増加するなど不都合な場合もある．このような場合には，設計版厚に自由度があり，耐久性や耐荷性などが確認された継手構造を採用することも可能な解説の記載になっていると考えられる．

なお，各示方書・設計標準・指針，各発注者における機械式継手および全数継手に関する仕様の一覧については，「1.2.2 機械式継手を同一断面に集めた配筋仕様を活用できる環境を整備する」を参照のこと．

(2) 提案の参考となる事例

JIS A 5373 付属書2（規定）橋りょう類の中で，「推奨仕様 2-4 道路橋用プレキャスト床版」として，全数ループ継手を有するプレキャストＰＣ床版が制定されている．これは，全数ループ継手を有する床版の性能が確認されていること，および，場所打ちを介して接合するタイプの継手であるため，検査および施工の信頼度が高いことから，前述の推奨仕様としてJIS化されたものである．この例のように，継手の適用部位ごとに求められる性能と，それを満足することが確認できており，かつ施工と検査に起因する信頼度が高いものについては，設計応答値を低減することなく有効に活用していくことが，ＰＣａ部材適用の拡大に繋がる．

道路橋の床版では，新設工事および既設ＲＣ床版の取替え工事において，既にプレキャストＰＣ床版が活用されている．道路橋の床版は，直接輪荷重の作用を繰返し受けることから，一般的には，輪荷重走行疲労実験により，継手の疲労耐久性が確認されている．

写真 3.3.4.1 輪荷重走行疲労実験の例

輪荷重走行疲労実験の例を**写真 3.3.4.1**に示す．また，ループ継手の使用例とその他の継手の使用例を**写真 3.3.4.2**および**写真 3.3.4.3**に示す．これらの継手は，交通量および過積載車両を想定した荷重の繰返し載荷と，床版面からの水の作用も考慮した状況を実験で再現し，十分な疲労耐久性を有することが確認されたもので，全数継手でありながら，設計応答値を低減することなく使用されている[2)3)]．

写真 3.3.4.2　ループ継手の使用例

写真 3.3.4.3　重ね継手と機械式定着を併用した継手の使用例

プレキャストPC床版は，一般的には床版支間方向がPC構造，橋軸方向がRC構造の一方向PC版である．したがって，**写真 3.3.4.2**および**写真 3.3.4.3**の例のように，場所打ちコンクリートを介した全数継手が採用されている．RC床版としての輪荷重走行疲労実験は，これまで多数実施されてきており，既往の研究では，S−N曲線も提案されてきている．**図 3.3.4.1**に既往の研究のS−N曲線の例を示す[4)]．性能照査は，対象となる道路の交通量や作用荷重強度，および設計供用年数などからS−N曲線にあてはめ，輪荷重走行疲労実験の条件から必要な疲労耐久性を満足しているか判断できる．

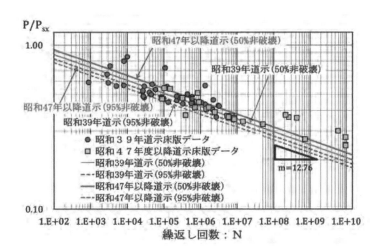

図 3.3.4.1　輪荷重走行疲労実験によるRC床版のS−N曲線の例[4)]

ここで例示したループ継手などは，場所打ちコンクリートを介して接合するタイプの継手であるため，検査も明確かつ容易で，施工および検査の信頼度も高いといえる．今後，機械式継手など各種継手構造の全数

継手のＰＣａ部材への適用を拡大していくためには，適用部位ごとに求められる性能を明確にし，それらを実験等によって満足することを確認するとともに，継手工法ごとの施工および検査に起因する信頼度を確保することによって，設計応答値を低減することなく使用できる継手工法を確立していく必要がある．それらが望まれる適用事例の一つとして，**図3.3.4.2**にボックスカルバートにおける継手の例を示す．また，**写真3.3.4.4**に機械式継手による全数継手の例を示す．

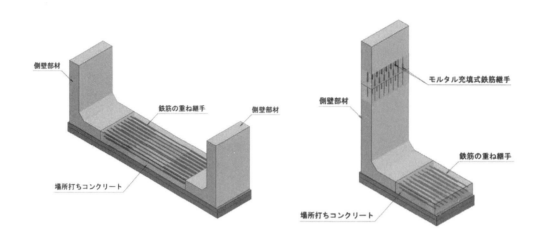

図3.3.4.2　ボックスカルバートにおける継手の例

写真3.3.4.4　機械式継手による全数継手の例

参考文献

1) 東日本高速道路，中日本高速道路，西日本高速道路：設計要領第二集 橋梁保全編，2015.7
2) 松井，角，向井，北山：ＲＣループ継手を有するプレキャストＰＣ床版の移動載荷試験，第6回プレストレストコンクリートの発展に関するシンポジウム論文集，pp.149-154，1996.10
3) 福永，今村，二井谷，角本，原：機械式定着を併用した重ね継手を有するプレキャストＰＣ床版の輪荷重走行疲労試験，木構造・材料論文集，pp.39-46，Vol.28，2012.12
4) 川井，阿部，木田，高野：道路橋RC床版のS-N曲線に関する一考察，第七回道路橋床版シンポジウム論文報告集，pp.263-268，2012.6

3.3.5 薄肉部材の単鉄筋における同一断面全数重ね継手部の規定を検討，整備する

(1) 関連する仕様

コ示 2012 年制定［設計編：標準］7 編 2.6.2 軸方向鉄筋の継手，p.347

> （2）重ね継手
> （ⅰ）配置する鉄筋量が計算上必要な鉄筋量の2倍以上，かつ同一断面での継手の割合が 1/2 以下の場合には，重ね継手の重ね合わせ長さは基本定着長 l_d 以上としなければならない．
> （ⅱ）（ⅰ）の条件のうち一方が満足されない場合には，重ね合わせ長さは基本定着長 l_d の 1.3 倍以上とし，継手部を横方向鉄筋等で補強しなければならない．
> （ⅲ）（ⅰ）の条件の両方が満足されない場合には，重ね合わせ長さは基本定着長 l_d の 1.7 倍以上とし，継手部を横方向鉄筋等で補強しなければならない．
> （ⅴ）重ね継手部の帯鉄筋および中間帯鉄筋の間隔は・・・100mm 以下とする．

(2) 提案の参考となる一考察

　既往の研究によれば主筋径の3倍の定着長を確保した図 3.3.5.1 に示すようなコ形筋（U字筋）も重ね継手部の割裂破壊の補強筋として有効との研究結果があるが [1),2)]，知見が少ないため，今後の研究の進展が望まれる．

　また，図 3.3.5.2 に示すような水路ＰＣａ製品などは，30 年以上前から製造・施工が行われ，実績も数え切れないほど多くあるが，現在の一般的な設計ではフープ鉄筋やスターラップなどの横方向鉄筋による補強は行われていない（配力鉄筋は配置されている）．しかしながら，現在までの実績として特に大きな問題が生じていない．これは構造体に大きな断面力が生じていないことなどが理由ではないかと考えられる．従って，この様な大きな断面力が生じていない薄肉部材の単鉄筋における同一断面全数重ね継手部にて，そもそも横方向鉄筋による割裂補強が必要なのかということについても設計方法の検討・整理，仕分けが望まれる．

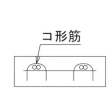

図 3.3.5.1 コ形筋による割裂補強

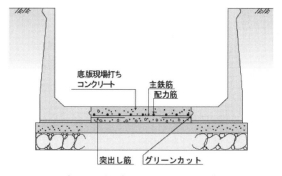

図 3.3.5.2 従来から製造されてきた水路ＰＣａ製品などの一般構造図

参考文献

1) 角陸純一：異形鉄筋重ね継手の補強に関する研究，コンクリート工学年次論文報告集，Vol.10, No.3, pp.211〜214, 1988
2) 日本コンクリート工学会：「プレキャストコンクリート製品の性能設計と利用技術研究委員会」報告書，p.287, 2011

3.5 コンクリート標準示方書へのプレキャストコンクリートの章の新設と用語の整理をする

(1) 関連する仕様

コ示［施工編：特殊コンクリート］におけるプレキャストコンクリートに関する記載は，主として特殊コンクリート「10.4プレキャスト部材」および「11章工場製品」にあり，それぞれの適用範囲に関する記載は，表3.5.1の通りである．

また，東日本高速道路，中日本高速道路，西日本高速道路 設計要領第二集 橋梁建設編8章コンクリート橋 Ⅲ-2．PC構造「1．プレキャストセグメント橋」[1]に標記の特定構造に関する記載がある．

高速道路の建設においては，工期短縮の要望が強い場合が多く，かつ，建設工事も大規模になる場合が多いため，PC橋の建設において，プレキャストセグメント架設工法が採用されるケースも多いため，これに関する記載があると考えられる．

表3.5.1 コ示［施工編］におけるプレキャストコンクリートに関する記載箇所とその適用範囲

記載箇所	適用範囲
10.4 プレキャスト部材	【解説】ここでは，「11章工場製品」に示す工場製品以外のプレキャスト部材，たとえば架設地点に近い現地のヤードで製作したのちに，運搬や架設，組立を行うようなプレキャスト部材について示す．
11章 工場製品 11.1 総則	【解説】この章は，製造工程が一貫して管理されている工場で，継続的に製造される工場製品についての標準を示したものであり，無筋および鉄筋コンクリート工場製品のほか，プレストレストコンクリート工場製品も含まれる．なお，工事現場近くのヤードで製造される製品については適用されない．

(2) 提案理由

上述のように，コ示［施工編：特殊コンクリート］ではプレキャストコンクリートに関する記載が散在していることから，現状では，プレキャストコンクリート採用の要件が明確でない．さらに，「10.4.6 接合」においては，プレストレスによる接合を前提としたような記述となっている．したがって，工場製品以外のPCa部材，すなわち，架設地点に近い現地のヤードで製作し，RC接合するPCa部材に関する記述が不足している．このため，これらのことが，プレキャストコンクリートの広範な適用への障害の一因となっていると考えられる．また，プレキャストコンクリートに関する用語の定義が曖昧であるという課題もある．

それに対して，プレキャストコンクリートの章を新設し，その中で工場製品とそれ以外のPCa部材について，それぞれの施工上の留意点等を並列で示すことにより，施工上の要件が明確となり，適用が容易になると考えられる．さらには，現状では，プレキャスト工法で不可欠な接合に関する記載が不足していることから，接合部における施工上の要件が明確でない．新設の章において，プレストレスによる接合やその他の接合方法すべてについて，統合的に記載することにより，接合方法ごとの留意点等が明確となり，プレキャストコンクリート適用拡大に繋がると考える．あわせて，プレキャストコンクリートに関する用語の定義を再考し，必要に応じて新たな用語の定義も行うことにより，用語の統一と明確化が図れる．

コ示［施工編：特殊コンクリート］へのプレキャストコンクリートに関する章の新設案を，現在の目次（抜粋）と比較して図3.5.1に示す．

付属資料1 「Ⅱ編 課題と提案」の参考資料

【現目次】	【新目次案】
10章 プレストレストコンクリート	10章 プレストレストコンクリート
10.1 総則	10.1 総則
10.2 プレストレス工	10.2 プレストレス工
10.3 PCグラウト工	10.3 PCグラウト工
10.4 プレキャスト部材	
10.4.1 一般	11章 プレキャストコンクリート
10.4.2 プレキャスト部材の接合に用いる材料	11.1 総則
10.4.3 製作	11.2 工場製品
10.4.4 運搬	11.2.1 一般
10.4.5 保管	11.2.2 コンクリートの品質
10.4.6 接合	11.2.3 材料
10.4.7 架設	11.2.4 配合
10.4.8 検査	11.2.5 製作
	11.3 工場製品以外のプレキャスト部材
11章 工場製品	11.3.1 一般
11.1 総則	11.3.2 製作
11.2 コンクリートの品質	11.4 保管および運搬
11.3 材料	11.5 組立および接合
11.4 配合	11.5.1 一般
11.5 製造	11.5.2 プレストレスによる接合
11.6 運搬および貯蔵	11.5.3 場所打ちコンクリートによる接合
11.7 組立および接合	11.5.4 機械式継手による接合
11.8 品質管理	11.5.5 その他の接合
11.9 検査	11.5.6 架設
	11.6 品質管理
	11.7 検査

図3.5.1 現状の目次と新目次案の比較（抜粋）

参考文献

1) 東日本高速道路, 中日本高速道路, 西日本高速道路：設計要領第二集 橋梁建設編, 平成27年7月

3.6.1 点溶接を鉄筋の組立に活用するための環境を検討,整備する

(1)関連する仕様

- コ示［施工編：特殊コンクリート］ 11章 工場製品 11.5.2 鋼材の組立

 「(1) 鉄筋の交点のうち重要な箇所は,なまし鉄線あるいは適切なクリップ等を用いて緊結するか,点溶接して組み立てなければならない.」

- コ示［施工編：施工標準］ 10章 鉄筋工 10.4鉄筋の組立

 「(2) 解説 点溶接は局部的な加熱によって,鉄筋の材質を害するおそれがあり,特に疲労強度を著しく低下させることがある.このため,荷重の性質,構造物の重要度,鉄筋の材質および径,作業員の技量,溶接方法等を考慮して適切な固定方法を選定する必要がある.」

- コ示［設計編：標準］ 3編 3.4.3 鋼材の疲労強度

 「(3) 解説 鉄筋を溶接あるいはせん断補強鉄筋のように曲げ加工すると,疲労強度が低下することが知られている.この点に関する既往の研究を見れば,その低下率についてはさまざまな値が報告されており,一定していないが,直線棒鋼に対する疲労強度の50%までは低下する可能性があるとされている.また,鉄筋の組立のために溶接を行えば,疲労強度がかなり低下することがあきらかにされている.そこで,実験を行って疲労強度を確かめない限り,これらの場合の疲労強度は50%とするのがよい.」

(2)提案の参考となる一考察

工場では,写真3.6.1.1で示すように組み立てられた鉄筋かごを運搬移動したり,吊り上げて型枠に挿入したりする必要があり,なまし鉄線やクリップ等による結束では,結束部が変形して鉄筋かぶり,鉄筋間隔が確保できない場合があり,点溶接を用いることは,品質確保および生産性向上のために有効である.

よって,点溶接を用いた鉄筋かごを使用する場合は,必要に応じて写真3.6.1.2で示すような実験により強度を確認して使用できること,特に,疲労が問題となる部位に点溶接を用いる場合は,S－N曲線を求めて設計に反映させることが必要である.

また,荷重の性質,鉄筋の材質および径,溶接条件等を考慮した強度試験データの蓄積も必要と考える.

写真3.6.1.1 鉄筋かごを吊り上げ型枠に挿入する例

写真3.6.1.2 点溶接した鉄筋の試験例

3.6.2 プレキャスト製品の強度管理方法を検討，整備する
(1) 参考事例

図 3.6.2.1 にプレストレス導入時（材齢 18 時間）の蒸気養生と温度追随養生の供試体の圧縮強度結果を示す．蒸気養生した供試体よりも温度追随養生した供試体の方が平均して大きな値となっている．また，積算温度も温度追随養生した供試体のほうがより大きかった．設計基準強度が 50N/mm² のプレテンション方式ＰＣ桁の場合，プレストレスを与えてよい強度は 35 N/mm² であるため，温度追随養生した供試体の強度で管理すれば，蒸気養生した供試体で管理した場合より早期にプレストレスを与えることができ，生産性が向上する．また，工場製品は効率的に製造するために早期にプレストレスを与えるため，配合強度はプレストレス導入時で決定されることが多く，この場合，温度追随養生した供試体は十分な強度が得られるので，配合強度を小さくすることができ，経済的となる．

以上のように，温度追随養生の供試体により製品の実強度を正しく管理することで，生産性の向上に寄与するが，そのデータが不足していると考えられる．そのため，実績データの蓄積・整理が必要と考えられる．

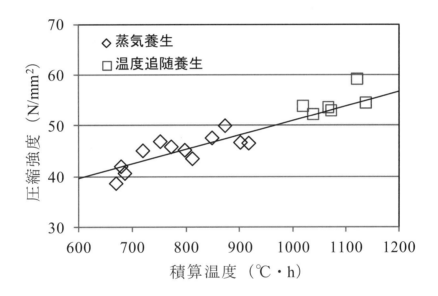

図 3.6.2.1　蒸気養生と温度追随養生した供試体の圧縮強度

3.6.3 工場製品の適切な養生方法を選択できる環境を整備する

(1) 関連する仕様

工場製品の多くはプレキャストコンクリート製品 JIS によって種類や性能が規定されているが，蒸気養生方法に関する記述は少ない．プレストレスト・コンクリート建設業協会の道路橋用橋げた設計・製造便覧では，「常圧蒸気養生を行う場合には，コンクリート練混ぜ後3時間以上たってから養生を開始するのがよい。また養生室内の温度の上げ方は1時間につき15℃以下の割合とし，最高温度は65℃以下とするのが望ましい．」と記載されている．

(2) 提案の参考となる参考事例

プレテンション方式ＰＣ桁において，練混ぜから蒸気養生を開始するまでの時間（以下，前置き）について前置き終了時の凝結の程度と硬化後の仕上げ面の透気係数の関係を検討した事例がある．図 3.6.3.1 に示すように，前置き終了時のプロクター貫入抵抗値が大きいほど，透気係数が小さくなり，品質の向上が見られる．また，文献[1]によると，およそ凝結始発前に蒸気養生を開始すると，仕上げ面に剥がれなどの不具合が生じ，蒸気養生の開始がプロクター貫入抵抗値でおよそ $8N/mm^2$ 程度以降であれば，湿潤養生と同じ品質が得られた，とある．つまり，美観や耐久性を損ねない最低限の品質を確保するための蒸気養生開始の目安は凝結始発であり，前置き時間は凝結の程度によるということになる．このことはコ示［施工編］「11章 工場製品 11.5.5 養生」の解説に記述される水セメント比が小さい場合は前置き時間を短くしてよいという記述の裏付けとなり，凝結始発を目安に蒸気養生を設定することで，品質の安定した製品が提供できることになる．

以上のように，蒸気養生方法によって品質に影響を及ぼす場合があるため，実績にもとづいた場合でも，明確な根拠から蒸気養生方法を設定できる環境を整備する必要がある．そのためには，実績データを蓄積・整理し，例えば，各製品種類，部材形状などに分けて品質に与える影響を確認することが望ましいと考えられる．

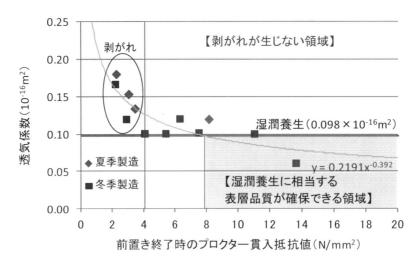

図3.6.3.1　前置き終了時のプロクター貫入抵抗値と透気係数の関係

参考文献

1) 中村敏之，北澤利春，佐々木良太，呉承寧：蒸気養生で製造されるコンクリートの表層品質，プレストレストコンクリート工学会第23回シンポジウム論文集，2014.10

3.7.2 工場製品の外観基準を検討, 整備する

(1) 関連する仕様

コ示［施工編］や各発注機関の仕様書についても工場製品の外観に関する具体的記載が殆ど無く，現場判断となっている．

一部地域で運用されているコンクリート製品外観合否判定基準の一例を**表 3.7.2.1**[1)]に示す．

表 3.7.2.1 コンクリート製品外観合否判定基準（案）[1)]

対象製品名 \ 検査項目	①ひび割れ	②角欠け	③ねじれ・そり	④気泡	⑤ペースト漏れ
共1 U型溝 共2 道路用側溝 共3 道路用側溝ふた 共4 側溝再生用蓋 共5 ベンチフリューム 共6 自由勾配側溝 共7 管・函渠型側溝	・幅0.1mm以下で、かつ長さが製品長の1/10以下（ただし、200mm以下）	・**露出面**:10cm²以下 ・**埋設面**:20cm²以下	・施工に支障となるもの、並びに露出面で5mm以下	・**露出面**:100cm²当り 1)径5～15mm、5個以下 2)深さ5mm以下 ・**埋設面**:100cm²当り 1)径10～15mm、5個以下 2)深さ10mm以下	・**露出面**:幅15mm以下で部材寸法の1/5以下 ・**埋設面**:幅20mm以下で部材寸法の1/3以下
共8 連結ヒューム管	・幅0.1mm以下で、かつ、管の長さ方向で部材寸法の1/4以下、管周の方向で1/10以下	・**露出面**:10cm²以下 ・**埋設面**:20cm²以下	・施工に支障となるもの、並びに露出面で5mm以下	・**露出面**:100cm²当り 1)径5～15mm、5個以下 2)深さ5mm以下 ・**埋設面**:100cm²当り 1)径10～15mm、5個以下 2)深さ10mm以下	・幅15mm以下で部材寸法の1/4以下
共9 組立型集水桝	・幅0.1mm以下で、かつ長さが製品長の1/10以下（ただし、200mm以下）	・**露出面**:10cm²以下 ・**埋設面**:20cm²以下	・施工に支障となるもの、並びに露出面で5mm以下	・**露出面**:100cm²当り 1)径5～15mm、5個以下 2)深さ5mm以下 ・**埋設面**:100cm²当り 1)径10～15mm、5個以下 2)深さ10mm以下	・**露出面**:幅15mm以下で部材寸法の1/5以下 ・**埋設面**:幅20mm以下で部材寸法の1/3以下
共10 連結ボックスカルバート 共11 PCボックスカルバート 共12 RCボックスカルバート 共13 大型ボックスカルバートⅠ 共14 大型ボックスカルバートⅡ 共15 大型ボックスカルバートⅢ 共16 アーチボックスカルバート 共17 大型アーチカルバート 共18 組合せ暗渠 共19 小断面ボックスカルバート	・幅0.1mm以下で、かつ長さが部材寸法の1/10以下	・**露出面**:10cm²以下 ・**埋設面**:20cm²以下	・施工に支障となるもの、並びに露出面で5mm以下	・**露出面**:100cm²当り 1)径5～15mm、5個以下 2)深さ5mm以下 ・**埋設面**:100cm²当り 1)径10～15mm、5個以下 2)深さ10mm以下	・**露出面**:幅15mm以下で部材寸法の1/5以下 ・**埋設面**:幅20mm以下で部材寸法の1/3以下
共20 法枠ブロック 共21 石張ブロック 共22 積ブロック	・幅0.2mm（控えは0.5mm）以下でかつ長さが100mm以下	・**露出面**:10cm²以下 ・**埋設面**:20cm²以下	・施工に支障となるもの、並びに露出面で5mm以下 ただし、控えは除く	・**露出面**:100cm²当り 1)径5～15mm、5個以下 2)深さ5mm以下 ・埋設面は除く	・**露出面**:幅15mm以下で部材寸法の1/5以下 ・**埋設面**:幅20mm以下で部材寸法の1/3以下
共23 ブロック積基礎	・幅0.2mm以下で、かつ長さが部材寸法の1/10以下	・**露出面**:10cm²以下 ・**埋設面**:20cm²以下	・施工に支障となるもの、並びに露出面で5mm以下	・**露出面**:100cm²当り 1)径5～15mm、5個以下 2)深さ5mm以下 ・埋設面除く	・**露出面**:幅15mm以下、部材寸法の1/5以下 ・**埋設面**:幅20mm以下で部材寸法の1/3以下
共24 大型コンクリート積ブロック 共25 張ブロック 共26 大型平張ブロック 共27 大型植栽ブロック 共28 擬石型積ブロック 共29 中空型積ブロック	・幅0.2mm（控えは0.5mm）以下でかつ長さが100mm以下	・**露出面**:10cm²以下 ・**埋設面**:25cm²以下	・施工に支障となるもの、並びに露出面で5mm以下 ただし、控えは除く	・**露出面**:100cm²当り 1)径5～15mm、5個以下 2)深さ5mm以下 ・埋設面は除く	・**露出面**:幅15mm以下で部材寸法の1/5以下 ・**埋設面**:幅20mm以下で部材寸法の1/3以下
共30 法先ブロック 共31 L型擁壁 共32 大型擁壁(セミプレハブ) 共33 井桁擁壁(フレーム型) 共34 井桁擁壁(組合せ型)	・幅0.1mm以下で、かつ長さが部材寸法の1/10以下（ただし、200mm以下）	・**露出面**:10cm²以下 ・**埋設面**:20cm²以下	・施工に支障となるもの、並びに露出面で5mm以下	・**露出面**:100cm²当り 1)径5～15mm、5個以下 2)深さ5mm以下 ・**埋設面**:100cm²当り 1)径10～15mm、5個以下 2)深さ10mm以下	・**露出面**:幅15mm以下で部材寸法の1/5以下 ・**埋設面**:幅20mm以下で部材寸法の1/3以下
共35 境界標	・幅0.1mm以下で、かつ長さが部材寸法の1/10以下	・**露出面**:10cm²以下 ・**埋設面**:20cm²以下	・施工に支障となるもの、並びに露出面で5mm以下	・**露出面**:100cm²当り 1)径5～15mm、5個以下 2)深さ5mm以下 ・**埋設面**:100cm²当り 1)径10～15mm、5個以下 2)深さ10mm以下	・**露出面**:幅15mm以下で部材寸法の1/5以下 ・**埋設面**:幅20mm以下で部材寸法の1/3以下

対象製品名 \ 検査項目	①ひび割れ	②角欠け	③ねじれ・そり	④気泡	⑤ペースト漏れ
共36 電線共同溝	・幅0.1mm以下で、かつ長さが部材寸法の1/10以下	・**露出面**：10cm²以下 ・**埋設面**：20cm²以下	・施工に支障となるもの、並びに露出面で5mm以下	・**露出面**：100cm²当り 1) 径5～15mm、5個以下 2) 深さ5mm以下 ・**埋設面**：100cm²当り 1) 径10～15mm、5個以下 2) 深さ10mm以下	・**露出面**：幅15mm以下で部材寸法の1/5以下 ・**埋設面**：幅20mm以下で部材寸法の1/3以下
共37 組立集水井筒 共38 円形落差工	・幅0.1mm以下で、かつ長さが部材寸法の1/10以下	・**露出面**：10cm²以下 ・**埋設面**：20cm²以下	・施工に支障となるもの、並びに露出面で5mm以下	・**露出面**：100cm²当り 1) 径5～15mm、5個以下 2) 深さ5mm以下 ・**埋設面**：100cm²当り 1) 径10～15mm、5個以下 2) 深さ10mm以下	・**露出面**：幅15mm以下で部材寸法の1/5以下 ・**埋設面**：幅20mm以下で部材寸法の1/3以下
共40 コンクリート基礎版	・幅0.2mm以下で、かつ長さが200mm以下	・**露出面**：10cm²以下 ・**埋設面**：20cm²以下	・施工に支障となるもの、並びに露出面で6mm以下	・表面は径15mm以下で深さ5mm以下、端部は特に規定なし	幅15mm以下で部材寸法1/3以下
共41 災害用土留ボックス	・幅0.1mm以下で、かつ長さが部材寸法の1/10以下	・**露出面**：10cm²以下 ・**埋設面**：20cm²以下	・施工に支障となるもの、並びに露出面で5mm以下	・**露出面**：100cm²当り 1) 径5～15mm、5個以下 2) 深さ5mm以下 ・**埋設面**：100cm²当り 1) 径10～15mm、5個以下 2) 深さ10mm以下	・**露出面**：幅15mm以下で部材寸法の1/5以下 ・**埋設面**：幅20mm以下で部材寸法の1/3以下
河1 法留用コンクリート基礎 河2 鋼矢板用コンクリート基礎	・幅0.2mm以下で、かつ長さが部材寸法の1/10以下	・**露出面**：10cm²以下 ・**埋設面**：20cm²以下	・施工に支障となるもの、並びに露出面で5mm以下	・**露出面**：100cm²当り 1) 径5～15mm、5個以下 2) 深さ5mm以下 ・埋設面は除く	・**露出面**：幅15mm以下、部材寸法の1/5以下 ・**埋設面**：幅20mm以下で部材寸法の1/3以下
河3 大型張ブロック 河4 大型連節ブロック 河5 連節階段ブロック 河6 隔壁・小口止・巻止ブロック 河7 突起型張ブロック 河8 ボックス型平張ブロック 河9 覆土型連節ブロック 河10 コンクリート格子枠	・幅0.2mm(控えは0.5mm)以下でかつ長さが100mm以下	・**露出面**：10cm²以下 ・**埋設面**：20cm²以下	・施工に支障となるもの、並びに露出面で5mm以下	・**露出面**：100cm²当り 1) 径5～15mm、5個以下 2) 深さ5mm以下 ・**埋設面**：100cm²当り 1) 径10～15mm、5個以下 2) 深さ10mm以下	・**露出面**：幅15mm以下で部材寸法の1/5以下 ・**埋設面**：幅20mm以下で部材寸法の1/3以下
河11 魚道ブロック 河12 監査廊	・幅0.1mm以下で、かつ長さが部材寸法の1/10以下	・**露出面**：10cm²以下 ・**埋設面**：20cm²以下	・施工に支障となるもの、並びに露出面で5mm以下	・**露出面**：100cm²当り 1) 径5～15mm、5個以下 2) 深さ5mm以下 ・**埋設面**：100cm²当り 1) 径10～15mm、5個以下 2) 深さ10mm以下	・**露出面**：幅15mm以下で部材寸法の1/5以下 ・**埋設面**：幅20mm以下で部材寸法の1/3以下
道1 L型側溝 道2 縁石 道3 ロールドガッター	・幅0.2mm以下でかつ長さが部材寸法の1/10以下	・**露出面**：10cm²以下 ・**埋設面**：20cm²以下	・施工に支障となるもの、並びに露出面で5mm以下	・**露出面**：100cm²当り 1) 径5～15mm、5個以下 2) 深さ5mm以下 ・**埋設面**：100cm²当り 1) 径10～15mm、5個以下 2) 深さ10mm以下	・**露出面**：幅15mm以下で部材寸法の1/5以下 ・**埋設面**：幅20mm以下で部材寸法の1/3以下
道4 防護柵用根巻きブロック	・幅0.2mm(控えは0.5mm)以下でかつ長さが100mm以下	・10cm²以下	・施工に支障となるもの、並びに露出面で5mm以下	・径10mm以下、深さ5mm以下で、100cm²当り径5～10mmのものが5個以下	・**露出面**：幅15mm以下で部材寸法の1/5以下 ・**埋設面**：幅20mm以下で部材寸法の1/3以下
道5 歩道用コンクリート防護柵	・幅0.1mm以下でかつ長さが部材寸法の1/10以下	・**露出面**：10cm²以下 ・**埋設面**：20cm²以下	・施工に支障となるもの、並びに露出面で5mm以下	・**露出面**：100cm²当り 1) 径5～15mm、5個以下 2) 深さ5mm以下 ・**埋設面**：100cm²当り 1) 径10～15mm、5個以下 2) 深さ10mm以下	・**露出面**：幅15mm以下で部材寸法の1/5以下 ・**埋設面**：幅20mm以下で部材寸法の1/3以下
道6 コンクリート舗装版(RC版)	・幅0.2mm以下で、かつ長さが200mm以下	・**露出面**：10cm²以下 ・**埋設面**：20cm²以下	・施工に支障となるもの、並びに露出面で6mm以下	・表面は径15mm以下で深さ5mm以下、端部は特に規定なし	幅15mm以下で部材寸法1/3以下

対象製品名 \ 検査項目	①ひび割れ	②角欠け	③ねじれ・そり	④気泡	⑤ペースト漏れ
道7 PSWホロースラブ桁	・幅0.1mm以下で、かつ長さが1,100mm以下	・10cm²以下	・10mm以下 但し、反りは横方向の曲げとする	・100cm²当り 1)径5〜15mm、5個以下 2)深さ5mm以下	・幅15mm以下で部材寸法1/5以下
道8 車道用高欄	・幅0.1mm以下で、かつ長さが部材寸法の1/10以下(ただし、200mm以下)	・露出面:10cm²以下 ・埋設面:20cm²以下	・施工に支障となるもの、並びに露出面で5mm	・露出面:100cm²当り 1)径5〜15mm、5個以下 2)深さ5mm以下 ・埋設面:100cm²当り 1)径10〜15mm、5個以下 2)深さ10mm以下	・露出面:幅15mm以下で部材寸法の1/5以下 ・埋設面:幅20mm以下で部材寸法の1/3以下
道9 PC雪崩予防柵 道10 PC雪崩防護柵	・幅0.1mm以下でかつ長さが部材寸法の1/10以下	・露出面:10cm²以下 ・埋設面:20cm²以下	・施工に支障となるもの、並びに露出面で5mm	・露出面:100cm²当り 1)径5〜15mm、5個以下 2)深さ5mm以下 ・埋設面:100cm²当り 1)径10〜15mm、5個以下 2)深さ10mm以下	・露出面:幅15mm以下で部材寸法の1/5以下 ・埋設面:幅20mm以下で部材寸法の1/3以下
道11 PCスノーシェッド 道12 PCスノーシェルター	・幅0.1mm以下で、かつ長さが1,100mm以下	・10cm²以下	・10mm以下 但し、反りは横方向の曲げとする	・100cm²当り 1)径5〜15mm、5個以下 2)深さ5mm以下	・幅15mm以下で部材寸法1/5以下
道13 雪庇防止柵 道14 スノーキーパー	・幅0.1mm以下でかつ長さが部材寸法の1/10以下	・露出面:10cm²以下 ・埋設面:20cm²以下	・施工に支障となるもの、並びに露出面で5mm	・露出面:100cm²当り 1)径5〜15mm、5個以下 2)深さ5mm以下 ・埋設面:100cm²当り 1)径10〜15mm、5個以下 2)深さ10mm以下	・露出面:幅15mm以下で部材寸法の1/5以下 ・埋設面:幅20mm以下で部材寸法の1/3以下
道15 消雪パイプ 道16 消雪用ポンプ室	・幅0.1mm以下で、かつ長さが200mm以下	・露出面:10cm²以下 ・埋設面:20cm²以下	・施工に支障となるもの、並びに露出面で6mm	・露出面:100cm²当り 1)径5〜15mm、5個以下 2)深さ5mm以下 ・埋設面:100cm²当り 1)径10〜15mm、5個以下 2)深さ10mm以下	・露出面:15mm以下で部材寸法の1/5以下 ・埋設面:幅15mm以下で部材寸法の1/3以下
道17 融雪舗装版	・幅0.2mm以下で、かつ長さが200mm以下	・露出面:10cm²以下 ・埋設面:20cm²以下	・施工に支障となるもの、並びに露出面で6mm	・表面は径15mm以下で深さ5mm以下、端部は特に規定なし	幅15mm以下で部材寸法1/3以下
道18 流雪溝	・幅0.1mm以下で、かつ長さが製品長の1/10以下(ただし、200mm以下)	・露出面:10cm²以下 ・埋設面:20cm²以下	・施工に支障となるもの、並びに露出面で5mm	・露出面:100cm²当り 1)径5〜15mm、5個以下 2)深さ5mm以下 ・埋設面:100cm²当り 1)径10〜15mm、5個以下 2)深さ10mm以下	・露出面:幅15mm以下で部材寸法の1/5以下 ・埋設面:幅20mm以下で部材寸法の1/3以下
道19 補強土壁ブロック 道20 駒止ブロック 道21 ガードレール基礎 道22 プレキャスト壁型防護柵 道23 遮音壁	・幅0.2mm以下でかつ長さが部材寸法の1/10以下	・露出面:10cm²以下 ・埋設面:20cm²以下	・施工に支障となるもの、並びに露出面で5mm	・露出面:100cm²当り 1)径5〜15mm、5個以下 2)深さ5mm以下 ・埋設面:100cm²当り 1)径10〜15mm、5個以下 2)深さ10mm以下	・露出面:幅15mm以下で部材寸法の1/5以下 ・埋設面:幅20mm以下で部材寸法の1/3以下
道24 情報ボックス(ハンドホール)	・幅0.1mm以下で、かつ長さが部材寸法の1/10以下	・露出面:10cm²以下 ・埋設面:20cm²以下	・施工に支障となるもの、並びに露出面で5mm	・露出面:100cm²当り 1)径5〜15mm、5個以下 2)深さ5mm以下 ・埋設面:100cm²当り 1)径10〜15mm、5個以下 2)深さ10mm以下	・露出面:幅15mm以下で部材寸法の1/5以下 ・埋設面:幅20mm以下で部材寸法の1/3以下

(2) 提案の参考となる一考察

判定基準の例示としてひび割れについては要求性能毎に以下のように示す．

1) 外観に対して…0.3mm 以下（コ示［設計編：標準］224 頁 2.4 設計限界値）
2) 耐久性に対して…0.005C かつ 0.5mm 以下（コ示［設計編：標準］144 頁 2.1.2 ひび割れ幅に対する照査）
3) 水密性に対して…一般の水密性を確保する場合 0.2mm 高い水密性を確保する場合 0.1mm 以下（コ示［設計編：標準］241 頁 解説 表 4.4.1 水密性に対するひび割れ幅の設計限界値の目安）

使用される環境および部位により以上を参考に決定する．

参考文献

1) 土木工事現場必携　工事書類作成マニュアル編，2014 年 4 月，北陸地方整備局企画部

4.1.1 設計時に必要に応じて温度応力解析を実施し，検討条件を施工側に引き継ぐ

(1) 関連する仕様

温度ひび割れのような施工段階で発生する初期ひび割れの照査について，コンクリート標準示方書では2007年版より記載箇所が施工編から設計編に移されており，温度ひび割れ対策は設計段階で行い，施工段階では設計時の照査条件が実際の施工条件と合致しているかを確認し，合致していない場合は施工段階で温度ひび割れ対策の検討を行うこととなっている[1]．

各示方書・指針，各発注者におけるに関する仕様の整理一覧表を表 4.1.1.1[2]〜[12]に示す．設計時に温度ひび割れ検討を行うことが仕様書に明記されているのは九州地整，東北地整のみとなっている．仕様書に記載がなくても設計時に検討を行う例は阪神高速道路株式会社などで見られる．多くの発注者では，再検討のリスク等を考慮して，施工時に温度ひび割れ検討を行うことが通例となっていると考えられる．設計時に検討することが仕様書に記載されている九州地整，東北地整については，「この温度ひび割れ照査は，コンクリート標準示方書では，従来施工段階で実施することになっていたが2007年版より「設計編」で示されるようになり，材料や施工面だけでなく設計面も併せた総合的な対応が必要であることから，より上流側での対応が求められるようになった．」，「近年の研究成果により，設計や使用材料が不適切な場合には，施工段階での対策だけでは温度ひび割れの防止や制御が極めて難しいことが明らかとなり」等の記述がある．

設計時に検討を行う際の検討条件（施工時期）の例としては，東京外環自動車道（千葉県区間）掘割構造物設計条件に関する統一事項[7]の中で，「マスコンクリートの検討は、躯体の温度条件が厳しい1月と8月に対して検討を行うことを基本とする。」という記述が見られる．

(2) 提案の参考となる一考察

設計段階で温度ひび割れ照査を行うことにより，広範な温度ひび割れ対策が可能となり，適切な発注仕様の策定，施工段階での大きな変更のために起こるトラブルの要因除去等，様々なメリットがある．ただし，設計段階の照査はあくまで仮の条件での検討であり，打設時期や打設割などの施工段階で決定される各種条件が設計段階での検討条件と大きく異なる場合は再検討の必要性が生じる．上記の通り，温度ひび割れ検討を行う時期によってメリット・デメリットがそれぞれあるため，設計段階と施工段階の両方で温度ひび割れ検討を行うことが望ましいと考えられる．また，設計段階で行った検討で用いた解析メッシュ等のデータを施工側に引き継ぐことは，業務効率化の点から必要である．

表 4.1.1.1 仕様一覧

	発注者・仕様書名	章節	記載内容	備考
1	九州地方整備局 九州地区における土木コンクリート構造物設計・施工指針(案) 2014(平成26)年4月	第2章 計画・設計段階における建設プロセス 2.3.2 温度ひび割れの照査	(1) セメント水和熱が大きくなる以下の構造物については、温度ひび割れに対する照査を行わなければならない。 ①広がりのあるスラブ状の部材で、厚さが80〜100cmのもの ②下端が拘束された壁状の部材で、厚さが50cm以上のもの ③比較的断面図が大きく柱状で、短辺が80〜100cm以上の部材で、施工上水平打継目が設けられる構造物	
2	九州地方整備局 九州地区における土木コンクリート構造物設計・施工指針(案) 2014(平成26)年4月	第3章 施工計画 3.15 温度ひび割れが発生するおそれのあるコンクリート構造物の施工計画 3.15.1 一般	(1) 2.3.2 (1) に示されている温度ひび割れに対する照査でひび割れ制御対策の効果が十分に得られ、構造物にとって有害となるひび割れが発生しないように、コンクリートの材料および配合、製造、打込み、養生、型枠、ひび割れ誘発目地等について、適切な計画を定めなければならない。 (2) 施工計画段階で検討された状況が、設計段階の温度ひび割れの照査で用いた条件と大きく異なる場合には、施工計画段階で再度、温度ひび割れの照査を実施し、あらためて温度ひび割れ対策を検討しなければならない。	
3	九州地方整備局 九州地区における土木コンクリート構造物設計・施工指針(案) 一手引書(案) 2014(平成26)年4月	第3章 温度ひび割れ照査の照査 3.1 温度ひび割れ照査について	水和熱に起因するひび割れが発生することが懸念される場合は、事前に照査を行うことが「土木学会 コンクリート標準示方書」等で示されている。この温度ひび割れ照査は、コンクリート標準示方書では、従来施工段階で実施するとになっていたが、2007年版より「設計編」で示されるようになり、材料や施工面だけでなく設計面でも併せて総合的な対応が必要であることから、より上流側での対応が求められるようになった。	
4	九州地方整備局 九州地区における土木コンクリート構造物設計・施工指針(案) 一手引書(案) 2014(平成26)年4月	第3章 温度ひび割れの照査 3.2 温度ひび割れ照査の基本的考え方	指針(案)では温度ひび割れ照査を設計段階で行うこととし、必要に応じ再照査を行うこととしている。設計段階の照査は、上流側での設計思想を含め広範な温度ひび割れ対策の検討をはじめ、適切な発注仕様の策定、施工段階での大きな変更等のトラブル要因の除去等のメリットがある。しかし、具体の施工環境や諸条件が確定できないことから施工計画段階で条件等が異なれば再度照査を行う必要も生じ、費用や労力を要することにもなる。一方、施工計画段階においては、各種条件が明確になっており高い解析精度が期待できるが、下流側での対応になるために対策が限定されるとともに、施工段階における設計変更等の手間が増えることが考えられる。	
5	東北地方整備局 東北地方におけるコンクリート構造物 設計施工ガイドライン(案) 2009(平成21)年3月	2章 構造物の建設に関する基本 2.1 一般 解説	詳細設計段階では、設計者は、予備設計で定められた基本条件、構造物の断面形状、形式などの詳細設計条件を定める。また、設計者は、詳細設計条件を満足するコンクリートの種類や配合、使用する材料やコンクリートの配筋条件などの詳細設計条件を定める。また、設計者は、詳細設計条件を満足するか否かの照査を行い、基本条件、詳細設計段階で必要となる検査計画を定めておく必要がある。上位計画に基づいて定められた基本条件を満たすか否かの照査とする検査計画で必要となる検査計画を定めておく必要がある。なお、発注者は、詳細設計段階で必要となる検査計画を定めておくことが望ましい。	解説図 2.1.2 の建設設計の図の中で、詳細設計の項目の中に"温度ひび割れ検討"が入っている。施工時のフローにも"温度ひび割れ抑制対策"が入っている。

	発注者・仕様書名	章節	記載内容	備考
6	東北地方整備局　東北地方におけるコンクリート構造物　設計施工ガイドライン（案）2009（平成21）年3月	2章　構造物の建設に関する基本 2.3　協議事項 2.3.1　設計段階における協議事項	8) 詳細設計段階において、温度ひび割れの発生確率が高いと判断される場合は、温度ひび割れの抑制対策について検討する。温度ひび割れの検討は必要に応じて配合条件や打ち込み温度、型枠存置期間、養生方法など様々な条件での設定条件を抑制する設計段階での検討で、標準的な条件のもとで実施し、施工への適切なアプローチとなるよう抑制対策を協議する。	設計時に標準的な条件で温度ひび割れの検討をしておき、施工時にも再度検討を実施することになっている。
7	東北地方整備局　東北地方におけるコンクリート構造物　設計施工ガイドライン（案）2009（平成21）年3月	2章　構造物の建設に関する基本 2.3　協議事項 2.3.2　施工段階における協議事項	6) セメントの配合、打設時期・外気温、ロット割り寸法・養生方法等の施工条件を変え、コンクリート打設後の躯体内部の温度変化やひび割れ指数および温度ひび割れ幅を求め、ひび割れの発生を抑制する最適な打設計画を立案する。また、施工中はコンクリート内部温度を測定し、事前の解析結果と比較することで、有効な施工管理が可能となる。	
6	東北地方整備局　東北地方におけるコンクリート構造物　設計施工ガイドライン（案）2009（平成21）年3月	2章　構造物の建設に関する基本 2.3　協議事項 2.3.1　設計段階における協議事項	8) 詳細設計段階において、温度ひび割れの発生確率が高いと判断される場合は、温度ひび割れの抑制対策について検討する。温度ひび割れの検討は必要に応じて配合条件や打ち込み温度、型枠存置期間、養生方法など様々な条件での設定条件を抑制する設計段階での検討で、標準的な条件のもとで実施し、施工への適切なアプローチとなるよう抑制対策を協議する。	設計時に標準的な条件で温度ひび割れの検討をしておき、施工時にも再度検討を実施することになっている。
7	東北地方整備局　東北地方におけるコンクリート構造物　設計施工ガイドライン（案）2009（平成21）年3月	2章　構造物の建設に関する基本 2.3　協議事項 2.3.2　施工段階における協議事項	6) セメントの配合、打設時期・外気温、ロット割り寸法・養生方法等の施工条件を変え、コンクリート打設後の躯体内部の温度変化やひび割れ指数および温度ひび割れ幅を求め、ひび割れの発生を抑制する最適な打設計画を立案する。また、施工中はコンクリート内部温度を測定し、事前の解析結果と比較することで、有効な施工管理が可能となる。	
8	東北地方整備局　東北地方におけるコンクリート構造物　設計施工ガイドライン（案）2009（平成21）年3月	6章　施工 6.4　施工 6.4.8　マスコンクリート 6.4.8.1　一般	(2) 施工計画段階では、実際の施工条件と設計段階で実施された温度ひび割れ照査の条件との差異を明確にし、その条件が大きく異なる場合には、再度、温度ひび割れ照査を実施し、計画を遵守して確実な施工を実施する。	
9	東北地方整備局　東北地方におけるコンクリート構造物　設計施工ガイドライン（案）2009（平成21）年3月	4章　設計 4.1　基本的事項 4.1.1　一般 解説	設計者の立場から施工に向けての適切なアドバイスを行なうことが必要であり、温度ひび割れや過密配筋への対応などの対応などを検討し、材料および施工面などから提案するものとする。	
10	東北地方整備局　東北地方におけるコンクリート構造物　設計施工ガイドライン（案）2009（平成21）年3月	4章　設計 4.3　体積変化によるひび割れに対する照査 4.3.1　一般	(1) 設計段階においては、体積変化に起因する初期ひび割れの検討が必要であるか否かを判断し、必要である場合は初期ひび割れの検討を行うこととする。	解説に「近年の研究結果により、設計や使用材料が不適切な場合には、施工段階でのひび割れの対策だけでは温度ひび割れの防止や制御が極めて難しいことが明らかとなりつつある」の記述あり

付属資料1 「Ⅱ編 課題と提案」の参考資料   325

	発注者・仕様書名	章節	記載内容	備考
11	関東地方整備局 土木工事共通仕様書 2015（平成27）年4月	第1編 共通編 第3章 無筋・鉄筋コンクリート 第11節 マスコンクリート	1.一般事項 受注者は、マスコンクリートの施工にあたって、事前にセメントの水和熱による温度応力及び温度ひび割れに対する十分な検討を行わなければならない。	この文章の"受注者"は施工者を指すと思われる。
12	関東地方整備局 設計業務等共通仕様書 2016（平成28）年4月	第2章 設計業務等一般 第1201条 使用する技術基準等	受注者は、業務の実施にあたって、最新の技術基準及び参考図書並びに特記仕様書に基づいて行うものとする。 なお、使用にあたっては、事前に調査職員の承諾を得なければならない。	上記では受注者（施工者）が温度ひび割れを検討することになっているが、最新の技術基準である2012年版示方書では設計時に温度ひび割れ検討を行うことが標準となっている。
13	中部地方整備局 土木工事共通仕様書 2015（平成27）年	第1編 共通編 第3章 無筋・鉄筋コンクリート 第11節 マスコンクリート	1.一般事項 受注者は、マスコンクリートの施工にあたって、事前にセメントの水和熱による温度応力及び温度ひび割れに対する十分な検討を行わなければならない。	関東地整と同様。他の地整も同様の記述と思われる。
14	東日本高速道路株式会社 中日本高速道路株式会社 西日本高速道路株式会社 コンクリート施工管理要領 2015（平成27）年7月	2 建設工事の施工管理 2-4 構造物別コンクリート施工 2-4-7 マスコンクリート	(1)部材あるいは構造物の寸法が大きく、セメントの水和熱による温度上昇を考慮してマスコンクリートとして取扱わなければならない。 (2)マスコンクリートの施工にあたっては、コンクリート構造物が所要の品質および機能を満足するよう、事前にセメント水和熱に起因する温度応力および温度ひび割れに対する十分な検討を行い、対処方法を立てたうえで、施工しなければならない。 (3)マスコンクリートの運搬、打込み、締固め、養生に当たっては、大量のコンクリートを連続的に施工するための適切な処置（打込み時のコンクリート温度、ブロック分割、継目、目地間隔、ひびわれ制御鉄筋等）をとらなければならない。	語尾が「〜施工しなければならない」となっており、施工者が温度ひび割れ検討する考え方であると思われる。
15	東京外環自動車道（千葉県区間）掘割構造物 設計条件に関する名統一事項 2010（平成22）年6月	第5編 常時設計 第7章 マスコンクリート対策 5.7.1 一般	マスコンクリートの施工にあたっては、事前にセメント構造物の水和熱による温度応力および温度ひび割れを満足するよう、事前にセメントの水和熱に起因する温度応力および温度ひび割れに対する十分な検討を行った上で施工計画等を立て、これに従って施工するものとする。 マスコンクリートの検討は、躯体の温度条件が厳しい1月と8月に対して検討を行うことを基本とする。	「事前に〜」の部分が設計時か施工時か明確でないが、第5編第7章中の一節であるため、設計者が行うと考えられる。
16	東京都下水道局 土木工事標準仕様書 2014（平成26）年4月	第3章 工事一般 第4節 コンクリート工 3.4.10 マスコンクリート	受注者は、マスコンクリートの施工にあたって、事前にセメントの水和熱による温度応力及び温度ひび割れに対する十分な検討を行わなければならない。	関東地整と同様。
17	電源開発株式会社 土木工事共通仕様書	5 コンクリート 5.5 暑中コンクリート	マスコンクリートの施工に当たっては、事前にセメントの水和熱による温度応力及び温度ひび割れに対する十分な検討を行い、その検討結果について個別施工計画書に記載しなければならない。	暑中コンクリートの項目に記載。「施工計画書に記載」とあるので、施工者が行うことになる

	発注者・仕様書書名	章節	記載内容	備考
18	鉄道建設・運輸施設整備支援機構 土木工事標準示方書 2004（平成16）年3月	第3章 無筋、鉄筋コンクリート 3-6 特殊コンクリート 3-6-(4) マスコンクリート	事前にセメントの水和熱による温度応力および温度ひび割れに対する十分な検討を行い、承諾を受けること	「事前に」という記述があるのみで、誰がいつ行うかは明確でないが、設計標準には温度ひび割れ検討の記述がない。
19	東日本旅客鉄道株式会社 土木工事技術管理の手引 2012（平成25）年2月	第8章 無筋および鉄筋コンクリート工 8-1-4 施工方法 (7) マスコンクリート	マスコンクリートとは、部材断面の大きいコンクリート構造物において、セメントの水和熱に起因した温度応力が問題となるコンクリートのことである。セメントの水和熱による構造物の温度変化に伴ってひび割れを発生させる可能性があるため、事前にセメントの水和熱による温度応力および温度ひび割れに対する照査を行うことが望ましい。マスコンクリートとしての対策は、拘束状態、気象条件、施工条件等により異なるため、事前に解析を行い、解析結果をふまえて所要の機能を満足するボックスラーメン構造の地下構造物側壁や、ひび割れ拘束が卓越する地下構造のスラブ状構造物では、内部拘束および外部拘束の防止が必要である。外部拘束が卓越する場合、ひび割れ誘発目地を設置し、ひび割れ発生位置を制御するのがよい。また、内部拘束と外部拘束との温度差を小さくするような養生が重要となる。	「事前に」という記述があるのみで、誰がいつ行うかは明確でない。設計・施工上の対策「設計上の対策」、「施工上の対策」という記述がある。
20	西日本旅客鉄道株式会社 土木工事標準示方書 2014（平成26）年1月	5. 無筋および鉄筋コンクリート工 5-11 マスコンクリート	セメントの水和熱に起因した温度ひび割れが問題となる構造物については、「土木学会コンクリート標準示方書2012 施工編 14章 マスコンクリート」を参照のうえ、マスコンクリートとして取り扱うこと。また、過密配筋等による部材の拘束、環境温度の急激な変化、コンクリートの配合条件により、比較的小型の構造物であっても、有害なひび割れが生じる可能性がある箇所等は、マスコンクリートに準じた管理を行うこと。	示方書施工編の14章マスコンクリートに従うという記述となっている。施工編のマスコンクリートの記述では設計編で照査していることが計画の前提の書き方となっている。

参考文献

1) 土木学会：2012年制定コンクリート標準示方書［設計編］，2013.3
2) 国土交通省九州地方整備局：九州地区におけるコンクリート構造物 設計・施工指針（案），2013.7
3) 国土交通省東北地方整備局：東北地方におけるコンクリート構造物 設計・施工ガイドライン（案），2009.3
4) 国土交通省関東地方整備局：土木工事共通仕様書，2015.4
5) 国土交通省関東地方整備局：設計業務等共通仕様書，2016.4
6) 東日本高速道路株式会社，中日本高速道路株式会社，西日本高速道路株式会社：コンクリート施工管理要領，2015.7
7) 東日本高速道路株式会社 関東支社：東京外環自動車道(千葉県区間)掘割構造物 設計条件に関する統一事項，2010.6
8) 東京都下水道局：土木工事標準仕様書，2014.4
9) 電源開発株式会社：土木工事共通仕様書
10) 独立行政法人 鉄道建設・運輸施設整備支援機構：土木工事標準示方書，2004.3
11) 東日本旅客鉄道株式会社 建設工事部：土木工事技術管理の手引，2012.2
12) 西日本旅客鉄道株式会社：土木工事標準示方書，2014.1

4.1.2 設計時に設定したひび割れ幅を施工側に引き継ぎ，補修すべきひび割れ幅を事前に設定する

(1) 関連する仕様

ひび割れ幅に関する仕様の抜粋を**付表 4.1.2.1**[2)~13)]に示す．ひび割れ幅については，東日本高速道路株式会社，中日本高速道路株式会社，西日本高速道路株式会社，首都高速道路株式会社，九州地方整備局で記述されている．また，補修ではなく竣工時に記録が必要なひび割れ幅としては，西日本旅客鉄道株式会社，国交省で記述がある．

東日本高速道路株式会社，中日本高速道路株式会社，西日本高速道路株式会社の3社では，引渡し時には補修できるひび割れは全て補修済みの状態であることが前提となっている．また，首都高速道路株式会社や九州地方整備局ではコ示［設計編］や日本コンクリート工学会のひび割れ調査，補修・補強指針と同様の内容が記されている．

(2) 提案の参考となる資料

ひび割れ幅については日本コンクリート工学会のコンクリートのひび割れ調査，補修・補強指針[1)]では，構造物の置かれた環境ごとの補修の要否判定基準が示されている（**図 4.1.2.1**）．

4.2 評価 I（乾燥収縮ひび割れなどに適用）の方法

(1) 評価 I では，鋼材腐食に対する耐久性および防水性・水密性を要求性能とした場合の，ひび割れの部材性能への影響の程度を「大」，「中」，「小」で評価する．

(2) 鋼材腐食に対する耐久性の観点から評価 I を行う場合は，**表-4.2.1**による．ひび割れ幅は表面におけるものを対象とする．

表-4.2.1 鋼材腐食の観点からのひび割れの部材性能への影響

環境条件		塩害・腐食環境下	一般屋外環境下	土中・屋内環境下
ひび割れ幅：w (mm)	$0.5 < w$	大（20年耐久性）	大（20年耐久性）	大（20年耐久性）
	$0.4 < w \leq 0.5$	大（20年耐久性）	大（20年耐久性）	中（20年耐久性）
	$0.3 < w \leq 0.4$	大（20年耐久性）	中（20年耐久性）	小（20年耐久性）
	$0.2 < w \leq 0.3$	中（20年耐久性）	小（20年耐久性）	小（20年耐久性）
	$w \leq 0.2$	小（20年耐久性）	小（20年耐久性）	小（20年耐久性）

※評価結果「小」，「中」，「大」の意味は下記のとおり．
　小：ひび割れが性能低下の原因となっておらず，部材が要求性能を満足する．
　中：ひび割れが性能低下の原因となるが，軽微（簡易）な対策により対処可能．
　大：ひび割れによる性能低下が顕著であり，部材が要求性能を満足していない．
※※カッコ内の数値は耐久性評価結果を保証できる期間の目安としての年数を示しており，（20年耐久性）はひび割れの評価時点から15~25年後程度の耐久性評価結果を保証できる期間の目安として設定したものであり，15~25年の平均をとって示したものである．

(3) 防水性・水密性の観点から評価 I を行う場合は，**表-4.2.2**による．ひび割れは部材を貫通するものを対象とし，ひび割れ幅は表面におけるものとする．

図 4.1.2.1 コンクリートのひび割れ調査，補修・補強指針より抜粋[1)]

表 4.1.2.1 仕様一覧

	発注者・仕様書名	章節	記載内容	備考
1	東日本高速道路株式会社 中日本高速道路株式会社 西日本高速道路株式会社 構造物施工管理要領 2015(平成27)年7月	3-4 ひび割れ補修 3-4-1 一般	補修が必要なひび割れ幅は、「コンクリート標準示方書 設計編」を参考に、補修材の種類等を勘案して決定することとするが、ひび割れ補修可能な環境条件、鋼材の種類等を勘案して決定することとするが、ひび割れ補修可能なひび割れ幅は0.2mm以上とされている。一般に、0.2～0.5mmのひび割れはひび割れ注入を行う。また、0.5mm以上の比較的大きなひび割れは、耐荷力に影響する劣化要因などが考えられるため、十分原因を調査した上で行うものとする。	
2	国土交通省 国官技第61号 平成13年3月29日 土木コンクリート構造物の品質確保について		4 工事完了後の維持管理に当たっての基礎資料とするため、重要構造物についてはひび割れ発生状況の調査を請負者に実施させるものとし、調査結果を完成検査時に提出させること。	
3	国土交通省 国コ企第2号 平成13年3月29日 「土木コンクリート構造物の品質確保について」の運用について		4-1 工事完成後の維持管理等の基礎資料とするためのひび割れ発生状況の調査の実施は以下によること。 (2)調査方法 1) 0.2mm以上のひび割れ幅について、展開図を作成するものとし、展開図に対応する写真についても提出させること。 (5)調査結果の評価 調査結果の評価に当たっては、別添の「ひび割れ調査結果の評価に関する留意事項」を参考にすること。 4-2 4-1に係る調査に要する費用は別途積み上げ計上すること。	
4	国土交通省 国コ企第2号 平成13年3月29日 「土木コンクリート構造物の品質確保について」の運用について	別添 ひび割れ調査結果の評価に関する留意事項	【判断規準】 補修の要否に関するひびわれ幅については、「コンクリート標準示方書［維持管理編］」に示されている（表-1）。施工時に発生する初期欠陥の例については、「コンクリート標準示方書［維持管理編］」に示されている（図-1）。実際の判断規準の運用にあたっては、対象とする構造物や環境条件により、補修・補強の要否の判断規準は異なる。完成時に発生しているひび割れは、すべてが問題となるひび割れではない。 例えば、ボックスカルバートなどに発生する水和熱によるひび割れ（図-1参照）に関しては、ボックスカルバートの形状から発生することを避けられないひび割れであるが、機能上何ら問題は無い。 判断に困ったとき等、必要に応じて技術事務所、土木研究所等の対応窓口に相談することが重要である。	JCIひび割れ指針を踏襲、補修を要する最小のひび割れ幅は0.2mmとなる。

	発注者・仕様書名	章節	記載内容	備考
5	首都高速道路株式会社 トンネル構造物設計要領（開削工法編） 2008（平成20）年7月	第6章 構造細目 6.1 トンネルの構造細目 6.2 防水工	以下に示す許容ひび割れ幅以下とすることを基本と考えた。なお、許容ひび割れ幅は、「コンクリート標準示方書（構造性能照査編）・同解説」に準拠して定めたものである。また、ひび割れ幅が許容以下であることを確認することが望ましい。割れ幅が許容ひび割れ幅以下であることを確認することが望ましい。① 鋼材の腐食に対する許容ひび割れ幅 首都高速道路の開削道路トンネルは、通常、塩化物イオンが飛来しない土中構造物として構築されることから、許容ひび割れ幅は次式により算出する。 $W_a=0.005c$ ここに、c：鉄筋純かぶり（mm）（ただし、100mm以下を標準） なお、鉄筋の純かぶりcは、「本要領第2編6.2.1 鉄筋のかぶり」に示される値を用いることを原則とする。② 水密性に対する許容ひび割れ幅 トンネル躯体自身を水密構造とする場合の許容ひび割れ幅は、0.2mmとする。	
6	首都高速道路株式会社 土木工事共通仕様書 2008（平成20）年7月	第7節 場所打ちコンクリート工 7.7.6 仕上げ	4 請負者は、コンクリート硬化後、コンクリート表面のひび割れの状態及びひび割れ等の調査を行い、その結果を報告しなければならない。また、欠陥があった場合は原因を調査し、補修計画書を作成し、監督職員の承諾を得てから補修しなければならない。	
7	首都高速道路株式会社 橋梁構造設計施工要領 2008（平成20）年7月	第6章コンクリート床版を有する構造 6.2 中間支点上の床版のひび割れ制御	(1) 中間支点上の床版については、耐久性が確保できるようにひび割れ幅を制御するものとする。 (2) 合成床版を採用する場合は、中間支点上の床版について特にプレストレスを与えることなくひび割れ幅を制御することとしてよい。	ひび割れ制御の記述はあるが、ひび割れ幅については言及されていない。
8	阪神高速道路株式会社 土木工事共通仕様書 2015（平成27）年10月	3.9.2 コンクリート (3) 表面仕上げ	② コンクリート硬化後、コンクリート表面の状態およびひび割れなどの調査を行い、その結果を監督員に提出しなければならない。また、欠陥があった場合は原因を調査し、その補修方法について、監督員の承諾を得なければならない。	ひび割れの調査は規定されているが、ひび割れ幅については言及していない。
9	東日本旅客鉄道株式会社 土木工事標準仕様書 2015（平成27）年8月	8-10 コンクリート表面状態の検査	(10) 検査の結果、有害なひび割れ・変状・欠陥等の不具合が認められた場合は、無断で補修することなく、対処法について監督員の指示を受けること。なお、補修とは、型枠取り外し後にコンクリート表面に手を加えるすべての行為（化粧などを含む）をいう。対処する場合は、施工計画書を届出て承諾を受けた後に行うこと。対処後は、すみやかにその結果を記録して報告すること。	具体的な補修対策基準は明記されていない。
10	西日本旅客鉄道株式会社 土木工事標準示方書 2014（平成26）年1月	附属書-4 構造物施工記録表 (6) コンクリート構造物の施工記録	特記事項 1. PC、RC、PRC桁の桁コンクリート桁本体のしゅん功時のコンクリートのひび割れ幅が0.1mm以上のものは、ひび割れ図をつくること。	記録するひび割れ幅の目安が示されている。

付属資料1 「Ⅱ編 課題と提案」の参考資料

	発注者・仕様書名	章節	記載内容	備考
11	東海旅客鉄道株式会社 土木工事標準示方書 2014（平成26）年3月	8-6-3 コンクリート構造物の仕上り状態検査	仕上り状態検査は、脱枠、養生後そのままの状態のコンクリートに対して表8-6により実施すること。また、出来形管理基準値は、「付属書3 構造物の出来形管理基準」の基準値を満足すること。表8-6 コンクリート構造物の仕上り状態検査 表面状態の検査においてジャンカ、ひび割れ、打継ぎ不良、コールドジョイント、かぶり不足等の異常が認められた場合は、適切な補修を行うものとし、処置方法についてはあらかじめ計画書を届出て承諾を受けること。また、補修後は補修記録を報告すること。詳細は、「付属書11 コンクリート構造物仕上り状態の検査、補修記録表」によること。	検査項目にひび割れの状態、とあるが詳細の記載はない。
12	東海旅客鉄道株式会社 土木工事標準示方書 2014（平成26）年3月	附属書11 コンクリート構造物仕上り状態の検査、補修記録表 2 表面状態の検査	（1）検査方法 合否基準 安全性が保たれ、健全なものであること。・建造物検査標準、新幹線建造物等検査標準の健全度判定区分※2：S ランク ・打継目：新旧コンクリートの一体性が保たれていること。・内部欠陥：濁音が発生せず、亀裂や空洞等が認められないこと。・露出面：ジャンカ、コールドジョイント、すじ、気泡等による欠陥、かぶり不足等の異常が認められないこと。（本文8-6-3）（2）補修 コンクリート表面状態検査の結果、判定基準により異常が認められた場合は下表により適切な補修を行うものとする。補修方法 事前に調査票、計画書を届出て監督員の承諾を受ける 記録方法 補修後は調査票（別表2、4）に記録し、提出する 補修方法の検討については、「コンクリートのひび割れ指示書」、「コンクリート標準示方書（維持管理編）」（土木学会コンクリート工学協会）等を参考とし、発生原因および処置方法等について検討し計画書を届出て監督員の承諾を受けること。	記録におけるひび割れ幅は0.1mm以上となっている。判定基準の詳細は不明。補修方法はひび割れ指針を参考とする。
13	鉄道建設・運輸施設整備支援機構 土木工事標準示方書 2004（平成16）年3月	第3章 無筋、鉄筋コンクリート 3-3 コンクリート	3-3-(5) 補修 ア 工事中に発生したジャンカ、ひび割れ等の欠陥または変状を補修する場合は、補修計画書を提出して、承諾を受けること。	ひび割れ幅は示されていない。
14	鉄道建設・運輸施設整備支援機構 土木工事標準示方書 2004（平成16）年3月	第3章 無筋、鉄筋コンクリート 3-8 構造物検査	3-8-(1) 構造物検査 施工完了後、必要な構造物検査を実施し、ひび割れ展開図、ひび割れ幅、鉄筋かぶりの測定値、補修記録等の構造物の品質を保証する資料を提出しなければならない。ただし、監督員が承諾した簡易な構造物については省略することができる。	ひび割れ幅は示されていない。

発注者・仕様書名	章節	記載内容	備考
15 九州地方整備局 九州地区における土木コンクリート構造物設計・施工指針（案） 2014（平成26）年4月	3章 施工計画 3.15 温度ひび割れが発生するおそれのあるコンクリート構造物の施工計画 3.15.7 ひび割れの補修	【解説】‥‥ 補修の可否の判定基準は、構造物の立地条件などを考慮して、構造物の耐久性や漏水などの使用性の観点から許容できるひび割れ幅などを設定するとよい。国土交通省では、発生したひび割れの記録を残し、耐久性や美観の観点からひび割れの進行性の有無を判断した上でのひび割れ幅が0.2mm以上の場合は、有識者の意見に基づく措置を施すこととしている。 ‥‥ 一方、水密性の観点からは、貫通性のひび割れが発生した場合、その要求レベルが高い構造物で0.05mm程度、一般レベルで0.1mm程度とするのがよい。また、貫通性のひび割れではないが水密性が要求される場合には、その要求レベルに応じて、0.1～0.2mm程度を許容値とするのが妥当である。	ひび割れ幅の許容値が記載されている。

参考文献

1) 日本コンクリート工学会：コンクリートのひび割れ調査，補修・補強指針-2013-，2013.4
2) 東日本高速道路株式会社，中日本高速道路株式会社，西日本高速道路株式会社：構造物施工管理要領，2015.7
3) 国土交通省：国官技第61号 平成13年3月29日 土木コンクリート構造物の品質確保について
4) 国土交通省：国コ企第2号 平成13年3月29日 「土木コンクリート構造物の品質確保について」の運用について
5) 首都高速道路株式会社：トンネル構造物設計要領（開削工法編），2008.7
6) 首都高速道路株式会社：土木工事共通仕様書，2008.7
7) 首都高速道路株式会社：橋梁構造物設計施工要領，2008.7
8) 阪神高速道路株式会社：土木工事共通仕様書，2015.10
9) 東日本旅客鉄道株式会社：土木工事標準仕様書，2015.8
10) 西日本旅客鉄道株式会社：土木工事標準示方書，2014.1
11) 東海旅客鉄道株式会社：土木工事標準示方書，2014.3
12) 独立行政法人 鉄道建設・運輸施整備支援機構：土木工事標準示方書，2004.3
13) 国土交通省九州地方整備局：九州地区における土木コンクリート構造物設計・施工指針（案），2014.4

4.2 土木設計を考慮した施設計画を行う仕組みを提案する

(1) 提案に関する事例

a) 干渉回避による配筋の複雑化の調整事例

図 4.2.1 に示すように，埋込プレートのスタッドジベルと鉄筋の干渉状況を可視化し機械，電気側に提示し，干渉回避の方法を調整した．調整の結果，機械，電気側で埋込プレートの位置を移動するとともに，土木側で一部の配筋を移動した．これにより，スタッドジベルと鉄筋の干渉を回避するとともに鉄筋の切断を回避することができ，配筋の冗長性，施工性を確保することが可能となった．

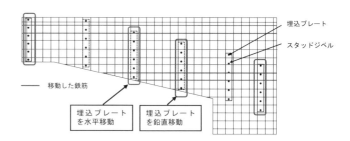

図 4.2.1 埋込プレートと鉄筋の干渉回避（例）

b) コンクリート充填不良トラブル回避事例

図 4.2.2 に示す本事例では，シアーラグがあることで，コンクリートを片押しで打設してもシアーラグ廻りにエア溜まりが生じることが予想された．そのため，機械，電気側にコンクリートの充填不良の可能性を指摘し，解決方法を調整した．その結果，図 4.2.3 に示すように，コンクリートの充填が確認できるようなエア抜きをシアーラグによって閉塞される部分に設けることで，充填不良による品質上の問題を解決した．

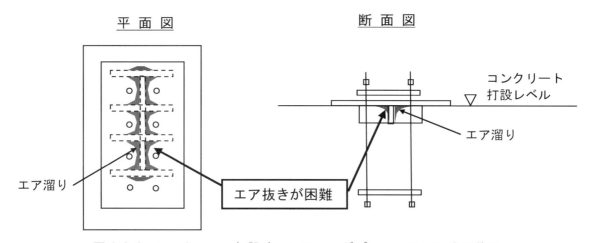

図 4.2.2 コンクリート打設時のシアーラグプレートのエア溜り状況

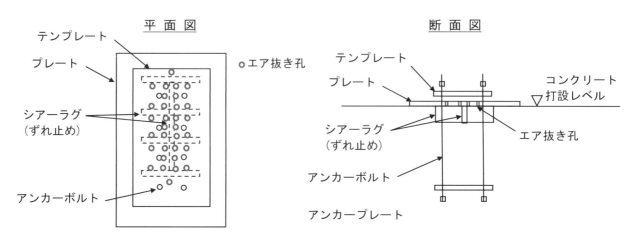

図 4.2.3 対策後のシアーラグプレート形状

c）縁あきおよび設計かぶり不足の調整事例

埋込金物の配置は，機械，電気側から指示された基礎情報に従い，指定のアンカーやワインディングパイプを設置すると，縁あき不足や，設計かぶりが確保できない場合がある．

図4.2.4，図4.2.5に示すように，指定の位置で指定のワインディングパイプを使用した場合の配筋状況を可視化し機械，電気側と調整を行った．機械，電気側の基礎寸法の指定を変更し，基礎幅を広げることで土木側が必要な設計かぶりと縁あきを確保した．

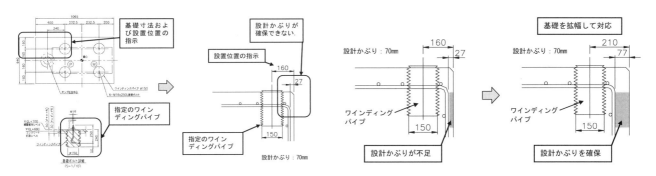

図4.2.4 機械，電気側の指示情報・指示情報に基づく配筋図（例）

図4.2.5 基礎拡幅によるかぶりの確保（例）

また，該当基礎種における設計かぶりを確保するために必要な，アンカーまたはワインディングパイプから基礎端部までの距離を一般化し，事前に土木側から機械電気側に提示する．ワインディングパイプに関する一般化の一例を表4.2.1に示す．

表4.2.1 ワインディングパイプと基礎端部の必要離隔の算定（例）

	ワインディングパイプ φ100	ワインディングパイプ φ150	ワインディングパイプ φ200
D13	99 / 100	124 / 150	149 / 200
D16	108 / 100	133 / 150	158 / 200
D19	117 / 100	142 / 150	167 / 200
D22	126 / 100	151 / 150	176 / 200

C：設計かぶり（mm）

計算例　算定条件：設計かぶりC＝70mm，ワインディングパイプφ150，主筋D19
ワインディングパイプ中心から基礎端部までの離隔＝142（表より）＋70＝212（mm）

d) 土木計画および施設計画の事前調整方法例

a)～c)で述べたように埋込金物と鉄筋の干渉や，アンカーおよび箱抜設置部の縁あき不足は，設備基礎一般の鉄筋配置に関する事前情報が入手できれば事前回避可能な場合がほとんどである．そのため，事前を含めた調整方法を一般化しておくことで，効率的で調整を省力化することが可能であり，プロジュクトの生産性向上に寄与すると推察される．

本稿では機械，電気側と土木側の調整方法として調整時間，調整労力および設計，施工効率に関して優位度の高い調整順序を以下に示す．

①基礎や壁の配筋標準を提示（事前調整）

- 土木側から配筋の標準間隔を250mm，125mm，300mm，150mmを基本として提示する．
- 機械，電気側が配筋の標準間隔を踏まえ埋込金物のスタッドジベルの設置間隔を何れかに合わせる．
  干渉回避が可能な最も効率的な対応方法で，鉄筋の連続性，配筋の冗長性を確保することができる．また，機械，電気側および土木側いずれも設計と施工の効率を低下させることがない．

②干渉が生じた場合の調整方法

- 機械，電気側の埋込金物を移動する．
  埋込金物に余裕代が無い場合は採用できないが，移動可能であれば数10mm程度の少ない移動でほとんどの干渉は回避される．鉄筋の連続性，配筋の冗長性を確保することができる．機械，電気側および土木側いずれも設計と施工の効率を低下させることが少ない．
- 土木側が一部の配筋間隔を変更する．
  一部の鉄筋を移動することで配筋は等間隔ではなくなり，配筋の冗長性は低下するが，鉄筋の連続性は確保することができる．また，効率を落とすことなく鉄筋組立が可能であり，機械，電気側および土木側いずれも設計と施工の効率を低下させることが少ない．
- 機械，電気側が埋込金物のスタッドジベルピッチを変更する．
  鉄筋の連続性，配筋の冗長性を確保することができるが，埋込金物の種類が増えるため機械，電気側の製作効率が著しく低下する．
- 土木側が干渉箇所の鉄筋を切断し補強筋を配置する．
  今までの対処方法と同様で鉄筋の連続性と配筋の冗長性が確保できない．また土木側の設計および施工効率が著しく低下する．

4.3 設計照査，修正の所掌範囲を明示する規定を追加する

(1) 関連する仕様

設計図書の照査は，「工事請負契約書」および「土木工事共通仕様書」にその規定がある．以下にその当該箇所の抜粋を示す．

a) 工事請負契約書

（条件変更等）

第十八条　乙は、工事の施工に当たり、次の各号の一に該当する事実を発見したときは、その旨を直ちに監督員に通知し、その確認を請求しなければならない。

一　図面、仕様書、現場説明書及び現場説明に対する質問回答書が一致しないこと
　　（これらの優先順位が定められている場合を除く）。
二　設計図書に誤謬又は脱漏があること
三　設計図書の表示が明確でないこと
四　工事現場の形状、地質、湧水等の状態、施工上の制約等設計図書に示された自然的又は人為的な施工条件と実際の工事現場が一致しないこと
五　設計図書で明示されていない施工条件について予期することのできない特別な状態が生じたこと

2　監督員は、前項の規定による確認を請求されたとき又は自ら前項各号に掲げる事実を発見したときは、乙の立会いの上、直ちに調査を行わなければならない。ただし、乙が立会いに応じない場合には、乙の立会いを得ずに行うことができる。

3　甲は、乙の意見を聴いて、調査の結果（これに対してとるべき措置を指示する必要があるときは、当該指示を含む）をとりまとめ、調査の終了後○日以内に、その結果を乙に通知しなければならない。ただし、その期間内に通知できないやむを得ない理由があるときは、あらかじめ乙の意見を聴いた上、当該期間を延長することができる。

4　前項の調査の結果において第一項の事実が確認された場合において、必要があると認められるときは、次の各号に掲げるところにより、設計図書の訂正又は変更を行わなければならない。

一　第一項第一号から第三号までのいずれかに該当し設計図書を
　　訂正する必要があるもの　　　　　　　　　　　　　　　　　　甲が行う。
二　第一項第四号又は第五号に該当し設計図書を変更する場合で
　　工事目的物の変更を伴うもの　　　　　　　　　　　　　　　　甲が行う。
三　第一項第四号又は第五号に該当し設計図書を変更する場合で　　甲乙協議して
　　工事目的物の変更を伴わないもの　　　　　　　　　　　　　　甲が行う。

5　前項の規定により設計図書の訂正又は変更が行われた場合において、甲は、必要があると認められるときは工期若しくは請負代金額を変更し、又は乙に損害を及ぼしたときは必要な費用を負担しなければならない。

b) 土木工事標準仕様書（関東地整平成 27 年版）

1-1-1-3 設計図書の照査等

2.設計図書の照査

受注者は、施工前及び施工途中において、自らの負担により契約書第 18 条第 1 項第 1 号から第 5 号に係る設計図書の照査を行い、該当する事実がある場合は、監督職員にその事実が確認できる資料を書面により提出し、確認を求めなければならない。

なお、確認できる資料とは、現地地形図、設計図との対比図、取合い図、施工図等を含むものとする。また、受注者は、監督職員から更に詳細な説明または書面の追加の要求があった場合は従わなければならない。

(2) 提案の補足事項

・工事仕様書に設計図書の照査に係わる作業および費用の分担を明記することで，一方に過度に負担が掛かる状況が減少すると考えられる．また，設計段階での第三者による設計照査を確実に実施することで，設計図書の不備等が減少し，工事発注後の設計照査の負担も減少すると考えられる．

・今後の課題として，設計図書の修正に伴う工期や工事費の変更についても発注者と受注者の見解の相違がみられるので，基準の明確化等を検討して頂きたい．

参考文献

1) 公共工事標準請負契約約款：中央建設業審議会，2013.10.31
2) 土木工事共通仕様書：関東地整，2015

4.4.1 プレキャストコンクリート工法の積算方法を検討，整備する
(1) 関連する仕様

国土交通省土木工事積算基準 平成 27 年度版，土木請負工事の共通仮設費算定基準-別紙 共通仮設費算定基準，2.一般事項(2)算定方法，p.〈32〉

> 共通仮設費の算定は・・・の工種区分にしたがって所定の率計算による額と積上げ計算による額とを加算しておこなうものとする．
> イ　率計算による部分
> 　　下記に定める対象額ごとに求めた率に，当該対象額を乗じて得た額の範囲内とする．
> 　　対象額（P）＝直接工事費＋（支給品費＋無償貸付機械等評価額）＋事業損失防止施設費＋準備費に
> 　　　　　　　　含まれる処分費
> （イ）　下記に掲げる費用は対象額に含めない．
> 　（あ）　簡易組立式橋梁，PC桁，門扉，ポンプ，グレーチング床版，大型遊具（設計製作品），光ケーブルの購入費
> 　（い）　上記（あ）を支給する場合の支給品費

(2) 提案の参考となる一考察

国土交通省の土木請負工事の共通仮設費算定基準では，簡易組立式橋梁，PC桁，グレーチング床版等が共通仮設費の率計算による対象額の控除対象となっており，橋梁分野では工場製品に対して共通仮設費の率計算に含めないよう積算体系が整備されている．これは，桁等の購入費に関しては，桁製作に要する経費を含めた単価が用いられているためである（工場建物償却費等の間接経費の二重取りを避けるための措置）．したがって，同様に他のPCa製品も控除対象となりえないか，PCa製品の普及のために検討が必要であると考えられる．

なお，設計コンサルタントによる設計段階での積算にて，従来方法にて積算を行った場合と本提案（PCa製品を共通仮設費の率計算による対象額の控除対象とする）にて積算を行った場合の積算比較例を**表 4.4.1.1**に示す．この積算比較例によれば，現場打ち工法の直接工事費に対して，「PCa製品購入費＋PCa製品据付け費」が 1.05 倍以内であれば，現場打ち工法の工事価格と本提案で積算した場合のPCa製品工法の工事価格が同等となる．したがって，このような積算方法を採用すれば，現場打ち工法と比較してPCa製品工法の工事価格が若干ではあるが同等以下になるケースが増えるため，直接工事費ではなく工事価格で比較して頂ければ，設計コンサルタントによる設計段階にてPCa製品工法の採用率があがる．これにより，PCa製品の活用が促進され，PCa製品の活用は工期短縮，品質管理の低減や高齢化対策等生産性の向上に繋がると考えられる．

実勢を考慮したPCa製品を対象とした積算体系の構築が予てから望まれているが，本提案では比較的採用の障壁が小さいと思われる具体的な提案を行った．今後，本提案等を元にPCa製品を対象とした適切な積算体系の議論，構築が望まれる．また，工期短縮や現場における品質管理の簡素化が正しく反映されるような積算方法を新たに考案し，発注者側に業界を上げて提案していくことも今後重要であると考えられる．

表 4.4.1.1 従来積算方法と本提案での積算方法との対比（設計段階）[※2]（単位：百万円）

				現場打ち工法	PCa製品工法 製品購入費 55百万円 製品据付け費 50百万円	
					従来積算	本提案での積算[※1]
工事価格	⑤工事原価	④間接工事費	①直接工事費	100	105	105
			②共通仮設費	10	10.5	5
			③現場管理費	22	23.1	22
			計（④=②+③）	32	33.6	27
		計（⑤=①+④）		132	138.6	132
	⑥一般管理費			13.2	13.9	13.2
	計（⑤+⑥）			145.2	152.5	145.2
工事価格対比				1.00	1.05	1.00

※1 PCa製品を共通仮設費の率計算による対象額の控除対象とした場合
※2 共通仮設費率10％，現場管理費率20％，一般管理費率10％，とした場合

4.4.2 コンクリート構造物の建設に伴う環境負荷を評価できる積算方法を検討,整備する
(1) 関連する仕様

　国内資源に乏しく,国土の狭いわが国において,自然再生や循環型社会の形成等に向けて国や地方自治体は,グリーン購入法やリサイクル製品認定制度等の様々な取り組みのもと環境に配慮した物品の調達を推進している.

　土木学会の環境負荷評価の取り組みとして,資源の有効利用の観点から「コンクリートと資源の有効利用」[1]においてコンクリートの材料環境負荷評価が試みられた.「資源有効利用の現状と課題」[2]ではＬＣＣＯ$_2$による代表的な土木構造物の環境負荷評価が示された.さらに,環境負荷の観点からコンクリートを評価する手法について,「コンクリートの環境負荷評価」[3]において,コンクリート構造物が環境に負荷を及ぼす程度を環境性能とし,安全性能,使用性能,耐久性能と同様に,コンクリート構造物の有する一性能として環境性能を位置付け,現在の性能照査と同じプロセスで照査,検査を実施する評価手法を提案した.また,「コンクリートの環境負荷評価(その２)」[4]は,インベントリデータの更新とＬＩＭＥ等の統合化手法によりケーススタディーの評価を行った.その後,「コンクリート構造物の環境性能照査指針(試案)」[5]では,コ示の現行体系である性能照査型規定を環境にも拡張適用することを意図して,コンクリート構造物に関する「環境性能」の概念を導入し,建設業界の環境側面や関連法規類の紹介とコンクリート材料の環境負荷の現状が整理されている.

　2012年制定のコ示[設計編]では,本編3章 構造計画 3.5 環境性に関する検討において,「構造計画においては,コンクリート構造物が自然や社会等の環境に与える影響を考慮しなければならない.【解説】コンクリート構造物が自然や社会等の環境に与える影響は,コンクリート構造物の構成材料の製造,構造物の施工,供用,維持管理等の各段階において生じる可能性があり,それぞれの段階において環境に対して影響を与える要素に着目して検討する必要がある.自然環境に与える影響は,地球環境および地域環境に区分され,たとえば,温室効果ガス,大気汚染物質,水質汚濁物質,土壌汚染物質の排出,資源・エネルギーの消費,廃棄物の排出等による影響を考慮して検討する必要がある.この中には,法律によって規制されているものもあり,その場合には,規制値を限界値として,照査することによって環境に対する適合性を確保することとなる.」と記されている.このように,環境性の要求性能を必要に応じて設定し,コンクリートの環境側面を性能としてとらえ照査することを明示した.

　日本建築学会では,「鉄筋コンクリート造建築物の環境配慮施工指針(案)・同解説」[6]を発刊し,現場施工におけるＲＣ構造の部材及び構造体の設計,コンクリート原材料の選定と調合,コンクリートの発注・製造・受け入れ,コンクリート工事等についての具体的な環境配慮事項を明記した.また,建築物の環境影響負荷の評価ツールは,ＣＡＳＢＥＥやＬＥＥＤ等が採用されており,ポイント化により格付けや評価がなされている.

　このように建築物は,評価システムが運用されているが,土木分野では環境性能を評価するための土木構造物を対象とする評価ツールや評価システムは,現在まで一般化されていないため環境性能に対する性能照査型設計も実施されていない.また,公共工事において環境負荷の評価方法が確立されていないこともあり,環境負荷低減の努力や効果が積算(コスト)には反映されていない.

(2) 比較事例

　コンクリート構造物の環境負荷低減の推進の方策として,環境負荷の低減効果をコストに反映することを提案する.積算方法は,国土交通省土木工事積算基準[9]を参考に概算の直接工事費を算出し,建設資材の製

造，建設資材の輸送及び施工に伴い発生する主な環境負荷をインベントリデータ [4)5)] によりCO$_2$排出量を価格に換算する．以下に，施工費とCO$_2$の排出量を考慮した自立式コンクリート擁壁（プレキャストL型擁壁・現場打ちL型擁壁・現場打ち重力式擁壁）及びボックスカルバート（工場製品・現場打ち工法）による概算の価格比較結果を示す．

比較を行った環境影響の範囲と比較フローを図4.4.2.1に示す．コンクリート構造物が環境に与える影響は，構成原材料の製造，構造物の施工，供用，維持管理，解体廃棄等の各段階において生じる可能性があり，それぞれの段階において環境に対して影響を与える要素に着目して検討する必要がある．しかし，環境配慮型設計を実施する場合に，供用開始以降の各段階において発生する環境負荷を定量的に予想し把握することは困難である．したがって，比較は図4.4.2.1の枠内の施工までの範囲とした．

比較条件は，岡山県内の一般的な施工・運搬条件による施工延長100mの擁壁とボックスカルバートであり，直接工事費とCO$_2$排出量を価格に換算した．CO$_2$排出量の換算は，J-クレジット制度の平均取引価格として10,000円/t-CO$_2$を採用した．また，工場製品は，高炉スラグ微粉末と高炉スラグを細骨材として100%使用した高強度・高耐久の低炭素型コンクリート [10)] との比較であり，現場打ち工法は高炉セメントによる．

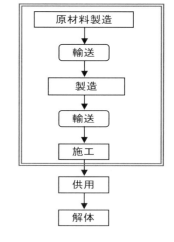

図4.4.2.1　比較フロー図

a) 自立式コンクリート擁壁の比較結果

自立式コンクリート擁壁の価格比較の結果を図4.4.2.2に示す．自立式コンクリート擁壁の価格は，プレキャストL型擁壁と現場打ち工法では，擁壁高さが高くなるほど施工費の差額は大きくなるが，環境負荷量を金額に換算することで全体の差額は小さくなる．しかし，擁壁高さH=1000 mmにおいては，施工費も環境負荷の換算価格もプレキャストL型擁壁の方が現場打ちに比べて安価であり，環境負荷量を考慮すると差額が大きくなる．

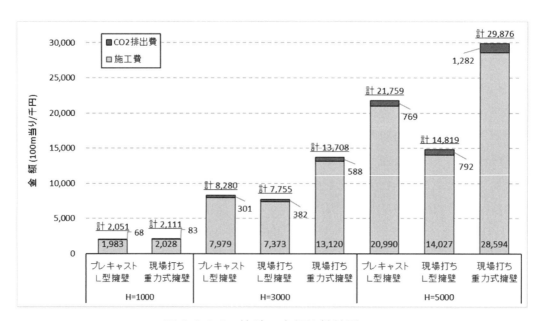

図4.4.2.2　擁壁の金額比較結果

b) ボックスカルバートの比較結果

ボックスカルバートの価格比較の結果を**図4.4.2.3**に示す．ボックスカルバートの施工費も，擁壁と同様な傾向にある．内幅B1000×内高H1000において，施工費と環境負荷量の価格ともに工場製品が現場打ちに比べて安価である．CO_2排出量まで考慮すると，全体での差額はより大きくなった．このように，工場製品は，価格面で全体的に小型サイズでは有利な結果となる傾向にある．

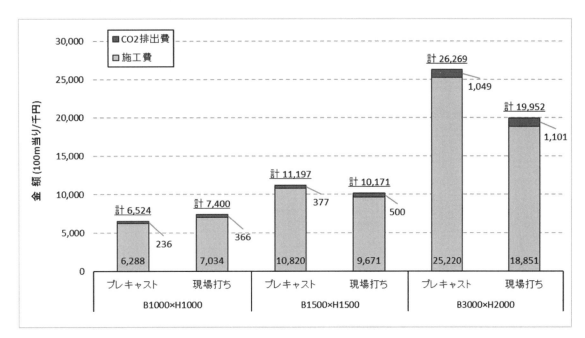

図4.4.2.3　ボックスカルバートの金額比較結果

(3) 提案の有効性

工場製品は，一般に重量物であり運搬コストを抑えるため各地方に存在しており，工場内で製造されるため，材料の品質管理が容易でありリサイクル材料を年間通して安定的に受け入れることが可能である．このため，建設現場ごとの耐久性や強度等の要求性能に対して，工場製品は必要性能や用途等に合わせて，高炉スラグやフライアッシュ等のリサイクル材を適切に使い分けることが比較的容易である．

しかし，環境負荷低減において「資源循環」と「大気排出物質低減」とは別問題であり，リサイクル材料の使用は，再生骨材（再生クラッシャーラン）を利用することで天然骨材の材料採取の延命に繋がるがCO_2排出量は増加する場合もある．また，リサイクル材料の発生場所から使用場所（工場等）までの運搬距離が長くなり，材料運搬に伴うエネルギー消費や大気排出物量が増大することもある．溶融スラグ骨材や再生骨材は製造時の消費エネルギーが大きく，天然骨材に比べてCO_2排出量等の増大により環境負荷量が大きくなる場合もあるので注意が必要である．

(4) 今後の課題

新しい省力化工法等の技術開発や新材料の開発により，新たなインベントリデータの充実が必要である．また，コンクリート構造物を対象とする環境性能を評価するための評価ツールや評価システムの構築が急務である．環境負荷の低減は，建設業界だけではなく人類にとって重要な課題であり，関連した研究を推進する必要がある．

参考文献

1) 土木学会：コンクリートと資源の有効利用，コンクリート技術シリーズ29，1998.11
2) 土木学会：資源有効利用の現状と課題，コンクリートライブラリー，1999.10
3) 土木学会：コンクリートの環境負荷評価，コンクリート技術シリーズ44，2002.5
4) 土木学会：コンクリートの環境負荷評価(その2)，コンクリート技術シリーズ62，2004.9
5) 土木学会：コンクリートの構造物の環境性能照査指針(試案)，コンクリートライブラリー125，2005.11
6) 建築学会：鉄筋コンクリート造建築物の環境配慮施工指針（案）・同解説，2008.9
7) 全国地球温暖化防止活動推進センター：http://www.jccca.org/global_warming/knowledge/kno02.html
8) J-クレジットホームページ：https://japancredit.go.jp/sale/
9) 建設物価調査会：国土交通省土木工事積算規準，2016年度版
10) ハレーサルト工業会：ハレーサルト製品技術マニュアル，2010.8

付属資料2 プレキャストコンクリートの活用事例集

付属資料2　プレキャストコンクリートを活用した生産性向上の事例集

　建設業の技能労働者は，高齢化に伴う大量離職によって，2015年からの10年間で約128万人減少するとされているため，環境の変化を受けて，国土交通省は2015年12月にi-Constructionを打ちたて，主に造成工事とコンクリート工事を対象として生産性の向上に取り組んでいる．この中で，大規模工事におけるプレキャスト部材の適用が例示されている．また，日本建設業連合会（日建連）は，大規模ボックスカルバート，道路の高架橋，高橋脚の3工種で，さらなるプレキャストコンクリートの導入が期待できるとしている．さらに導入にあたり，国等（発注者）による条件整備も必要であることから，規格化・標準化，プレキャストコンクリートの導入の評価規準の確立，設計指針・基準への位置付けを要望事項としてi-Constructionに提案している．

　プレキャストコンクリートは，現場で打ち込むコンクリートに比べて品質が安定すること，またその利用により工期の短縮が可能であることから，「品質確保と生産性の向上を両立できるコンクリート技術」として，今後ますます活用が促進されることが期待されている．

　プレキャストコンクリートを用いる利点[1)2)3)4)]には，その他にも現場作業の省力化や品質管理や検査の軽減，建設現場における周辺環境への影響の低減，建設現場における安全性の向上等がある．さらに，天候に左右されにくく，夜間等に工事騒音が軽減できる等の利点がある．一方で，直接工事費は，現場打ちと比べて割高になることが多く，個別の工事で要求されるさまざまな施工条件を考慮することで，合理的な利用が可能となっている．

　本編は，付属資料として，比較的大型のプレキャストコンクリートを使用して生産性が向上した例を中心に，カルバートや橋梁，河川・護岸，その他に分類し，参考となる特徴的な事例を紹介している．

　個別の事例では，以下の項目について簡潔に示した．
　　(1) 概要（工事の内容）
　　(2) 採用理由（なぜプレキャストコンクリートが採用されたか）
　　(3) 実施内容（具体的な方法）
　　(4) 効果（要求に対する達成状況）

　これらの適用事例を概観すると，工期短縮が最大の採用理由となっている．早期完成による経済活動の活性化や交通移動時間の短縮等社会便益の向上効果が求められている．また，道路構造物の更新工事では，交通規制や迂回路を必要とする場合が多く，早期開放等の必要性から採用された場合も多い．つまり，事例に示す個別の要件は，プレキャストコンクリートの利点が最大に活かされるケースであるといえる．他にも，工事現場の空間的制約や環境条件の制約への対策としてプレキャストコンクリートが採用される場合や，工場製作で特殊な材料を採用し易いため，耐久性の向上，部材寸法や重量の軽減による効率化が採用の理由となっている場合がある．

　本編で示す個別の適用事例は，今後の工事において，構造物の計画段階からプレキャストコンクリート部材の適用を視野に入れるための参考とすることで，プレキャストコンクリートの活用の参考になると考える．

　なお，付属資料2では，プレキャスト部材をＰＣａ部材，プレキャスト製品をＰＣａ製品と表記した．

参考文献

1) コンクリートテクノ：プレキャストコンクリート技術の可能性，臨時増刊号通巻313号，2007.10.5
2) 日本コンクリート工学会：「プレキャストコンクリート製品の課題と展望」に関するシンポジウム報告書，2008.2
3) 日本コンクリート工学会：プレキャストコンクリート製品の性能設計と利用技術研究委員会報告書，2011.11
4) 日本コンクリート工学会：月刊　コンクリート技術HP，2016.4月号

1章 カルバート

1.1 部分プレキャスト工法による斜角を有する大型ボックスカルバートの構築

(1) 概要

道路や河川等で施工される内空幅5m以上の大型のボックスカルバートは，橋と比較して経済性の面で有利であるため，橋梁の代替として検討されることが多い．このようなボックスカルバートは，道路または水路の条件等により，現場の多くが斜角のついたボックスカルバートである．工法は施工延長，工期，経済性，施工性等を総合的に勘案して決定されるが，斜角のある条件では，通常は経済性の観点から現場打ちコンクリートが採用される事例が多い．この理由は，ＰＣａ製品を使用する場合，既存型枠を現場の斜角にあわせて改造する必要があり，施工延長が短い場合はその型枠改造費が工事費を高くするためである．このような条件に対応するために，近年，**図1.1.1**および**写真1.1.1**に示すような現場打ちコンクリートと分割されたＰＣａ部材を現場で組み合わせる斜角に対応した部分プレキャスト工法[1]が活用されている．

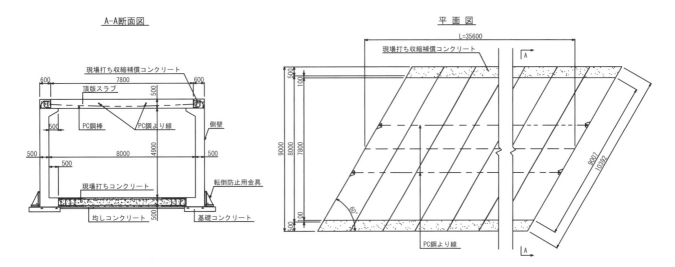

図1.1.1　部分プレキャスト工法による斜角を有する大型ボックスカルバートの構築事例

写真1.1.1　部分プレキャスト工法による斜角を有する大型ボックスカルバートの構築事例

(2) 採用理由

本事例では，部分プレキャスト製の斜角大型ボックスカルバートが，以下のような理由により採用されている．

- セグメント化された部材を単純な形状，構造にすることにより，課題であった型枠改造費を抑えることができ，フルプレキャスト工法に比べて安価にできる．
- 現場打ち工法によるひび割れ発生リスクを低減できる．
- セグメント化された部材を単純な形状，構造にすることにより，60°の斜角に容易に対応可能である．
- 分割されたＰＣａ部材と現場打ちコンクリートを併用することにより，ＰＣａ製品の一部材の重量や寸法を小さくすることができ，写真1.1.2のようなフルプレキャスト工法に比べて運搬が容易である．
- 現場における設置，組立等の作業が機械化され，工期短縮や省力化施工が可能である．
- 現場における施工管理（品質管理・写真管理等）の軽減が可能である．
- 周辺環境への影響低減（騒音・振動）が可能である．

写真1.1.2　フルプレキャスト工法の事例

(3) 実施内容

写真1.1.3～写真1.1.4に示すように，分割されたＰＣａ部材を現場で組み立て，現場打ちコンクリートを併用することにより，大断面ボックスを構築できている．また，セグメント化された部材を，単純な形状，構造にすることにより，60°の斜角にすることに容易に対応することができた．

写真1.1.3　ＰＣａ部材の組立

写真1.1.4 底版配筋後-現場打ちコンクリートの打込み・一体化

(4) 効果
- 現場における設置・組立の作業が機械化されたことにより，60%程度の工期短縮および省人化が図られた．
- 建設労働災害の危険性の減少が図られた．
- 現場における施工管理の軽減が図られた．
- 主部材が天候等に左右されにくい工場製品であるため，品質のばらつきが少なく，ひび割れのない高い品質の構造物が構築された．
- 斜角を有する大型ボックスカルバートに，セグメント化された部材を単純な形状・構造とした部分プレキャスト工法を活用することにより，斜角に標準対応したより大断面のボックスを構築することができた．
- 現場打ち工法から部分プレキャスト工法への施工方法の変更承諾であったため，発注金額を変更することなく斜角を有する大型ボックスカルバートを完成させることができている．

また，写真1.1.5に示すようなＰＣａ製ウイングやＰＣａ製壁高欄を組み合わせて部分プレキャスト工法により構築した事例もある．

写真1.1.5 部分プレキャスト工法による2連ボックス，ＰＣａ製ウイングおよびＰＣａ製壁高欄

参考文献
1) 佐川康貴，片山強，堤俊人，松下博通：ループ継手構造によるプレキャストコンクリート製斜角大型ボックスカルバートの開発，コンクリート工学，Vol. 49, No. 3, pp. 13〜20, 2011. 3

1.2 部分プレキャスト製大型アーチカルバートの施工

(1) 概要

高土被りのカルバートでは，アーチ形状にした方が経済的な断面設計となる場合が多い．しかしながら，現場打ちコンクリート工法ではアーチ状の型枠製作等に熟練技術が必要とされる．また，プレキャストコンクリート製品（以下，ＰＣａ製品）を使用する場合，運搬の制限から適用サイズに限界がある．

近年，これらの問題を解決するため，図1.2.1に示すように現場打ちコンクリートと分割されたＰＣａ部材を現場で組み合わせる部分プレキャスト工法が開発されているため，事例を紹介する．

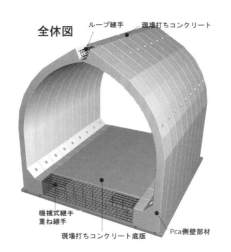

図1.2.1 部分プレキャスト工法の活用による大断面アーチカルバートの構築

(2) 採用理由

施工現場は宮城県内で高盛土，施工延長106mのアンダーパスであり，部分プレキャスト製の大型アーチカルバートは，以下の様な理由により採用された．

・東日本大震災後の工事であり，レディーミクストコンクリートの不足，労務の不足が顕著であったためＰＣａ工法が優先的に検討された．
・現場打ち大型アーチカルバートは，アーチ状の型枠製作等に熟練技術が必要だが，熟練工不足の問題がある．
・分割されたＰＣａ部材と現場打ちコンクリートを併用することにより，ＰＣａ製品の一部材の重量や寸法を小さくすることができるため，フルプレキャスト工法に比べ運搬が容易である．また，現場で組み立てた際に，フルプレキャスト工法より大断面のボックスを構築することができる．

(3) 実施内容

写真1.2.1に示すように，施工現場は4.5%の縦断勾配があったため，スタート部材の転倒防止用の鋼製受け台を製作し，分割されたＰＣａ部材を現場で組み立てている．また，現場打ちコンクリートを併用することにより，大断面のアーチカルバートを構築している．完成直後，および高盛土後の状況を写真1.2.2に示す．

写真1.2.1　（左）スタート部材の転倒防止用の鋼製受け台，（右）ＰＣａ部材の組立て

写真1.2.2　（左）完成直後，（右）盛土後

(4) 効果

　60%程度の工期短縮が可能であり，生産性が向上している．また，アーチ部分にＰＣａ製品を活用したことにより，熟練工不足の問題が解消でき，生産性が向上している．

　さらに，主部材が天候等に左右されにくい工場製品であるため，品質にばらつきの少ない構造物を構築でき，品質が向上している．また，大型アーチカルバートに部分プレキャスト工法を活用することにより，より大断面のアーチカルバートを構築することができている．

1.3 斜角がある部分への標準ボックスカルバート製品の活用

(1) 概要

ボックスカルバートやスラブ等を道路に対して斜め横断に設置する場合，端部に設置するＰＣａ製品は斜め横断する角度に合わせて斜切製品としたり，全製品を平行四辺形製品としたりすることがある．このような特殊製品による対応を減らし，標準製品のみの対応とすれば，生産性の向上や施工の簡素化が図れる．

(2) 採用理由

端部に設置する製品を斜切製品とした場合，設計においては，標準製品と斜切製品の2種類の構造計算および安定計算が必要となり，設計の生産性が低下する．製造においては，鉄筋加工が煩雑となり生産性が大幅に低下するうえ，仕切材料が別途必要となるため，材料費の高騰や型枠組立の作業性の低下が生じる．施工においては，端部に設置する斜切製品の重心が標準製品と異なるため，吊上げ作業時にバランスを取ることが困難であるうえ，斜角が大きい場合は製品では対応できず，端部のみ現場打ちコンクリートで対応することもある．

本事例では，景観や用地の問題がなかったこと，設計および製造の生産性が向上し，施工が簡素化され工期短縮や原価低減が図れ，トータルコストが安く抑えられたことから採用となった．

(3) 実施内容

道路に対して斜め横断するプレキャストボックスカルバートの施工端部において，斜切製品を使用せず，標準製品を使用した施工事例を**写真1.3.1**から**写真1.3.2**に示す．なお，はみ出し部分を破線で示す．

写真1.3.1 実施事例（その1）

写真1.3.2 実施事例（その2）

(4)効果

図1.3.1の施工ケースでの標準品と斜切加工品での価格比較を下記の計算式で行う.

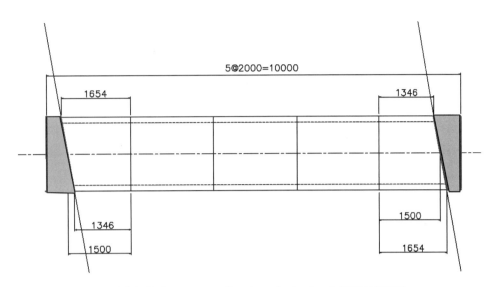

図1.3.1　ＰＣａボックスカルバート施工平面図

工場製品の場合の斜切製品単価（建設物価より引用）

　　　斜切製品単価＝（標準寸法価格×実長率）＋（標準寸法価格×0.5）：ここに実長率＝製品長÷標準長
　　　標準長（2m）の製品価格を1.0とすると
　　標準寸法品だけの場合，a　＝1.0×5本＝5.0
　　端部斜切製品を使用した場合　（実長率＝1.5÷2.0＝0.75）
　　　斜切製品単価　　　　　b'＝（1.0×0.75）＋（1.0×0.5）＝1.25
　　斜切製品を使用した場合，b　＝1.0×3本＋1.25×2本＝5.5
　　　　　　　　　　　b/a＝5.5÷5.0＝1.10

今回のケースでは，標準長の製品を使用することにより1割のコストダウンとなる.

景観や用地等の問題がない場合は，施工端部において斜切製品を使用せず標準製品を使用することで多少の無駄な部分が発生するが，設計および製造の生産性が向上し，施工が簡素化され，工期短縮や原価低減が図れることから，トータルコストを抑えることが可能となる.

1.4 頂版部材を分割したプレキャスト工法による大断面カルバートの施工

(1) 概要

大型のＰＣａカルバート等では，運搬工程においてＰＣａ部材の大型化による寸法や重量制限により，上下の2分割や側壁部をさらに分割したＰＣａ部材を現場で接合して構築している．しかし，ＰＣａ部材の寸法が10mを超えるような場合には，部材製作用の鋼製型枠，型枠から部材を脱型するクレーン，および搬送装置の大型化による製造設備等のコストアップが，製品価格の上昇の原因となっていた．そこで，内空幅15mの門型カルバートの頂版部材を分割化することによりコストアップ要因を解消した．

(2) 採用理由

・地元住民の生活道路であり迂回路確保が困難な現場状況であったが，プレキャスト工法を採用することで道路の通行止めを最小限（製品の架設時のみ）とすることができる．
・信頼性の高い部材接合方法と判断された．
・ＰＣａ部材を分割式とすることで，鋼製型枠や脱型用設備の大型化の必要性がなくなり，製造設備のコストアップを抑制できる．

(3) 実施内容

全体の部材構成を，図1.4.1に示す．頂版および側壁部材は，25tトレーラーで2部材を運搬できるように1部材12.5tを最大重量とし，図1.4.2に示すように分割している．隅角部材の運搬状況を写真1.4.1に示す．

頂版部材は，あらかじめ現場の作業ヤードでPC鋼より線によりポストテンション方式により接合し，現場打ちフーチング上に側壁部材を設置した後に，接合した頂版部材を架設し（写真1.4.2），ＰＣ鋼棒により側壁部材と緊張して一体化した．

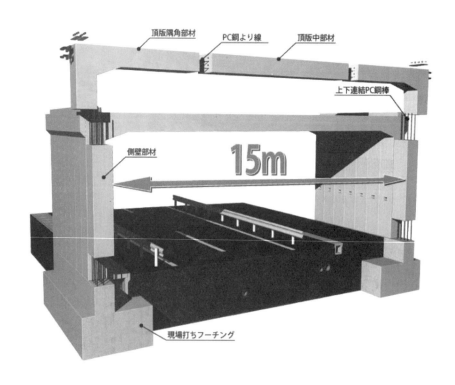

図1.4.1　ＰＣａ部材の分割状態

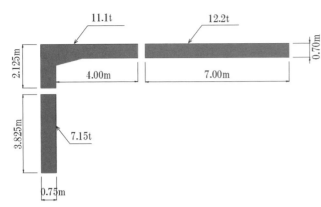

図1.4.2　ＰＣａ部材の寸法および重量

写真1.4.1　隅角部材の運搬状況

写真1.4.2　施工状況

(4) 効果

・大断面カルバートのプレキャスト化により，工期は現場打ち工法の工期予定43日に対して7日となり，84%の短縮となった．

・頂版部材を分割式としたことで，鋼製型枠や脱型用設備の大型化を必要とせず，製造工場でのコストアップ要因が解消された．

1.5 河川を横断する橋梁への逆台形ボックスカルバートの活用

(1) 概要

老朽化が進んだ橋梁（**写真 1.5.1**）の架替えを現場打ちで構築した場合，地元住民の生活道路である河川の側道は長期間の通行止めとなるため，工期短縮ならびに側道の通行確保を目的に，ＰＣａ部材を用いた逆台形ボックスカルバートにより構築した（**写真 1.5.2**）．

写真 1.5.1　既設橋梁

写真 1.5.2　新設橋梁

(2) 採用理由

- 迂回路の確保が困難な状況において，橋梁の通行止めを最小限の期間とすることができる．
- 河川側道の幅員を最大限に確保できる．
- 図 1.5.1 に示すように河川護岸と同一勾配である側壁を有する逆台形ボックスカルバートのため，カルバート内の側壁に重力式擁壁や護岸ブロックが不要となり，合理的でかつ景観性に優れる．

(3) 実施内容

橋梁は支間長 7200mm，幅員 6200mm であり，内空寸法が上幅 7200mm，下幅 4500mm，高さ 2700mm のプレキャスト製逆台形ボックスカルバートを用いた．図 1.5.2 に示すブロック据付用クレーンの設置場所や作業半径，ならびにブロック搬送車両の最大積載重量等の観点から，ＰＣａ部材を1ブロック当りの重量を 10t 以下とするために，上下2分割，上下流方向8分割とした．

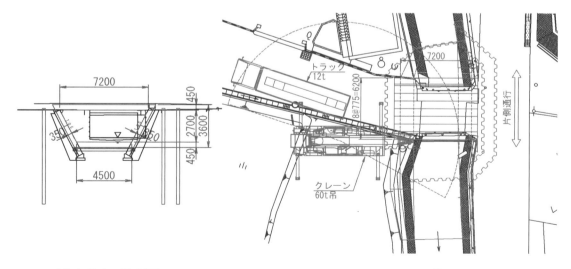

図 1.5.1　横断図　　　　　図 1.5.2　施工平面図

施工状況は以下の写真1.5.3から写真1.5.8のとおりである.

写真1.5.3　下部ブロック据付け

写真1.5.4　上部ブロック据付け

写真1.5.5　据付け完了

写真1.5.6　地覆工

写真1.5.7　舗装工

写真1.5.8　完成状況

(4) 効果
・プレキャスト工法を用いることで河川側道は，一般車両程度の幅員を確保することができた．
・ＰＣａ部材の据付けは2日で完了でき，工期短縮が図られ，橋梁の通行止めを最小限の期間とすることができた．
・逆台形ボックスカルバートの側壁と上下流の護岸ブロックは，同一勾配で施工することができた．

1.6 耐久性の高いコンクリートを用いたプレキャストボックスカルバートの施工

(1) 概要

厳しい塩害環境下において普通コンクリートを使用した場合，鉄筋かぶりの増大やエポキシ樹脂塗装鉄筋等の採用による対策を講ずる必要がある．セメントの一部を高炉スラグ微粉末で置換し，高炉スラグ細骨材を細骨材として100%使用した水結合材比25%のコンクリート（以下，緻密コンクリート）は，内部構造が緻密化され[1]，塩害に対する耐久性が大きく向上する．これにより鉄筋のかぶりは，エポキシ樹脂塗装鉄筋を使用することなく，通常の環境で使用されるプレキャストボックスカルバートとすることができる．鉄筋かぶりの増大による新規型枠製作費，およびエポキシ樹脂塗装鉄筋等の採用によるコストアップとなる要因を低減することが可能である．

緻密コンクリートを使用し，構造物の塩害に対する耐久性の確保および長寿命化を図ったプレキャストボックスカルバートを施工した．本技術は国土技術開発賞を受賞した技術である．

(2) 採用理由

以下に示すように，緻密コンクリートを採用することで，普通コンクリートを用いた場合に比べて直接工事費が減少する．

- 緻密コンクリートを用い塩害抵抗性を高めた場合：約51万円/m （1.0倍）
- 普通コンクリートを用い鉄筋かぶりを大きくし，塩害抵抗性を高めた場合：約54万円/m （1.1倍）
- 普通コンクリートを用い鉄筋をエポキシ樹脂塗装鉄筋とし，塩害抵抗性を高めた場合：約59万円/m （1.2倍）

(3) 実施内容

写真1.6.1および写真1.6.2に示すように，プレキャストボックスカルバート（内幅B=2500×内高H=2500×製品長L=1000）7個を海中に設置した．

写真.1.6.1 緻密コンクリートによるプレキャストボックスカルバートの海中施工事例その1

写真 1.6.2 緻密コンクリートによるプレキャストボックスカルバートの海中施工事例その 2

(4) 効果
- 鉄筋かぶりを一般環境下で使用する標準規格品と同等とすることができるため，新規の型枠を製作する必要がない．
- エポキシ樹脂塗装鉄筋を使用せずに普通鉄筋を用いることができる．
- かぶり厚を大きくする必要がなくなり，一般環境下で使用する標準規格品と同重量とすることができ，施工費の増大を抑制できる．

以上により直接工事費が，普通コンクリートを用いた場合に比べ最大 17％程度の削減となる．

ここで採用した緻密コンクリートの各種性能について以下のように報告されている[2)3)4)]．
- 耐塩害性：緻密で高強度な素材であるため，塩化物イオンの侵入を抑制することが可能である．
- 耐凍害性：緻密で高強度な素材であるため，凍結融解に対する高い抵抗性を発揮する．
- 耐複合劣化：塩害と凍害が同時に発生する環境において，構造物としての強度を維持する．
- 耐硫酸性：硫酸と反応し，高い浸食抵抗性を有した強固な表面被膜を形成する．
- 低炭素：高炉スラグを多く使用しているため約 40％の CO_2 排出量を削減可能である．
- 資源循環：原材料として約 50％の高炉スラグを使用している．
- 維持管理：構造物の劣化を抑制でき，構造物の維持管理費用を低減できる．

参考文献

1) 細谷多慶：高炉スラグを用いて耐塩害性，耐凍害性，耐硫酸性を向上した緻密コンクリート「ハレーサルト」，中国地方建設技術開発交流会（広島会場），2013.11.8
2) Paweena JARIYATHITIPONG，細谷多慶，藤井隆史，綾野克紀：高炉スラグ細骨材によるコンクリートの耐硫酸性改善に関する研究，土木学会論文集 E2（材料・コンクリート構造），Vol.69, No.4, pp.337-347, 2013.10
3) 綾野克紀，藤井隆史：高炉スラグ細骨材を用いたコンクリートの凍結融解抵抗性に関する研究，土木学会論文集 E2（材料・コンクリート構造），Vol.70, No.4, pp.417-427, 2014.12
4) 松岡智，細谷多慶，綾野克紀，川上洵：高炉水砕スラグを用いたセメント硬化体のプレキャスト製品への実用化に関する研究，コンクリートの補修，補強，アップグレード論文報告集，Vol.10, pp.221-228, 2010.10

1.7 プレキャストボックスカルバートを用いた塩害劣化した橋桁の補強

(1) 概要

対象橋梁は，日本海沿岸の一般国道に設置された橋長 7.3m の，1959 年制定 JISA5313 によるスラブ橋用 PC 橋桁である．本橋は，供用後 40 年を経過し，塩害による損傷が激しく，鉄筋の発錆による錆び汁やコンクリートの表面剥離が生じており，一部ＰＣ鋼材の破断が確認されている状況であった．プレキャストボックスカルバートを用いて補強を行った[1]（**写真 1.7.1，写真 1.7.2**）．

写真 1.7.1　上下組合せ状況

写真 1.7.2　施工中における既設橋梁の車両通行状況

(2) 採用理由

- 交通量が多い中で迂回路がない状況において，通行止めが不要で工期短縮ができる．
- 炭素繊維シートおよび電気防食工法を用いる補修・補強案に比べ初期費用は高いが LCC は小さくなる．

(3) 実施内容

補修前の状況を**写真 1.7.3** に示す．

写真 1.7.3　補修前の状況

上下2分割された内空幅 4500mm，内高 2600mm，長さ 1000mm のプレキャストボックスカルバートを9組使用して道路幅員分の9mを確保した．耐久性への性能要求に対し塩害対策として「道路橋示方書・同解説」[2]による塩害への対策区分を「Ｓ」とし，鉄筋かぶりを確保してエポキシ樹脂塗装鉄筋を使用した．既存の上部橋梁の荷重は，死荷重としてボックスカルバートが受持つ構造としている．プレキャストボックスカル

バートの一般図を図1.7.1および図1.7.2に示す.

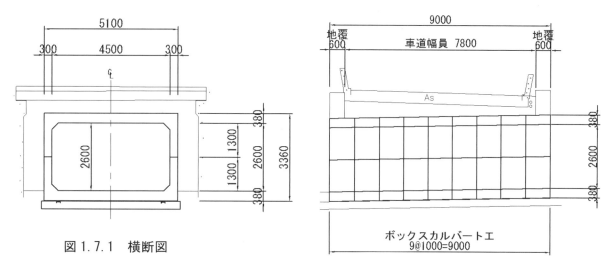

図1.7.1 横断図

図1.7.2 縦断図

既設橋梁の下部にボックスカルバートを設置するため，横引きにより橋梁下に引き込む工法を採用している．上下二分割構造としたのは，運搬車両として普通トラックの使用を想定し，かつ，施工時の吊り上げ重機の規制（120tクレーン使用）より単体として10t以下を目標にし，さらに作業性を考慮して6.65tとしたためである．

実際の施工では，橋梁近辺の道路周辺にトラッククレーンの設置場所を確保した．また，図1.7.3に示すようにPCa部材の搬入時のみ片側通行として規制した．施工フローを図1.7.4に示す.

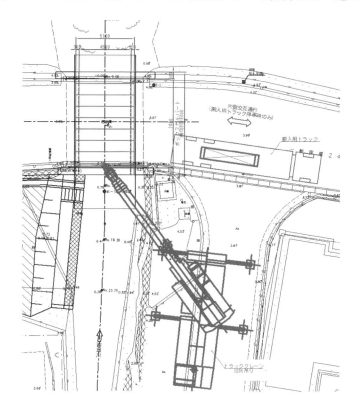

図1.7.3 平面図

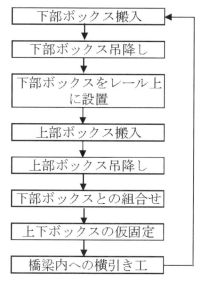

図1.7.4 施工フロー図

9組のＰＣａ部材の搬入・ＰＣａ部材の上下連結・据付けを1日で完了し，上下連結に使用したエポキシ樹脂塗装鉄筋の機械式継手へモルタルを充填した．モルタルの硬化後，縦断方向に9組のＰＣａ部材をＰＣ鋼より線により緊張連結を行い，ボックスカルバート底版に設けた注入孔よりモルタルを注入して基礎コンクリートとの空隙を充填した．最後にボックスカルバートと既設橋梁および橋脚の間にエアモルタルを充填した．実際の施工状況は以下の**写真1.7.4**から**写真1.7.9**のとおりである．

写真1.7.4　クレーン設置状況

写真1.7.5　組合せ状況

写真1.7.6　組合せ後

写真1.7.7　横引き工(1)

写真1.7.8　横引き工(2)

写真1.7.9　完成状況

(4) 効果
・工事に伴う通行規制は全面通行止めをせず，ＰＣａ製品の搬入時の道路片側通行のみで行うことができた．

参考文献
1) プレキャストコンクリート製品の性能設計と利用技術研究委員会報告書, 日本コンクリート工学会, 2011.11
2) (社)日本道路協会：道路橋示方書・同解説[Ⅲコンクリート橋編], 2002年3月

1.8 大断面ボックスカルバートのプレキャスト化
(1) 概要

内空高さが7mを超える大断面のボックスカルバート（2車線道路トンネル）を，底版中央部のみを現場打ちとした部分プレキャストで施工した事例である（**写真1.8.1**）．

プレキャスト化において特に留意した点を以下に示す．

- 運搬可能重量を考慮した部材の分割
- 支保工形式の変更
- 部材据付精度の確保
- 函体の水密性確保

写真1.8.1　プレキャストボックスカルバート施工状況

(2) 採用理由

大断面ボックスカルバートでは，通常，プレキャスト工法を採用した場合の費用が現場打ちの場合の2～3倍程度となる．このため，プレキャスト工法が採用されるのは，工程が特に逼迫している等の特殊要因がある場合に限られているのが実状である．

本事例も例外ではなく，隣接する他工事へ地上の用地を早期に引き渡すために，ランプトンネルの一部区間をプレキャスト工法により構築したものである．

(3) 実施内容
a) 部材の分割仕様

プレキャスト化した箇所は，縦断方向に一定の勾配を有する延長40mの直線部であり，断面の内空寸法は，幅11.64m，高さ7.15mであった．構造は，原設計を踏襲してRC構造とした．

構造解析の結果，部材厚は頂版・側壁1.1m，底版1.3mとなった．このように大断面かつ部材厚の大きいプレキャストボックスカルバートであったため，運搬可能重量の上限である35トンを超えないように部材を分割することが課題であった．

検討の結果，採用した分割仕様を**図1.8.1**に示す．ポイントは，

- 1リングの奥行きは1.5mとし，底版中央部には現場打ち部を設けたこと，
- 頂版は奥行き方向に更に2分割したこと（1ピースの奥行きを0.75mとしたこと），

の2点である．これにより，前記の重量制限を満足しつつ，分割を最小限に留めて施工性を確保することができている．

部材の軽量化という観点から部材の一部のみをプレキャスト化する「ハーフプレキャスト」の採用も考えられるが，本事例では工期短縮を優先してハーフプレキャストは採用されていない．

なお，底版～側壁～頂版の部材間はモルタル充填継手による接合とし，縦断方向はPC緊張により連結一体化している．

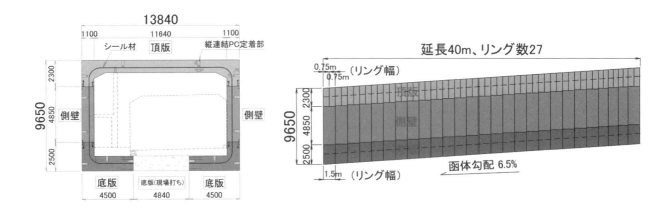

図 1.8.1　横断および縦断の部材分割

b) 支保工形式の変更

　原設計では切梁を有した山留支保工であったが，プレキャスト施工の効率性を考慮してアースアンカーに変更している．現場打ちからプレキャスト工法への変更にあたっては，本設函体の変更だけでなく，仮設計画の見直しも必要となることに留意する必要がある．また，本工事では問題になっていないが，現場の条件によってはアースアンカーが施工できない場合もあり，注意が必要である．掘削および支保工施工状況を**写真 1.8.2**に示す．

c) 据付け精度の確保

　本事例は，部材が大きく重いこと，また部材の分割数が多いことから，据付け精度の確保が大きな課題であった．特に分割して据え付ける底版については，その精度が不十分な場合，最終的に頂版が設置できなくなることも想定され，精度確保が特に重要と考えられた．

　対策として，1)底部地盤の地盤改良，2)敷モルタル＋ライナープレートによるレベルと鉛直度の調整，3)底版固定架台（図 1.8.2）による部材間の相対位置のずれ防止，の3点を実施することで，底版部材の据付け精度を確保した．

写真 1.8.2　掘削および支保工施工状況

図1.8.2 底版固定架台

d) 躯体の水密性確保

道路トンネルは，函体に高い水密性が求められる．本事例では，ＰＣａ部材の製作誤差を考慮してリング間に遊間（幅4mmの隙間）を設ける必要があったため，リング間の水密性確保が特に課題であった．

対策として，リング間に全周連続する水膨張性のシール材を設置するとともに，函体据付け後に外面から吹付防水を施工する二重の止水構造を採用した（**写真1.8.3**）．結果として，復水後も函体内に漏水は見られず，当該止水構造の効果が確認された．

写真1.8.3 外面吹付防水の施工状況

(4) 効果

- 当初計画の現場打ちでは，躯体構築の工期が約11ヶ月と想定されていた．プレキャスト化によりこれを5ヶ月に短縮することができた．
- 同様に躯体構築に係わる延べ労働者数は，現場打ちでは約2,800人工と想定されていたが，プレキャスト化により約700人工に削減することができた（ただし，ＰＣａ製品の製造に関わる労務は含まれていない）．

1.9 プレキャスト工法と場所打ちコンクリート工法の積算比較

(1) 概要

構造物構築の生産性向上の事例として,L型擁壁とボックスカルバートを対象としたプレキャスト工法と場所打ちコンクリート工法の比較事例[1]を紹介する.

(2) 現状の課題

構造物構築における場所打ち工法とプレキャスト工法の比較においては,直接工事費により全体工事費が決定され,現場の工期短縮による省力化や省人化の効果が反映されず,プレキャスト工法の採用の妨げになっている.

(3) 実施内容

積算基準に基づいた場所打ち構造物とPCa製品を用いた構造物の工期と人員比較を行う.対象構造物は,図 1.9.1 に示すL型擁壁 壁高 H=3m と H=5m の2パターン,図 1.9.2 に示すボックスカルバート内空幅 Bo=2m×内空高さ Ho=2m,および Bo=4.5m×Ho=2.5m の2パターンとする.

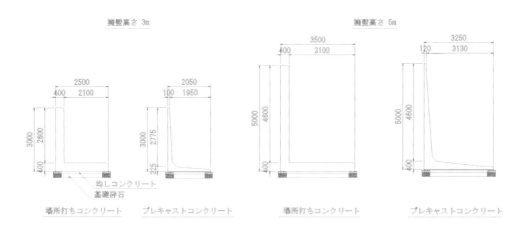

図1.9.1 L型擁壁比較断面図

表1.9.1 L型擁壁施工工期比較表

擁壁高	場所打ちコンクリート					プレキャストコンクリート				
					(10m当り)					(10m当り)
	工種	単位	1日当り施工量	数量	日数	工種	単位	1日当り施工量	数量	日数
3m	コンクリート工	m³	81.0	20.4	0.25	据付工	m	30.0	10.0	0.33
	型枠工	m²	30.0	60.0	2.00	基礎工	m³	20.0	22.5	1.13
	鉄筋工	kg	3500.0	995.4	0.28					
	足場工	掛m²	75.0	56.0	0.75					
	基礎工	m³	31.0	27.0	0.87					
	合計				4.15	合計				1.46
					※)養生工含まず					
			4.15	(日/10m)	1.00			1.46	(日/10m)	0.35
					(10m当り)					(10m当り)
	工種	単位	1日当り施工量	数量	日数	工種	単位	1日当り施工量	数量	日数
5m	コンクリート工	m³	81.0	32.4	0.40	据付工	m	24.0	10.0	0.42
	型枠工	m²	30.0	100.0	3.33	基礎工	m³	20.0	34.5	1.73
	鉄筋工	kg	3500.0	3803.0	1.09					
	足場工	掛m²	75.0	96.0	1.28					
	基礎工	m³	31.0	37.0	1.19					
	合計				7.29	合計				2.14
					※)養生工含まず					
			7.29	(日/10m)	1.00			2.14	(日/10m)	0.29

表.1.9.2 L型擁壁工の施工人員比較表

擁壁高	場所打ちコンクリート					プレキャストコンクリート			
				(10m当り)					(10m当り)
	施工人員	単位	数量	備考		施工人員	単位	数量	備考
3m	世話役	人	4.47	型枠製作・撤去、足場・支保設置・コンクリート打設・養生等を含む		世話役	人	1.70	
	特殊作業員	〃	2.73			特殊作業員	〃	2.27	
	普通作業員	〃	14.13			普通作業員	〃	4.23	
	型枠工	〃	3.85						
	とび工	〃	1.22						
	鉄筋工	〃	3.68						
	合計		30.09			合計		8.20	
	30.09 (人/10m)			1.00		8.20 (人/10m)			0.27
				(10m当り)					(10m当り)
	施工人員	単位	数量	備考		施工人員	単位	数量	備考
5m	世話役	人	7.67	型枠製作・撤去、足場・支保設置・コンクリート打設・養生等を含む		世話役	人	2.52	
	特殊作業員	〃	3.84			特殊作業員	〃	3.39	
	普通作業員	〃	23.66			普通作業員	〃	6.21	
	型枠工	〃	6.16						
	とび工	〃	1.94						
	鉄筋工	〃	9.51						
	合計		52.78			合計		12.12	
	52.78 (人/10m)			1.00		12.12 (人/10m)			0.23

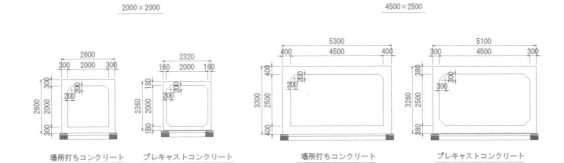

図1.9.2 ボックスカルバート比較断面図

表1.9.3 ボックスカルバート施工工期比較表

内空寸法	場所打ちコンクリート					プレキャストコンクリート			
				(10m当り)					(10m当り)
	工種	単位	1日当り施工量	数量	工期	工種	単位	1日当り施工量	数量	工期
2.0m × 2.0m	コンクリート工	㎥	81.0	28.0	0.35	掘付工	m	6.0	10.0	1.67
	型枠工	㎡	30.0	109.7	3.66	基礎工	㎥	20.0	25.2	1.26
	鉄筋工	kg	3500.0	2417.0	0.69					
	足場工	掛㎡	75.0	52.0	0.69					
	支保工	空㎥	40.0	40.0	1.00					
	基礎工	㎥	31.0	28.0	0.90					
	合計				7.29	合計				2.93
	※)養生工含まず									
	7.29 (日/10m)			1.00		2.93 (日/10m)			0.40
				(10m当り)					(10m当り)
	工種	単位	1日当り施工量	数量	工期	工種	単位	1日当り施工量	数量	工期
4.5m × 2.5m	コンクリート工	㎥	81.0	62.8	0.78	掘付工	m	2.0	10.0	5.00
	型枠工	㎡	30.0	158.7	5.29	基礎工	式	20.0	53.0	2.65
	鉄筋工	kg	3500.0	6930.0	1.98					
	足場工	掛㎡	75.0	66.0	0.88					
	支保工	空㎥	40.0	112.5	2.81					
	基礎工	㎥	31.0	55.0	1.77					
	合計				13.51	合計				7.65
	※)養生工含まず									
	13.51 (日/10m)			1.00		7.65 (日/10m)			0.57

表 1.9.4 ボックスカルバート工施工人員比較表

内空寸法	場所打ちコンクリート				プレキャストコンクリート			
	施工人員	単位	数量 (10m当り)	備考	施工人員	単位	数量 (10m当り)	備考
2.0m × 2.0m	世話役	人	7.05	型枠製作・撤去、足場・支保設置・コンクリート打設・養生等を含む	世話役	人	3.43	
	特殊作業員	〃	2.97		特殊作業員	〃	3.37	
	普通作業員	〃	19.99		普通作業員	〃	7.52	
	型枠工	〃	14.56					
	とび工	〃	1.96					
	鉄筋工	〃	7.42					
	合計		53.95		合計		14.33	
	53.95 (人/10m)			1.00	14.33 (人/10m)			0.27
4.5m × 2.5m	世話役	人	13.60	型枠製作・撤去、足場・支保設置・コンクリート打設・養生等を含む	世話役	人	11.93	
	特殊作業員	〃	6.00		特殊作業員	〃	9.96	
	普通作業員	〃	37.25		普通作業員	〃	26.92	
	型枠工	〃	21.35					
	とび工	〃	4.40					
	鉄筋工	〃	18.31					
	合計		100.91		合計		48.81	
	100.91 (人/10m)			1.00	48.81 (人/10m)			0.48

(4) 効果

a) 施工工期の比較

表1.9.1に示すように，L型擁壁の擁壁高さH=3.0mの場合，場所打ち工法では施工延長10m当り4.15日/10mに対してPCa製品を用いた場合は1.46日/10mで，場所打ち工法の35%となる．H=5.0mの場合では，場所打ち工法の7.29日/10mに対してPCa製品の場合は2.14日/10mとなり，場所打ち工法の29%となる．

表1.9.3に示すように，ボックスカルバートの内空寸法 B_o=2.0m×内空高さ H_o=2.0mの場合，場所打ち工法では7.29日/10mに対してPCa製品を用いた場合は2.93日/10mで場所打ち工法の40%となる．B_o=4.5m×H_o=2.5mの場合は場所打ち工法が13.51日/10mに対して，PCa製品の場合は7.65日/10mで57%となる．

b) 施工人員の比較

表1.9.2に示すように，L型擁壁の擁壁高さH=3.0mの場合，場所打ち工法では施工延長10m当り30.09人/10mに対してPCa製品を用いた場合は8.20人/10mで場所打ち工法の27%となる．H=5.0mの場合では，場所打ち工法の52.78人/10mに対してPCa製品の場合は12.12人/10mとなり，場所打ち工法の23%となる．

表1.9.4に示すように，ボックスカルバートの内空寸法 B_o=2.0m×内空高さ H_o=2.0mの場合，場所打ち工法では53.95人/10mに対してPCa製品を用いた場合は14.33人/10mで場所打ち工法の27%となる．B_o=4.5m×H_o=2.5mの場合は，場所打ち工法が100.91人/10mに対してPCa製品の場合は48.81人/10mで48%となる．

以上より，プレキャスト工法の工期短縮効果や人員削減効果は明らかである．しかし，現状の積算方法ではこの効果が反映されていないことが課題である．

参考文献

1) 公益社団法人日本コンクリート工学協会:プレキャストコンクリート製品の設計と利用研究委員会報告書, pp.128-131, 2009.08

2章　橋梁

2.1　橋梁高欄におけるプレキャストコンクリート製品の活用（仮設から本設への転用）

(1) 概要

近年，老朽化したコンクリート製または鋼製の壁高欄の取換え工事が増加している．供用中の道路での取換え工事の場合，通行車両の安全と作業員の安全を確保するために，**写真2.1.1**に示すような仮設防護柵を設置している．

図2.1.1に示すように新設する壁高欄をＰＣａ製品とし，既設壁高欄撤去時および新設壁高欄施工時に仮設防護柵として使用した事例を紹介する．

写真2.1.1　一般的な仮設材による防護柵事例

(2) 採用理由

新設壁高欄を仮設壁高欄として使用した後，順次移設して使用することで，仮設部材が省略できるため経済的である．

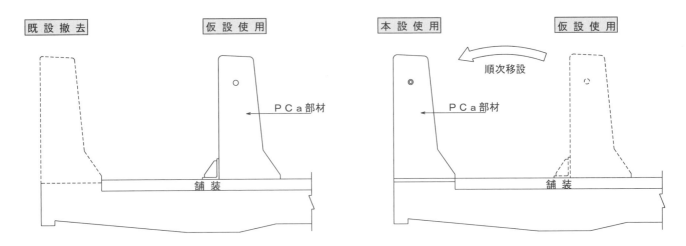

図2.1.1　ＰＣａ製品による仮設部材を本設部材へ転用

(3) 実施内容

施工状況の一例を**写真2.1.2**から**写真2.1.12**に示す．

写真 2.1.2 着工前

写真 2.1.3 仮設防護柵据付状況

写真 2.1.4 仮設防護柵設置完了

写真 2.1.5 仮設ブロック撤去

写真 2.1.6 高さ調整プレート
・シールパッキン設置

写真 2.1.7 ブロック設置状況1

写真 2.1.8 ブロック設置状況2

写真 2.1.9 無収縮モルタル練混ぜ状況

写真 2.1.10 無収縮モルタルグラウト状況

写真 2.1.11 施工完了(背面側)

写真 2.1.12 完成

(4) 効果
・仮設部材が不要となるため、従来工法と比較して経費が節減された.
・本設構造物を用いる事により、仮設作業時の安全面での信頼性が向上した.

2.2 超高強度繊維補強コンクリートによる歩道用プレキャストコンクリート床版の施工

(1) 概要

超高強度繊維補強コンクリートを用いたＰＣａ床版による歩道橋床版の取替え工事の事例（**写真 2.2.1** および**写真 2.2.2**）を紹介する．

対象構造物は，国道10号砂田橋歩道橋であり，設置後数十年が経過した橋長約19mの人道橋である．本橋の架設位置は日豊海岸に面しており，塩害と長年の風雨により一部の床版部から錆び汁が発生する等の劣化現象が顕在化していた．

写真 2.2.1 床版施工状況

写真 2.2.2 完成後の状況

(2) 採用理由

- 本橋は通学路として利用されているため，できるだけ早期に開放することが求められたが，本工法によれば，現場における既設床版の撤去工事とプレキャスト工場での新設床版の製作を並行して実施でき，工期短縮が可能である．
- 本橋は重塩害地域に位置しているため，普通コンクリート製や鋼製と比較して，超高強度繊維補強コンクリート製とした方が長期耐久性に優れると判断された．
- 既設の普通コンクリート製床版は厚さ240mmであるが，超高強度繊維補強コンクリート製のＰＣａ床版とすることで中央部の床版厚さが60mmとなり，大幅な薄肉化により死荷重が低減される．

(3) 実施内容

施工前の状態を**写真 2.2.3**に示す．

超高強度繊維補強コンクリート床版の諸元は，幅員2,650 mm（有効幅員2,000 mm），延長18,780 mmであり，延長方向に6分割したＰＣａ床版を現地で接合する構造とした．超高強度繊維補強コンクリートにはプレミックス材料を用い，鋼繊維混入量は157 kg/m³とした．圧縮強度は180N/mm²以上，曲げ強度は22.5N/mm²以上である．設計荷重として，道路橋示方書・同解説に準拠した群集荷重（歩道）5.0kN/m²と防護柵の設置基準・同解説にある歩行者自動車用柵（SP種）の荷重を考慮した．

また，ＰＣａ床版と鋼桁との接合にはスタッドジベルを用い，無収縮モルタルを充填して固定した．

製作用型枠を**写真2.2.4**に，工場製作状況を**写真2.2.5**に，製品図を**図2.2.1**にそれぞれ示す．

写真 2.2.3 施工前写真

写真 2.2.4 製作用型枠

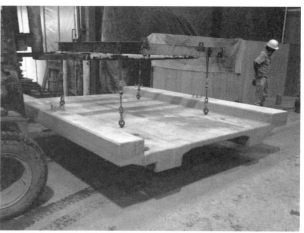

写真 2.2.5 工場製作状況

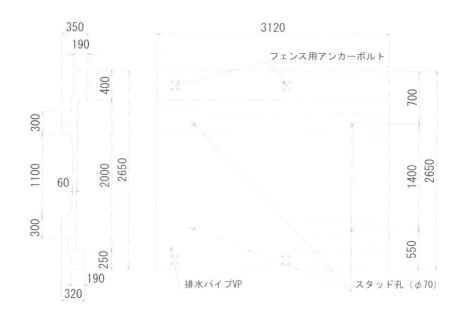

図 2.2.1 製品図

　超高強度繊維補強コンクリートにより軽量化したＰＣａ床版は薄肉化され，高じん性，高耐久性といった特徴を有する．特に，耐塩害性については，飛沫帯環境下において塩分浸透深さは普通コンクリートの1/10

～1/20 の値となる．

施工では，超高強度繊維補強コンクリート製のＰＣａ床版が軽量であるという特性により，橋長19ｍを一方向から架設することが可能となり，並行する車道への影響は全くなかった．また，超高強度繊維補強コンクリート製のＰＣａ床版6枚の施工を1日で完了することができた．施工状況を**図2.2.2**に示す．

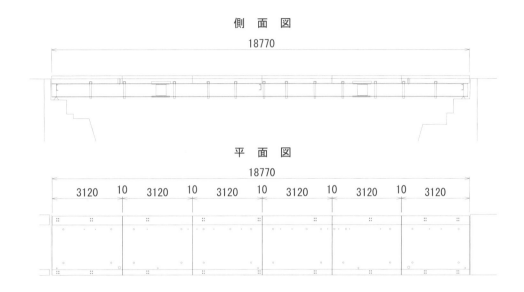

図2.2.2　施工状況

(4) 効果

今回の砂田橋歩道橋の床版更新工事において，超高強度繊維補強コンクリート製のＰＣａ床版を採用したことで以下に示す効果が得られた．

・現場における鉄筋工，型枠工，支保工を不要とすることができた．
・塩害に対する耐久性が高いため，歩道床版の品質が向上できた．
・床版断面の薄肉化による死荷重の低減により，既設桁を有効利用することができた．
・現場における既設桁の補修作業と並行して床版を工場製作することで，早期に供用することができた．
・超高強度繊維補強コンクリート床版を用いることで，維持管理コストが低減できる．

2.3 プレキャストセグメント工法による橋梁の施工

(1) 概要

本事例は，高速道路にて建設された全長約1.5kmの連続高架橋であり，この工事は当時の国内の道路建設の中でも最大規模の事業であったため，内外からも多くの注目を集めた．そのような背景から，積極的に新技術・新工法を採用して建設費の節減，省力化，工期の短縮などに配慮して計画，施工された[1]．

(2) 採用理由

この事例は，全長1,519mの高架橋であり，本線橋上下線6連，ランプ橋2連の連続高架橋で構成されている（図2.3.1）．このように大規模工事であることから，その事業費が膨大となるため，建設費の節減，省力化，工期の短縮が大きな課題であった．それを踏まえて，従来案の鈑桁橋に対し，①鋼少数鈑桁橋，②PC箱桁橋の2案の構造形式の比較検討が実施された．その結果，本線に近接して大規模なセグメント製作・ストックヤードの確保が可能であり，かつ，大型特殊トレーラーによるセグメントの輸送が可能であったことから，プレキャストセグメント工法によるPC連続箱桁橋が採用された．

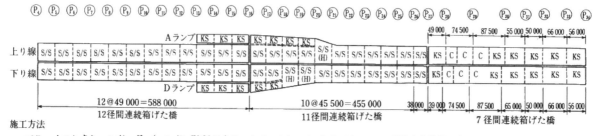

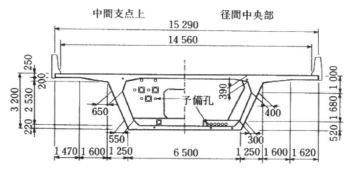

図2.3.1 全体平面図およびセグメント標準断面図

(3) 実施内容

a) 工期の短縮

セグメントは，架設地点に近接したヤードで製作し，架設地点まで運搬した後（写真2.3.1），エレクションガーダーで1径間分のセグメントを支持して一括架設・一括緊張を行うスパンバイスパン架設（写真2.3.2）を採用することで工期の短縮を図った．また，柱頭部セグメントと径間部セグメントとの間には，鋼繊維補強コンクリートを用いた無筋目地を採用し，従来の鉄筋を配置した目地と比べ，施工の簡略化，架設工期の短縮を図った．

b) 省力化・効率化

セグメントの製作では，既設のセグメントを型枠がわりに利用して順次セグメントを製作するショートラ

インマッチキャスト方式（**写真 2.3.3**）を採用し，形状の異なる柱頭部セグメントと径間部セグメントの製作ラインを分けることにより，製作の合理化・簡略化を図った．また，外ケーブルを配置可能な範囲で最大配置とし，主桁の軽量化，コンクリートの打込み作業の施工性の向上，維持管理におけるＰＣ鋼材の点検・交換の効率化を図った．

写真 2.3.1　セグメントの運搬

写真 2.3.2　スパンバイスパン架設

写真 2.3.3　ショートラインマッチキャスト方式

(4) 効果

プレキャストセグメント工法によるＰＣ箱桁橋を採用したことで，工期の短縮や省力化・効率化が図れ，全体工事費で従来案に対して30%，比較検討された鋼少数鈑桁橋に対して6%の節減となった（**表 2.3.1**）．これにより，建設費を大幅に節減することができ，生産性の向上が実現された．

表 2.3.1　構造形式による工費の比較

	従来案	第 1 案	第 2 案
上部工	鋼鈑桁＋箱桁 1.00	鋼少数鈑桁＋箱桁 0.85	PC箱桁 0.70
下部工 基礎工	RC橋脚 鋼管杭 1.00	PRC橋脚 鋼管杭 0.55	PRC橋脚 鋼管杭 0.70
合　計	1.00	0.76	0.70

参考文献

1) 角　昌隆，森山陽一，河村直彦，中島豊茂：第二名神高速道路　弥冨高架橋の設計，プレストレストコンクリート，Vol.39, No.5, p.39〜45, ＰＣ工学会，1997 年

2.4 橋梁上下部工のプレキャスト化

(1) 概要

本事例は，ＰＣ20径間連続橋および橋脚14基の橋梁建設工事である．この工事では，工期短縮，環境負荷低減，使用可能用地の制限など，各種の要求および制約があった．そこで，上下部工に工場で製作したＰＣａ製品を使用することで，飛躍的な工程短縮を実現するとともに，架設現場における周辺環境への負荷を低減することができた[1]．図2.4.1に橋梁の概要を示す．

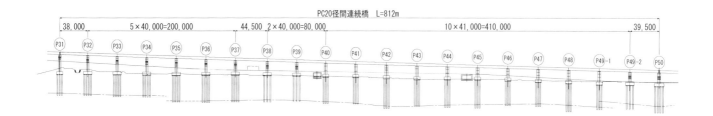

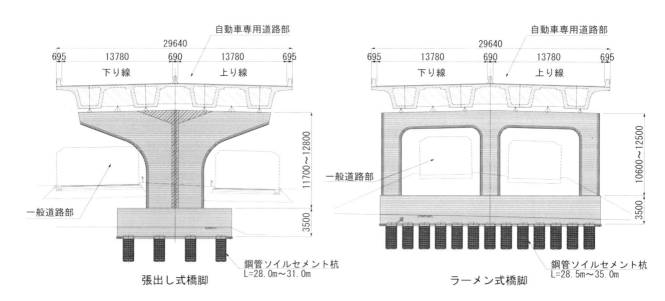

図2.4.1 橋梁の概要

(2) 採用理由

設計・施工一括方式で発注された本工事では，以下に示す要求および制約を解決するため本工法が採用された．

・18ヵ月で工事を完成させる必要があった．
・民家が密集した閑静な住宅街であり，周辺環境への負荷をできるだけ低減させる必要があった．
・桁下一般道の改良工事を並行して行う必要があった．
・工事区域を横断する数本の交差道路があった．
・工事で使用できるヤード面積に制限があった．

(3) 実施内容

a) 下部工のプレキャスト化

橋脚の施工には，ハーフプレキャスト工法が採用された．箱形のＰＣａ部材は，工場で製造された後，現

場に運搬された．積み上げられたＰＣａ部材は，型枠兼用として使用され，中詰めコンクリートが打ち込まれて橋脚として構築された．帯鉄筋がＰＣａ部材に埋め込まれており，鉄筋組み立ての省力化が図られるとともに，工期は従来工法の約半分に短縮できた．図 2.4.2 にＰＣａ部材の概要を，図 2.4.3 にハーフプレキャスト工法による橋脚の施工順序の概要を示す．

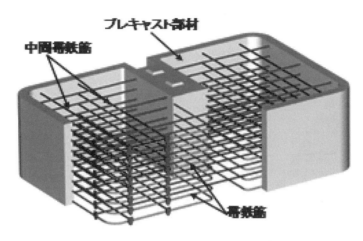

図 2.4.2　ＰＣａ部材の概要[2]

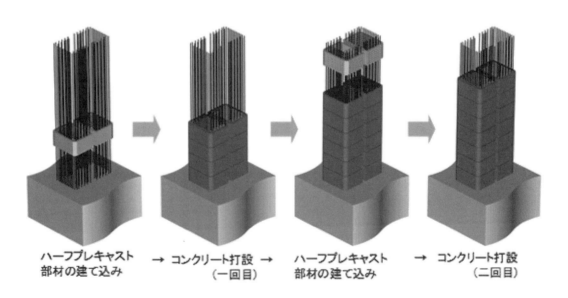

図 2.4.3　ハーフプレキャスト工法による橋脚の施工[2]

b) 上部工のプレキャスト化

上部工の施工には，後方組立方式スパンバイスパン工法が採用された．主桁は，工場で製作するプレキャストセグメントとし，桁下作業の制約があるため橋面上で主桁を組み立て，これを一括架設している．この工法の採用により，施工現場での環境負荷を低減し，騒音および振動も最小限に抑えることが可能となった．また，主桁は，軽量化を図るため張出し床版を省いたコアセグメント方式を採用するとともに，架設では横移動装置の併用により，架設ガーダー基数を削減することで，工期短縮とコストが大幅に縮減された．図 2.4.4 は，後方組立方式スパンバイスパン工法の概要である．また，図 2.4.5 に，工場で製作されたコアセグメントの断面を示す．

(4) 効果

表2.4.1は，後方組立方式スパンバイスパン架設工法と従来工法との4主桁1スパン架設サイクルの工期を比較したものである．表から，橋脚部の施工に関しては，型枠兼用のPCa部材と中詰めコンクリートを採用することにより，工期が約半分に短縮されることがわかる．また，上部工に関しては，後方組立方式スパンバイスパン架設工法を採用することにより，従来工法に比べ工期が約1/2～1/3に短縮された．これらのことから，プレキャスト化を行うことにより，工事現場の生産性が向上しているといえる．さらに，架設現場の工期が短縮されることにより，騒音など周辺環境への負荷が低減された．

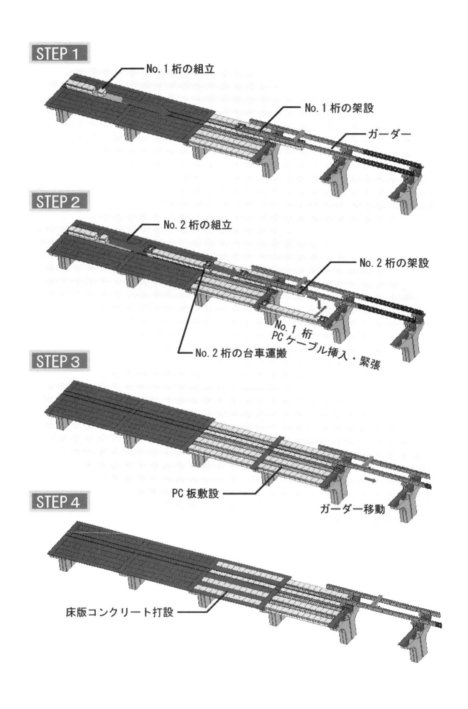

図2.4.4 後方組立方式スパンバイスパン工法の概要

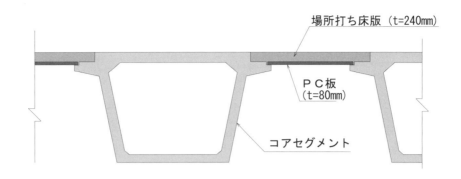

図 2.4.5 コアセグメント方式の断面

表 2.4.1 後方組立方式スパンバイスパン架設工法と従来工法との比較

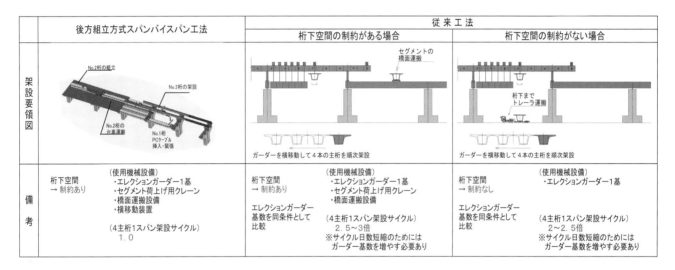

参考文献

1) 水野浩次，畠山則一，小室弥一郎，滝山浩，諸橋明，村尾光則：第二京阪道路 青山地区高架橋の設計と施工 －上下部工事においてプレキャスト工法を採用した大規模ＰＣ高架橋の急速施工－，橋梁と基礎 2010-2, pp.5-11, 2010

2) 三井住友建設株式会社ホームページ, http://www.smcon.co.jp/service/sper/

2.5 ＰＣ床版橋における場所打ち工法とプレキャスト工法の比較

(1) 概要

ここでは，橋長 25m の単純ＰＣ床版橋を場所打ち工法で施工した場合と，プレキャスト工法で施工した場合について，工期や工費などに関する比較例を示す．検討の結果，プレキャスト工法で施工した場合，現場工期は大幅に短縮されるものの，工費は若干増加する結果となった．今後，プレキャスト工法が積極的に採用されるためには，工期短縮や省力化の効果を積算に反映できる仕組みが必要である．

(2) 現状の課題

建設工事の諸条件にもよるが，一般には同じ構造物で場所打ち工法による施工と，プレキャスト工法による施工を比較した場合，建設費はプレキャスト工法のほうが大きくなる傾向にある．プレキャスト工法は，現場工期の短縮やそれに伴う社会便益の向上，現場施工の省力化や省人化，環境負荷低減，周辺環境への影響低減，および安全性の向上など，工費に反映されないメリットが多く，これらのメリットを総合的に評価できれば，場所打ち工法より有利となることも考えられる．しかしながら，実際には，経済性のみの評価によって判断され，場所打ち工法が選択されるケースが少なくない．すなわち，プレキャスト工法の採用が進まない大きな要因は，経済性のみならず，工期短縮，省力化，社会便益向上，環境負荷低減などを総合的に評価する手法がないことが挙げられる．

(3) 課題解決のための方策

a) 総合評価方式の積算方法の導入

ＬＣＣによる評価方法の導入や，工期短縮，省力化，社会便益向上，環境負荷低減などを総合的に評価できる積算方法を確立し導入することによって，プレキャスト化が普及すると考えられる．

b) 比較事例

ある施工条件の仮定のもとに，橋長 25m，総幅員 10.5m の単純ＰＣ床版橋を場所打ち工法（場所打ち中空床版橋）とプレキャスト工法（プレテンション方式ＰＣ床版橋）で施工した場合について，工期と工費を比較した結果を**表 2.5.1**に示す[1]．なお，プレキャスト工法で使用するＰＣ桁は，JIS A 5373 道路橋用ＰＣ橋げたのスラブ橋げたである．**図 2.5.1**および**図 2.5.2**に，ここで比較した場所打ち工法とプレキャスト工法のイメージを示す．

表 2.5.1　工期および工費の比較

工種	現場工期	工費（単位：百万円）					
		現場労務費	現場材料費	製作運搬費	機械費	管理費等	計
場所打ち工法	4ヵ月	10.7	12.7	−	0.2	18.2	41.8 (1.00)
プレキャスト工法	2ヵ月	1.8	4.6	22.4	0.7	16.6	46.1 (1.10)

(4) 効果

上記の比較の例では，場所打ち工法をプレキャスト工法に変更することで，全体の工費は１割程度増加することがわかる．一方，工期に着目すると，現場における工期は，場所打ち工法をプレキャスト工法に変更することで，4ヵ月から2ヵ月と約半分に短縮され，省力化が可能となることがわかる．さらには，おそら

くこの橋梁が完成することにより交通の便が改善されるであろうことから，社会便益の向上が図れることも想像される．また，プレテンション方式ＰＣ橋げたは，天候に左右されることなく環境の整った工場内で生産されるため，品質の確保も容易であるといえる．

　すなわち，プレキャスト化を行うことで，工期短縮および省人化の観点から生産性が向上し，コンクリート構造物の品質の確保あるいは向上も期待できる．これらのことから，構造物の計画時に，コストだけでなく総合的な評価方法が導入されれば，プレキャスト技術の活用が促進されると考えられる．

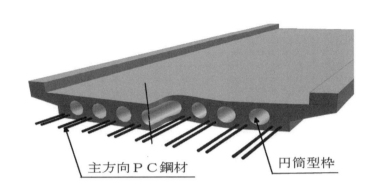

図 2.5.1　場所打ち中空床版橋[2]

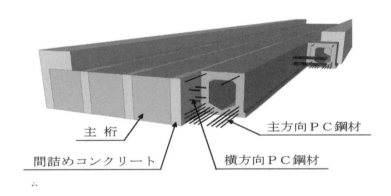

図 2.5.2　プレテンション方式ＰＣ床版橋[2]

参考文献
1) プレストレスト・コンクリート建設業協会：国土交通省地方整備局意見交換会資料，2015
2) プレストレストコンクリート工学会：コンクリート構造診断技術，2016.4

3章 河川・護岸

3.1 残存型枠式根固めブロック工の施工

(1) 概要

写真 3.1.1 に示すような，コンクリートの打込み・養生後の型枠の撤去を必要としないＰＣａ製残存型枠式の根固めブロック工法の事例を紹介する．残存型枠式の根固めブロック工法は，ＰＣａ製品を残存型枠として現地に設置し，現地にて中詰めコンクリートを打ち込む工法である．

(a) 中詰めコンクリート充填前

(b) 中詰めコンクリート充填後

写真 3.1.1 残存型枠式の根固めブロック

(2) 採用理由

- 施工区域にてクレーンが届かない場所があったため，吊上げ作業が可能なバックホウで設置する必要あった．このため，従来の根固めブロックに比べ，吊上げ時に軽量となる残存型枠式の根固めブロック工法が本現場に適していた．
- 従来のサイトプレキャスト工法に比べて型枠の組立，脱型作業がないため，省力化が図られ，施工期間が短縮できる．また，工事費は従来のサイトプレキャスト工法と同等であった．
- 軽量化されたＰＣａ製品を工場から施工現場まで運搬するため，フルプレキャスト製の根固めブロックに比べて運送費が安価となる．
- 工場製作においては，超硬練り(ゼロスランプ)コンクリートを専用機械で打込み，即時脱型が可能なため，1日100個程度の製作が可能であり，短期間で大量の残存型枠を現場に供給できる．

(3) 実施内容

写真 3.1.2 に示すように，ＰＣａ製品を残存型枠として現地に設置し，現地にて中詰めコンクリートを打ち込み，根固めブロックを構築した．

写真 3.1.2 残存型枠へのコンクリートの打込み状況

(4) 効果

表 3.1.1 に各種根固めブロック工法の比較を示す．ここで採用された残存型枠式では，施工期間はサイトプレキャスト工法に比べて 77%程度短縮できた．また，脱型が不要である等，省力化が図られた．なお，経済性に関しては，20%程度のコストダウンとなった．

表 3.1.1 各種根固めブロック工法の比較

	残存型枠式	サイトプレキャスト式	フルプレキャスト式
工法概要	プレキャストコンクリート製品を残存型枠として現地に設置し，現地にて中詰めコンクリートを打ち込むことにより，護床・根固めブロックを形作る工法．	リース品の鋼製型枠を現場近くのヤードに持ち込み，ヤードで鋼製型枠にコンクリートを打ち込むことにより，護床・根固めブロックを形作る工法．	プレキャストコンクリート製品工場で予め護床・根固めブロックを形作り，現地まで運搬して設置する工法．
経済性	0.80（20%向上）	1.00	1.11
工期	1.9 日/100 m^2 （77%短縮）	8.3 日/100 m^2	1.0 日/100 m^2
現場条件	ブロック仮置ヤードが必要，大型クレーンが設置できるスペースが必要．バックホウでの設置も可．	ブロック製作ヤードが必要，大型クレーンが設置できるスペースが必要．	ブロック仮置きヤードが必要，大型クレーンが設置できるスペースが必要．
施工性	型枠組立・脱型作業が不要．	横取り，積込み，荷卸が必要．また，重量によりクレーンの制約を受ける場合がある．	そのまま設置できるが，重量によりクレーンの制約を受ける場合がある．

3.2 残存型枠による河川・海岸堤防の護岸基礎の施工

(1) 概要

河川および海岸堤防の護岸基礎工事において，図3.2.1に示すようにPCa部材を残存型枠として用いた事例を示す．

従来，現場施工にて構築されていた河川・海岸堤防の基礎工は，河川からの湧水や海象条件等の影響を受け型枠設置および撤去等に長期間の工期を要することや，軟弱地盤等では鋼矢板やタイロッドを使用する場合があり，型枠の設置作業が煩雑である等の課題があった．課題を解決する手段として残存型枠を使用する工法が採用された．

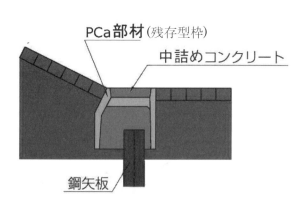

図3.2.1 残存型枠（PCa部材）による護岸基礎工

(2) 採用理由

- 残存型枠を外型枠とし中詰めコンクリートを打設することにより，現場での型枠設置および撤去作業を省略することができる．
- 中詰めコンクリートの代わりに，中詰め材として現地で発生するコンクリート塊を使用することにより，省資源化が図れる．
- 現場における作業を機械化することにより人力作業が減り，建設労働災害のリスクが軽減できる．
- 現場における施工管理（品質管理・写真管理等）が軽減できる．

(3) 実施内容

河川・海岸堤防の護岸基礎工を，以下の手順により構築した．

- 残存型枠の据付け（**写真3.2.1**）
- 中詰め材の充填

    コンクリートの打込み（**写真3.2.2**），または，コンクリート塊の充填（**写真3.2.3**）

(a) 河川堤防　　　　　　　　　　　　　(b) 海岸堤防

写真 3.2.1　残存型枠の据付け

写真 3.2.2　中詰めコンクリートの打込み　　　写真 3.2.3　コンクリート塊の使用

(4) 効果

　護岸基礎工にＰＣａ部材を残存型枠として採用することにより，省力化・省人化・建設労働災害の軽減および現場における施工管理が軽減された．また，残存型枠を使用しない場合と比較して，工期が約70％短縮された．

3.3 残存型枠による海岸の波返しの施工
(1) 概要
　海岸の波返し構築工事において，図 3.3.1 に示すようにＰＣａ部材を残存型枠として用いた事例を示す．
　従来，現場施工にて構築されていた海岸の波返しは，海象条件等の影響を受け長期間の工期を要すること，海側の足場の設置が困難なこと，円形型枠の設置等に熟練作業が必要である等の課題があった．課題を解決する手段として残存型枠を使用する工法が採用された．

図 3.3.1　残存型枠により施工した海岸の波返し

(2) 採用理由
・残存型枠を外型枠とし中詰めコンクリートを打ち込むことにより，現場での型枠設置および撤去作業を低減することができる．
・波返し部の円形型枠が不要となるため，熟練作業を必要としない．
・残存型枠を陸側から据え付けることができ，海象条件の影響を受けにくいため，工期短縮が可能である．
・現場における作業を機械化することにより人力作業が減り，建設労働災害のリスクが軽減できる．
・現場における施工管理（品質管理・写真管理等）が軽減できる．

(3) 実施内容
　海岸の波返しを以下の手順により構築した．
・基礎の施工（写真 3.3.1）
・残存型枠の据付け（写真 3.3.2）
・陸側型枠の設置
・中詰めコンクリートの打込み
・陸側型枠の撤去（写真 3.3.3）

写真 3.3.1　基礎の施工

写真 3.3.2　残存型枠の据付け

写真 3.3.3　陸側型枠の撤去

(4) 効果

　ＰＣａ部材を残存型枠として使用することにより，省力化・省人化・建設労働災害の軽減および現場における施工管理が軽減された．また，残存型枠を使用しない場合と比較して，工期が約 20％短縮された．

3.4 残存型枠による漁港岸壁および海岸岸壁の腹付け工の施工

(1) 概要

漁港岸壁および海岸岸壁の腹付け工事において，図3.4.1に示すようにPCa部材を残存型枠として用いた事例を示す．

従来，現場施工にて鋼製型枠等により構築されていた漁港岸壁および海岸岸壁の腹付け工は，海象条件等の影響を受け長期間の工期を有することや，写真3.4.1に示すように波浪による型枠の損壊や，型枠設置および解体において大きな作業ヤードが必要となる等の課題があった．さらに，写真3.4.2に示すような閉塞空間での作業となり，作業効率および安全性にも課題があった．課題を解決する手段として残存型枠を使用する工法が採用された．

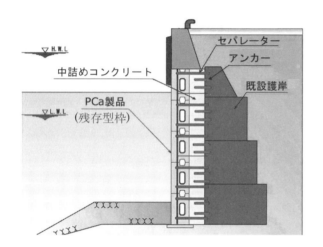

図3.4.1 残存型枠による岸壁の構築

写真3.4.1 波浪による型枠損壊事例

写真3.4.2 閉塞空間での作業状況

(2) 採用理由

- 残存型枠を外型枠とし中詰めコンクリートを打ち込むことにより，現場での型枠設置および撤去作業を省略することができる．
- 鋼製型枠より小さな残存型枠を使用することで，波浪の影響を受けにくくなるとともに，陸側から据え付けることにより，海象条件の影響を受けにくいため，工期短縮が可能である．
- 残存型枠を1段毎に据え付けることにより閉塞空間を少なくし，現場における作業性が改善されるとともに，建設労働災害が軽減できる．
- 現場における施工管理（品質管理・写真管理等）が軽減できる．

(3) 実施内容

漁港岸壁および海岸岸壁の腹付け工を，以下の手順により構築した．

- 基礎の施工
- 残存型枠の据付け（**写真 3.4.3**）
- セパレータによる既設護岸との連結（**写真 3.4.4**）
- 中詰めコンクリートの打込み
- 現場施工による上部工の施工（**写真 3.4.5**）

写真 3.4.3　残存型枠の据付け

写真 3.4.4　セパレータによる連結

写真 3.4.5　上部工の施工

(4) 効果

ＰＣａ部材を残存型枠として使用することにより，省力化・省人化・建設労働災害の軽減および現場における施工管理が軽減された．また，残存型枠を使用しない場合と比較して，工期が約30％短縮された．

3.5 残存型枠による矢板および鋼管の上部コーピング工の施工

(1) 概要

矢板または鋼管の上部コーピング構築工事において，図3.5.1に示すように，PCa部材を残存型枠として用いた事例を示す．

従来，図3.5.2に示すように現場施工にて構築されていた矢板および鋼管の上部コーピング工は，河川や海象条件等の影響を受け長期間の工期を有することや，型枠組立・撤去および鉄筋配置において河川側や海側からの施工が必要となり，安全性の問題，および，型枠工・潜水夫等の熟練作業者が必要となる課題があった．また，ドライワークとするためには，図3.5.3に示すように仮締切等の仮設費が増大する課題があった．課題を解決する手段として残存型枠を使用する工法が採用された．

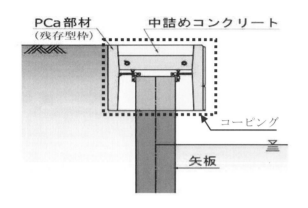

図3.5.1 残存型枠によるコーピング工

(2) 採用理由

- 残存型枠を外型枠とし中詰めコンクリートを打ち込むことにより，現場での型枠設置および撤去作業を省略することができる．
- 陸側から残存型枠を据え付けることにより，気象条件や海象条件の影響を受けにくいため，工期短縮が可能である．
- 現場における作業を機械化することにより人力作業が減り，建設労働災害のリスクが軽減できる．
- 現場における施工管理（品質管理・写真管理等）が軽減できる．

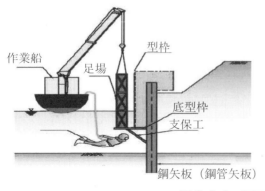

図3.5.2 河川側からの施工事例

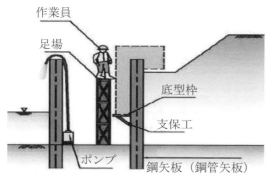 

図 3.5.3 仮締切りを採用した施工事例

(3) 実施内容

コーピング工を以下の手順により構築した．

- 残存型枠の据付け（**写真 3.5.1**）
- 中詰めコンクリートの打込み（**写真 3.5.2**）

写真 3.5.1 残存型枠の据付け

写真 3.5.2 中詰めコンクリートの打込み

(4) 効果

コーピング工にＰＣａ部材を残存型枠として採用することにより，省力化・省人化・建設労働災害の軽減および現場における施工管理が軽減された．また，残存型枠を使用しない場合と比較して，工期が約 40～60% 短縮できた．

4章　その他

4.1　鉄道営業線直上におけるハーフプレキャストコンクリートの活用[1),2)]

(1) 概要

図4.1.1に示す鉄道地下駅の改築工事における，ハーフプレキャスト（以下，ハーフPCa）床版による営業線直上の床版構築の事例を示す．なお，鉄道営業線直上におけるハーフPCaの活用については，仮線方式での施工が困難な都市部の高架橋の構築において，2004年に初めて実適用された後[3),4)]，用地確保の困難な都市部の立体交差事業において適宜活用されている[5)]．

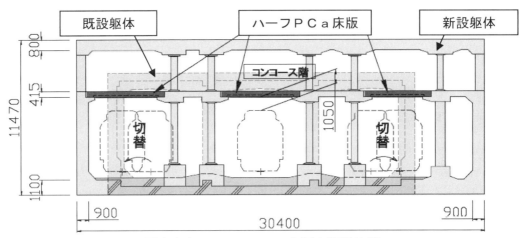

図4.1.1　ハーフPCa床版の設置位置

(2) 採用理由

当初，中床版は場所打ちRCで計画されていたが，以下の条件が課題であった．
・営業線上の狭い空間に足場や型枠支保工等の仮設材を設置する必要がある．
・作業は夜間の線路閉鎖および軌電停止中の3時間以内という時間的制約がある．
・施工中の漏水等直下の営業線への影響も懸念される．

そこで，中床版施工の合理化を図り，列車運行を確保するため，施工方法の比較検討が行われた．支保工案は，仮線切替えが必要となるが，地下空間内にそのスペースを確保できない．吊型枠案は，吊架線と受け鋼材との離隔が確保できず，吊架線との接触等，安全確保が困難となる．フルPCa案は，部材重量が重く，据付け時のハンドリングが困難であり，場所打ち部分（受台部）との接合が剛結合と見なせないといった課題がある．よって，上記の課題を解決できるハーフプレキャスト案が最も適していると判断され，採用された．

(3) 実施内容

a) 概要

ハーフPCa床版は，合計厚さ415mmを標準とし，下部165mmを工場製作のPCa床版，上部250mmを場所打ちコンクリート造とする合成構造である．ハーフPCa床版には，本体躯体と接続する主鉄筋，場所打ちコンクリートとの一体化を目的としたトラス筋やせん断補強筋，隣接するPCa床版との一体性を確保するループ筋，およびPC鋼線が内蔵されている．ハーフPCa床版の断面，場所打ち部との接合部は**図4.1.2**，**図4.1.3**のとおりである．

ハーフPCa床版は地下構内での作業性を考慮し，重量約2.2t，長さL=3,970〜5,460mm，幅995mmとし

ている．ハーフＰＣａ床版を所定の位置にセットして下側主鉄筋を支承部に接続した後，上側主鉄筋および配力筋を現地にて接続し，コンクリートを打込んでいる．

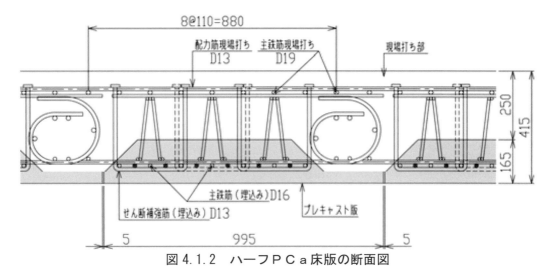

図 4.1.2　ハーフＰＣａ床版の断面図

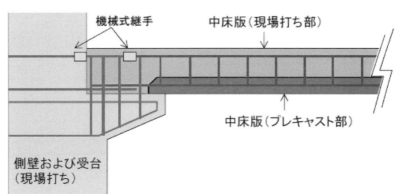

図 4.1.3　ハーフＰＣａ床版の接続部（イメージ）

b) 部材止水対策

営業線直上でコンクリートを打ち込むため，漏出対策が必要となる．本事例では，ハーフＰＣａ床版の設置に先立ち，支承部に弾性緩衝目地材を設置している．同材はハーフＰＣａ床版の設置時の不陸調整を目的とするとともに，支承部からのコンクリートの漏出を防止するものである．また，ハーフＰＣａ床版間の目地部にも同様にコンクリート漏出防止と，目地幅調整を目的とした目地材を貼り付けている．いずれの部材ともクロロプレンゴム製の目地材を使用している．目地材はハーフＰＣａ床版褄部に予め貼付し，版架設時に作用する引寄せ力により，ゴム体を圧縮して，止水性を確保することとしている（図 4.1.4）．

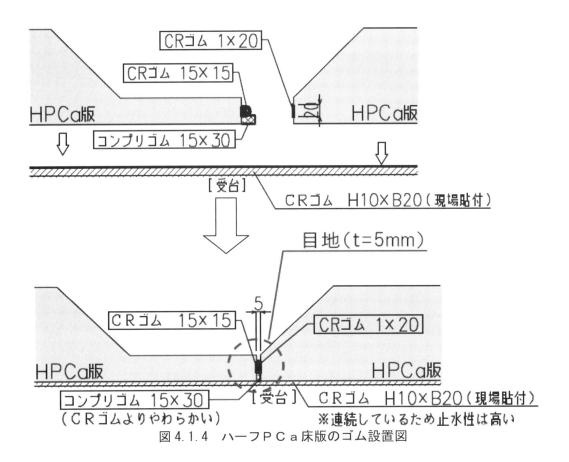

図4.1.4 ハーフPCa床版のゴム設置図

c) ハーフPCa床版の設置および固定

ハーフPCa床版の設置および固定については，その施工精度が止水性のみならず，鉄筋の配置精度にも影響するため，部材として必要な耐力を確保するためにも高い精度が必要となっている．ハーフPCa床版の設置は，架設方向を一方向に限定したうえで，1基の床版を架設するごとに緊張機を用いて引き寄せ，目地材を調整し所定の位置に架設している（**図4.1.5**）．床版間および床版と支承部は，固定具を用いてハーフPCa床版を連結している．このような設置・固定方法により，精度の向上を図っている（**図4.1.6**）．

図4.1.5 ハーフPCa床版設置状況

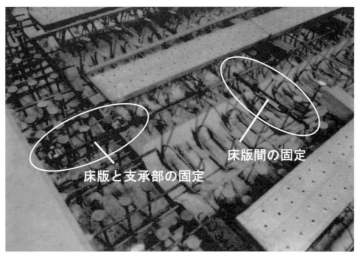

図 4.1.6 ハーフ P C a 床版固定状況

(4) 効果

本事例におけるプレキャスト化の効果は以下のとおりである．

- 鉄道への安全性確保：施工中の漏水がなく，列車運行に支障なく施工することができた．
- 低コスト化：すべてを場所打ちコンクリートで施工した場合と比べて，型枠支保工および防護工が不要となったことで，コストが1割低減された．
- 工期短縮：すべてを場所打ちコンクリートで施工した場合と比べて工期が短縮された．

参考文献

1) 坪内雅嗣，西井忠士，佐藤清，田中浩一，岡直彦：地下鉄営業線の大規模改良（その2）－ハーフプレキャスト中床版の性能検証試験－，土木学会第 67 回年次学術講演会概要集，Ⅵ-585，pp. 1169〜1170，2012．
2) 増見雅臣，角谷雄大，福井孝夫，一本松新：地下鉄営業線の大規模改良（その3）－地下函体内での中床直上高架の施工－，土木学会第 67 回年次学術講演会概要集，Ⅵ-586，pp. 1171〜1172，2012．
3) 須藤英明，小西哲司，山本隆昭，古賀誠：ハーフプレキャスト工法による鉄道営業線直上高架橋部材の設計製作，土木学会第 59 回年次学術講演会，Ⅴ-161，pp. 319〜320，2004．
4) 須藤英明，小西哲司，山本隆昭，古賀誠：ハーフプレキャスト工法による鉄道営業線直上高架橋部材の施工実績，土木学会第 60 回年次学術講演会，Ⅴ-264，pp. 527〜528，2005．
5) 小倉俊幸他：小特集 京急蒲田駅付近連続立体交差事業，橋梁と基礎，Vol. 43，2011．

4.2　ダム堤体におけるプレキャスト部材の活用

(1) 概要

　大分県日田市に位置する大山ダムでは，以下のような様々なＰＣａ製品が採用された[1]．ダム堤体の洪水吐や高欄のコンクリート打込み工事で，型枠の設置，解体が困難な部分にＰＣａ製の残存型枠を使用した事例を紹介する．

・ダム堤体のＰＣａ製品採用箇所
- 1) 堤体内通廊水平部
- 2) エレベーターシャフト（**写真4.2.1**）
- 3) 常用洪水吐呑口張出部
- 4) 非常用洪水吐呑口張出部
- 5) 常用洪水吐スラブ部分
- 6) 下流勾配変化部分
- 7) 天端道路地覆張出部分および高欄（**写真4.2.2**）
- 8) 天端橋梁

写真4.2.1　エレベーターシャフト（ＰＣａ製品）

写真4.2.2　天端道路高欄（ＰＣａ製品）

(2) 採用理由

　大山ダムでは，早期の供用開始が求められる状況下において，ダム特有の張出構造物や形状変化部での高所作業を軽減させる安全管理が最重要事項であった．このような背景のもと，工程確保，および高所の型枠解体作業の軽減対策として，ＰＣａ製品の採用は有効な手段の一つであった．

(3) 実施内容

ダム堤体の洪水吐や高欄のコンクリート打込み工事で，現場打ち工法において型枠の設置，解体が困難な部分に**写真4.2.3**に示すようなＰＣａ製の残存型枠を用いた．

写真4.2.3　洪水吐部にＰＣａ製の残存型枠を利用

(4) 効果

ダム堤体工事でＰＣａ製の残存型枠等を利用することにより，工期短縮，型枠設置・解体作業の省力化や熟練工が不要になる等の効果があった．さらに，外足場が不要となり，内側からの作業のみとなるため，安全性の大幅な向上も図れた．

参考文献

1) 岡本弾，小林太，鈴木敦，片山強：大山ダム建設工事におけるプレキャストコンクリート製品採用事例，コンクリート工学，Vol.50，No.6，pp.534〜539，2012

4.3 地上式ＰＣＬＮＧタンク構築における埋設型枠の活用による工程短縮

(1) 概要

近年，ＬＮＧの需要増加に対応するため，全国でＬＮＧ基地の早期運用開始が要求されており，大幅な工期短縮が求められることが多い．しかし，建設会社と機械メーカーが共同で建設をするＰＣＬＮＧタンクでは，土木工事のみ工程短縮をしても，機械工事の工程がクリティカルパスとなり，全体工程の大幅な短縮が難しいという課題があった．そこで，この課題を解決するために「多目的ポスト」，「埋設型枠」を用いた地上式ＰＣＬＮＧタンクの防液堤の新たな構築方法（図 4.3.1）が採用された．その結果，機械工事の着手を4ヶ月程度早めることが可能となった[1]．

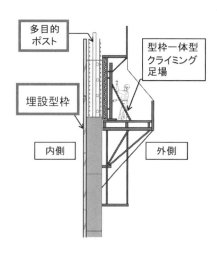

図 4.3.1　埋設型枠を利用した防液堤の構築方法

(2) 採用理由

地上式ＰＣＬＮＧタンクの構造概要図を図 4.3.2 に示す．各部位のうち①外槽屋根，②内槽タンク，③保冷材および④外槽ライナの工事は機械メーカーの所掌（以下，機械工事），⑤ＰＣ防液堤，⑥基礎版および⑦基礎杭の工事はゼネコンの所掌（以下，土木工事）である．

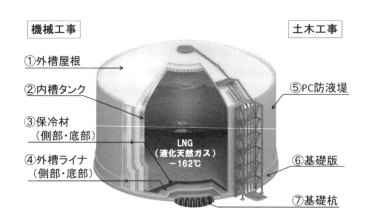

図 4.3.2　地上式ＰＣＬＮＧタンク構造概要

従来の地上式ＰＣＬＮＧタンクにおける構築順序の一例を図 4.3.3(a)に示す．まず，土木工事において基礎杭の打込み，基礎版の構築（Step1），枠組足場を用いた防液堤下部の構築（Step2）を行う．その後，ブラケット足場等に切り替え防液堤上部の構築（Step3）を行う．一方，機械メーカーは，最初に基礎版上面の外

槽ライナ工事を行うため，基礎版上面の土木の資材が完全に撤去された後，すなわち，ブラケット足場等に切り替えた後（Step3）に工事着手する．機械工事の着手後は，土木工事と機械工事が同時並行で行われることになる．

このように，従来のPCLNGタンクの構築順序では，土木工事において防液堤下部を構築し，内側足場を枠組足場からブラケット足場等に切り替えるまで，基礎版上面を機械工事へ引き渡すことができなかった．

そこで，防液堤構築時の内側足場を完全になくすことができれば，機械工事の早期着工が可能になるとの考えから，防液堤内側に埋設型枠が採用された（図4.3.3(b)）．

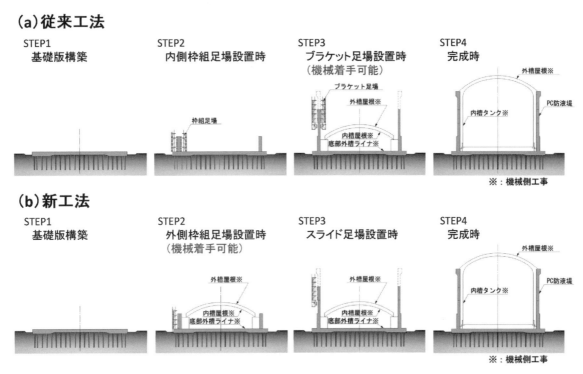

図4.3.3　PCLNGタンクの構築順序と機械工事の着手時期

(3)実施内容

防液堤内面側に「埋設型枠」およびその固定に「多目的ポスト」を採用した新しい工法[1]が適用された（図4.3.1）．各部位の構造とその特徴を以下に示す．

a)多目的ポスト

多目的ポストは，PC防液堤の中央部に配置する仮設の形鋼（H形鋼等）である．この仮設鋼材を，埋設型枠を設置する際の足場用支柱，および仮固定・反力架台として使用している．また，多目的ポストは埋込み金物やPCシース管の設置用架台，コンクリート打込み配管架台として使用することができ，さらに，機械工事にも利用できるものとなっている．

b)埋設型枠

防液堤の内側に設置する埋設型枠は，躯体内に残置する鉄筋コンクリート製のPCa部材である．埋設型枠の概要と仮置き状況を図4.3.4と写真4.3.1にそれぞれ示す．地上に仮置きした埋設型枠をクレーンで揚重し，隣接する埋設型枠同士をボルトにより接続固定する構造である．設置作業は全てPC防液堤の外側から行うことができ，一般的な型枠資材や，型枠設置および撤去用の内側足場は不要となっている．なお，この埋設型枠は有効断面としては考慮されておらず，かぶりとしても考慮されていない．

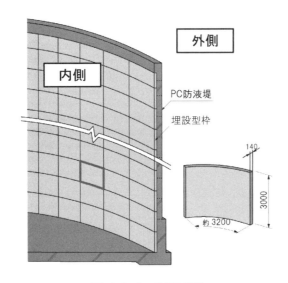
図4.3.4 埋設型枠

写真4.3.1 埋設型枠の仮置き状況

(4) 効果

　従来工法により建設された地上式PCLNGタンク(18万kL)と，新工法を適用した地上式PCLNGタンク(20万kL)の構築状況を図4.3.5に示す．基礎版打設後120日目の状況を比較すると，従来工法は，この時点でブラケット足場への切替えが完了し，機械工事が着手可能となるが，新工法では基礎版コンクリート打込み後の2週間後には上下作業のリスクがない状態で機械工事が着手でき，120日後には機械工事の底部ライナの設置工事が完了して屋根工事が開始されている．このようにして，安全性を向上させながら全体工期3年程度の中で，従来工法のタンクよりも4ヶ月程度の工期短縮が可能となった．また，防液堤の真円度，鉛直精度および内面平滑性が向上した．

(a) 従来工法

(b) 埋設型枠を利用した新工法

図4.3.5 従来工法との比較（基礎版構築後120日）

参考文献

1) 北郷徳久，香山治彦，仁井田将人，西宮　暁，小林祐樹：PCLNG貯槽の建設工期を大幅に短縮する新工法 - Dual PC Speed Erection 工法の開発 -，配管技術，Vol.57, No.2, pp.29-35, 2015.02

4.4 プレキャスト製品の搬送・据付け工法の活用

(1) 概要

図 4.4.1 に示すようなＰＣａ製品の搬送・据付け工法の事例を示す．

通常ＰＣａ製品は，写真 4.4.1 に示すようにラフテレーンクレーンなどにより吊り上げて据付けられる．しかし，高架下・電線下・住宅密集地・仮設材密集現場等でのクレーンによる据付けが困難な現場条件の場合は，現場施工にて対応しなければならなかった．また，このような場所では資材搬入も困難であり，現場施工における生産性が低下する課題があった．上記の課題を解決するために，ＰＣａ製品の搬送・据付け工法が採用された．

図 4.4.1　ＰＣａ製品の搬送・据付け工法

写真 4.4.1　クレーンによるＰＣａ製品の据付け事例

(2) 採用理由

クレーンでの施工が困難な現場において採用される．

(3) 実施内容

プレキャスト製品搬送据付け工法は以下に示す2通りがある．ボックスカルバート・Ｌ型擁壁・三面水路等の様々なＰＣａ製品に対応できる．

1) 製品搬送据付け専用装置（写真 4.4.2）によるＰＣａ製品の搬送および据付け
2) ＰＣａ製品のベアリング（鋼球）による搬送（図 4.4.2），または，エアー浮上による搬送（図 4.4.3）および据付け

ＰＣａ製品の搬送・据付け工法での施工例を**写真4.4.3〜写真4.4.6**に示す．また，**写真4.4.7，写真4.4.8**に示すように，曲線部や勾配部における搬送・据付けも可能である．

写真4.4.2　製品搬送据付け専用装置

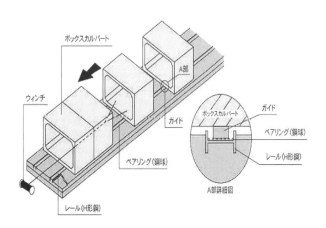 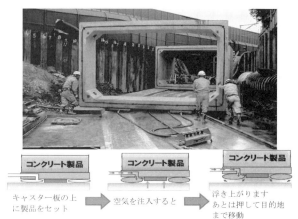

図4.4.2　ベアリング（鋼球）による搬送　　図4.4.3　エアー浮上による搬送

写真4.4.3　高架下の場合　　　　　　　　　写真4.4.4　住宅密集地の場合

写真 4.4.5　仮設材密集現場の場合

写真 4.4.6　樹木の伐採が困難な場合

写真 4.4.7　曲線対応

写真 4.4.8　勾配対応

(4) 効果

　クレーン施工の困難な現場条件において，ＰＣａ製品の搬送・据付け工法を採用することにより，省力化・省人化が可能となった．また，本工法を採用しない場合と比較して，工期が約 20％短縮できた．

4.5 防護柵基礎等が一体化されたプレキャスト製品による早期交通解放

(1) 概要

道路拡幅工事で防護柵がある場合には，ＰＣａ製品により施工される事例が増加している．現状では図4.5.1に示すように，いくつかの部材を現地で組み立てて施工されている．また，工事期間中は，全面通行止めや片側通行等の交通規制のため，住民生活または緊急車両の通行に支障があり，早期交通解放や通行車両への支障の軽減が求められている．ここでは，道路拡幅工事等において，さらなる早期交通解放のために採用された防護柵基礎等が一体化されたＰＣａ製品の事例を紹介する．

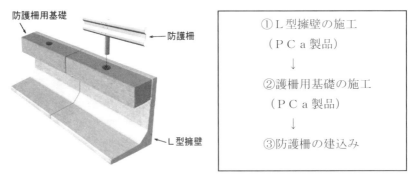

図 4.5.1　Ｌ型擁壁による道路拡幅工事の事例

(2) 採用理由

道路拡幅工事でＰＣａ製品が採用される一般的な理由は以下のとおりである．

・工期中の交通規制および緊急車両の通行の支障を軽減できる．
・道路谷側を拡幅する場合は，足場工および支保工等の仮設が削減できる．
・現場における施工管理（品質管理・写真管理等）が軽減できる．

代表的な個別事例の採用理由を以下に述べる．

a) 防護柵建込用Ｌ型擁壁

図4.5.2に示した防護柵建込用Ｌ型擁壁は，道路幅員を最大限に確保でき，据付け後すぐに防護柵の建込みが可能となり，交通解放が早期に行える．

図 4.5.2　防護柵建込用Ｌ型擁壁

b) 剛性防護柵一体型Ｌ型擁壁

図4.5.3に示した剛性防護柵一体型Ｌ型擁壁は，高速道路や幹線道路のランプ・インターチェンジ等で使用することにより，交通解放が早期に行える．

図 4.5.3　剛性防護柵一体型 L 型擁壁

c) 張出車道（張出歩道）

図 4.5.4 に示した張出車道（張出歩道）は，道路側から据付けが可能で，谷側の足場工および支保工等が不要なため，交通解放が早期に行える．

図 4.5.4　張出車道（張出歩道）

(3) 実施内容

一例として，防護柵建込用 L 型擁壁の施工手順を以下に示す．

基礎の施工　→　ＰＣａ製品の据付け（**写真 4.5.1**）→　埋め戻し，舗装→防護柵の建込み（**写真 4.5.2**）

写真 4.5.1　ＰＣａ製品の据付け　　　　　写真 4.5.2　防護柵の建込み

(4) 効果

道路拡幅工事において防護柵基礎等が一体化されたＰＣａ製品を採用することにより，省力化・省人化・建設労働災害の軽減および現場における施工管理が軽減された．また，ＰＣａ製品を採用しない場合と比較して，工期が約 40% 短縮された．

4.6 鉄筋コンクリート製階段のプレキャスト化

(1) 概要

鉄筋コンクリート製の階段は現場打ちによる施工も可能であるが，立上り部の浮き型枠等の煩雑な作業が多く，品質（寸法精度や出来映え）の確保も容易ではない．一般的にプレキャスト工法は現場打ち工法に比べコストアップとなるが，品質確保の観点では非常に有利であり，同時に現場における工期や労務の削減にも効果がある．

ここでは，雨水貯留施設のポンプ棟建設工事において，避難階段をＰＣａ部材により施工した事例を示す（写真4.6.1）．

(2) 採用理由

本事例におけるプレキャスト化の主目的は工期短縮である．下水道施設をニューマチックケーソン工法で施工するにあたり，躯体工程の短縮が重要な課題であった．そのため，施工日数が掛かる階段のＰＣａ部材が採用された．

写真4.6.1　ＰＣａ製階段

(3) 実施内容

a) ＰＣａ製階段の概要

　階段用途：ポンプ井の避難階段
　階段形状：幅1,240mm　段数9段
　製作基数：18基

b) 施工概要

工場で製作した階段を現場に搬入し（写真4.6.2），50tクローラクレーンにより所定の位置に据え付けている．踊り場部を現場打ちにより接続・固定している．この繰返しにより，躯体の進捗に合わせて順次階段部を構築した．

(4) 効果

ＰＣａ製階段の採用により，現場での作業時間は，階段1基あたり10日間（現場打ち11.5日，プレキャスト1.5日）の短縮効果があった．

写真4.6.2　ＰＣａ製階段の搬入状況

また，下記の観点で品質も向上した．

・同一型枠で工場生産したため，寸法精度が良好である．

・仕上り面（美観）において，現場打ちに比べ格段に良い結果が得られている．

●コンクリートライブラリー一覧●

号数：標題／発行年月／判型・ページ数／本体価格

第 1 号：コンクリートの話－吉田徳次郎先生御遺稿より－／昭.37.5 ／ B5・48 p.
第 2 号：第 1 回異形鉄筋シンポジウム／昭.37.12 ／ B5・97 p.
第 3 号：異形鉄筋を用いた鉄筋コンクリート構造物の設計例／昭.38.2 ／ B5・92 p.
第 4 号：ペーストによるフライアッシュの使用に関する研究／昭.38.3 ／ B5・22 p.
第 5 号：小丸川 PC 鉄道橋の架替え工事ならびにこれに関連して行った実験研究の報告／昭.38.3 ／ B5・62 p.
第 6 号：鉄道橋としてのプレストレストコンクリート桁の設計方法に関する研究／昭.38.3 ／ B5・62 p.
第 7 号：コンクリートの水密性の研究／昭.38.6 ／ B5・35 p.
第 8 号：鉱物質微粉末がコンクリートのウォーカビリチーおよび強度におよぼす効果に関する基礎研究／昭.38.7 ／ B5・56 p.
第 9 号：添えばりを用いるアンダーピンニング工法の研究／昭.38.7 ／ B5・17 p.
第 10 号：構造用軽量骨材シンポジウム／昭.39.5 ／ B5・96 p.
第 11 号：微細な空きぎてん充のためのセメント注入における混和材料に関する研究／昭.39.12 ／ B5・28 p.
第 12 号：コンクリート舗装の構造設計に関する実験的研究／昭.40.1 ／ B5・33 p.
第 13 号：プレパックドコンクリート施工例集／昭.40.3 ／ B5・330 p.
第 14 号：第 2 回異形鉄筋シンポジウム／昭.40.12 ／ B5・236 p.
第 15 号：デイビダーク工法設計施工指針（案）／昭.41.7 ／ B5・88 p.
第 16 号：単純曲げをうける鉄筋コンクリート桁およびプレストレストコンクリート桁の極限強さ設計法に関する研究／昭.42.5 ／ B5・34 p.
第 17 号：MDC 工法設計施工指針（案）／昭.42.7 ／ B5・93 p.
第 18 号：現場コンクリートの品質管理と品質検査／昭.43.3 ／ B5・111 p.
第 19 号：港湾工事におけるプレパックドコンクリートの施工管理に関する基礎研究／昭.43.3 ／ B5・38 p.
第 20 号：フライアッシュを混和したコンクリートの中性化と鉄筋の発錆に関する長期研究／昭.43.10 ／ B5・55 p.
第 21 号：バウル・レオンハルト工法設計施工指針（案）／昭.43.12 ／ B5・100 p.
第 22 号：レオバ工法設計施工指針（案）／昭.43.12 ／ B5・85 p.
第 23 号：BBRV 工法設計施工指針（案）／昭.44.9 ／ B5・134 p.
第 24 号：第 2 回構造用軽量骨材シンポジウム／昭.44.10 ／ B5・132 p.
第 25 号：高炉セメントコンクリートの研究／昭.45.4 ／ B5・73 p.
第 26 号：鉄道橋としての鉄筋コンクリート斜角げたの設計に関する研究／昭.45.5 ／ B5・28 p.
第 27 号：高張力異形鉄筋の使用に関する基礎研究／昭.45.5 ／ B5・24 p.
第 28 号：コンクリートの品質管理に関する基礎研究／昭.45.12 ／ B5・28 p.
第 29 号：フレシネー工法設計施工指針（案）／昭.45.12 ／ B5・123 p.
第 30 号：フープコーン工法設計施工指針（案）／昭.46.10 ／ B5・75 p.
第 31 号：OSPA 工法設計施工指針（案）／昭.47.5 ／ B5・107 p.
第 32 号：OBC 工法設計施工指針（案）／昭.47.5 ／ B5・93 p.
第 33 号：VSL 工法設計施工指針（案）／昭.47.5 ／ B5・88 p.
第 34 号：鉄筋コンクリート終局強度理論の参考／昭.47.8 ／ B5・158 p.
第 35 号：アルミナセメントコンクリートに関するシンポジウム；付：アルミナセメントコンクリート施工指針（案）／ 昭.47.12 ／ B5・123 p.
第 36 号：SEEE 工法設計施工指針（案）／昭.49.3 ／ B5・100 p.
第 37 号：コンクリート標準示方書（昭和 49 年度版）改訂資料／昭.49.9 ／ B5・117 p.
第 38 号：コンクリートの品質管理試験方法／昭.49.9 ／ B5・96 p.
第 39 号：膨張性セメント混和材を用いたコンクリートに関するシンポジウム／昭.49.10 ／ B5・143 p.
第 40 号：太径鉄筋 D51 を用いる鉄筋コンクリート構造物の設計指針（案）／昭.50.6 ／ B5・156 p.
第 41 号：鉄筋コンクリート設計法の最近の動向／昭.50.11 ／ B5・186 p.
第 42 号：海洋コンクリート構造物設計施工指針（案）／昭和.51.12 ／ B5・118 p.
第 43 号：太径鉄筋 D51 を用いる鉄筋コンクリート構造物の設計指針／昭.52.8 ／ B5・182 p.
第 44 号：プレストレストコンクリート標準示方書解説資料／昭.54.7 ／ B5・84 p.
第 45 号：膨張コンクリート設計施工指針（案）／昭.54.12 ／ B5・113 p.
第 46 号：無筋および鉄筋コンクリート標準示方書（昭和 55 年版）改訂資料【付・最近におけるコンクリート工学の諸問題に関する講習会テキスト】／昭.55.4 ／ B5・83 p.
第 47 号：高強度コンクリート設計施工指針（案）／昭.55.4 ／ B5・56 p.
第 48 号：コンクリート構造の限界状態設計法試案／昭.56.4 ／ B5・136 p.
第 49 号：鉄筋継手指針／昭.57.2 ／ B5・208 p. ／ 3689 円
第 50 号：鋼繊維補強コンクリート設計施工指針（案）／昭.58.3 ／ B5・183 p.
第 51 号：流動化コンクリート施工指針（案）／昭.58.10 ／ B5・218 p.
第 52 号：コンクリート構造の限界状態設計法指針（案）／昭.58.11 ／ B5・369 p.
第 53 号：フライアッシュを混和したコンクリートの中性化と鉄筋の発錆に関する長期研究（第二次）／昭.59.3 ／ B5・68 p.
第 54 号：鉄筋コンクリート構造物の設計例／昭.59.4 ／ B5・118 p.
第 55 号：鉄筋継手指針（その 2）－鉄筋のエンクローズ溶接継手－／昭.59.10 ／ B5・124 p. ／ 2136 円

●コンクリートライブラリー一覧●

号数：標題／発行年月／判型・ページ数／本体価格

第 56 号：人工軽量骨材コンクリート設計施工マニュアル／昭.60.5 ／ B5・104 p.
第 57 号：コンクリートのポンプ施工指針（案）／昭.60.11 ／ B5・195 p.
第 58 号：エポキシ樹脂塗装鉄筋を用いる鉄筋コンクリートの設計施工指針（案）／昭.61.2 ／ B5・173 p.
第 59 号：連続ミキサによる現場練りコンクリート施工指針（案）／昭.61.6 ／ B5・109 p.
第 60 号：アンダーソン工法設計施工要領（案）／昭.61.9 ／ B5・90 p.
第 61 号：コンクリート標準示方書（昭和 61 年制定）改訂資料／昭.61.10 ／ B5・271 p.
第 62 号：PC 合成床版工法設計施工指針（案）／昭.62.3 ／ B5・116 p.
第 63 号：高炉スラグ微粉末を用いたコンクリートの設計施工指針（案）／昭.63.1 ／ B5・158 p.
第 64 号：フライアッシュを混和したコンクリートの中性化と鉄筋の発錆に関する長期研究（最終報告）／昭 63.3 ／ B5・124 p.
第 65 号：コンクリート構造物の耐久設計指針（試案）／平.元.8 ／ B5・73 p.
※第 66 号：プレストレストコンクリート工法設計施工指針／平.3.3 ／ B5・568 p. ／ 5825 円
※第 67 号：水中不分離性コンクリート設計施工指針（案）／平.3.5 ／ B5・192 p. ／ 2913 円
第 68 号：コンクリートの現状と将来／平.3.3 ／ B5・65 p.
第 69 号：コンクリートの力学特性に関する調査研究報告／平.3.7 ／ B5・128 p.
第 70 号：コンクリート標準示方書（平成 3 年版）改訂資料およびコンクリート技術の今後の動向／平.3.9 ／ B5・316 p.
第 71 号：太径ねじふし鉄筋 D 57 および D 64 を用いる鉄筋コンクリート構造物の設計施工指針（案）／平 4.1 ／ B5・113 p.
第 72 号：連続繊維補強材のコンクリート構造物への適用／平.4.4 ／ B5・145 p.
第 73 号：鋼コンクリートサンドイッチ構造設計指針（案）／平.4.7 ／ B5・100 p.
※第 74 号：高性能 AE 減水剤を用いたコンクリートの施工指針（案）付・流動化コンクリート施工指針（改訂版）／平.5.7 ／ B5・142 p. ／ 2427 円
※第 75 号：膨張コンクリート設計施工指針／平.5.7 ／ B5・219 p. ／ 3981 円
第 76 号：高炉スラグ骨材コンクリート施工指針／平.5.7 ／ B5・66 p.
第 77 号：鉄筋のアモルファス接合継手設計施工指針（案）／平.6.2 ／ B5・115 p.
第 78 号：フェロニッケルスラグ細骨材コンクリート施工指針（案）／平.6.1 ／ B5・100 p.
第 79 号：コンクリート技術の現状と示方書改訂の動向／平.6.7 ／ B5・318 p.
第 80 号：シリカフュームを用いたコンクリートの設計・施工指針（案）／平.7.10 ／ B5・233 p.
第 81 号：コンクリート構造物の維持管理指針（案）／平.7.10 ／ B5・137 p.
第 82 号：コンクリート構造物の耐久設計指針（案）／平.7.11 ／ B5・98 p.
第 83 号：コンクリート構造のエスセティックス／平.7.11 ／ B5・68 p.
第 84 号：ISO 9000 s とコンクリート工事に関する報告書／平 7.2 ／ B5・82 p.
第 85 号：平成 8 年制定コンクリート標準示方書改訂資料／平 8.2 ／ B5・112 p.
第 86 号：高炉スラグ微粉末を用いたコンクリートの施工指針／平 8.6 ／ B5・186 p.
第 87 号：平成 8 年制定コンクリート標準示方書（耐震設計編）改訂資料／平 8.7 ／ B5・104 p.
第 88 号：連続繊維補強材を用いたコンクリート構造物の設計・施工指針（案）／平 8.9 ／ B5・361 p.
第 89 号：鉄筋の自動エンクローズ溶接継手設計施工指針（案）／平 9.8 ／ B5・120 p.
※第 90 号：複合構造物設計・施工指針（案）／平 9.10 ／ B5・230 p. ／ 4200 円
第 91 号：フェロニッケルスラグ細骨材を用いたコンクリートの施工指針／平 10.2 ／ B5・124 p.
第 92 号：銅スラグ細骨材を用いたコンクリートの施工指針／平 10.2 ／ B5・100 p. ／ 2800 円
第 93 号：高流動コンクリート施工指針／平 10.7 ／ B5・246 p. ／ 4700 円
第 94 号：フライアッシュを用いたコンクリートの施工指針（案）／平 11.4 ／ A4・214 p. ／ 4000 円
※第 95 号：コンクリート構造物の補強指針（案）／平 11.9 ／ A4・121 p. ／ 2800 円
第 96 号：資源有効利用の現状と課題／平 11.10 ／ A4・160 p.
第 97 号：鋼繊維補強鉄筋コンクリート柱部材の設計指針／平 11.11 ／ A4・79 p.
第 98 号：LNG 地下タンク躯体の構造性能照査指針／平 11.12 ／ A4・197 p. ／ 5500 円
第 99 号：平成 11 年版　コンクリート標準示方書［施工編］－耐久性照査型－　改訂資料／平 12.1 ／ A4・97 p.
第100号：コンクリートのポンプ施工指針［平成 12 年版］／平 12.2 ／ A4・226 p.
※第101号：連続繊維シートを用いたコンクリート構造物の補修補強指針／平 12.7 ／ A4・313 p. ／ 5000 円
※第102号：トンネルコンクリート施工指針（案）／平 12.7 ／ A4・160 p. ／ 3000 円
※第103号：コンクリート構造物におけるコールドジョイント問題と対策／平 12.7 ／ A4・156 p. ／ 2000 円
第104号：2001 年制定　コンクリート標準示方書［維持管理編］制定資料／平 13.1 ／ A4・143 p.
第105号：自己充てん型高強度高耐久コンクリート構造物設計・施工指針（案）／平 13.6 ／ A4・601 p.
第106号：高強度フライアッシュ人工骨材を用いたコンクリートの設計・施工指針（案）／平 13.7 ／ A4・184 p.
※第107号：電気化学的防食工法　設計施工指針（案）／平 13.11 ／ A4・249 p. ／ 2800 円
第108号：2002 年版　コンクリート標準示方書　改訂資料／平 14.3 ／ A4・214 p.
第109号：コンクリートの耐久性に関する研究の現状とデータベース構築のためのフォーマットの提案／平 14.12 ／ A4・177 p.
第110号：電気炉酸化スラグ骨材を用いたコンクリートの設計・施工指針（案）／平 15.3 ／ A4・110 p.

●コンクリートライブラリー一覧●

号数：標題／発行年月／判型・ページ数／本体価格

※第111号：コンクリートからの微量成分溶出に関する現状と課題／平15.5 ／ A4・92 p. ／ 1600 円
※第112号：エポキシ樹脂塗装鉄筋を用いる鉄筋コンクリートの設計施工指針［改訂版］／平15.11 ／ A4・216 p. ／ 3400 円
　第113号：超高強度繊維補強コンクリートの設計・施工指針（案）／平16.9 ／ A4・167 p. ／ 2000 円
※第114号：2003年に発生した地震によるコンクリート構造物の被害分析／平16.11 ／ A4・267 p. ／ 3400 円
　第115号：（CD-ROM写真集）2003年，2004年に発生した地震によるコンクリート構造物の被害／平17.6 ／ A4・CD-ROM
　第116号：土木学会コンクリート標準示方書に基づく設計計算例［桟橋上部工編］／2001年制定コンクリート標準示方書［維持管理編］に基づくコンクリート構造物の維持管理事例集（案）／平17.3 ／ A4・192 p.
　第117号：土木学会コンクリート標準示方書に基づく設計計算例［道路橋編］／平17.3 ／ A4・321 p. ／ 2600 円
　第118号：土木学会コンクリート標準示方書に基づく設計計算例［鉄道構造物編］／平17.3 ／ A4・248 p.
※第119号：表面保護工法　設計施工指針（案）／平17.4 ／ A4・531 p. ／ 4000 円
　第120号：電力施設解体コンクリートを用いた再生骨材コンクリートの設計施工指針（案）／平17.6 ／ A4・248 p.
　第121号：吹付けコンクリート指針（案）　トンネル編／平17.7 ／ A4・235 p. ／ 2000 円
※第122号：吹付けコンクリート指針（案）　のり面編／平17.7 ／ A4・215 p. ／ 2000 円
※第123号：吹付けコンクリート指針（案）　補修・補強編／平17.7 ／ A4・273 p. ／ 2200 円
※第124号：アルカリ骨材反応対策小委員会報告書－鉄筋破断と新たなる対応－／平17.8 ／ A4・316 p. ／ 3400 円
　第125号：コンクリート構造物の環境性能照査指針（試案）／平17.11 ／ A4・180 p.
　第126号：施工性能にもとづくコンクリートの配合設計・施工指針（案）／平19.3 ／ A4・278 p. ／ 4800 円
※第127号：複数微細ひび割れ型繊維補強セメント複合材料設計・施工指針（案）／平19.3 ／ A4・316 p. ／ 2500 円
※第128号：鉄筋定着・継手指針［2007年版］／平19.8 ／ A4・286 p. ／ 4800 円
　第129号：2007年版　コンクリート標準示方書　改訂資料／平20.3 ／ A4・207 p.
※第130号：ステンレス鉄筋を用いるコンクリート構造物の設計施工指針（案）／平20.9 ／ A4・79 p. ／ 1700 円
※第131号：古代ローマコンクリート－ソンマ・ヴェスヴィアーナ遺跡から発掘されたコンクリートの調査と分析－／平21.4 ／ A4・148 p. ／ 3600 円
※第132号：循環型社会に適合したフライアッシュコンクリートの最新利用技術－利用拡大に向けた設計施工指針試案－／平21.12 ／ A4・383 p. ／ 4000 円
※第133号：エポキシ樹脂を用いた高機能PC鋼材を使用するプレストレストコンクリート設計施工指針（案）／平22.8 ／ A4・272 p. ／ 3000 円
※第134号：コンクリート構造物の補修・解体・再利用における CO_2 削減を目指して－補修における環境配慮および解体コンクリートの CO_2 固定化－／平24.5 ／ A4・115 p. ／ 2500 円
※第135号：コンクリートのポンプ施工指針　2012年版／平24.6 ／ A4・247 p. ／ 3400 円
※第136号：高流動コンクリートの配合設計・施工指針　2012年版／平24.6 ／ A4・275 p. ／ 4600 円
※第137号：けい酸塩系表面含浸工法の設計施工指針（案）／平24.7 ／ A4・220 p. ／ 3800 円
※第138号：2012年制定　コンクリート標準示方書改訂資料－基本原則編・設計編・施工編－／平25.3 ／ A4・573 p. ／ 5000 円
※第139号：2013年制定　コンクリート標準示方書改訂資料－維持管理編・ダムコンクリート編－／平25.10 ／ A4・132 p. ／ 3000 円
※第140号：津波による橋梁構造物に及ぼす波力の評価に関する調査研究委員会報告書／平25.11 ／ A4・293 p. ＋ CD-ROM ／ 3400 円
※第141号：コンクリートのあと施工アンカー工法の設計・施工指針（案）／平26.3 ／ A4・135 p. ／ 2800 円
※第142号：災害廃棄物の処分と有効利用－東日本大震災の記録と教訓－／平26.5 ／ A4・232 p. ／ 3000 円
※第143号：トンネル構造物のコンクリートに対する耐火工設計施工指針（案）／平26.6 ／ A4・108 p. ／ 2800 円
※第144号：汚染水貯蔵用PCタンクの適用を目指して／平28.5 ／ A4・228 p. ／ 4500 円
※第145号：施工性能にもとづくコンクリートの配合設計・施工指針［2016年版］／平28.6 ／ A4・338 p.＋DVD-ROM ／ 5000 円
※第146号：フェロニッケルスラグ骨材を用いたコンクリートの設計施工指針／平28.7 ／ A4・216 p. ／ 2000 円
※第147号：銅スラグ細骨材を用いたコンクリートの設計施工指針／平28.7 ／ A4・188 p. ／ 1900 円
※第148号：コンクリート構造物における品質を確保した生産性向上に関する提案／平28.12 ／ A4・436 p. ／ 3400 円

※は土木学会にて販売中です．価格には別途消費税が加算されます．

定価（本体 3,400 円＋税）

コンクリートライブラリー148
コンクリート構造物における品質を確保した生産性向上に関する提案

平成 28 年 12 月 15 日　　第 1 版・第 1 刷発行
平成 29 年 04 月 14 日　　第 1 版・第 2 刷発行

編集者……公益社団法人　土木学会　コンクリート委員会
　　　　　生産性および品質の向上のためのコンクリート構造物の設計・施工研究小委員会
　　　　　委員長　石橋　忠良
発行者……公益社団法人　土木学会　専務理事　塚田　幸広

発行所……公益社団法人　土木学会
　　　　　〒160-0004　東京都新宿区四谷 1 丁目（外濠公園内）
　　　　　TEL　03-3355-3444　　FAX　03-5379-2769
　　　　　http://www.jsce.or.jp/
発売所……丸善出版株式会社
　　　　　〒101-0051　東京都千代田区神田神保町 2-17　神田神保町ビル
　　　　　TEL　03-3512-3256　　FAX　03-3512-3270

©JSCE2016／Concrete Committee
ISBN978-4-8106-0914-1
印刷・製本：(株) 平文社　　用紙：京橋紙業 (株)

・本書の内容を複写または転載する場合には、必ず土木学会の許可を得てください。
・本書の内容に関するご質問は、E-mail（pub@jsce.or.jp）にてご連絡ください。